JN243770

●グラフィック[経済学]―9

Graphic

グラフィック 環境経済学

浅子和美
落合勝昭 共著
落合由紀子

新世社

Textbook

はしがき

本書はグラフィック［経済学］の一冊として，環境経済学の入門書として企画したものです。環境経済学は，本文中でも触れてありますが，この30年間ほどに長足の進歩を遂げ，広範囲をカヴァーする学問分野として確立しました。ただし，これも本文中でも言及してありますが，環境経済学には経済学の応用分野としての色彩が強い「環境問題の経済学」と，個別環境問題によって，本流の経済学の枠組みの再考が求められている「〈環境問題と経済〉の学」タイプが併存しており，いわば2つの顔があると言えます。第1の顔は，厚生経済学や公共部門の経済学を扱うミクロ経済学や公共経済学の続編としての側面が強い部分であり，第2の顔の〈○○と経済〉で経済に先行する環境問題の候補としてはエコロジー，水資源，環境保全，地球温暖化等々が挙げられ，さらに細かく見るならば，コモンズ，社会的共通資本，世界遺産，NPO（非営利団体）やNGO（非政府組織）の活動や市民運動等々も候補になります。

こうした環境経済学の多様性は，その誕生の経緯によると言えます。すなわち，環境経済学は1人の影響力のある創始者の出現ないしバイブル的な著作の出版をもってスタートしたわけではなく，各国各地域の大学などで三々五々独自の講義が工夫されたのが始まりとなっています。ある公害に蝕(むしば)まれた地域ではそれに重きを置いた環境経済学が，別の地域では湿原とエコロジーが中心の環境経済学が，そしてまた別の地域ではごみのリサイクルが中心の環境経済学が成立したといった具合です。

本書は，そのような多様な環境経済学の，総合的な入門書を企図したものです。2つの顔の1つに偏ることなく，バランスよく2つの顔をカヴァーしました。すなわち，経済学のアプローチ法なり考え方の基本を押さえた上で，〈環境問題と経済〉の学としての各分野を射程に捉えることに努めました。その意味では，端的には「環境経済学の百科事典」ないし，日本における環境経済学のhandbookとしての利用法にも耐えられるものと自負しています。

本書は，グラフィック［経済学］の一冊として仲間入りすることになりますが，このシリーズの特色として，見開きの右側の頁は全編にわたって図解やグラフ及びイラスト・写真といったグラフィック（graphic）な要素，そしてコラムやクローズアップといったまとまった記事によって構成されており，左側の頁で連続して解説されるレッスンの材料を提供したり追加情報で補完しています。このスタイルは，多様な環境経済学を展開する上では，まさに最適なスタイルといえましょう。

本書では，環境経済学の発想に基づく環境問題の受け止め方，あるいは環境問題への科学的な対処法が自然に身に付くように努めました。同じ問題が何回か繰り返して登場するような配置にも心掛け，結果として，本書の至る所で相互に引用し合うパターンになっています。一度出てきたものが再び登場することによって，初心者にとっては，環境経済学のさまざまなテーマの相互連関なり，その問題の全体の中の位置付けといった勘所が理解されるものと考えています。これによって，本書全編を一度だけ読み通すことによっても，環境経済学の十分な理解が得られると考えていますが，もちろん並行して講義を聴講するなり，本書を複数回読破することによっては，かなりのシナジー（相乗）効果を伴った想定外の成果も挙げられるものと確信しています。

本書では，基本的にはグラフィック［経済学］の姉妹本のスタイルを踏襲しています。各章が数個のレッスンで構成され，章末には「キーワード一覧」「考えてみよう」「参考文献」の3点セットを用意してあります。文章は簡潔を旨としましたが，環境問題と関連する地名，動植物名，ごみの種類などでは，敢えて難解な漢字表記を当て，ルビを振りました。これらを平仮名や片仮名で通り一遍に理解するよりも，漢字用語を通じて理解するのがはるかに本質に近づけると考えるからです。これは，専門用語に限らず，通常の文章表記にも当てはまります。

本書の刊行に至るには，新世社編集部の御園生晴彦氏と谷口雅彦氏からは温かい励ましがありました。一橋大学大学院経済学研究科M1生の伊藤寛武君には，原稿の段階で一読してもらい，貴重なサジェスチョンをもらいました。これらの皆さんに改めて感謝いたします。今回も刊行に至るまでには紆余曲折がありましたが，迂回生産となる roundaboutness はそれだけ収益率が高くなるのが経済学の教えであることに意を強くして，本書を世に問う次第であります。

2014年師走　霙が雪になる狭間に

浅子和美

落合勝昭・由紀子

目　次

3 環境問題はどこから起こる？ 75

4 環境問題にどう対処する？ 111

5 環境を評価する 143

6　ごみ問題を考える　181

7　公害と環境破壊　219

8　エネルギーと環境　267

9 地球環境問題と持続可能性 309

10 環境に優しく生きる 349

1
環境問題とは何か？

本章では，何が環境問題かを整理します。環境経済学は「環境問題の経済学」の側面をもつ一方，「〈環境問題と経済〉の学」の側面も持ちます。経済学の応用分野の1つであることから，ミクロ経済学とマクロ経済学の分析手法を援用しますが，効率的な資源配分の観点のみでなく，環境問題特有の対処法・解決法も探ることになります。

レッスン

レッスン1.1　はじめに

人類の歴史と自然環境

よくいわれることですが，**人類の歴史は環境破壊の歴史**でもあります。アジア大陸の地図を見ると，中央には砂漠地帯が広がっています（後の**図1.3**参照）。しかし，かつては広大な森林に覆(おお)われていました。例えば，**中国の黄土高原**では深刻な**砂漠化**が進んでおり，日本にも飛んでくる**黄砂**(こうさ)の発生地となっていますが，古代中国では豊かな森林が広がっていました（**クローズアップ1.1**）。黄土高原が主舞台となる『三国志』（2–3世紀）に代表される中国の古い物語や歴史書には，しばしば虎が棲息(せいそく)していた記述がありますが，疑いなく虎は豊かな森林の象徴となる動物です。ところが，燃料としての伐採により森林が減少し，戦争，開墾，建築のためのレンガ作りもあって，黄土が剥(む)き出しとなり，漸次現在のような砂漠地帯へと変貌してしまいました。

ヨーロッパでも環境破壊が進みました。中世までの段階では，例えばイングランドのほぼ中央にありロビンフッドが隠れ住んだ森として伝承されるシャーウッドの森がそうであるように，鬱蒼(うっそう)と生い茂る森林が各地にありました。しかし，**イギリスの森林は16世紀後半以降に製鉄，レンガ製造などでの燃料に利用される**ようになり**急激に減少**しました。王室林であったシャーウッドの森も，国立自然保護区となった現在の姿よりははるかに広大な面積を誇っており，ロビンフッドがなかなか捕まらなかったのも無理なかったのです。しかし産業革命を担ったノッディンガム炭田の採鉱のために大半が伐採され，今日に至っています。

白雪姫などグリム童話の舞台でもあるドイツ南西部に広がる**黒い森**(シュヴァルツヴァルト)の森林地帯をめぐっては，（他の地域の森林も同様ですが）大気汚染による環境破壊が進んでいます。暗くなるくらい密集して生える唐檜(とうひ)（マツ科の常緑高木）を主木とする黒い森も，石炭・石油といった化石燃料の燃焼に伴って発生する**硫黄酸化物**（SO_x）や窒素肥料由来の**窒素酸化物**（NO_x）を含んだ**酸性雨**で，葉が黄色に変色し，葉を失った木々が次々と衰弱し枯死してしまう被害が起こりました（**図1.2**）。ヨーロッパで**緑のペスト**とも呼ばれる酸性雨は，その不

クローズアップ1.1　黄土高原と黄河

黄土高原は，中国を流れる黄河の上流および中流域に広がり，8つの省と自治区，合計264の県と市が属する広大な高原地域です。この数千年間に起こった戦乱，森林伐採，過剰な開墾・放牧などにより，黄土高原の植生は破壊され，土壌の流失が加速し，一帯の地形は無数の水流が削ったために山と溝だらけの状態（千溝万壑（せんこうまんがく））になっています。地表を一面に覆う緑を失った大地は，僅かな雨によっても容易に黄土の表面が削られ，努力して開墾した畑も次第に狭められてゆくのです。**水による大地の侵食，これが黄土高原に生じている砂漠化を象徴する**ものです。

なお，土砂を巻き込んだ水は最終的に黄河へと流れ込みます。黄河が黄褐色なのは，こうして黄土が溶け込むことによります。また，経済発展に伴って生じた工業・農業用水の需要増大により，下流域（中原）で流量不足から土砂が大量に堆積し，河口付近では1970年代以降流れが途絶える**断流現象**が発生しています。

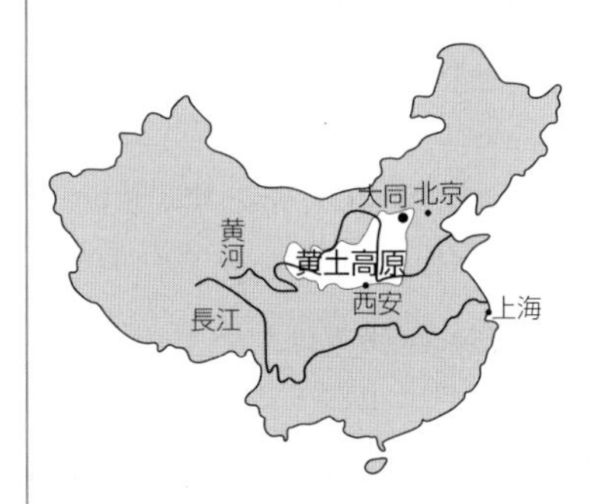

図 1.1　黄土高原

（出所）（左図）認定NPO法人緑の地球ネットワークHP，（右図）鳥取大学乾燥地研究センターHP
（左）黄土高原の位置と（右）千溝万壑の地形に残された棚田と緑。

図 1.2　ドイツの黒い森

（写真提供：時事通信フォト）

黒い森の酸性雨被害は限定されたもののようです。2014 年に筆者が黒い森を縦断する列車から観察した限りでは，至る所に枯れ木が見えるという状況からは遠いものでした。

吉なイメージとともに1970–80年代以降急速に顕在化し，そのメカニズムの解明が待たれた象徴的な環境汚染問題となりました。

森林の減少は，現在でも，地球上のさまざまな国々，地域で進行しています（**図1.3**）。国連食糧農業機関（FAO）の資料『森林資源評価』によると，**2010年の世界の森林面積は約40億3,000万haであり，全陸地面積の約31%を占めていることになります**。しかし，2010年までの10年間では，農地等への転用，森林火災，過放牧，薪炭材の過剰摂取等により，植林等による増加分を差し引いて，年平均で521万ha減少してしまいました。これは日本の森林面積の約5分の1（国土に占める森林の割合は約3分の2）に相当します（第10章の**図10.3**と**図10.5**も参照）。こうした減少トレンドは若干ペースを緩めているとはいえ，現在も進行中です。

自然環境と生活環境

森林の減少は**自然環境の破壊ないし生活環境の悪化**の一例にしか過ぎません。繰り返しになりますが，人類の歴史はそのまま人々の生活環境の改善を目指して，自然環境を変貌させてきた歴史ということができます。人類は数百年～数千年という時間をかけ，自然環境との関わり方を変え，物理的にも自然環境の姿を変えてしまうほどの影響を及ぼしてきました。環境が変化するペースが緩慢であった間は，人々は自らの行為が自然環境を変えていることを認識していませんでした。ところが，18世紀から19世紀にかけて起こった**産業革命**（工業化）以降はその様相が一変します（**コラム1.1**）。人類の自然環境に与える影響が大きくなり，自然環境の変化のスピードが意図するとせざるとに拘(かかわ)らず大幅に速くなりました。その結果，人々は自らの行為が環境を大きく変え，そして環境の変化が自分たちの生活に影響を与えることを目の当たりにするようになったのです。

工業化の進展により大量生産が可能になると，**製造工程における有毒物質を含んだ煤煙や排水による地域環境の破壊と，それに伴う健康被害**といった**産業公害**が発生するようになります。また，近年では工業化によるCO_2（二酸化炭素）などの**温暖化ガス**の排出による，地球規模での温暖化も問題として取り上げられるようになってきています。レッスン1.2では，そうした環境破壊の歴

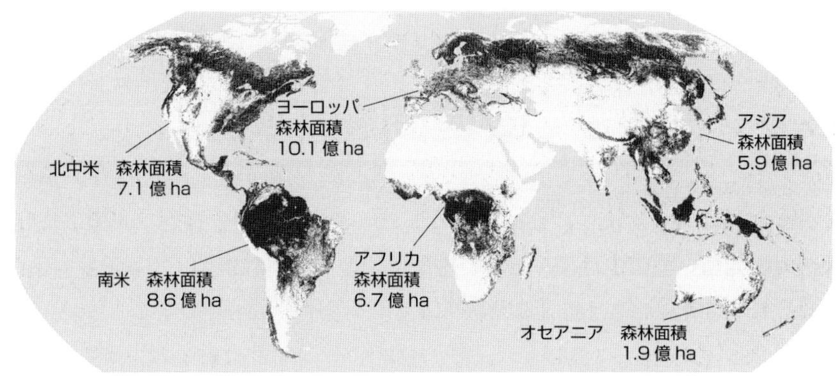

（注）黒色部分が森林。地域分類は，経済または政治区分によらず，地理的区分による。
（資料）FAO，Global Forest Resources Assessment 2010

図 1.3　世界の森林分布

（出所）林野庁『森林・林業白書』（平成 23 年版）

■コラム1.1　産 業 革 命■

18 世紀後半のイギリスで展開された**産業革命**（industrial revolution）は，近代的な産業が興隆する契機となったのですが，その牽引（けんいん）役としての**エネルギー革命**が特筆に値します。産業革命の時期には**アークライトの紡績機**などの工業用機械が発明されましたが，同時にそれを動かすための動力が発明されたのです。それまでの動力は主に人力や家畜による畜力に頼っていたものが，産業革命以降は火力（熱）を動力に転化することが可能になったのです。

もちろん，それまでにも火力が灯りや調理，製鉄・レンガ造り等に利用されてはきました。しかし，1785 年の**ワットの蒸気機関**の発明により，火力が文字通り動力として使われるようになったのです。水車を利用し，水力により機械を動かす工場はありました。しかし，その宿命として，川沿いの立地に限られるとか，季節の水流の変動により水車の動きが不安定になるといった安定エネルギー源として利用するには不便な点がありました。風力を利用した風車についても同様です。蒸気機関の発明により，それらの制約が解消され，ここに産業革命が開花したのです。

エネルギーの革命により，居住地の近くでの工場立地が可能となり，また熱源としての化石燃料（石炭）の利用を増大させることにつながりました。しかし，利便性，効率性が高まった反面，生活空間と工場が隣接するようになったことから，ロンドン，バーミンガム，マンチェスター等々多くの都市において，排水や煤煙の垂れ流しから，瞬く間に公害が蔓延（まんえん）する原因となったのです（レッスン 1.5 の**図 1.10** 参照）。

史を，産業公害から地球環境問題への変遷という観点から整理し，環境経済学の導入部とします。

レッスン1.2　環境問題の類型

環境問題は大きく4つに分けることができます。**産業公害型**（典型7公害），**大規模開発型**，**都市生活型**，そして**地球環境型**（**国境越境型**）の4類型ですが，それぞれ順にみていきましょう（**表1.1**）。

産業公害型

産業公害型環境問題は，**典型7公害**として括（くく）られる，**水質汚濁**，**地盤沈下**（**地下水**），**土壌汚染**，**大気汚染**，**騒音**，**悪臭**，**振動**の7つの環境問題に分類されます。これらは，1960–70年代に大きな社会問題となった，いわゆる**四大公害病**の悲惨な経験を踏まえて，93年にそれまでの公害対策基本法と自然環境保全法が統合されて制定された**環境基本法**に，**公害として一言一句まで定義されてリストアップされているもの**です。すなわち，多少順番は前後しますが，第二条3「この法律において「公害」とは，環境の保全上の支障のうち，事業活動その他の人の活動に伴って生ずる相当範囲にわたる大気の汚染，水質の汚濁（水質以外の水の状態又は水底の底質が悪化することを含む。），土壌の汚染，騒音，振動，地盤の沈下（鉱物の掘採のための土地の掘削によるものを除く。）及び悪臭によって，人の健康又は生活環境（人の生活に密接な関係のある財産並びに人の生活に密接な関係のある動植物及びその生育環境を含む。）に係る被害が生ずることをいう」となっています。

環境基本法では環境問題化する可能性のある公害の種類を規定していますが，具体的にどのような場合に公害問題が発生するかは，環境基準次第ということになります。この**環境基準**は，**日本の環境行政において，人の健康の保護及び生活環境の保全のうえで維持されることが望ましい基準**として，個別の法令に基づき定められるものです（**表1.2**）。

土壌汚染が問題となっている例としては，水産物・青果物などの生鮮食料品

表 1.1　環境問題の類型

産業公害型（典型７公害）
水質汚濁，地盤沈下（地下水），土壌汚染，大気汚染，騒音，悪臭，振動
大規模開発型
ダム，高速道路，港湾開発，都市開発など
都市生活型
ごみ，生活排水（沼，湖などの汚染），騒音，悪臭など
地球環境型（国境越境型）
温暖化，海洋汚染，資源の枯渇など

表 1.2　さまざまな環境基準

分類	環境基準
大気汚染	大気汚染に係る環境基準 二酸化硫黄，一酸化炭素，浮遊粒子状物質，二酸化窒素，光化学オキシダント
	有害大気汚染物質（ベンゼン等）に係る環境基準 ベンゼン，トリクロロエチレン，テトラクロロエチレン，ジクロロメタン
	ダイオキシン類に係る環境基準
	微小粒子状物質に係る環境基準
水質汚濁	水質汚濁に係る環境基準（河川，湖沼，海域） 人の健康の保護に関する環境基準 カドミウム，全シアン，鉛，六価クロム，砒素，総水銀，アルキル水銀，PCB など 生活環境の保全に関する環境基準（河川，湖沼，海域） 水素イオン濃度（pH），生物化学的酸素要求量（BOD），浮遊物質量（SS），大腸菌群数など
	地下水の水質汚濁に係る環境基準 カドミウム，全シアン，鉛，六価クロム，砒素，総水銀，アルキル水銀，PCB など
土壌汚染	土壌汚染に係る環境基準 カドミウム，全シアン，有機燐，鉛，六価クロム，砒素，総水銀，アルキル水銀，PCB など
その他	ダイオキシン類による大気の汚染，水質の汚濁（水底の底質の汚染を含む。）及び土壌の汚染に係る環境基準
騒音	騒音に関する環境基準 航空機騒音，鉄道騒音及び建設作業騒音には適用しない
	航空機騒音に係る環境基準
	新幹線鉄道騒音に係る環境基準
	騒音規制法 工場及び事業場騒音，建設作業騒音，自動車騒音，深夜騒音等 拡声機の利用などもこれに含まれる

（注）環境基準は，環境基本法にある「政府は，大気の汚染，水質の汚濁，土壌の汚染及び騒音に係る環境上の条件について，それぞれ，人の健康を保護し，及び生活環境を保全する上で維持されることが望ましい基準を定めるものとする」との条文を根拠として定められています。

の卸売市場である東京都の**築地市場**（東京都中央卸売市場）の移転問題があります。移転先候補の豊洲新市場の予定地では，かつて石炭から都市ガスの製造供給が行われ，その際の副産物に由来する7つの物質（ベンゼン，シアン化合物，ヒ素，鉛，水銀，六価クロム，カドミウム）による土壌および地下水の汚染が確認されており，**生鮮食料品の卸売市場としては相応しくない**との反対意見があるのです。東京都は汚染の程度は必ずしもあまねく環境基準を超えるものではなく，対策も十分なされると説明していますが，だからといって，直ちに人々にとっての安全・安心を保障するものではないのが，環境問題に共通の一筋縄ではいかない利害関係者間での対立構図なわけです。

騒音問題としては，東京都の**外環道**（外郭環状道路）の練馬区の大泉 JCT と東名高速道路接合部までの延伸工事が挙げられます。この工事をめぐっては沿線住民の反対運動が起こっていますが，その根拠に排ガス問題と並んで騒音問題があげられています。東京都の羽田空港を始めとして空港の夜間利用に制限がかけられているのも，主に騒音規制によるものです。

大規模開発型と都市生活型

産業公害型環境問題は環境基本法でリストアップする形で定義されたものですが，もともと環境問題を具体的に網羅するのは至難の業であり，また時代とともに人々の評価基準も変遷するものであり，これら以外にも，続々と環境がらみで社会問題化する分野が登場することになりました。具体的には，ダム，高速道路，港湾開発，都市開発といった**大規模開発に伴う環境破壊**，家庭から出されるごみ，生活排水による**生活環境の悪化**，そして別枠でも取り上げる温暖化，海洋汚染，資源の枯渇といった**地球規模での環境の悪化**に関連した諸問題があげられます。2011 年 3 月 11 日に勃発した東日本大震災後の**瓦礫処理**と福島原子力発電所の事故による**放射能汚染**も，大きな環境問題といえます。

大規模開発型で直ちに思い起こすのは，ダム建設関連では熊本県の**川辺川ダム**と群馬県の**八ッ場ダム**の例であり（**クローズアップ 1.2**），河口堰に関しては徳島県の吉野川第十堰や三重県の長良川河口堰が代表的な具体例となります。いずれも発電や利水・治水の観点から建設要望がある反面，川の流れに人工的に変更を強いることから自然破壊につながり生態系・漁業に計り知れない影響

クローズアップ1.2　川辺川ダムと八ッ場ダム

政権交代によって民主党政権が誕生した2009年，選挙公約（マニフェスト）であったとして，熊本県の川辺川ダムと群馬県の八ッ場ダムの建設中止が打ち出されました。両者に共通なのは，**建設の決定後から長期間紛糾し，いずれも周辺工事や付帯工事は進められたものの，ダム本体の工事は起工にも至っていないこと**です。ダム建設は，川の治水（洪水調節），農工業用水等の利水，そして水力発電といった**多目的ダム**として計画されるのが普通ですが，時代を経て利水需要の縮小やダムの機能についての見直しが進んだ象徴的な2つのダムといえます。

川辺川ダムは，熊本県南部を流れる球磨（くま）川の支流，川辺川に国が計画した九州最大級のダムで，すでに2千億円以上が周辺整備に使われました。清流が失われる等として根強い反対があり，2008年には熊本県知事が建設反対を表明し，09年の建設中止宣言に至りました。ただし，止む無く移転に合意した**水没予定地の五木村**を始め，建設中止の決定に憤りを隠さない自治体や住民も多数います。損害賠償面で合意が形成されるか，また近年の集中豪雨による多大な洪水被害が現実のものとなった場合に流域住民にどのように釈明するのか，といった問題があります（第10章レッスン10.5参照）。

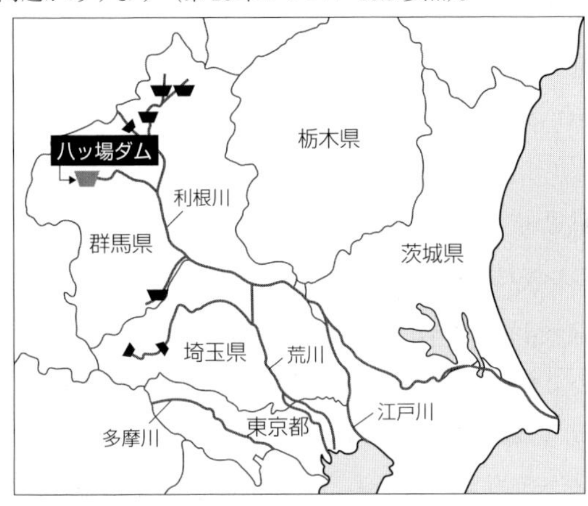

図 1.4　八ッ場ダムの予定地

（出所）　東京都都市整備局 HP「八ッ場ダム」

群馬県の八ッ場ダムは，関東地方に大きな災害をもたらした 1947 年の**カスリーン台風**（レッスン 10.5）級の水害から首都圏及び利根川流域を守るために，52 年に吾妻（あがつま）川中流部に計画発表された多目的ダムです。

爾来（じらい），**計画凍結，再開，総事業費の増額，大臣による建設中止方針の表明**，等々紆余曲折を経て，民主党政権下の 2011 年 12 月に建設再開が決定され，自民党に政権再交代があった **2013 年に建設中止撤回**が確認されました。完成すれば，**神奈川県を除く関東 1 都 5 県の水瓶（みずがめ）**となり，2008 年に建設目的に加えられた水力発電も行われます。

民主党政権で中止表明に至ったのには，無駄な公共事業への批判論が盛り上がった面もありましたが，八ッ場ダムが当初計画どおりに完成すると，名湯として名高い川原湯（かわらゆ）温泉が完全に水没するほか，名勝で天然記念物でもある吾妻峡の半分以上が水没し，一挙に観光資源が喪失することも懸念されたなど，**環境面からの反対運動**の影響もありました（第 3 章**クローズアップ 3.8** も参照）。

を及ぼす危惧がもたれ，開発計画に修正が迫られたり白紙撤回に追い込まれた経緯があります。

高速道路や港湾開発でも，東京都八王子市の高尾山を貫徹する**圏央道**のトンネル工事や既述の東京都の**外環道**の練馬（関越道）JCTと東名JCT間の整備工事等があり，前者は地下水脈の分断による生態系破壊に対して，後者は沿線住民の騒音・排気ガス公害懸念や立ち退き拒絶から反対運動が繰り広げられています。道路建設に対しては，このほかにも全国津々浦々まで環境問題との相克が繰り広げられており，2013年には東京都小平市で樹木の伐採を伴う都道計画の見直しの是非を問う**住民投票**が行われましたが，市議会が定めた投票率50％以上の条件を満たせず，開票されずじまいに終りました。住民参加に対するこうした有権者の判断は，近年の環境問題一般に対する一部の住民の熱い思い入れと，第三者的な残りの住民の冷めた判断を象徴した投票になったといえます。

港湾開発に関連しては，**諫早湾の干拓事業**をめぐる大規模開発と環境問題の相克が世を騒がせています（**コラム1.2**）。また，江戸時代の建物や湾岸遺跡が数多く残る広島県福山市の鞆の浦で，三日月状の港を埋め立てて町を東西に結ぶ県道のバイパスを通す埋立架橋計画に対して，2009年広島地裁は，景観保護を唱えて反対する住民を支持し公共工事を差し止めました。広島県は直ちに控訴しましたが，知事が交代した12年には架橋計画を中止する意向を固めました。広島地裁の判決において，2006年の最高裁の**国立マンション訴訟**（第10章**クローズアップ10.1**参照）の判例を援用して原告住民に**景観利益**があることを認めたことは，同種の景観を争う裁判に対しての影響が大であると評価されています。

大規模開発型の環境問題の例としては，ほかにも長期間反対運動が繰り広げられた末に見切り発車してしまった千葉県の成田空港反対運動，各地の原子力発電所や核燃料再処理施設の建設反対運動，在日米軍基地の移転問題等もあります。これらには環境問題以外の要因も輻輳しており，問題解決が簡単でないことを示しています。**国家戦略上の必要性と個別対象地域の選定・代替案の検討，一般論と個別具体論，マクロとミクロの視点**といった一連の考察が重要になりますが，そこに環境経済学の出番があるのです（レッスン1.5参照）。

日常生活面で起こっている問題も，広義には環境問題への入り口近辺にあるか，あるいはすでに立派な環境問題となっています。近所でのごみ出し場所の

■コラム1.2　諫早湾干拓事業■

有明海に面する諫早湾で1950年代から進められてきた国営干拓事業。当初は食糧確保のための水田開発が目的でしたが，その後灌漑用水の確保や水害防止に変遷しました。有明海の水質悪化を懸念する漁業関係者や環境保護団体から反対の声が続き規模は縮小されましたが，1997年，**全長7kmに及ぶ水門（潮受堤防）が竣工され，堤防内の約3,500haの区域に干拓地と調整池**が造られました。その後2000年に有明海の養殖のりが記録的な凶作となり，干潟の減少による浄化機能の喪失などが疑われ，02年に地元の漁業者団体が工事の差し止めを求めて国を提訴しました。佐賀地裁（04年）で勝訴したものの，福岡高裁（05年）での敗訴の後最高裁でも退けられ，2007年11月，総事業費2,533億円をかけた干拓事業は完成し，2008年から営農が始められました。

ところが，地元の漁業者団体が差し止めと同時に提訴した堤防撤去を求める訴訟では，正反対の司法判断が出されました。すなわち，第一審の佐賀地裁（08年）は国に5年間の常時開門を命じ，福岡高裁（10年）もこれを支持する判決を出しました。これを受け，かねてから水門開放を唱えていた**菅直人首相が上告を放棄**したことから，2013年末までの開門が確定。事業推進派の地元商工団体・農業関係者は猛反発し，長崎県も国の上告放棄を不服として，諫早市・雲仙市との連名で，首相あてに抗議の質問状を出しました。その流れの中，開門期限直前に，**長崎地裁が営農者の訴えを認め開門差し止め命令**（仮処分）を出し，事態は混迷の極みに達しました。2015年2月現在，国は開門しない場合には開門派に，開門した場合には開門反対派に，ともに1日当たり49万円の制裁金を支払う義務が生じています。

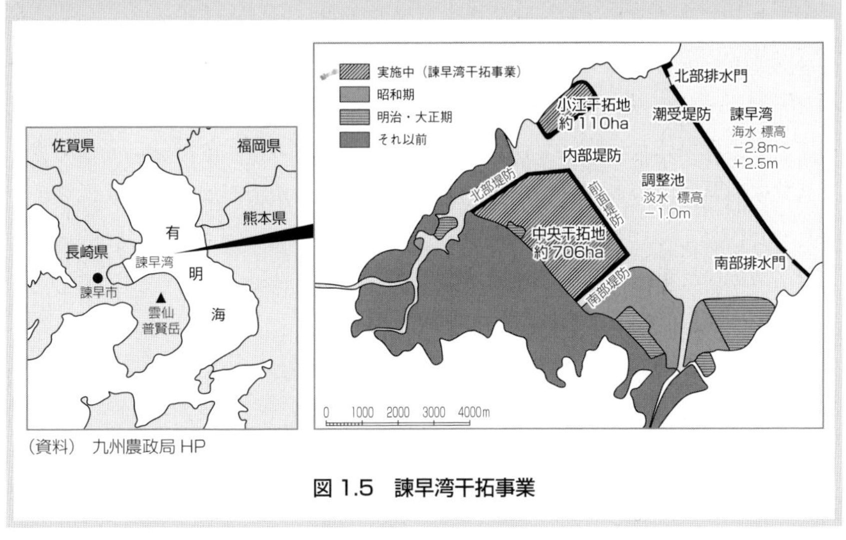

（資料）　九州農政局HP

図1.5　諫早湾干拓事業

管理，清掃・カラス対策，庭木や防風林の落葉処理，いわゆるごみ屋敷の放置（レッスン1.3参照），河川敷や山林原野での粗大ごみの不法投棄，白鼻芯（ハクビシン）や洗熊（アライグマ）などの害獣による野菜果樹荒らし，等々みなさんの周りにもある問題でしょう。

地球環境型（国境越境型）

類型の4番目が**地球環境型**（**国境越境型**）と呼ぶべきタイプであり，1992年にブラジルのリオデジャネイロで開催された第1回**地球環境サミット**（**環境と開発に関する国連会議**）でにわかに注目を浴びだした地球規模での環境破壊問題といえます。地球温暖化，酸性雨や大気汚染，森林の減少や大地の砂漠化，湿地や干潟の減少，生態系における生物多様性の減少等々が，この類型に分類されます（詳しくはレッスン1.5や第9章を参照）。

産業公害型や大規模開発型の類型は，基本的には（少なくとも十分な時間とコストをかければ）加害者なり発生源の特定が可能ですが，都市生活型や地球環境型（国境越境型）の場合には，そもそも加害者の特定が困難か，あるいは加害者や発生源が特定できても，該当者に自制を促す措置が取れない場合が多く，実効的な住民参加や国際協調といった最終的な解決策を見出すことが困難なまま推移しています。第9章で詳しく考察する地球温暖化問題に関する国際合意の困難さが，好例と言えるでしょう。

ただし，湿地や干潟の保護に関する**ラムサール条約**（**クローズアップ1.3**）や生態系保護の**生物多様性条約**など，加盟国も多く世界的な取組みが功を奏している環境問題もあります。これが可能になったのは，経済発展とのトレード・オフや既得権益の調整といったことが相対的に問題とならない分野だからであり，それらの利害関係がもろにぶつかり合う温暖化ガスの排出抑制では国際協調はなかなか合意されないのが現状です（レッスン9.3参照）。

レッスン1.3　市場メカニズムと政府の介入

レッスン1.2では何が環境問題になるのかを，その類型を整理してみました

クローズアップ1.3　ラムサール条約

多様な生物を育み，特に水鳥の生息地として非常に重要である湿原，沼沢地，干潟等の湿地は干拓や埋め立て等の開発の対象になりやすく，その破壊をくい止める必要があります。そこで，特に水鳥の生息地として国際的に重要な湿地及びそこに生息・生育する動植物の保全を促し，湿地の適正な利用を進めるために，1971年に制定され，75年に発効したのが，**ラムサール条約**です。2012年8月時点で，締約国は162か国。正式名称は，「特に水鳥の生息地として国際的に重要な湿地に関する条約」で，略称は条約が制定されたイランの都市ラムサールに因んでいます。

条約締約国は自国内の国際的に重要な湿地を指定し，それが登録簿に掲載されます（**条約湿地**）。条約湿地の保全及び湿地の適正な利用を促進するため，計画を作成，実施し，また，条約湿地であるかを問わず，領域内の湿地に自然保護区を設けることにより湿地及び水鳥の保全を促進し，自然保護区の監視を行う必要があります。対象となる湿地の定義は「天然のものであるか人工のものであるか，永続的なものであるか一時的なものであるかを問わず，更には水が滞っているか流れているか，淡水であるか汽水であるか鹹水（かんすい）であるかを問わず，沼沢地，湿原，泥炭地又は水域をいい，低潮時における水深が6メートルを超えない海域を含む」とされています。世界のラムサール条約湿地数は2,046か所，日本の条約湿地数は46か所（2012年8月現在）。

図 1.6　日本国内の湿地分布

（出所）　環境省自然環境局野生生物課 HP

が，これらに共通な点は何でしょうか？　確かに，経済活動に伴って発生したり，ある程度の経済活動（所得水準）の高まりとともに初めて認識され出したりと，経済問題と関りをもつのは理解されますが，同時に，これら環境問題は市場で取引される通常の財・サービスとは異なり，市場取引に馴染まない要素があることが窺われます。第3章で詳しく説明しますが，**環境問題は市場メカニズムに委ねたままだと，資源配分上のロスが生じてしまう**場合が多いといえます。これを**市場の失敗**と呼び，ここにおいて政府による介入や規制が正当化されることになります。

ごみ屋敷の外部不経済

近所にごみ屋敷があるとしましょう（**コラム1.3**）。自分の住居や敷地の中にごみを意図的に放置しており，外観や悪臭を巡って近隣住民の苦情が寄せられるのですが，これを行政が直接廃棄することができずに苦慮する都市生活型の環境問題を引き起こします。テレビ番組などでしばしば取り上げられましたが，**行政勧告を繰り返した後に，最終的に強制執行がなされる構図**となりますが，ここに至るまでが大変なプロセスです。個人の住居・敷地内ということで，ごみとはいえ法的には所有権や処分権がごみ屋敷側にありますから，これを勝手には処分できないし，ましてや立ち入りに対して住居侵入罪が成立しますので，ごみ屋敷の住人が処分を拒む限り，強制的に排除することは困難なわけです。

ごみ屋敷がなぜそうなったかの発端にはいろいろなケースがあるようですが，共通した特性は，**社会問題化ないし環境問題化した後にも，それを解決するメカニズムが欠如**していることです。ごみと違って通常の財・サービスならばそもそも放置されることはないでしょうが，ごみが美観を害したり悪臭を発するといった**マイナスのサービス**を近隣の住民にもたらしているのにもかかわらず，それを排除することができずに推移せざるを得ないわけです。このマイナスのサービスのことを，第3章では**外部不経済**（ないし**外部負経済**）として厳密に定義しますが，要はごみ屋敷の存在は近隣住民に否応なく迷惑をかけるのですが，それに対して住民は弁償なり補償してもらえないわけです。

言い換えると，外部不経済は否応なくもたらされるものであり，近隣住民の意思によっては排除することはできません。経済学の用語で言い換えると，**外**

■コラム1.3　近所のごみ屋敷■

ごみ屋敷問題は，屋敷住人が元凶（がんきょう）となる場合だけでなく，住人不在のまま長期間放置された民家や不動産物件に，近隣住民がごみの不法投棄を繰り返しごみ屋敷化するなど，ある段階から外からの不法投棄を誘発して悪化する場合もあります。ごみの山は発酵して自然発火することもあり，その予防処置の面からも，適切な管理が望まれるわけです。しかし，**市場メカニズムに委ねたままだと適切な管理がなされることなく放置され，資源の効率的利用がなされず市場が失敗してしまうのです。**

ある程度までならばモノを大切にする人となりますが，一定量を越すと積上げられたごみにより，近隣住民に危機感を与えたり，悪臭などの問題が発生します。周りの住民にとってはごみでも，本人にとってはそうと映らないわけで，財産権との兼ね合いがあり，強制的に処分するのにはさまざまな手続きが必要となります。

現実的にはこのようなごみ屋敷への対処としては，行政が新たに条例を制定するなり，既存の何らかの根拠によって規制するなりして，ごみを強制的に廃棄することになります。市場メカニズムが機能しない市場の失敗に対しては，公的介入に頼らざるを得ないのです。

具体的には，居住者の老人女性の安否が不明であるとして，高齢者虐待防止法を根拠に行政が介入した例があります（2008年静岡県三島市）。また，東京都足立区では，2013年から通称ごみ屋敷条例（生活環境の保全に関する条例）が施行され，ごみ屋敷状態に対して指導・勧告を行い，改善されない悪質なケースの場合には命令・公表・代執行の実施ができることにしました。同様の動きは，富山県の立山町や大阪市にもあります。

強制撤去した場合に，その費用を家主に求める条例は東京都の杉並区，大田区，荒川区が定めていますが，足立区の場合には撤去の費用を家主が負担できない場合には，区が100万円を上限として負担することにしています。しかし，全国的にはごみ撤去について自治体が費用を支援するのはむしろ稀（まれ）です。

ごみ屋敷に積み上げられたごみを撤去する捜査員や県職員ら（埼玉県）
（写真提供：毎日新聞社）

部経済を取引する市場がなく放置されてしまうのです。一般論としては，市場を通すことなく経済主体に影響を及ぼす外部性は，市場経済にとって厄介な問題であり，レッスン3.4で詳しく説明しますが，資源配分に無駄が生じる**市場の失敗**が必至となってしまうわけです。

公的介入の必要性

市場の失敗を回避するには，まずもってそれを取引する市場を創る――すなわち，**当事者間での合意による経済取引**を実現させる――ことが考えられますが，それは放っておいて可能なわけではなく，やはり調停などの**行政による公的介入**や**裁判を通じた司法判断**が契機となるでしょう。この際に，当事者の間の交渉にはいろいろな形態が可能であり，実際第4章で議論する**コースの定理**によると，市場の失敗を修正する効率的な資源配分は可能であり，その実現には，一定の条件の下では，当事者間のペイオフ（取り分）はどのようなものでもあり得るとしています。この定理の内容には批判もあるのですが，詳しい説明はレッスン4.5まで待ってください。

レッスン1.4　持続可能な経済発展

レッスン1.2でも触れましたが，近年の環境問題では地域的な公害や自然保護だけでなく，地球規模での環境問題のウエイトが高まってきています。この際に意識されるのは，かつて**宇宙船地球号**（spaceship Earth）に擬(ぎ)せられ，エネルギー資源の枯渇や環境汚染によって**成長の限界**が訪れると警鐘されたことです（**クローズアップ1.4**）。この警鐘は，原油価格が4倍近く急騰した1973年の第1次石油ショックによって現実のものになったと受け止められ，未来永劫(えいごう)の経済成長を想定した未来ビジョンの変更をもたらしました。日本経済を振り返ると高度経済成長期からの転換期に当たり，池田勇人(はやと)内閣の**国民所得倍増計画**の起案者で高度成長を牽引した日本開発銀行（現日本政策投資銀行）設備投資研究所初代所長の**下村治**博士（1910–89）が，ゼロ成長論者に転向したのもこの頃でした。

クローズアップ1.4　宇宙船地球号と成長の限界

1972年，民間シンクタンクの**ローマクラブ**のメンバーによって，**『成長の限界』**と題する**報告書**が出版され，当時のままで人口増加や環境破壊が続けば，資源の枯渇（20年で石油が枯渇する）や環境の悪化によって，100年以内に人類の成長は限界に達すると警鐘が鳴らされました。破局を回避するためには，地球の資源や環境が無限であるということを前提とした従来の経済のあり方を見直し，世界的な均衡を目指す必要があると論じたのです。

これに先んじる1966年，アメリカの経済学者の**ボールディング**（Kenneth Boulding, 1910–93）は「来たるべき**宇宙船地球号**の経済学」と題されたエッセイで，**無限の資源を想定していたかつての「開かれた経済」に対して，未来は「閉じた経済」に直面する**としました。そこでは地球は一個の宇宙船となり，無限の蓄えはどこにもなく，採掘するための場所も汚染するための場所もなく，それゆえ，この経済の中では，**人間は循環する生態系やシステムの中にいることを理解する**のだと予言しました。ボールディングは宇宙船地球号に対比した「開かれた経済」を，無限の資源を前提としてそれを略奪する「カウボーイ経済」と呼びました。いかにもアメリカ人の発想らしいと合点（がてん）がいくでしょう。

21世紀に入って，アメリカではそれまで困難であったシェール層からの石油や天然ガスの採掘が可能になったことにより，**シェールガス革命**が起こっています（第8章参照）。ボールディングがこれを知ったら，宇宙船地球号から下船したか確かめたいものです。もっとも，**新しいシェールガス採掘技術は化学物質を含む大量の注水による地下水汚染などの環境汚染問題を抱えており，大きな社会問題に発展する**可能性もあります。

なお，宇宙船地球号に関しては，1963年の段階で宇宙的な視点から地球の経済や哲学を説いたアメリカの建築家・思想家の**フラー**（Richard Buckminster Fuller, 1895–1983）が著した『宇宙船地球号操縦マニュアル』があり，ボールディングにも影響を与えました。

青い地球

（出所） NASA Earth Observatory

この警鐘は，近年では**持続可能性**（sustainability）や**持続可能な経済発展**ないし**持続可能な開発**（sustainable development）という概念に継承されており，**地球環境の破壊を回避しつつ，開発途上国が適度な経済成長を達成できる状況を持続させる目標**を立てています。ここには，経済成長と環境保持の間にはトレード・オフの関係があり，高い経済成長率と良好な環境の保持のどちらも得ようとするのは欲張りであり，どちらかは我慢しなければならないとの認識があります（第9章参照）。

ただし，地球上には経済発展の異なる国々が共存しており，**先進国クラブ**とも呼ばれる**OECD**（**経済協力開発機構**）に加盟する先進工業国（2013年4月段階で34か国，1人当たりGDPの平均値が2011年末で約35,000ドル）がある一方で，未だに1人当たりGDPが数百ドルから数千ドルにとどまる発展途上国が多々あります（**図1.7**）。発展途上国の主張は，地球環境問題は18世紀のイギリスで始まった産業革命以来の先進国の経済活動を起因として発生したものであり，当然ながら過去に経済発展を享受した先進国が相応の責任をとるべきであるとします。その上で，**発展途上国は当面環境問題に制約を受けることなく，経済発展を優先できる権利が認められるべきである**と主張するのです。

先進国は地球環境問題が自らの過去の歴史に起因することには責任を感じつつも，現在から将来にわたっての発展途上国の協力も不可欠なのであり，先進国との国際協調の土俵に上って欲しいとのシグナルを送り続けているわけです。

地球環境問題

レッスン1.2で言及したブラジルのリオデジャネイロで1992年に開催された**地球環境サミット**では，9種類の地球環境問題が取り上げられました。具体的には，**地球温暖化**，**オゾン層破壊**，**酸性雨**，**生物多様性の喪失**，**海洋汚染**，**有害廃棄物の越境移動**，**砂漠化**，**熱帯林の減少**，**開発途上国公害**の9種類であり，レッスン1.2で**地球環境型**（**国境越境型**）と分類した環境問題になります。これらの環境問題は，一国の環境問題が地球全体に外部不経済を及ぼし，同時に他国からも外部不経済を被ることから，大気や海水が全地球上を回流するがごとく，環境問題が全地球上の国々に伝播してしまうわけです。

大気圏の上層には**ジェット気流**が流れており，おおむね11日間で地球を1

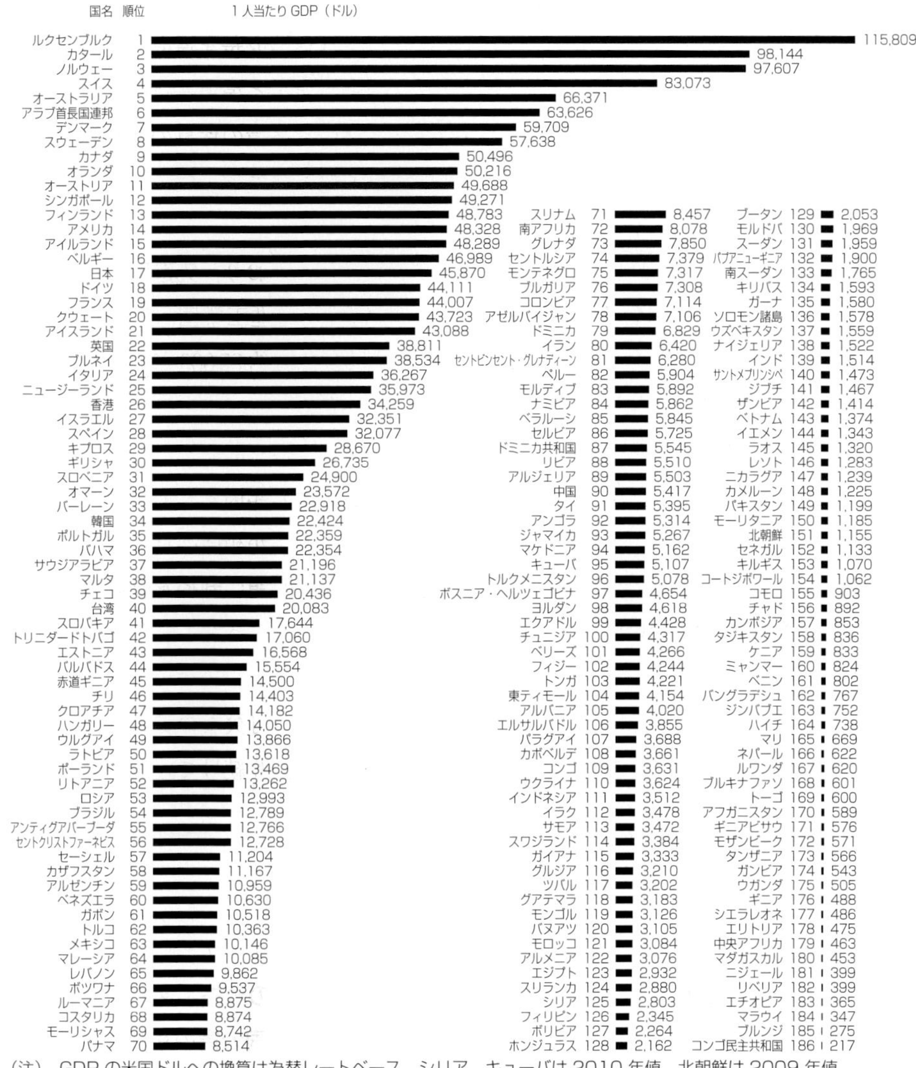

（注） GDP の米国ドルへの換算は為替レートベース。シリア，キューバは 2010 年値。北朝鮮は 2009 年値。
（資料） IMF，World Economic Outlook Database（October 2012）．ただし北朝鮮とキューバは CIA，The World Factbook による。

図 1.7　1 人当たり GDP の世界ランキング（2011 年）

（出所） 社会実情データ図録

周するとの観測があります。したがって，ジェット気流から離れた大気も含めても，おおよそ2週間もあれば地球上の大気は全地球に拡散するでしょう。海にも数多くの海流があり，深層水流も含めて，かなりのスピードで回流しています。東日本大震災の瓦礫（がれき）は，当初2年でハワイ諸島に到達し，3年でアメリカ西海岸に打ち寄せると予測されましたが，実際は1年半に満たない年月で北米大陸の西海岸に次々と漂着したとのニュースが流れました（**図1.8**）。

中国の経済発展と大気汚染

国境越境型としてよりイメージしやすい例として，中国の大気汚染を取り上げましょう。2010年に日本を抜いて世界第2位のGDP大国になった中国では，石炭による暖房や国民の自動車保有台数の急増によって，**PM2.5**（微小粒子状物質）による大気汚染がにわかに問題化しました。閾値（いきち）を超えてPM2.5の濃度が上昇した結果ですが，北京や上海を始めとした沿岸地域の大都市では日中でも暗くなるほどの大気汚染となり，街行（まちゆ）く人々にとってはマスクが離せません。そのPM2.5が西風に乗り黄砂とともに日本に飛来しており，これも大気の流れが瞬く間に広範囲に伝播する例といえます（**図1.9**及びレッスン3.7も参照）。

レッスン1.5 環境経済学の出番

本レッスンでは，経済学と環境問題の関係を考えます。両者が合体したものが環境経済学であると理解するのが自然ですが，どこが接点になってどのように合体されたのでしょうか。環境経済学は経済学の応用分野の1つに過ぎないのでしょうか，それとも独立独歩の学問体系としての環境経済学というものがあるのでしょうか。

経済学にとっての環境問題と環境問題にとっての経済学

経済学は19世紀後半からイギリスを中心にして本格的な学問体系として発展します。その背景には18世紀後半の産業革命がイギリスばかりでなくヨー

(a)　1 年後のシミュレーション図

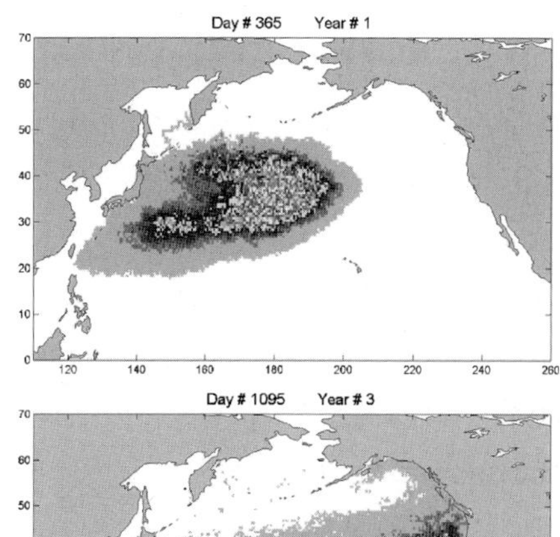

(b)　3 年後のシミュレーション図

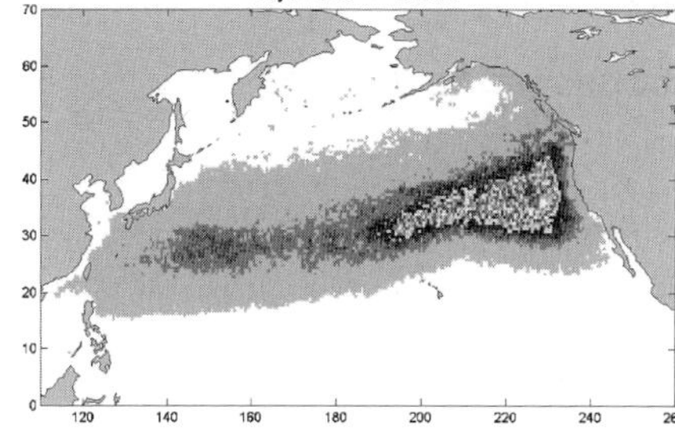

図 1.8　東日本大震災瓦礫の漂流予測図

（出所）ハワイ大学マノア校国際太平洋研究センター HP

ハワイ大学マノア校国際太平洋研究センターのシミュレーションモデルによると，東日本大震災時の津波で洗い流された大量の瓦礫は，家・車・家電などあらゆる残骸がごみの塊を成し，太平洋亜熱帯循環の海流に乗って東に広がっています。

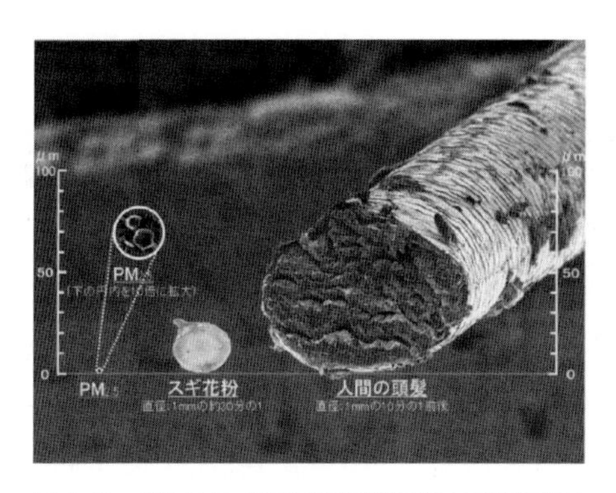

図 1.9　PM2.5（微小粒子状物質；写真左端）

（出所）東京都 HP

微小粒子状物質（PM2.5）とは，粒径 2.5 μm（2.5 mm の千分の 1）以下の粒子状物質で，単一の化学物質ではなく，炭素，硝酸塩，硫酸塩，金属を主な成分とする様々な物質の混合物です。呼吸器系の奥深くまで入りやすいことなどから，人の健康に影響を及ぼすことが懸念されています。こうした粒子状物質の発生源には，ボイラー・焼却炉等，ばい煙を発生する施設，コークス炉，鉱物の堆積場等，粉じんを発生する施設，自動車・船舶・航空機等，人為起源のものと，土壌，海洋，火山等，自然起源のものがあります。

ロッパ大陸の経済にまで浸透し，年々経済規模が拡大する経済発展の基盤が整ったことから，**資源配分の学問としての経済学**が飛躍を見たわけです。貧困問題や雇用問題は生活上の大問題ですから，学問的な研究対象としても興味を引いたのは十分理解されます。

マルサス（**クローズアップ1.5**参照）もその1人に列する古典派経済学の時代の経済学の対象はすべからく**政治経済学**であり，語源的に単なる家計や家政学を意味する**オイコノミコス**（oikonomicos）や domestic economy に対して，国民経済全体の政治的・政策的議論を展開するという意味合いを持たせるために **political economy** と表現し，それが政治経済学と訳されてきた経緯があります。それでも，古典派経済学の著作は敢えて追記的に政治経済学と訳されることは稀で，単に経済学と訳される場合が慣例となっています。**アダム・スミス**（Adam Smith，1723–90）の重商主義批判としての『国富論』（『諸国民の富』とも訳される）の出版，イギリス人の**リカード**（David Ricardo，1772–1823）とドイツ人の**リスト**（Friedrich List，1789–1846）による自由貿易・保護貿易論争なども政治経済学の色彩が強かったのですが，明示的に名称が言及されることは少ないといえます。

そうした経緯のある経済学ですから，貧困問題以外の社会問題や今日の環境問題に相当する問題が，創成期の経済学者の興味を引いたことは疑いありません（**コラム1.4**及び**クローズアップ1.5**参照）。しかしながら，経済学書や雑誌論文に本格的に登場するのは，（グラントの分析は例外として）「大気汚染などの外部効果を内部化するのに課税せよ」との**ピグー税**（レッスン4.2）が処方された**ピグー**（Arthur C. Pigou，1877–1959）の『厚生経済学』においてであり，1920年のことでした。言い換えますと，経済学が環境問題を語り出したのはせいぜい今から100年前のことで，経済学の歴史から言えば相対的に新しいといえるでしょう。ただし，その後の経済学における「環境問題の経済学的解明」には長足の進歩がありました。

例えば，古典派経済学が洗練される契機となった**限界革命**（marginal revolution）を経て経済学の研究が雨後の筍（たけのこ）のようにさまざまな分野に及ぶ中で，ケインズ（John Maynard Keynes，1883–1946）の『一般理論』が準備されるのとほぼ同じ1930年代に，**ホテリング**（Harold Hotelling，1895–1973）

■コラム1.4　ロンドンのスモッグ■

イギリスのロンドンでは，17世紀にグラントにより大気汚染と死亡率の関係が分析されるよりはるか以前から，石炭を燃やした際の煙による**大気汚染**が問題となっており，19世紀後半までには「汚染の酷(ひど)い時期の死者の増加数」が発表されるなど深刻化していました。「霧の都ロンドン」よろしく煙（smoke）と霧（fog）の合成語としての**スモッグ**（smog）が初めて登場したのが1905年といわれていますが，モネの絵からも窺(うかが)われるように，汚染の程度は相当なものでした。したがって，スモッグについては日常会話の話題になったことは確実でしょう。

図1.10　モネに描かれたロンドンのスモッグ

印象派を代表する画家の1人であるフランス人画家モネ（Claude Monet, 1840–1926）による1902年作の『ウォータールー橋，ロンドン』（国立西洋美術館松方コレクション）。

モネが60歳前後の頃，ロンドンのウォータールー橋の景色をめぐって連作を手がけ，テームズ河畔のホテルのバルコニーに画架を据えて制作しました。連作は41点に上り，いずれもスモッグに霞む建築物が描かれている点で共通しています。

クローズアップ1.5　環境問題と経済分析

経済学の環境問題への関心は古く，はっきりとした文献が残っているものに限っても，17世紀後半まで遡(さかのぼ)ることができます。

統計学の創成期の研究者として知られ友人同士のグラントとペティは，ともに死亡率との関係で環境要因を取り上げています。すなわち，**グラント**（John Graunt, 1620–74）は1662年にイギリスの大気汚染と死亡率の関係を分析し，社会科学の数量化の魁(さきがけ)として知られる『政治算術』の著者でもある**ペティ**（William Petty, 1623–87）は，1683年にイギリスの都市衛生と伝染病による死亡の関連について報告しています。

それから1世紀余り後の1798年に出版された『人口論』で，**マルサス**（Thomas Malthus, 1766–1834）は制限なしでは幾何級数的に増える人口と算術級数的にしか増えない食糧生産の関係から，人口増の継続が食糧を始めとした生活資源の継続的な不足をもたらし，貧困問題が重大な社会問題になると予測しました。これは，自然の制約が人々の暮

は**エネルギー資源の枯渇**について研究しています。資源が稀少であることは経済学のイロハではありますが，それが有限で枯渇するとの認識はまだ一般的なものではありませんでした。ピグーから10余年，ローマクラブの『成長の限界』の40年前に，すでに最適な枯渇資源の利用法について考察していたのはまさに慧眼であり，時代を先取りしていたのです。

一方，環境問題にとっての経済学は，問題意識がはっきりしています。**環境問題も結局は資源の利用に関わること**と捉え，その実現のための有効な手段を経済学の処方箋に求めるのです。ただし，第2章と第3章の解説で明らかになるように，経済学は環境問題にとって万能な解答を用意してくれるわけではありません。レッスン2.5で詳しくみるように，**経済学が「科学としての経済学」を標榜するあまり，価値判断からの自由**を意識し過ぎ，結果としてむしろ積極的な発言を控えることにもなったからです。

場合によっては，レッスン2.3で導出する**予定調和論的な厚生経済学の基本定理**に拘泥し，第3章で議論するようなその成立の前提が崩れる**市場の失敗**のケースにさえも，**「小さな政府」なり夜警国家論的な自由放任主義**を掲げ，政府の介入を嫌う風潮を増長さえしたのです。こうしたスタンスは，公害や地球温暖化など1丁目1番地的な環境問題にとっては，しばしば不幸な帰結をもたらしました。

環境経済学の誕生

すでに明らかになったように，**環境経済学**（environmental economics）は環境問題を扱う経済学の応用分野の1つですが，対象とする課題によっては，それぞれ異なった顔があります。経済学と環境問題を結ぶ線分のうち，経済学に近い方から環境問題に近い方までといった具合に，いわばプリズムのようにスペクトル分解可能で温度差があるからです。これらを便宜的に大別するならば，**経済学の応用分野としての色彩が強い「環境問題の経済学」と，個別環境問題によって経済学の枠組みの再考が求められているという「〈環境問題と経済〉の学」タイプが併存しているといえましょう（図1.11）**。

前者は厚生経済学や公共部門の経済学を扱う公共経済学の続編としての側面が強い部分であり，後者で経済に先行する環境問題の候補としてはエコロ

らしに与える影響を分析したもので，広い意味での環境問題と考えることができます。

さらに，景気循環の周期性を太陽活動の周期性に求めた**太陽黒点説**で有名な**ジェボンズ**（William Stanley Jevons，1835–82）は，1865年に**イギリスの石炭の枯渇問題**を扱っています。太陽黒点説そのものは，太陽活動の象徴としての太陽黒点（sunspot）数の変動に合わせて農作物の収穫量が変動し，それが景気循環の原因となるという説です（近年では，ほんらい経済活動にとって本質的な存在ではないが，人々がそれに注目するだけで実際に経済活動に影響を及ぼす要因をサンスポットと呼んでいます）。この説は，当時は荒唐無稽（こうとうむけい）な考え方として排除されましたが，現代の地球温暖化・異常気象増などを踏まえると，もっと経済活動と太陽黒点との関連が注目されてしかるべきかもしれません。

以上の例にみられるように，保健衛生や食糧・石炭などの個別問題に対して，その解決策を考察したのが環境問題と経済学の初期の関わりでしたが，産業革命以降，環境汚染やそれに伴う健康被害などが常態化していく過程で，**環境問題を統一的に分析する視点**が経済学の中に芽生えました。

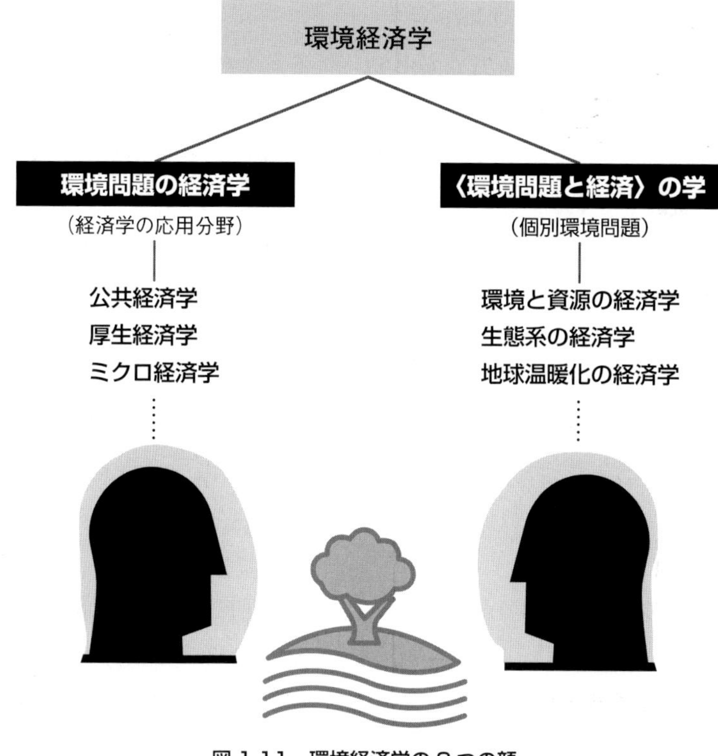

図 1.11　環境経済学の 2 つの顔

ジー，水資源，環境保全，地球温暖化等々が挙げられ，さらに細かく見るならば，コモンズ，社会的共通資本，NPO（非営利団体）やNGO（非政府組織）の活動や市民運動等々も候補になるでしょう。

こうした環境経済学の多様性は，その誕生の経緯によるといえます。すなわち，環境経済学は1人の影響力のある創始者の出現ないしバイブル的な著作の出版をもってスタートしたわけではなく，各国各地域の大学などで三々五々独自の講義が工夫されたのが始まりなのです。ある公害に蝕（むしば）まれた地域ではそれに重きを置いた環境経済学が，別の地域では湿原とエコロジーが中心の環境経済学が，そしてまた別の地域ではごみのリサイクルが中心の環境経済学が成立したといった具合です。

2011年2月，東京都国立市（くにたちし）の一橋大学で「環境経済学開講30周年記念シンポジウム」が開催され，北海道大学，慶応大学，中央大学，京都大学など各大学での環境経済学について過去30年間が回顧されました。このシンポジウムに象徴されるように，日本の環境経済学は1980年代前半期に誕生したといえますが，当時の日本の経済学には**マルクス**（Karl Marx，1818–83）の『資本論』を原点とする**マルクス経済学**の影響が強くあり，その流れを受けた環境経済学も少なくありませんでした。否，むしろミクロ経済学や公共経済学の延長にある環境経済学の方が，全体としては少数派であったといえるでしょう。

1980年代というのは，日本にとって，「公害の垂れ流し」がまかり通り**四大公害病**（**コラム1.5**）が人体を侵襲（しんしゅう）し続けた1970年代前半までの期間，1972年のローマクラブの『成長の限界』，翌年の第1次石油ショック等々と，環境問題がクローズアップされてから10年の歳月が経っています。大学の通年4単位の講義科目として，環境経済学がその内容を充実させるのに10年間必要だったのだというべきでしょう。ちなみに，**公害対策基本法**の施行が1967年，公害関係14法案が提出され可決・成立した**公害国会**（第64回国会）が1970年，**環境庁**（現在の環境省）が発足したのが1971年，1975年発足の環境科学総合研究会が**日本環境学会**に衣替えしたのが1983年となっています。

■コラム1.5　四大公害病■

日本では明治維新以降の富国強兵政策や戦後の高度成長期に，さまざまな産業公害が発生しました。そのうち，第２次世界大戦後に規模が大きく人々に多大な影響を与えた，1956年熊本県水俣湾や八代海沿岸で発生した**水俣病**，64年新潟県阿賀野川流域で発生した**第二水俣病（新潟水俣病）**，60年代から70年代前半に三重県四日市市で発生した**四日市ぜんそく**，20世紀初めから70年代前半にかけて富山県富山市で発生した**イタイイタイ病**を，**四大公害病**と呼んでいます。

四大公害病については，第７章のレッスン7.1でそれぞれを詳しく取り上げますが，端的には日本経済全体の発展のために，一部地域の生活の安全が見殺しにされた不幸な出来事の象徴と考えることができます。この不幸は当初は認識されていなかったでしょうが，ある段階からは隠蔽（いんぺい）するなり，原因解明を意図的に先延ばしすることにより，その間にいたずらに公害病の患者数を増大させてしまったのです。

図 1.12　四大公害病の発症地域

四大公害病はその地域ないし特有の症状に対して命名された経緯がありますが，「四日市ぜんそく」については，四日市市特有の公害ではなく，いわば「四日市公害によるぜんそく」が正しい表記といえるでしょう（第７章レッスン7.1）。しかしながら，四大公害病はそれぞれが相当程度確立した呼称となっており，ここでも踏襲します。

レッスン1.6　環境経済学の目的と課題

環境経済学の誕生の背景に公害や枯渇性資源問題等の環境問題の先鋭化があったのを理解したとして，それでは環境経済学のそもそもの目的は何でしょうか？　経済学の入門書などには，**経済学は経世済民の学問**であると解説され，それは**「世を経め，民を済う」**が中国の古典にも登場する経済の原義だからとされています。このフレーズからは，世の為，人の為になることが経済学の本来の使命だと敷衍できますので，当然，環境経済学の目的とするところも，**環境問題の解決なり改善を通じて，よりよい社会の創生と人々の幸福につなげること**となります。

経済学の応用分野の1つとして環境経済学を位置付ける「環境問題の経済学」の立場では，環境問題をできるだけ経済学の土俵に上らせ，経済分析を展開します。本書でも第2章と第3章で解説しますが，環境問題も資源配分のあり方の問題に還元でき，市場メカニズムでは達成できないならば，それに代わって達成するシステムをデザインすればよいと考えます。環境問題には第3章で説明する外部性がつきもので，それゆえに市場の失敗が起こるのですが，何とかして内部化するのが環境問題の解決になると捉えるのです。

しかし，環境経済学の目的はそれだけではありません。「環境問題と経済の学」の観点からは，単なる外部性の内部化による資源配分の効率性の達成ばかりでなく，環境問題に内在する問題を強調することによって経済学の体系そのものに再考を迫るのも，環境経済学の目的になります。**大量生産・大量消費社会やLOHAS**（レッスン10.1）に見られる生活スタイルの見直し，大規模開発型の公共事業の見直し，経済成長優先から持続的経済成長への転換と，既存の経済学の枠組みの再考は環境経済学の醍醐味でもあるのです。

環境評価と環境マネジメント

環境問題を経済学の分析枠組みにのせるのには，それなりのツールなりテクニックを身に付けることも必要です。その1つに，環境の現状を評価する**環境アセスメント**があります。環境アセスメントにはいくつかのアプローチがあり，

クローズアップ1.6　レッドデータブック

環境省では，日本に生息又は生育する野生生物について，専門家で構成される検討会が，**生物学的観点から個々の種の絶滅の危険度を科学的・客観的に評価し，絶滅のおそれのある野生生物の種**を**レッドリスト**として作成・公表しています。1991年以来，おおむね5年ごとに改訂を行ってきており，最新のレッドリストは2012–13年に公表した第4次レッドリストになっています。これに掲載された種数は，植物，哺乳類，鳥類等10分類群合計（見直しが遅れている汽水・淡水魚類については第3次リストのまま）で3,574種に上り，2006–07年公表の第3次レッドリストよりも419種増えました。

レッドリストに掲載された種について，**それらの生息状況や存続を脅かしている原因等を解説したのが**，（典型的には表紙が赤色の）**レッドデータブック**であり，初版は1991年に刊行され，おおむね10年ごとに改訂されてきました。2000–06年にかけて見直された改訂版に続いて，第4次レッドリストに依拠した再改訂版の刊行が2014年に計画されています。

環境省以外では，現在では，47都道府県すべてで地域ごとのレッドリストやレッドデータブックが作成・公表されており，独自色のあるものになっています。千葉市，名古屋市，松山市など市町村レベルでのレッドデータブック，NGOの日本自然保護協会及び世界自然保護基金日本委員会の合同で1989年に発行された維管束植物のレッドデータブック，そして日本哺乳類学会が独自に発表した哺乳類のレッドリスト等もあります。

表1.3　カテゴリー（ランク）の概要

カテゴリー	概要
絶滅（EX）	我が国ではすでに絶滅したと考えられる種
野生絶滅（EW）	飼育・栽培下あるいは自然分布域の明らかに外側で野生化した状態でのみ存続している種
絶滅危惧Ｉ類（CR+EN）	絶滅の危機に瀕している種
絶滅危惧ＩＡ類（CR）	ごく近い将来における野生での絶滅の危険性が極めて高いもの
絶滅危惧ＩＢ類（EN）	ＩＡ類ほどではないが，近い将来における野生での絶滅の危険性が高いもの
絶滅危惧Ⅱ類（VU）	絶滅の危険が増大している種
準絶滅危惧（NT）	現時点での絶滅危険度は小さいが，生息条件の変化によっては「絶滅危惧」に移行する可能性のある種
情報不足（DD）	評価するだけの情報が不足している種
絶滅のおそれのある地域個体群（LP）	地域的に孤立している個体群で，絶滅のおそれが高いもの

※　太線枠内が絶滅のおそれのある種（絶滅危惧種）

（出所）　環境省自然環境局生物多様性センターHP

一筋縄でいくほど簡単なものではありません。しかも，評価結果次第で環境問題が一変してしまう可能性もあり，環境保全に与える影響には計り知れないものがあります。この点は第5章で詳しくみますが，リトマス試験紙的な簡単な評価基準としては，野生生物を含めた自然環境保全を挙げることができます。

絶滅の恐れのある野生生物について記載したデータ集として**レッドデータブック**があり（**クローズアップ1.6**），IUCN（国際自然保護連合），日本の環境省，都道府県等，そしてNGO（非政府組織）や学術団体等が作成したものがあります。日本では環境省のレッドデータブックに載った野生生物には**種の保存法**（絶滅のおそれのある野生動植物の種の保存に関する法律）に基づく**稀少野生動植物の保全・保護の義務**が課せられ，環境アセスメントにも活用されることになっています。

1991年に**里山の猛禽(もうきん)類といわれる大鷹(オオタカ)がレッドデータブックで絶滅危惧種に指定**され，93年に種の保存法が施行された際にも稀少種となり保護対象となりました。大鷹の生息数が減少した背景には，大規模道路，工業団地や住宅団地，ゴルフ場などの開発行為により里山を追われたことや，食物連鎖を通じた有害物質の蓄積による繁殖能力の低下なども懸念されました。2005年に開催された愛知万博の際には，当初の開催予定地でその大鷹の営巣が確認されたことから，自然保護団体などの反対運動が起き会場を変更した経緯があります。その後，保護の効果がてきめんに現れ，大鷹の生息数は劇的に回復し，2006年にはレッドデータブックでは「準絶滅危惧種」に格下げされました。しかし，現在でも，大鷹は保全されるべき自然環境のシンボルとして君臨し続けています。

環境アセスメントと同様に重要なテクニックとして，**環境マネジメント**も挙げられます。会社などの組織や事業者が，環境に関する方針や目標を自ら設定し，達成に向けて取り組んでいくことを指し，そのための工場や事業所内の仕組みを**環境マネジメント・システム（EMS）**と呼んでいます。いわば，**環境にやさしい体制**を構築するのが環境マネジメントの目的であり，あくまでも自主的な取組みとして位置付けられ，それを客観的な立場からチェックするのが**環境監査**になります。

環境マネジメント・システムには，環境省が策定した**エコアクション21**や，国際規格の**ISO14001**があり，その他にも地方自治体，NPOや中間法人等

クローズアップ1.7　ISO14001

ISO14001は，企業活動等に際して，**製品及びサービスの環境負荷の低減等環境パフォーマンスの改善を継続的に実施する環境マネジメント・システムを構築するために要求される標準規格**です。ISOは**国際標準化機構**（International Organization for Standardization）の略称であり，番号の14000番台は環境マネジメント・システム関連の国際標準を規定したものです。具体的には，ISO14001では，まず組織の最高経営層が環境方針を立て，

Plan：業務計画の作成　　　Do：計画に沿って業務を実施・運用
Check：結果の点検，計画の確認　Act：見直し，必要があれば再計画

という，**PDCAサイクル**を構築し，このサイクルを螺旋状に継続して実施することで，環境負荷の低減や事故の未然防止につなげ，業務改善に役立てます（**図1.13**）。

ISO14001取得は，組織が規格に適合した環境マネジメント・システムを構築していることを外部に向けて宣言する効果を有し，第三者認証（審査登録）取得によって，**組織自らが環境配慮へ自主的・積極的に取り組んでいることを示す有効な手段**となっています（レッスン6.2の**コラム6.4**参照）。日本の取得件数は長らく世界のトップでしたが，中国の台頭により2007年以降は，2位に後退しています。また，申請に要する手間の割に効果がはっきりしないとの批判もあり，件数自体も2009年以降減少しています。

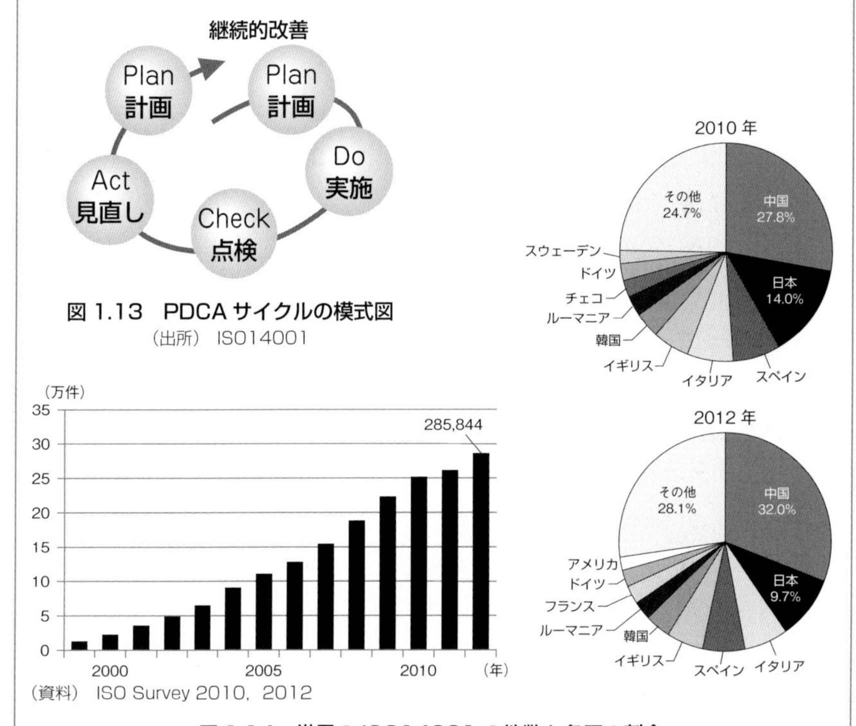

図1.13　PDCAサイクルの模式図
（出所）ISO14001

（資料）ISO Survey 2010，2012

図1.14　世界のISO14001の件数と各国の割合

左の棒グラフが世界のISO14001の件数，右の円グラフがそのうちの各国の割合。日本の件数は，世界の件数に日本の割合をかければ算出できます。

が策定したものがあります。地球環境問題が先鋭化し，持続可能な経済発展に収斂するためには，あらゆる経済社会活動から環境への負荷を減らし，環境にやさしくならなければなりません。そのためのツールなりテクニックが環境マネジメント・システムであり，これによって環境規制に従うだけでなく，その活動全体にわたって，**自主的かつ積極的に環境保全の取組を進めていくこと**が求められます（**クローズアップ1.7**）。

経済成長と環境汚染――世代間の利害調整

さて，第1章「環境問題とは何か？」を閉じるにあたって，環境問題が**世代間の利害調整**と関連することを説明しておきます。過去に生きた世代，現在を生きる世代，将来生まれてくる世代と，人類は世代が重複する形が連続して歴史を作ってきました。世代が重複する中で，経済成長は過去からの贈り物であり，現在世代にとっては最初から下駄を履いて生まれてきたも同然に高い生活水準を享受したといえますが，**環境汚染は将来世代へのマイナスの贈り物であり，現在世代にとっては好まざる遺産であり，将来世代からは好まれざる遺産**になります。

重複世代にとっての特性は，時間は一方方向にしか進まないことで，将来世代が直接現在世代に物申すことはできないことから，現在世代は将来世代を慮って行動する必要があるわけです。環境汚染にも種類があり，**汚染が直ちに解消するフロータイプのものもありますが，しかし多くの環境汚染物質は長期にわたって悪さをするストックタイプの環境汚染をもたらす**のであって，それがマイナスの贈り物になるわけです。こうした一方通行性は今後も続いていくわけですが，ゆめゆめ将来生まれてくる世代に過剰な負荷・負担を掛けることがないように，不断に慎まなければなりません（**コラム1.6**）。

ところが，現実はきれいごとではすまされず，**多くの国でほぼ例外なく，経済発展の過程で環境が破壊されてきました**。日本でも四大公害病は高度経済成長の過程で発生しました。しかも，公害なり環境破壊が惹起されるのは，必ずしも発展途上国から先進国への移行過程だけにみられる特有な現象ではなく，例えば1970年代のアメリカでも，ハイテク産業が集積していたカリフォルニア州のシリコンバレーで，IC（半導体）チップなどの洗浄に使われた有機溶剤

■コラム1.6　環境問題と世代間の割引率■

経済学では異時点間の経済問題を考える際に，割引の原価係数あるいは割引率という概念を導入します。**原価係数**は将来の価値を現在の価値に換算する計算係数であり，**割引率**（discount rate）は，原価係数をもたらす利子率のことです。例えば銀行にお金を預けているだけで金利が3% 付き，現在の100円が来年には103円になったとします。この場合，原価係数は100を103で除した値であり，来年の103円の価値が今年の100円と考えます。つまり，来年の100円はほぼ今年の97円と同等になり，今年の100円よりも価値が小さいわけです。

環境問題を考える際にも同様な考え方が適用されます。第5章で説明する環境評価でも将来の環境の価値を現在の価値に直すことで，環境対策などに掛ける金額の妥当性を検証します（**表5.2**）。環境問題では，この社会的割引率の設定によって将来世代への負担をどのように見積もるかが変わってきます。**大きく割り引くということは将来世代の負担を小さく見積もる**ということですし，小さく割り引けば逆に大きく見積もることになります。

人は将来のことを楽観的に見積もる傾向があります。問題を先送りする傾向があるとも言えます。いずれ解決策が見つかるかもしれない，革新的な技術が開発されるかもしれないと都合よく考える傾向があります。開発される可能性の高い解決方法が存在するのであれば，現時点で高いコストを掛けて解決するよりも先送りした方が望ましい場合もあります。自分が生きている期間について甘い見通しをするのであれば，自分も責任を負わなければならないので自業自得と言うこともできます。

しかし，解決の見通しが立っていない問題について，現在世代がまだ生まれてもいない世代も含めて負担を割り引いた形で将来の計画を立てるということは，将来世代は現在世代よりも負担に寛容であり，自分たちよりも多くの負担をさせてもよいと考えることになります。環境問題のように世代を跨ぐ（また）問題であり，問題によっては回復不可能な被害が生じる可能性がある場合，そのような割り引きを行ってもよいのか，妥当な割引率はどのように求められるべきか，といった本質的な課題に直面するのです。

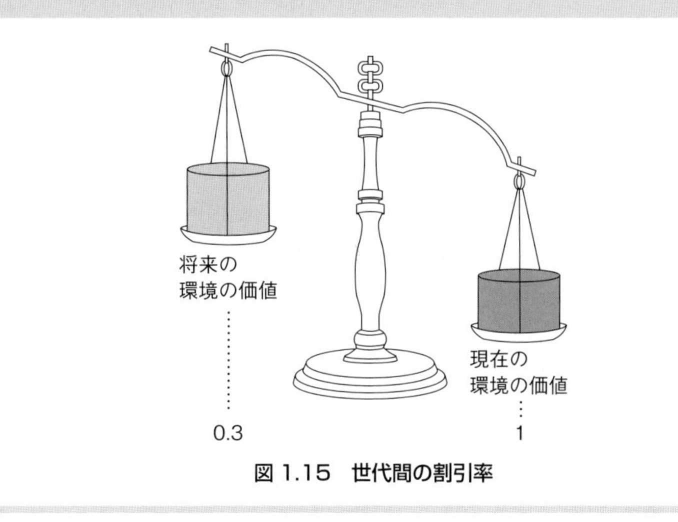

図1.15　世代間の割引率

による地下水汚染が問題となりました。今後ますます表面化すると危惧される**シェールガス**採掘による地下水汚染（**クローズアップ1.4**参照）も，同類の環境問題といえます。

企業はより少ないコストで生産することで利益を増やそうとするため，リアルタイムでは被害が認識されにくい環境汚染への対策は後回しにされる傾向があります。また，発展途上国では環境汚染により生活に悪影響が出ていることを認識していても，成長による富の増大を選択する傾向があります。人類の英知にもかかわらず，分権的意思決定の集まりとしての市場経済においては，哀しいかな**ある程度の生活水準が確保されるまでは，環境の大切さは認識されない**のです。

ストックタイプの環境汚染の影響は，汚染が蓄積することで一挙に顕在化します。そのため，一般論として問題が生じることを認識していても，汚染ストックが蓄積する過程では，当面の問題としては軽視し，負担を将来世代に押し付けてしまいがちです。これによっては，将来世代に負担してもらうことで自分たちの世代の生活の向上につなげていることから，結果的に，将来世代から富を略奪していると考えることもできます。時間は一方方向にしか流れませんので，経済成長や生活の豊かさを考える際には，将来世代への影響を考慮する**世代間の利害調整**の視点が重要になるのです。

レッスン1.7　まとめ

本章では，さまざまな観点から，何が環境問題かを整理しました。環境経済学は「環境問題の経済学」の側面をもつ一方，「〈環境問題と経済〉の学」の側面も持ちます。経済学の応用分野の1つであることから，正統派のミクロ経済学とマクロ経済学の分析手法を援用しますが，効率的な資源配分の観点のみでなく，環境問題特有の対処法・解決法も探ることになります。経済学の枠組みを利用しつつ，環境にやさしい社会・経済システムの構築が主眼になるといっても良いのですが，そのためには経済学の理論だけではなく現実社会について科学知識も含めた幅広い知識が必要となります。

キーワード一覧

自然環境　産業公害型（典型７公害）　大規模開発型　都市生活型　地球環境型（国境越境型）　環境基本法　環境基準　景観利益　地球環境サミット　ラムサール条約　生物多様性条約　市場の失敗　外部不経済　宇宙船地球号　成長の限界　持続可能性　持続可能な経済発展（開発）　環境問題の経済学　〈環境問題と経済〉の学　四大公害病　経世済民　大量生産・大量消費社会　環境アセスメント　レッドデータブック　環境マネジメント　ISO14001　環境監査　世代間の利害調整

▶考えてみよう

1. あなたは，「環境」という言葉から何をイメージしますか？　それは，この第1章を読む前と読んだ後で変わりましたか？
2. 石器時代や縄文時代といわれる時代に，人類は地震や火山の噴火，台風の襲来などの自然環境に対して，どのような思いを持ったと思いますか？
3. 工業化や経済発展が環境を悪化させるのは，必然だと思いますか？　人類の英知が，環境悪化を回避させた例はあるでしょうか？
4. 環境経済学はどのような学問ですか？　環境社会学，環境政治学，環境経営学といった学問分野はあると思いますか？　あるとしたら，それぞれどのような学問だと思いますか？
5. 環境経済学が経済学の一応用分野だとして，基礎ないし土台となるミクロ経済学やマクロ経済学と比較した場合，何か大きく異なるところはあるでしょうか？　第２章や第３章を学んだ後に，もう一度この問いを考えてみましょう。

▶参考文献

環境が何たるかを理解するのに手っ取り早いのは，年々発行される環境省編『環境白書』が一番ですが，近年は『循環社会白書』と『生物多様性白書』の側面も併せ持つ，大部な

　環境省編『環境・循環型社会・生物多様性白書』

として刊行されています。ただし，普及啓発冊子としてよりコンパクトな『図で見る環境・循環型社会・生物多様性白書』や『こども環境白書』も用意されており，すべて環境省のHPで閲覧可能になっています。

経済学の入門書は多数ありますが，まず経済学の全体を俯瞰（ふかん）する意味で，

　宇沢弘文『経済学の考え方』岩波新書，1989年

　浅子和美・石黒順子『グラフィック経済学　第2版』新世社，2013年

がよいでしょう。次いで，ミクロ経済学とマクロ経済学の入門書に進むのが良く，書店にはいろいろなテキストが並んでいますが，本書の姉妹本として

　金谷貞男・吉田真理子『グラフィックミクロ経済学　第2版』新世社，2008年

　宮川努・滝澤美帆『グラフィックマクロ経済学　第2版』新世社，2011年

が推薦されます。

環境経済学全般の入門書としては，定評のある

植田和弘，北畠佳房，落合仁司，寺西俊一『環境経済学』有斐閣ブックス，1991年

日引聡・有村俊秀 『入門環境経済学――環境問題解決へのアプローチ』中公新書，2002年

に加えて，

宮本憲一『環境経済学　新版』岩波書店，2007年

が，またややアドバンスト・コースになりますが，岩波講座『環境経済・政策学』の全8巻があり，中でも第1巻の

佐和隆光・植田和弘（編）『環境の経済理論』岩波書店，2002年

がいいでしょう。相当古くなりますが，

都留重人『公害の政治経済学』岩波書店（一橋大学経済研究叢書26），1972年

宇沢弘文『自動車の社会的費用』岩波新書，1974年

は環境経済学の草創期の名著として，今日でも一読に値します。

環境問題は，地球温暖化問題やエネルギー政策に典型的に現れているように，世界経済の動向，とりわけ新興工業国の経済成長の動向によって状況が動いており，5年とか10年経つと，それらの国の世界経済の中でのプレゼンスが高まり環境問題での発言力も高まってきています。また，2014年の前半期でも小笠原諸島の西之島の噴火活動，南氷洋調査捕鯨裁判での日本の敗退と，環境がらみのニュースも次々と入ってきます。

文献の中にはやや古くなったものもありますが，それでもそれらの文献が刊行された時点で，「環境問題のどこまでが解明されていたのか？」を理解する上では，極めて重要な情報を提供します。その意味でも，本書では，敢えて刊行後年数がたった文献も参考文献として薦めてあります。

経済学で分かっていること
——資源配分と所得分配

本章では，環境問題を考察する上で役に立つ経済学の基本的な考え方を学びます。その際，経済学の理想状態である完全競争市場における取引について整理し，後の章で環境問題を考察する場合の準備とします。

具体的には，完全競争市場では，資源利用の意味で無駄のない効率的な資源配分が達成されることを，社会の総余剰の観点と交換経済のパレート効率性（パレート最適）の観点で説明します。しかし，資源配分の効率性は経済学の一部であって，所得分配の公正性，公平性も同じように重要な問題であることも指摘します。環境問題に対して経済学的なアプローチを適応する場合には，分配問題に細心の注意を払わなければならないのです。

レッスン

レッスン2.1　完全競争市場

まず，市場といっても，そもそもどのような市場構造があるかを確認しておきます。**表2.1** にあるように，市場構造はいくつかの視点で分類できます。基本的には**市場に存在する企業の数がどれくらいあるか**，**企業が生産する製品が同じものか企業によってそれぞれ製品差別化**されているか，そして**企業に価格支配力**があるか，といった観点で分類するのですが，分類は必ずしも厳格ではありません。境界あたりで，どちらつかずの場合も多いからです。しかしながら，そうした分類の上での完全競争市場は，他の市場構造と比較すると，企業の数や価格支配力の点では極限的な状態にあるといえます。

完全競争市場の３つの要件

経済学でよく想定される**完全競争**（perfect competition）については，そのような状態の市場が現実に存在するとはいいがたく，環境問題を考察する際には非現実的で無意味ではないかとの批判的な見解もあるかもしれません。しかし，理想的な状態としての完全競争を想定し，それを出発点として，様々な問題が生起している現実の経済との違いを見極めることで，問題の背景やそれに至った根本的原因が理解可能になります。そこから，問題解決のためのヒントを得ることができるのです。その意味で，完全競争市場をきちんと理解しておくことは，本書を読み進んでいく上でも決定的に重要になります。

市場構造の観点からは，**完全競争市場**とは**以下の３つの要件を同時に満たす市場**です（**図2.1**）。どの要件が欠けても，厳密な意味ではもはや完全競争ではなくなってしまいます。

① 多数の経済主体が存在しており，ある経済主体の行動が他の経済主体の行動や経済全体に影響を及ぼさない（**ミクロの原子的存在**）。

② 生産者は生産手段を保有するか有償でリースないしレンタル契約し（**生産手段の私有制**），消費者が消費する財・サービスを他者は同時に消費できない（**消費の排除可能性**）。

③ すべての市場参加者は，財・サービスの価格や品質などの情報を，対等

■コラム2.1　市場構造の分類■

市場構造の分類は，企業の数と製品差別化の有無，そして市場価格に影響を及ぼす価格支配力（市場支配力）の有無によります。完全競争では企業は**市場価格を与えられたもの**と受け止める**プライステイカー**ですが，その他では多かれ少なかれ**市場価格を決定する価格支配力**をもつ**プライスメイカー**（ないし**プライスセッター**）といえます。独占企業をはじめ企業数が限られる市場構造は，基本的には何らかの参入障壁の存在によります。

その原因としては，①**政府の直接規制**（各種の検査業務，かつての郵便事業やタバコ専売），②**政府による特許や著作権の付与**（薬品，ゲームソフト），③**平均費用逓減・規模の経済性**（電気，ガス，水道），④**絶対的な技術的優位性・ネットワーク外部性の確立**（Windows，航空），⑤**稀少資源のコントロール**（高速道路，温泉）が考えられ，これらは重複して該当する場合が多いといえます。

表2.1　市場構造の分類

市場構造	企業の数	価格支配力	製品差別化	市場の具体例
独　占	ただ1つの企業	あ　り	な　し	高速道路，地域の電気・上下水道・ガス，かつての郵便・電話・タバコ・塩，特許品，など
複　占	2つの企業	あ　り	あり/なし	コカ・コーラとペプシ，セリーグとパリーグ，並走する電車（JR中央線と私鉄京王線），東西の横綱，業界を2分する存在の企業同士，など
寡　占	少数の企業	あ　り	あり/なし	自動車，携帯電話，家電，半導体，など
独占的競争	多数の企業	あ　り	あ　り	銀行ローン，飲食店，デザイナー，大学教員，など
完全競争	多数の企業	な　し	な　し	農水産物，小規模小売店，観光地のお土産店，など

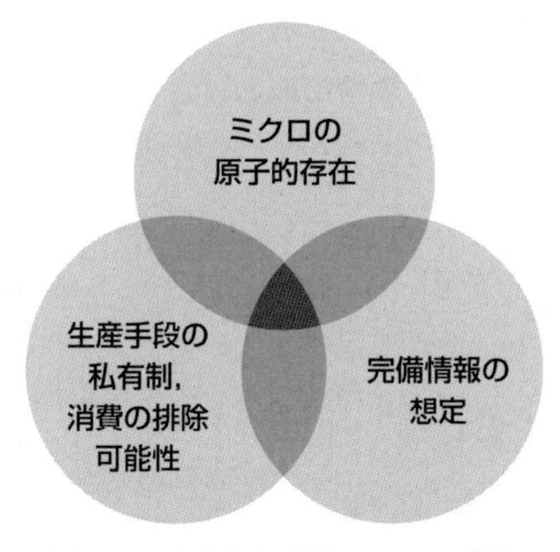

図2.1　完全競争市場の3つの要件

に有している（**完備情報の想定**）。

経済主体は原子的存在

1つ目の要件は，自分も含めて市場に参加して取引を行っている生産者や消費者は，すべて物質を構成する原子のようなちっぽけな（小さい）存在であり，他の人に影響を及ぼすほどの力を発揮することはないことを意味します。すべての経済主体は受動的な行動に徹し，**生産者も消費者も製品の価格は与えられたものとして行動**します。

現実の経済では，唯一の企業による**独占**（monopoly）や少数の企業による**寡占**（oligopoly）状態にある市場もあり，企業側が**価格を高めに決めることができる市場構造**になっています。また，現実問題としては，多くの工業製品については企業によって価格が提示されており，消費者はその価格で購入するか，それとも購入しないかを判断する，**買うか止めるか**（take–it–or–leave–it）タイプの商品が多くあります。スーパーマーケットやコンビニ店で陳列されている商品はすべてそうですし，電車賃とかレストランの食事代とかも，こうした類の財・サービスといえましょう（**クローズアップ2.1**）。

このような財・サービスとは対照的に，野菜や魚介類のような生鮮食品の卸売市場では，**価格は需要と供給に応じて日々変動する**のが日常茶飯事であり，完全競争市場のイメージに近いものとなります。逆説的ですが，不動産や自動車，宝飾品などの高額商品の場合も，**売り手と買い手が相対（あいたい）で交渉する**場合が多く，交渉力の強弱に応じて実質的な価格（実勢価格）が決められることになります。ただし，この場合は，価格は変動の余地がありますが，市場は完全競争下や独占的競争下にあるわけではなく，あくまでも売り手・買い手の両方に価格支配力がある**双方独占**の状態にあると分類します。

要するに，完全競争市場の1番目の要件は，各生産者の生産量は全体に比べて相当少なく，市場に働きかけて価格を決める力を持っていないことを強調します。ある企業が先駆的に導入した優位な技術なども，他の企業も追随して導入することが容易であり，技術水準などの条件も同一になっているとの前提になっています。**だれもが，代わりはいくらでもいる，匿名（とくめい）状態にある**のです。

そうであるので，ある企業が他の企業よりも高い価格をつけるとだれも

クローズアップ2.1　独占的競争下の製品差別化

現代の多くの小売商品やレストラン・ラーメン屋などの料理店は完全競争ではなく，売り手が価格を設定できるという意味で独占的要素を有しているわけですが，かといって似たようなライバルとなる経済主体が他にも多数存在しており，全く自由に勝手な価格を付けるわけにはいかないという競争状態にもあります。これを**独占的競争**（monopolistic competition）状態にある市場といい，財・サービスの間で**製品差別化**（product differentiation）が進んでいる場合によく見られる市場構造になります。同じ車種で色の異なる車，温泉街の老舗旅館の共存，大きな駅での複数の駅弁なども，独占的競争にある例といえるでしょう。

価格面では同等とした上で，独占的競争市場で製品差別化が維持されるには，大別して2つの要因が関係します。1つは，**製品の品質が異なることによる差別化**であり，もう1つは**色やデザインなどの消費者の好みによる差別化**です。前者は**垂直的差別化**であり，製品に対する情報が既知で，消費者の間で順序付けが一致する上でも生じる差別化になります。それに対して後者は，消費者サイドの好みの違いから生じる差別化であり，順序不同で生起します。すなわち，品質が劣っていても選択される可能性もあり，これは**水平的差別化**と呼ばれます（**表2.2**）。

垂直的差別化は品質の差別化になり，探索財と経験財を区別すると分かりやすいでしょう。**探索財**（search goods）は，調べるためにコスト（お金や時間）をかければ正確な情報を手に入れることが可能な財で，得られる情報や製品からの満足と比較し調査にかけるコストを決定します。コンピューターや家電製品など，カタログである程度の品質が分かる財がこれに当たります。**経験財**（experience goods）は，実際に使用してみないと品質が分からない財で，**品質が良いものは最初は安く提供され，品質の悪いものは最初は高く提供される**という逆説的な現象が発生します。品質情報が共有されない，**非対称情報**の問題があるためです（**クローズアップ2.2**参照）。

表2.2　製品差別化

垂直的差別化 vertical differentiation	製品の品質による差別化。 製品に対する情報が分かっているときに消費者の間で順序付けが一致するような差別化。
水平的差別化 horizontal differentiation	色やデザインなどの消費者の好みによる差別化。 品質が同じであれば色・デザイン・イメージなどで選択が行われる。品質が劣っていても選択することがある。

買ってくれなくなってしまいます。逆に，価格を下げて販売量を増やそうとしても，他の企業も同様な行動を取れば，売上は増えずに儲け（利潤）だけが減少します。結果として，各企業は，「市場で決まる市場価格」を与えられたものとして受け入れる存在となります。こうして，完全競争市場では，すべての経済主体は**プライステイカー**（price taker），すなわち**価格受容者**となるのです。

生産手段の私有制と消費の排除可能性

完全競争市場の2つ目の要件は，自分のものは自分のもの，他人のものは他人のものであり，生産や消費の際に直截的に他人の指図や悪影響を受けないという要件です（好ましい影響も除外します）。

生産手段の私有制は，生産した財・サービスを自由に売却する権利（**処分権**）と合わせて，**資本主義経済**でのいの一番の前提になります。生産者の中には，土地や工場をリース契約する場合もあるでしょうが，その場合も，契約で守られている範囲に限定されるとしても，自分のものと考えることにするのです。仮に，かつての**社会主義国家**のように生産手段の私有制が認められないとしましょう（**コラム2.2**）。そのような場合，いつ生産活動を制止されるかも分からず安心して生産活動を営むことはできないでしょう。そもそも社会主義経済下では自由な取引が行われる市場は存在せず，資源の配分は**すべて中央計画当局が立てる資源配分計画に委ねる**ことになります。中央計画当局が**全知全能なラプラスの悪魔**ならば別ですが，ソ連の崩壊が実際に示したように，市場メカニズムでの資源配分機能には及ばなかったわけです。後にみるように，**完全競争の市場メカニズム**の**下で，初めて効率的な資源配分がもたらされる**のです。

企業にとっての生産手段の私有制や生産物の自由処分権と同様の権利を消費者にも認めるのが，**消費の排除可能性**の要件です。自動車を使用する権利（他の人に使わせない権利）は購入者にあります。このとき初めて，自分が支払う金額と，自分が乗車して得られる**効用**（**満足感**）を比較して購入するか否かの判断を下します。仮に，他人の利用を排除できずに，他者が勝手に車を使うとしましょう。この場合は，自分が購入した自動車を，自分が乗りたい時に乗れないという事態が起こり得ます。そうだとすれば，自動車を購入する意義を見いだせずに，早晩消費意欲が消失するのは目にみえています。

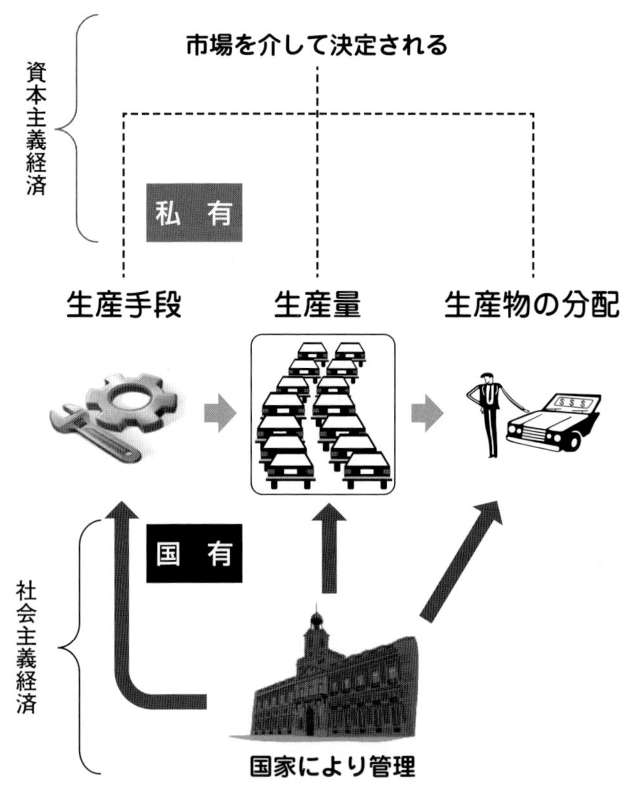

図 2.2　資本主義経済と社会主義経済

■コラム 2.2　社会主義国と生産手段の国有制■

ロシア革命によって誕生した社会主義国**ソ連**（ソビエト社会主義共和国連邦）では，土地や水資源，地下資源，輸送のための施設などの生産手段をすべて国有にし，工場や銀行，貿易などを国営にしました。1928 年から相ついで5か年計画を実施し，工業の発展や農業の近代化，国土の開発に努め，第2次世界大戦後は社会主義国の指導国になると同時に，アメリカと並ぶ大国に急成長をとげました。

しかし，重化学工業や軍需面を優先させ，国民の生活の不満が高まるといった資源配分の偏りにより，次第に経済の停滞が顕著となり，政治面も含めて資本主義国との冷戦での敗勢が決定的となった 1991 年 12 月に，ソ連はロシア共和国を始めとした 12 の独立国家共同体（CIS）に解体されました。

1990 年代以降，世界経済が急速にグローバル化することになったのも，冷戦に勝利したアメリカ型の資本主義が，市場メカニズムによる資源配分の優位性を誇示して，世界中に浸透したのが大きいといえるのです。

完備情報の想定

完全競争市場の3つ目の要件は**完備情報**（complete information）の想定です。市場で取引される商品に隠れた瑕疵(かし)問題があったとしたら，当初予定していた目的を果たすことはできない可能性があります。例えば，購入時に支払った金額よりも，実際に手に入れた財・サービスの価値が低いとしましょう。それでは売り手が信用できず，そもそもの取引が覚束(おぼつか)ないものになってしまうとして排除するのが，完備情報の想定です。この想定はさらに，自分も含めて，**だれも他人よりも多くの情報を保有していない**ことをも要求します。

だれかが他人よりも多くの情報を保有している**非対称情報**の場合には，**有利な情報にアクセス可能な経済主体が利益を得る**ことが可能となります。あるいは，売る側が商品の問題点を意図的に隠していた欠陥品の場合，消費者がそれを知らずに購入すれば，損をすることになります（**クローズアップ2.2**）。完全競争市場では，すべての市場参加者が平等に情報に接することになるので，このような情報量の格差に起因する得失は起こらないと考えるのです。

なお，完備情報の想定とほぼ同じ効果がある問題として，**取引費用の非存在**の想定があります。取引費用は，端的には取引の過程で発生する諸費用のことですが，これが大きな部分を占めるならば取引そのものが成立しない場合ができます。現実の世界では取引費用の存在は重要ですが，理論分析においてはこれを捨象するのが暗黙の合意となっています（第4章**コラム4.8**も参照）。

完全競争市場での取引

次に，以上で確認した3つの要件を満たす完全競争市場での取引の様子を，グラフを利用して整理します。生産者は，生産のためにかかる費用を計算しながら，売上げから原材料費や賃金，および設備利用のための費用を控除した**利潤**を最大にしようとして行動するとします。これを**利潤最大化仮説**あるいは**利潤最大化行動**といい，資本主義経済の下での自然な行動と考えます。具体的には，プライステイカーである企業は，与えられた価格の下で，それに応じて生産量，供給量を決めます。消費者は財・サービスの価格に応じて，予算の制約の中で，一番効用が高く満足のできる消費に決めるように行動します。詳しくは，後にレッスン2.2で考察しますが，とりあえず，こうした企業と消費者の

クローズアップ2.2　非対称情報と逆選抜

アメリカでは欠陥のある中古車を，見た目で中身がわからないことの比喩から**レモン**（lemon）といい，中古車を取引する市場では，売り手は車の状態を知っているのに対して，買い手は不確かな情報下で判断せざるを得ないと見做しています。そのような非対称情報下では，買い手は平均的な車としてレモンが混ざっている確率分だけ価格を安く想定して，それよりも高い車は敬遠する傾向があり，それを織り込んだ売り手は高品質な車を中古市場では扱わず，結果として**市場には品質の低いもののみが残される**，**逆選択**ないし**逆選抜**（adverse selection）といわれる現象が起こるといわれます。この状態では，その財・サービスにとっての適切な価格で取引されないため（しかも，高品質な車は取引されずに残ってしまいます），資源は効率的に利用されず，当然ながら完全競争状態ではありません。

この話を若干敷衍すると，骨董品などの市場では，**レモンであることを隠す目的で価格を高めに設定する**業者が少なくないといわれています。果物のレモンは長期間外皮がつやつやとしており外からは中身が腐っているか容易には分からないのですが，中古車や骨董品の市場でも，あまりにも安い価格だと欠陥品であることが明白になってしまうことから，それなりの価格を設定することにより，消費者も納得して購入するという消費者心理を見透かしたもので，こうしたことも非対称情報下では起こってしまうというのです。ただし，**市場メカニズムの下では実体から乖離した取引は長くは続かない**（不当な利益は長くは上げられない）はずで，こうした悪徳業者はやがては市場から淘汰される運命にあります。

クローズアップ2.1で説明した経験財の場合，非対称情報なので奇妙な価格付けが起こります。いま，品質が消費者の予想を上回る場合を考えましょう。化粧品などの試供品を配る行動がそうであるように，最初に安く（もしくは無料で）提供するのが最適な価格戦略となります。特に競合する商品が売られている場合，まずは経験してもらう機会を作らないと市場に参入すること自体が難しいため，意図的に安くするのです。新規開店の居酒屋やレストランがしばらくの間「開店サービス」を行うのも，同類の作戦といえるでしょう。

逆に，効果が不確かな健康器具・ダイエット食品などに見られるように，消費者の予想より品質の悪い場合の価格付けを考えましょう。この場合には，高い価格を付けると消費者に品質が良いと錯覚させるレモン効果があり，購入を促す反面，期待感で購入した消費者は事後的に品質に落胆し，二度と購入しなくなります。このような顛末を折り込んだ上で，次々と新たな購入者を開拓し続けるために，売り手は徐々に価格を下げていくことになります。やがて十分価格が安くなると，品質を理解した上でも再度購入する買い手が現れ，それ以降はその価格で販売されることになります。この最終的な価格が品質にあった価格になるのです。

行動が**図2.3**の供給曲線と需要曲線のグラフに凝縮されるとします。

さて，需要曲線と供給曲線を同時に描くと，**図2.3**にあるように交点Eが1つでき，この交点で価格と数量が決定されます。このとき，生産者の考えている価格と生産量の組合せと，消費者の考えている価格と需要量の組合せが一致しています。この時の価格を市場の**均衡価格**，数量を**均衡数量**といいます。**市場均衡**（market equilibrium）という用語は，そこでは**需要と供給が等しいという一致の意味**を表すのと同時に，その状態においては，新たな情報が得られるか何らかのショックが生じない限り，**その状態から乖離する力が働かないという安定状態**であることを意味します。

レッスン2.2　消費者余剰と生産者余剰

図2.3では，完全競争市場での価格と数量がどのように決定されるかをみましたが，この価格と数量にどのような性質があるのかを考えてみましょう。そのために，消費者余剰，生産者余剰，総余剰という概念を導入します。**図2.4**において，**需要曲線と価格との間に囲まれた三角形の面積（P_Up_eE）を消費者余剰，供給曲線と価格との間に囲まれた三角形の面積（p_eP_LE）を生産者余剰**と呼びます。これら2つの面積を合わせた三角形（P_UP_LE）が社会的総余剰です。

消費者余剰

まず，**消費者余剰**（consumer's surplus）が何を表しているかを考えます。

需要曲線の通常の解釈は，**与えられた価格に対して，消費者がどれだけ需要するかの数量を対応させた関係**というものです。もちろんこれは正しいのですが，別の解釈も可能で，数量に対して価格を対応させます。すなわち，消費者が最初の1単位の財・サービスに支払ってもよいと評価する価額分，次の2単位目の財・サービスに対しての評価分，そして3単位目分，4単位目分，…，と順に**各単位の財・サービスに対する評価額**（これを**買い手価格**ともいう）を繋（つな）ぎあわせた曲線と解釈するのです。最初の評価に比べると，数量が多くな

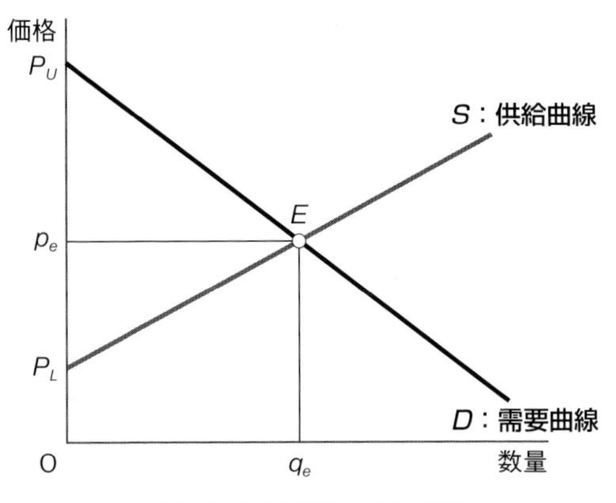

図 2.3　需要曲線と供給曲線

■コラム 2.3　需要曲線と供給曲線■

通常，経済学でグラフなり図を描くときには，横軸に数量，縦軸に価格を取ります。逆でも差し障りはないのですが，長い間の慣習と受け止めてください。その結果，**消費者の需要量（購入量）は価格が低下すると増加し**，この関係は右下がりとなり**需要曲線**と呼ばれます。一方，**企業の供給量（生産量）は価格が上昇すると増加**します。この関係は右上がりの曲線となり，**供給曲線**と呼ばれます（なお，本書では，需要曲線も供給曲線も便宜的に直線で表します）。

「需要曲線は右下がり，供給曲線は右上がり」と無意識に唱える経済学の初心者が（ときには名物先生も）多いのですが，このこと自体は価格と数量のどちらを横軸・縦軸にとろうが，描いてしまえば見た目には変わりはありません。しかし，仮に座標軸を**図 2.3**と逆にとった場合には，正しくは「需要曲線は左上がり，供給曲線は左下がり」となるべきことに気を付けてください。

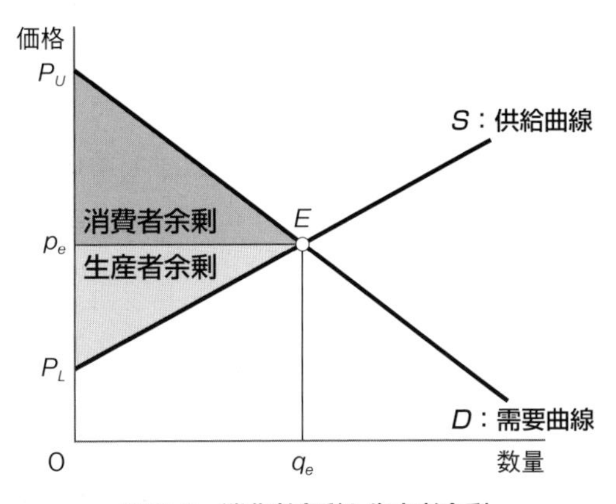

図 2.4　消費者余剰と生産者余剰

るにつれて追加的な評価は逓減するために，右下がりの関係になるのが普通です（例外がないわけではありません。**クローズアップ2.3**参照）。しかも1単位をどんどん小さくすれば，この関係は連続な曲線として近似されます。

需要曲線をこのように解釈すると，需要曲線の下側の台形部分の面積（P_UOq_eE）から，実際に支払う価額＝均衡価格×数量，に等しい長方形の面積部分（Oq_eEp_e）を差し引いた面積部分が，消費者余剰の三角形部分（P_Up_eE）になります（**図2.4**）。**支払う用意があった評価額から実際に支払う額を控除したもの**（すなわち，支払わずに済んだ金額）が，消費者にとっての余剰になるのです。仮に1単位あたりのお金から得られる満足が，予算や支払った総額によらず変わらない（お金持ちでも貧乏でも1円の価値は変わらない）とすると，**消費者余剰は消費者が得ている満足を金額で表したものから支払った金額を引いたもの**を表していると考えることができます（第5章の**クローズアップ5.2**も参照）。

生産者余剰

次に**生産者余剰**（producer's surplus）が何を表しているかですが，これも生産者にとっての余剰のはずですから，通常は**利潤**（profit）といわれるものに等しくなると考えるのが自然です。実は，この推測は厳密には正しくないのですが，全く見当外れというわけでもありません。

利潤最大化仮説から，生産者は製品の価格とそれを製造するためにかかる費用を考慮して，その差額の利潤を最大化する生産量を決めます。供給曲線は，生産者が製品を追加的に生産するときの追加的な費用になっています。この費用のことを，**限界費用**（marginal cost）といい，**供給曲線は各生産量における限界費用を対応させた軌跡**になっているのです（**図2.5**）。生産者にとって，製品の価格は最低でも限界費用分をカバーする水準であって欲しいという，ぎりぎりの要求水準を示していると解釈すると理解しやすいでしょう。

換言すると，図中の供給曲線の高さは追加的な費用を示しているのですが，施設・装置（一般には**資本設備**なり**資本ストック**といいます）など，生産に必要な固定的な費用（**固定費用**）は含んでいません。つまり，供給曲線の下側の面積は，生産した際の総費用のうち固定費用分を除いた**可変的費用**のみを表し

クローズアップ2.3　右上がりの需要曲線

本章のレッスンでは，需要曲線は右下がりだとして話を進めていますが，世の中には右上がりの需要関数が考えられないわけではありません。つまり，価格が高いほど需要が多い，あるいは価格が上がると需要が増える財・サービスのことですが，こうした財はスコットランド人の統計学者のギッフェン（Robert Giffen，1837–1910）の名をとって**ギッフェン財**と呼んでいます。

高価なバッグや宝飾品などは価格が高いものほど売れるという現象があり，通常**見せびらかしの消費**（conspicuous consumption）や見栄を張った結果として説明されます。これが見当外れというわけではないのですが，消費者の合理的な行動でも説明可能です。価格が上がる際の**代替効果**（相対的に安くなった他の財にシフトする効果）としては必ず需要は減少しますが，逆方向（消費の増加）に働く**所得効果**（所得の変化が財の選択に与える効果）がこの減少分を相殺して余りがある場合にも起こるのです。所得効果がこのように働くのは，この財が所得の増加により需要が減ってしまう**下級財**の場合になります。

ギッフェン卿が指摘したといわれるのは（文章としては残されていない），パンの価格が上昇したとしても，低所得層にとっては所得制約が厳しく，結局最も安価な食料品であるパンの需要を増やさざるを得ないという**ギッフェンの逆説**でした。パンの価格の上昇によって誘発された実質所得の減少によって，パンの需要が増えたという意味で，**この時代パンは典型的な下級財だったのです。**

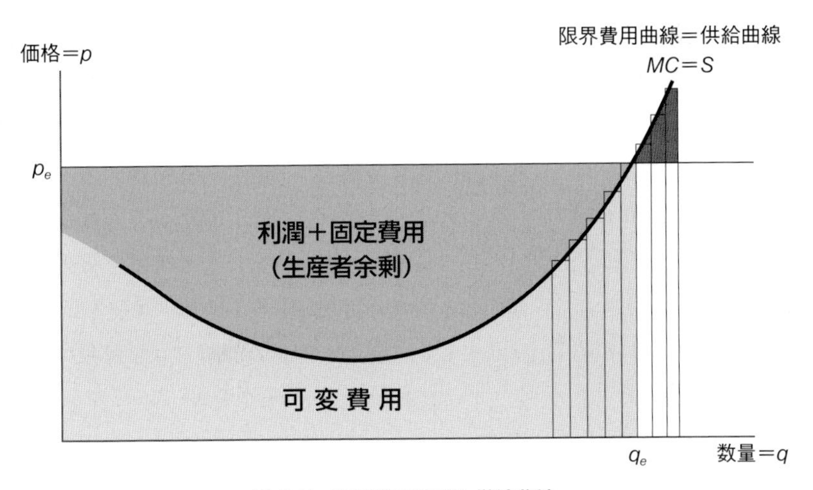

図 2.5　限界費用曲線と供給曲線

供給曲線は限界費用曲線であり，限界費用曲線の高さは各生産量ごとにどれくらい限界的に費用が増加するか（**図 2.6** で局所的に拡大した円内の ΔC）を表し，限界費用曲線の下側を積分した面積は，可変費用の合計を表します。すなわち，市場均衡点での均衡価格と均衡数量から得られる収入から可変費用を差し引いた生産者余剰は，厳密には固定費用も含んでいるのです。

ています。生産量に伴って変化する費用という意味です。固定的な費用部分は，生産量に関係なく一定であり，生産するかしないかとの意思決定には重要な要素であっても，利潤を最大化するという意思決定にとっては直接関係ない費用であり，すでに投下済みの**埋没費用**（sunk cost）として考えるのです（**クローズアップ2.4**）。

企業にとってのある年度の決算を見るならば，固定費用分は，購入した際に過去の年度の決算（**損益計算書**）で投資的費用として計上されたものであり，当該年度の経常費用には計上されず，むしろ**貸借対照表**（**バランスシート**）上の資産として企業に蓄積されたものとして残っています。売却すればそれなりの資産価値もあるはずで，その意味でも，一概に雲散霧消してしまった費用ともいえないわけです。また，企業数が変わらないならば，経済全体で固定費は一定とみなすこともできます。**図2.4**の消費者から受け取った金額（$\mathrm{O}q_eEp_e$）から供給曲線の下側の部分の面積（$P_L\mathrm{O}q_eE$）を引いた生産者余剰の部分（p_eP_LE）は，総売上から総費用を引いた真の意味での利潤とほぼ同じものと解釈し，生産者余剰が大きいほど生産者の利潤も大きいと考えるのです。

社会厚生指標としての総余剰

消費者余剰と生産者余剰を合わせたもの（状況によっては，税収など他の要素も含む）を**総余剰**（あるいは，**社会的余剰**または**社会的総余剰**）といいます。消費者余剰は人々の消費から得る満足を金銭単位で表したものであり，生産者余剰は生産者の利潤を表していることから，総余剰は社会の構成員全体（いまの場合は企業と消費者）の満足度ないし**福利厚生**（welfare）状況を示す**社会厚生指標**として用いることができます。企業と消費者の間で，総余剰を再配分するスキームを考えるならば，総余剰は大きければ大きいほど社会全体にとって好ましいことになることから，**社会厚生指標としての総余剰は，経済全体での資源の有効利用の指標ともなる**のです。その意味で，総余剰を社会的余剰あるいは社会的総余剰ともいうのです。

いま，何らかの原因により，需要曲線と供給曲線の交点である市場均衡とは異なった取引量が実現するとしましょう。まず，**図2.7**にあるように，**均衡数量を上回る数量q'で生産が行われた場合**を考えます。価格はその数量での

■コラム2.4　利潤最大化行動と生産者余剰■

傾きが市場価格pと等しい直線TRは，販売数量qを掛けたpqが売上（収入）となることから，各生産量における**総収入曲線**となります。生産にかかる**総費用**を曲線TCの高さで表すと，これは**生産量qに関係なく掛かる固定費部分FCと生産量によって変化する可変費用部分VCの和になり**ます。したがって，利潤は$TR-TC$となり，これが最大になるのは，TC曲線の傾きがTR曲線の傾きである価格pと等しくなる生産量においてになります。

この際，固定費用FCは一定ですのでTC曲線の傾きはVC曲線の傾きと等しく，**図2.6**に示したようにそれらの傾きが限界費用ですから，**限界費用と価格が一致する生産量で利潤が最大になり**ます。また，限界費用はVC曲線の傾き（生産量が1増えた時に費用が追加的にどれくらい増えるか）を表しているため，ある生産量までの限界費用を加えていく（積分する）とその生産量までの可変費用，すなわちVC曲線の高さとなります。したがって，**図2.5**で横に引かれた均衡価格の水平線と限界費用曲線に囲まれた部分は，総収入から可変費用だけを引いたものと一致しますので，利潤＋固定費用を表すのです。

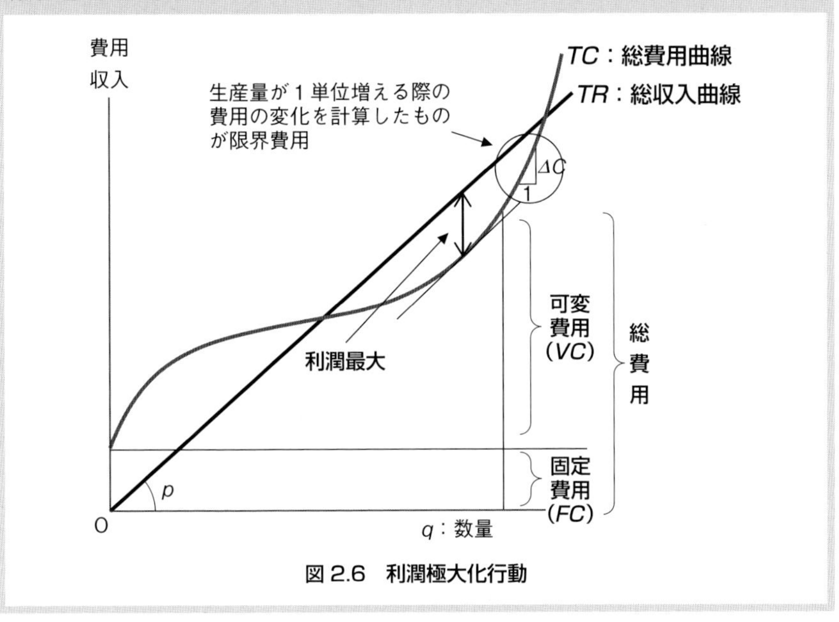

図2.6　利潤極大化行動

クローズアップ2.4　埋没費用と合理的経済行動

支払済みのお金はそれが回収不能になってしまっても，その後の合理的な経済行動には，何ら影響を与えないはずのものです。しかし，普段の生活ではそのことを理解しないで行動している人を多く見かけます。

例えば，映画の前売り券を買い，払い戻しなどの形で現金に戻せないとしましょう。この場合，あらかじめつまらない映画だと分かっていたり，映画を見始めてつまらないと感じたら，その映画を見るのを止めるのが賢明な正しい行動です。しかし，往々にして，せっかくお金を払ったのだからもったいないとして映画を見続けてしまいがちです。つまらない映画を見るということは，映画を見ている時間を無駄にしていることになりますから，意に反してみすみす追加費用（機会費用）を支払っていることになります。

需要曲線上の価格であるp'とします。それぞれ定義に戻って導出すると，この場合の消費者余剰は，①+②+④+⑤と4つの部分を合計した大きな三角形の面積（$\Delta P_U p'E'$）となります。また，生産者余剰は価格が均衡価格よりも低いことから，生産量がFを越えると赤字となり，結局2つの三角形の面積の差額，③−④−⑤−⑥（$\Delta p'P_L F - \Delta FE'G$）となります。

その結果，消費者余剰と生産者余剰を合計する際に相殺される部分があり，総余剰は①+②+③−⑥となり，取引量が市場均衡点Eの場合の総余剰①+②+③よりも，⑥の面積（$\Delta EE'G$）だけ減少してしまいます。⑥が社会的損失になってしまうのです。この損失を**死荷重**（しかじゅう）（dead weight loss）と呼びます。これは橋梁においては橋自体の自重，船舶やトラックにおいてはそれ自体や燃料の重量を指し，ほんらい耐えられる設計条件なり最大積載量から控除される部分になり，そのもの自体に内在する負荷部分を意味します。厚生の社会的損失を，船舶工学や土木工学の専門用語である死荷重に喩（たと）えるのが適切なのかには異論もありますが，経済学でも慣用的に用いられる用語として定着しています。

社会的損失の発生原因

死荷重の社会的損失が発生するとの結果は，**図2.7**の取引価格が需要曲線上の価格の場合に限って成立するわけではありません。**図2.8**では，**取引量は均衡から乖離したq'で同じですが，取引価格を均衡価格にした場合**を扱っています。この図は，基本的には**図2.7**と同じですから，不必要な書き込みは省略しますが，唯一，死荷重の部分の面積⑥を分割して，上側の三角形の面積を⑥−⑦，下側の三角形を⑦とします（合わせた面積は⑥のまま）。この場合の消費者余剰は，均衡を上回る需要量部分では消費者余剰はマイナスとなることから，面積としては①−⑦になります。生産者余剰も均衡を越える生産量では赤字となり，合せると②+③−（⑥−⑦）になります。

したがって，総余剰は

$$①-⑦+②+③-(⑥-⑦)=①+②+③-⑥$$

となり，これは**図2.7**で，取引価格が需要曲線上の価格とした場合と，全く同じになっています。すなわち，社会的損失は⑥の面積になり，この結論は**取引価格がいくらになるかには依存しない**ことが確かめられました。

支払い済みの映画のチケット代は過去の意思決定の産物ですが，それはそれとして，これから映画を観るかどうかの意思決定には影響させないのが合理的なのです。過ちを最小限に抑えるのが賢明であり，そのための概念が埋没費用の考え方になります。

このように，**埋没費用**（sunk cost）はその発生に絡んだ最初の決定には影響を及ぼしますが，一旦費用が発生した後には行動に影響を与えない性質のものです。企業がある分野に新規参入するとき，埋没費用となる費用が存在すると新規参入が抑制されます。しかしながら，この埋没費用自体は，この分野からの撤退には影響しません。例えば，格安航空会社（LCC，Low-Cost Carrier）が増えた航空産業などは，中古市場の発達や技術進歩によりサンクコストが低下し，**利益があると思えば参入し，うまくいかなければすぐに逃げ出すヒットエンドラン戦略**（hit-and-run entry）が実践されている市場だと考えられています。

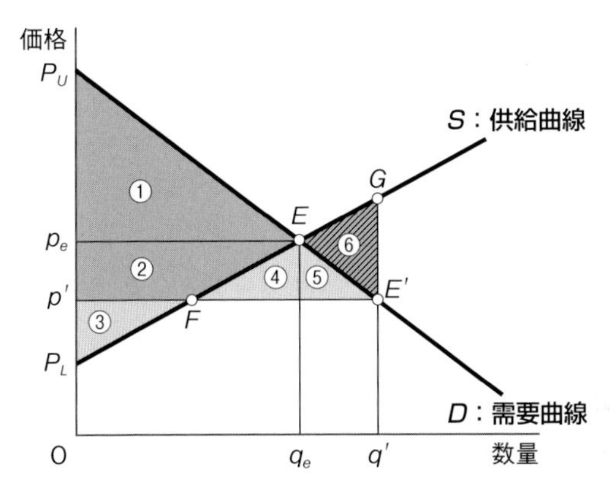

図 2.7　市場均衡を上回る取引量の総余剰

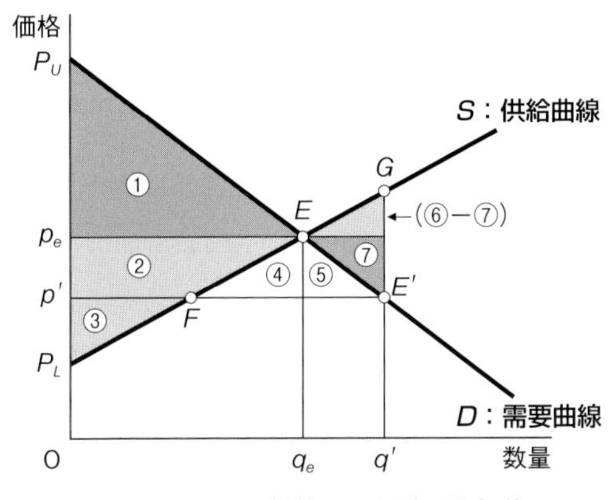

図 2.8　異なる価格での取引の総余剰

さて，**図 2.7** では取引量が市場均衡の数量を上回る場合を説明しましたが，逆に取引量が市場均衡を下回る場合にも，同様に総余剰が減少することを確かめることができます。**図 2.9** で，取引価格は均衡価格だとします。**図 2.8** でみたように，取引量が均衡取引量を上回る場合の社会的損失は取引価格に依らずに同じ大きさになることを確認しましたが，取引量が均衡取引量を下回る場合にも同様である（各自確かめてください！）ことから，ここでも取引価格によって求める社会的損失の大きさは影響されません。

図 2.9 で消費者余剰は，取引量が q' なので①の面積になり，生産者余剰は②の面積になります。均衡価格かつ均衡取引量の場合と比べて，消費者余剰は③だけ，また生産者余剰は④だけ少なくなりますので，結局，総余剰は斜線で表した三角形③＋④だけ少なくなり，これが死荷重になるのです。

取引量が均衡取引量を上回る場合の**図 2.7** と**図 2.8**，そして取引量が均衡取引量を下回る場合の**図 2.9** を見比べると，どちらも**取引された数量と均衡取引量の間で，需要曲線と供給曲線の差額部分が社会的損失になっている**ことが分かります。**図 2.9** の場合には，取引自体をしていないので死荷重が発生するのは理解しやすいでしょう。しかし，取引量が均衡取引量を上回る場合には，取引自体は行っているわけです。それがマイナスの余剰となってしまうのは，企業の生産者余剰分が生産すればするほど赤字になっているからです。ただし，需要曲線の下側にあたる部分の赤字は，消費者余剰で相殺されるために，**図 2.7** のなかでの死荷重の面積には入らないことになります。

市場介入と総余剰

政府が市場に介入して，生産量を調整した場合はどうなるでしょう。日本では過去に農業保護の一環として米価や麦価への政府の介入が行われました。いわゆる**食管会計**（食糧管理特別会計）を通じて，政府が農家から高く米や麦を買い上げ，それらを消費者に安く販売していました（**コラム 2.5** 参照）。最近では，地球温暖化対策として，一般家庭等に太陽光発電などの再生可能エネルギーを普及させるために，発電した電力のうち自らの使用量を上回る余剰分や発電した全てを，電力事業者が市場価格よりも高く買い取る**再生可能エネルギー固定価格買取制度**（**図 2.10** 参照）が導入されています。

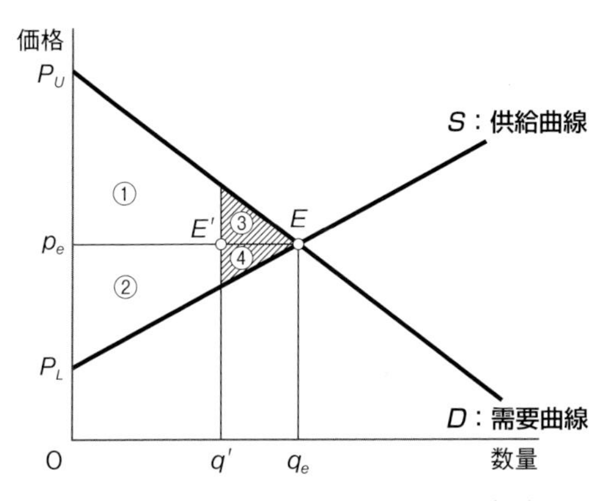

図 2.9　市場均衡を下回る取引量の総余剰

■コラム 2.5　食 糧 管 理■

日本は主食となる米や麦を始めとして，主な食糧の価格や供給・流通を政府が管理する**食糧管理制度**をとってきました。1942 年制定の食糧管理法に基づき創設され，政府による管理価格での買い入れと耕作面積（減反（げんたん））指導，農協の関与や米屋の出店など流通面での規制，そして消費者米価の管理と，戦時統制経済的な管理が維持されました。

しかし，食生活の欧米化による米需要の大幅減少と国際貿易の拡大による海外からの米の自由化要求の高まりを背景に，1993 年の**ガット・ウルグアイラウンド**での農業合意によって，日本も最低輸入義務（**ミニマム・アクセス**）を受け入れ，95 年には米や麦の流通面での規制を緩和した**食糧法**として生まれ変わりました。2004 年にはその食糧法に大幅な改正がなされ流通がほぼ自由化されるなど，制度の内容は時代と共に大きく変化してきています。

食糧管理制度は農家保護を目指す農業政策であり，結局は農家からの集票を期待する政党による選挙対策との批判もあります。確かに当初は食糧管理が主たる政策目標であり，農家保護の目的にも合致した一石二鳥的な色彩が強かったのですが，米需要や農業就業者の大幅減によって，近年では食糧管理の必要性は大きく後退しました。また，2012 年末に政権再交代で成立した安倍晋三内閣では，**TPP（環太平洋経済連携協定）**加盟を模索しており，加盟することになれば農家にとっては大打撃になるのは必至です。事ここに至り，食糧管理は一石二鳥政策から農家保護策の色彩が強くなったといえるでしょう。

これらの市場介入によっては，当然，生産者と消費者の間で，余剰の再配分がなされます。あるいは，食管制度のように，直截的には政府が赤字を出すわけですが，これによって国民の社会的厚生はどうなったでしょうか？　この問いに答えるために，一般的議論として，政府が市場に介入し供給量が増加した場合を図で分析することにします。

いま，**政府が p'' の価格で生産者から買い上げ，それを消費者に p' で配給する**とします。価格の間には，介入前の均衡価格 p_e も含めて，$p''>p_e>p'$ の関係があります。政府の介入によっては，**図2.11** で確認できるように，介入前と比べて消費者余剰は①＋②から①＋②＋③＋⑤＋⑥へ，生産者余剰は③＋④から②＋③＋④＋⑧へと，ともに増えています。しかし，政府が高い価格で買い取り，安い価格で販売していますので，政府部門には $(p''-p')\times q'$ の赤字が出ています。面積にすると，②＋③＋⑤＋⑥＋⑦＋⑧ですから，消費者余剰と生産者余剰を足したものから政府の赤字部分を引くと，政府が介入した際の社会的総余剰は

{①＋②＋③＋⑤＋⑥}＋{②＋③＋④＋⑧}－{②＋③＋⑤＋⑥＋⑦＋⑧}
＝①＋②＋③＋④－⑦

となり，介入前の社会的総余剰である①＋②＋③＋④と比べて斜線の⑦の面積だけの死荷重が発生したことが分かります。この死荷重は，**図2.7** や**図2.8** の死荷重と同じであることを確かめられます。

この結果は，実は驚くに値しません。既に，**図2.7** と**図2.8** の分析から，死荷重の大きさは取引価格いかんに関わらず，取引数量のみによって決まることを学びましたから，それが改めて確認されたわけです。ここでは，取引が生産者と政府の間，そして政府と消費者の間と，政府を介して2段階で行われたわけですが，これを1回で行われたものと見做したのが**図2.11** になっています。合成された取引では，取引数量が均衡取引量と乖離していますから，その限りでは死荷重が発生してしまうのです。問題はこの時の損得勘定ですが，消費者も生産者も得をして，損をしたのは政府なわけです。しかし，もちろん政府の赤字は別の財源から補填されなければならず，それは結局は消費者と生産者で負担することになるのです。

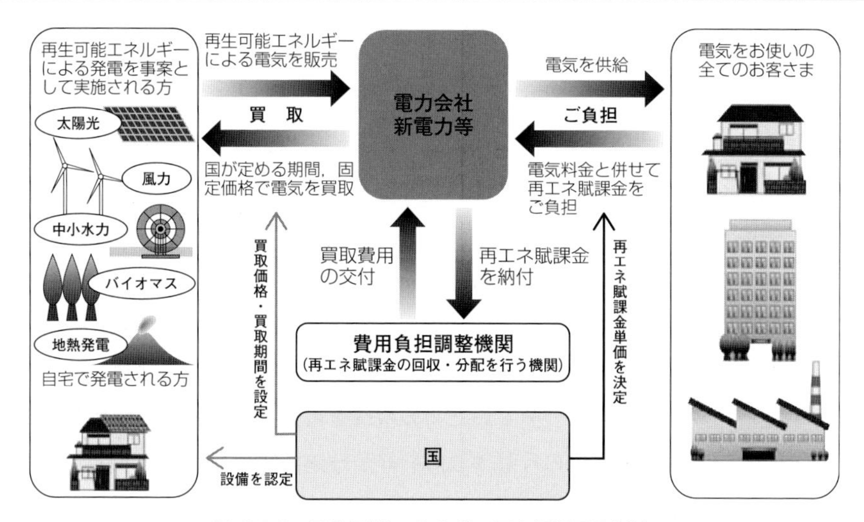

図 2.10　再生可能エネルギー固定価格買取制度

（出所）　四国電力 HP

再生可能エネルギー源（太陽光，風力，水力，地熱，バイオマス）を用いて発電された電気を，国が定める価格・期間で電力会社等が買取り，それに要した費用を電気料金の一部として，電気使用者が「再生可能エネルギー発電促進賦課金」として負担する制度のことで，2012 年 7 月からスタートしました（第 8 章レッスン 8.4 参照）。

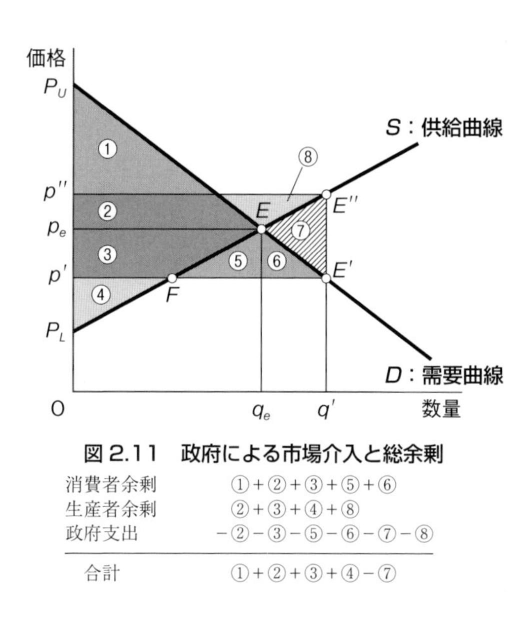

図 2.11　政府による市場介入と総余剰

消費者余剰	①＋②＋③＋⑤＋⑥
生産者余剰	②＋③＋④＋⑧
政府支出	－②－③－⑤－⑥－⑦－⑧
合計	①＋②＋③＋④－⑦

レッスン2.3　厚生経済学の基本定理

レッスン2.2では，完全競争市場において需要と供給の動向によって均衡価格と均衡生産量が決まれば，社会の総余剰が最大になることを確認しました。それで全てがうまくいくのでしょうか？　その点を厚生経済学の立場から考えてみます。**厚生経済学**（welfare economics）というのは1920年に出版された，イギリスのケンブリッジ大学の**ピグー**（Arthur C. Pigou，1877–1959）教授の著書『The Economics of Welfare』に由来しています。厚生経済学は，**資源配分等の経済的成果の良否を判断するための基準を設定し，その基準を実際に適用することにより経済主体の行動や政府の経済政策を評価し，改善するための方法を見出す**ことを目的としています。当初のピグーの提唱から学問的な論争を経て，現在の厚生経済学では資源配分の状態を判断する基準として，パレート効率性ないしパレート最適という基準が用いられます。パレート効率性の基準を満たす状態がパレート最適になります。

パレート効率性（Pareto efficiency）あるいは**パレート最適**（Pareto optimum）とは，「**他の個人の効用（満足度）を減ずることなく，いかなる個人の効用をも増大させることができない状態**」が実現されていることをいいます。他人に負担をかけずにだれかがより満足できるならば，現状には改善の余地がありますので，そのような状態はパレート効率性の基準を満足しません。死荷重が発生している状態は，取引量を市場均衡量に移行させることによって解消できますから，明らかにパレート効率性の基準を満たさずパレート非効率になります。パレート効率的でないある状態からパレート効率的な状態に改善される場合，これを**パレートの意味での改善**，あるいは端的に**パレート改善**といいます。

ピグーは，**異なる人々の効用を比較し単純に足し合わせた「最大多数の最大幸福」を是とするベンサム的な功利主義**（utilitalianism）に依拠しましたが，現在の厚生経済学（時に“新”厚生経済学という場合がある）では，効用の**基数性**による直接的な比較は回避し，効用の絶対数には意味がなく順番だけが付けられるという，**序数性**のみを課した比較に基づくのがパレート効率性になって

クローズアップ2.5　効用の基数性と序数性

基数的効用（cardinal utility）と**序数的効用**（ordinal utility）とは，個人の効用を数値（基数）として表現し比較できると考えるか，順番（序数）は付けられても厳密な意味での大きさの比較はできないと考えるかを意味します。

例えば，りんごを1つ食べるよりもみかんを1つ食べる方が満足が大きいとき，効用の順番は「りんご1個＜みかん1個」となります。この時，単に順番だけ（序数的効用）でなく，りんご1個から得られる満足を1としてみかん1個から得られる満足は2であり，2倍の満足を得ているといった風に大きさを比較できると考えるのが基数的効用の考え方です。こう考えるとさまざまな効用を足すことも可能になります。

ピグーの厚生経済学は基数的効用の考え方で組み立てられており，人々の効用の水準は比較できるという立場でした。ピグーは社会の経済的厚生を最大にするためには，経済の効率性を犠牲にしない限りにおいて，所得の分配を平等に近づけることが望ましいと考えました。それは豊かな人と貧しい人では所得の限界的な増減から受ける影響が異なり，豊かな人の影響が少ないと考えたからです。この根拠には，**所得や財・サービスの増加分から得られる効用の増加は，所得や財・サービスが多くなると徐々に逓減する**という，**限界効用逓減の法則**が念頭にあるからです。

この原理を社会全体に当てはめると，豊かな人から貧しい人への所得の再分配が社会的な厚生を増大する筈と考えたのです。贅沢をしている人が少し食費を抑えるのと，食べるのに困っている人が少し食費が増えるのでは，後者のほうが満足の増え方が大きいという考え方です。

しかし，**異なる人々の間の効用の水準を評価し比べることができるのか，個人の効用であっても財・サービスごとに基数的な立場から評価できるのか**といった批判がなされ，厚生経済学の発展の上でも，序数的な効用に基づく方法が主流になっていきました。序数的効用では，効用を数値として比較して厚生水準を評価できないため，人々の経済状態を評価するための基準としてパレート効率性という概念が導入されることになったのです（レッスン2.5参照）。

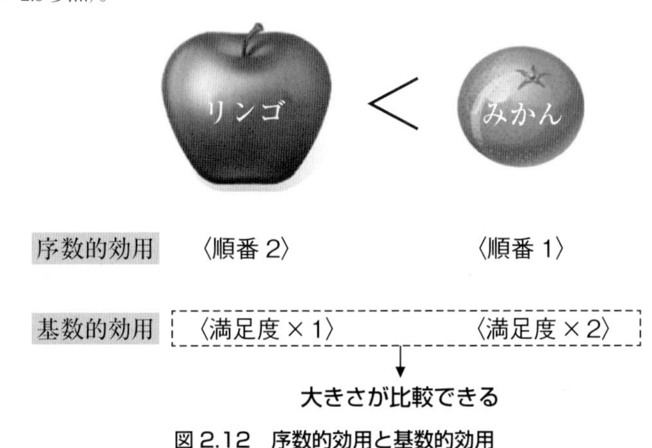

図 2.12　序数的効用と基数的効用

います（**クローズアップ2.5**）。**ベンサム**（Jeremy Bentham, 1748–1832）はイギリスの哲学者，**パレート**（Virfredo Pareto, 1848–1923）はイタリアの社会学者ですが，ともに経済学にも興味をもっていました。

厚生経済学の２つの基本定理

パレート効率性については，**厚生経済学の基本定理**と呼ばれる２つの定理があります（**表2.3**）。

第１基本定理は，完全競争市場によって達成された状態はパレート効率的であり，無駄のない**その状態を変更することを行えば，利害関係者のだれかの満足を損なう帰結とならざるを得ない**ことを意味します。この定理によって，完全競争の“望ましさ”が示されたことになり，回りまわって，**レッセフェール**（laissez-faire）とも**自由放任**ともいわれる，政府による市場経済への介入を忌避する**市場原理主義**や**新自由主義**（neo-liberalism）の思潮を後押しする根拠ともなっています（**コラム2.6**）。

第２基本定理はいろいろな表現が可能ですが，その１つとして，**完全競争市場で取引が行われるのであれば**，取引が始まる前の資産や所得の初期保有状態を変更（リシャッフル）することで，変更しない場合とは別の状態に到達したとしても，その**新しい状態もパレート効率的になっている**ことを表しています。また，**最初の保有状態を変更することで，パレート効率的な組合せの中から，任意の状態を選択できる**ことも意味しています。

レッスン2.4　エッジワース・ボックス

このレッスンでは，厚生経済学の２つの基本定理に別の視点からアプローチします。2人（あるいは2つのグループ）で構成される，2つの財・サービスをめぐっての**交換経済**を念頭に置き，エッジワース・ボックスと呼ばれる図を用いて，その枠組みの中で2つの基本定理を考えます。

表2.3　厚生経済学の基本定理

第１基本定理	競争均衡配分は，存在すれば必ずパレート効率的である。
第２基本定理	任意のパレート効率的な配分は，所得の適切な再配分によって競争均衡配分として実現することができる。

■コラム2.6　市場原理主義と新自由主義■

厚生経済学の基本定理は，資本主義経済において市場メカニズムを通じて効率的な資源配分が達成されることを示したものですが，もちろん，これには一定の条件が付されています。しかし，そうした細部の条件はひとまず置いておいて，通念として，市場メカニズムを極力活用した経済運営を行うことが国民に最大の繁栄をもたらすと信じ，市場への不要な政府の介入を排するのが**市場原理主義**（market fundamentalism）といわれる考え方になります。

市場原理主義の思想・信条を政府の経済・社会政策，ならびに経済主体の経済活動などで展開したのが**新自由主義**（neo-liberalism）で，具体的には「民間に出来ることは民間に委ねる」といった**小さな政府論**や，「政府の役割は国防や警察・司法機能に限定すべきだ」という**夜警国家論**を推進することになります。歴代のアメリカの共和党政権や，イギリスのサッチャー政権時代，日本では中曽根康弘政権や小泉純一郎政権の経済政策が，新自由主義なり市場原理主義を目指したといわれています。確かにこれらの政権では，小さな政府の推進，国営・公営事業の民営化などを正当化する一助として市場原理主義や新自由主義が標榜（ひょうぼう）されました。

市場原理主義と新自由主義は同義語として語られる場合も，新自由主義を極限まで推し進めたものが市場原理主義になるとの主張もあります。後者の場合は，市場原理主義はほとんど拝金主義と同様に位置付けられます。例えば，第３章で学ぶ社会的共通資本の視点から，宇沢弘文東京大学名誉教授は，農業協同組合新聞紙上（2011年２月23日）で「市場原理主義に立脚する小泉政権の「聖域なき構造改革」によって，日本は社会のすべての分野で格差が拡大し，殺伐とした陰惨な国になってしまった」と，市場原理主義に対して厳しい内容の批判をしています。

無差別曲線

まず準備として，人々の選好を表す無差別曲線について説明します（**図2.13**）。経済学では，経済活動によってもたらされる満足度のことを**効用**といいますが，その効用の一定水準をもたらす消費対象の財・サービスの組合せを図示したのが**無差別曲線**（indifference curve）です。財・サービスの数がいくつでも話を進められますが，明らかに2つの場合が図を使っての説明が分かりやすいので，そのように仮定します。一般論を展開する場合は，多少の数学の手助けが必要になるのですが，結論は同じと考えて構いません。

夏の暑い日にのどが乾いて飲むコップ1杯の水は非常においしいものです。一方で，すでに10杯も水を飲んでいるのに，さらにもう1杯飲みなさいと言われたら苦痛になってしまいます。同じコップ1杯の水でも，状況によって効用（満足度）はこんなにも違うのです。効用の大きさはどのように変わるのでしょうか？　2つの財は何でもいいのですが，ここでは饅頭（まんじゅう）とケーキの間の選択としましょう（便宜上，饅頭をX，ケーキをYで表記することがあります）。これらの2つの財のさまざまな組合せからは，それぞれ特定の効用が得られ，ある組合せからの効用と別の組合せからの効用は，この個人にとっては完全に順番が付けられるか同じ効用水準で無差別になるかとします。ある効用水準を設定して，その水準の効用をもたらす饅頭とケーキの組合せ（それぞれ，いくらでも大きさが選べるとします）の軌跡が無差別曲線になります。

無差別曲線上のある饅頭とケーキの組合せを出発点として，同じ効用を維持するのに増やす財と減らす財の比率を考えましょう。具体的には，横軸の饅頭ΔX単位と，それを得るために減らす覚悟の縦軸のケーキの単位量ΔYを比較し，ΔXを限りなく小さくした極限の比率$-(\Delta Y/\Delta X)$をとり，この絶対値を**限界代替率**と呼びます（**図2.13**）。すなわち，**限界代替率は無差別曲線の接線の傾き**です。「限界」には追加的な単位量という意味が込められ，「代替率」には「肩代わりする交換比率」といった意味が込められています。

限界代替率は個人や家計の嗜好（しこう）を反映した主観的なもので，一般には消費量が増えるにつれてその財の稀少性（いわば，ありがたみ度）が低下することから，その財を基準にした限界代替率は逓減します。グラフ上では，無差別曲線上を右下へ移動するにつれて傾きが緩やかになり，全体として形状が**原点に向**

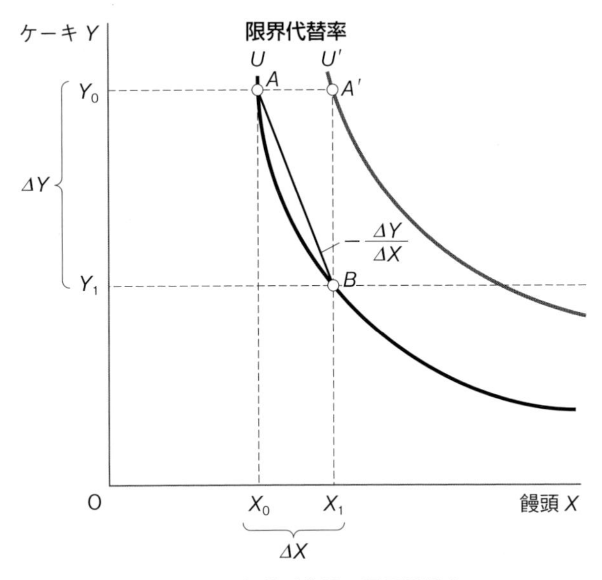

図 2.13　無差別曲線と限界代替率

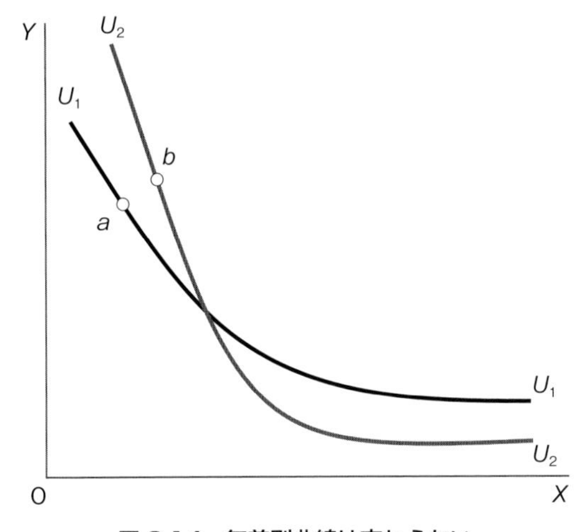

図 2.14　無差別曲線は交わらない

無差別曲線が交わるとすると，矛盾が生じることから，異なる効用が得られるどの無差別曲線も交わってはならないことが分かります。

かって凸（convex）になることに表れます。

財をいくらでも分割できると想定すれば，無差別曲線は無数に描けます。1つの財の量が多いほど効用が多いわけですから，原点から遠く位置する無差別曲線ほど満足度も大きくなります。また，**無数の無差別曲線は，お互いに交わることはありません。**もし交わるとすると，饅頭もケーキのどちらもが多い組合せの消費（b）が，どちらの財も少ない組合せの消費（a）と同じ効用をもたらすことになり，矛盾が生じてしまうからです（**図2.14**）。

エッジワース・ボックス

AさんとBさんの2人で自分たちが当初段階で保有している饅頭とケーキの交換を行ってもらいます。2人とも，自らの効用を最大化するために，饅頭とケーキの間の限界代替率を念頭に置きながら，交換の条件を模索するわけです。**図2.15**にあるように，饅頭とケーキの2人の初期保有量を足し合わせた長方形の箱の対角上の頂点となるO_AとO_Bを，AさんBさんそれぞれの原点として，お互いに裏返した無差別曲線群を描きます。この箱型を**エッジワース・ボックス**あるいは**ボックス・ダイアグラム**（box diagram）といいますが，その作成法から，このボックス内であればどの点も交換によって達成可能な饅頭とケーキの組合せになります。そして，ボックス内でお互いの無差別曲線群の接点を結んだ線を描くと，これが**契約曲線**（contract curve）となります（**図2.16**）。

契約曲線上の任意の点は，お互いの無差別曲線の接点ですから，その点から別の点に移ることは必ずAさんかBさんかどちらかの効用を下げることになりますので，饅頭とケーキの効率的利用という意味では無駄がなく，パレート効率性を満たす資源配分になっています。さらに，無差別曲線同士の接点ということは，契約曲線上では2人の限界代替率が等しくなっており，仮にそれが与えられた交換比率だったとしたら，それなりに満足しないこともないことになるわけです。つまり，**交換比率が完全競争下の価格比率（相対価格）として決まるならば，それは饅頭とケーキの特定の資源配分を決めることになり，しかもそれがパレート効率性基準を満たすことになるわけです**（**図2.17**）。

エッジワース・ボックスは，イギリスの経済学者の**エッジワース**（Francis

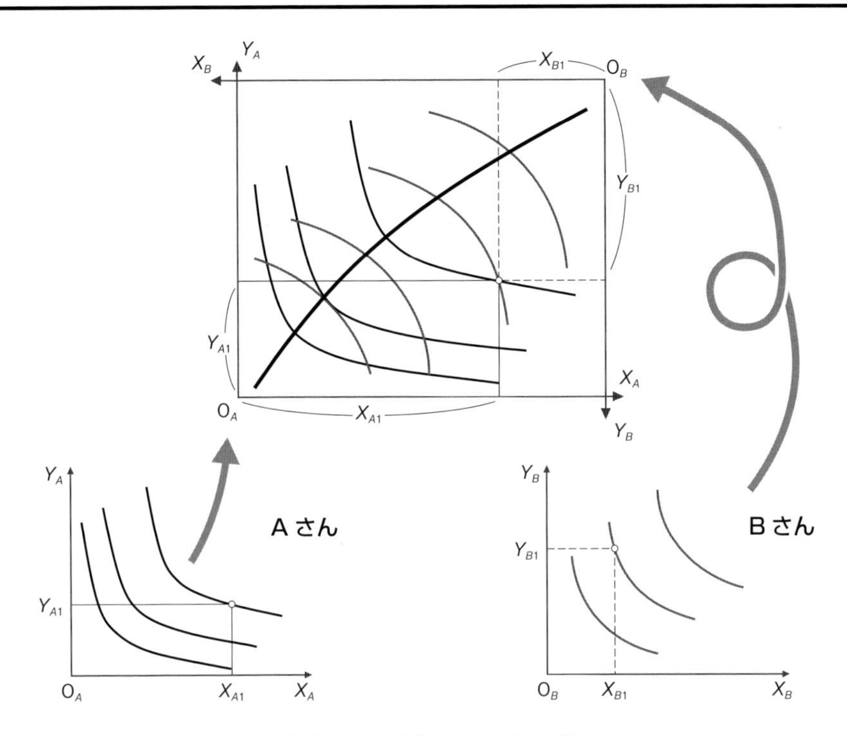

図 2.15　エッジワース・ボックス

2 人の無差別曲線を対角に対峙させて重ね合せます。

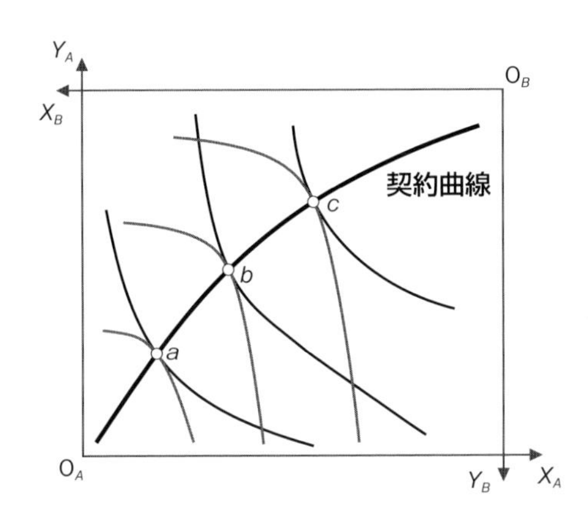

図 2.16　契約曲線

交換が行われるとすれば，無差別曲線の接点を結んだ契約曲線上になります。

Edgeworth, 1845–1926）**が提唱した図**として有名であり，厚生経済学の2つの基本定理を説明する際によく利用されます。また契約曲線は，お互いが納得し合う財・サービスの組合せの軌跡という意味で，それが契約曲線の名前の由来といえます。

第1基本定理

第1基本定理がいうのは，交換が成立するならば，それは**図2.18**において2人の交換前の饅頭とケーキの保有状態であるE点を通る2人の無差別曲線で区切られる契約曲線上の線分ab上のどこかになるということです。というのは，E点を通る無差別曲線で囲まれた契約曲線上の線分abを含むアミカケが付いたレンズ型部分では，お互いにとってE点よりは高い効用を得られますから，どの点も交換してもよい対象となり，2人の無差別曲線が交わっている間はなお2人の効用の改善余地があり続け，契約曲線上まで絞り込まれると，はじめてそれ以上パレート改善の余地のない状態になるからです。

それから先，具体的にどの1点かというのは，実は2人だけの場合には決定要因となるものはなく，それこそ双方独占市場として2人の間の力関係によることになります。しかし，交換に参加する経済主体が増えていくと，双方独占の影響は漸次消失し，究極的には**交換比率は市場価格に従うこととなり，その市場価格は市場全体での需要と供給が均衡する水準**に決まります。**図2.18**では，契約曲線上の線分abの部分は登場する経済主体の数が増大するにつれてどんどん収縮し，やがてG点に収斂（しゅうれん）することになります。この点は，E点を通って市場で成立する相対価格の傾きを持つ直線が，契約曲線と交わる点になっています。契約曲線上の線分abは，エッジワース・ボックスの枠組みでは**コア**（核，core）と呼ばれ，**コアが完全競争下の市場均衡に収斂する**性質は，**コアの極限定理**として知られています。

第2基本定理

第1基本定理が示すように，競争が行われれば社会は効率的な状態に達しますが，もしも最初の富の配分が大きく偏っていたらどうなるでしょう。その場合，達成される効率的な社会の姿も偏ったものになってしまいます。このよう

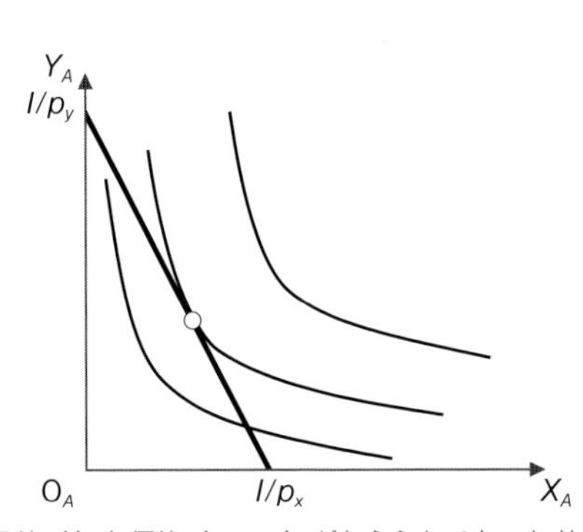

予算（I）と価格（p_x, p_y）が与えられると，無差別曲線が**予算制約（予算めいっぱい）**を示す**予算線**と接する消費点において，効用が一番大きくなります。予算制約は $I=p_x x+p_y y$ で表され，予算線の傾きは財の相対価格（価格比）になります。

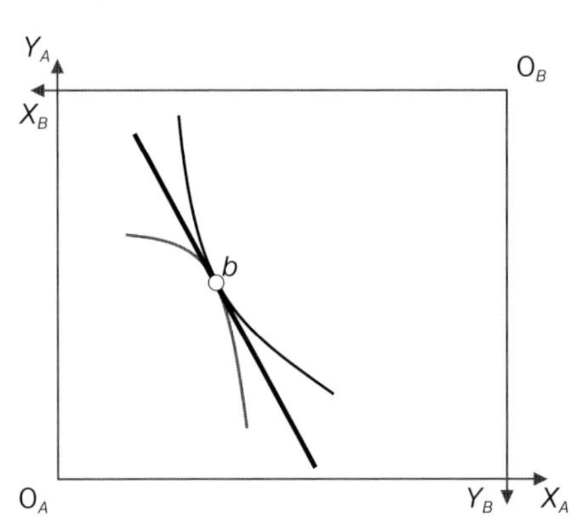

2 人の交換が成立し 2 財の分配が決まるとき，2 人の無差別曲線は接しており，その接線の傾きが相対価格になります。これは，2 人だけでなくより多くの人や財がある場合でも成立します。つまり，財の相対価格は人々の取引を反映して決定されます。

図 2.17　価格と交換

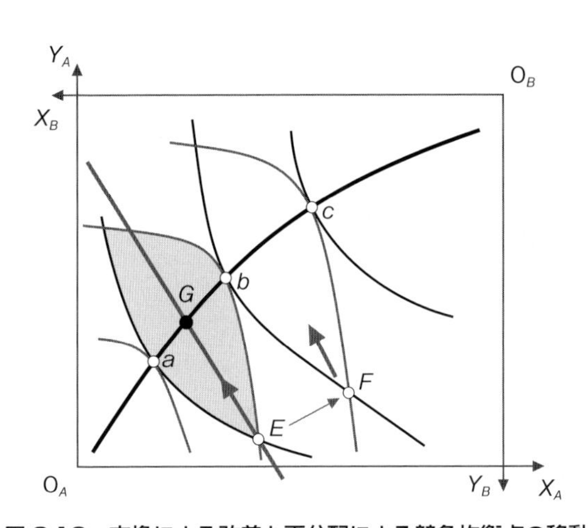

図 2.18　交換による改善と再分配による競争均衡点の移動

交換前が点 E の場合，契約曲線上の a から b の間のどこで交換が成立するかは，交渉の力関係によって決まります。仮にＢさんが交渉力を発揮すると，Ａさんの効用改善が少ない a に近い点に落ち着くことになるでしょう。ところが，ＡさんＢさんと同じタイプの多くの経済主体が取引に参加する場合には，ＡさんもＢさんもともに交渉力を失い，いわば完全競争下のプライステイカーとして行動することとなり，結果として**コアの極限定理**が成立することになります。

な問題に答えるのが，厚生経済学の第２基本定理です。すなわち，**所得の適切な再配分を行えば，どのようなパレート効率的な資源分配も，競争均衡として実現することができる**というものです。

図2.18において，当初の２人の饅頭とケーキの組合せが点Eだった場合，そこから移動できる契約曲線上の位置はaからbの間になります。ここで，初期の財の組合せの点を何らかの政策でFに変更したとすると，そこから移動できる契約曲線上の点はbからcの間になります。第２基本定理は初期の状態を変更しさえすれば，その後は市場における取引に委(ゆだ)ねることで，契約曲線上の行き先を決めることができるということを意味しているのです。

レッスン2.5 資源配分と所得分配

レッスン2.3とレッスン2.4でみてきたように，完全競争市場ではパレート効率性（パレート最適）の意味で，資源配分の効率性が達成されることを確認しました。しかし，経済学の議論がそれでお仕舞というわけではなく，残された問題も多々あります。パレート効率性は，あくまでも完全競争市場の３つの要件が満足されている場合に意味を成すのであって，現実は第３章で詳しく考察するような，市場メカニズムがうまく機能しない「市場の失敗」のケースが少なからずあります。とりわけ環境問題はまさにそのケースに当たるということに注意しなければなりません。また，本レッスンのテーマである所得分配の問題があり，それは資源配分の効率性とは全く別の問題になります。

レッスン2.3で簡単に言及しましたが，現代の新厚生経済学は，古典的な厚生経済学が前提とした個人間の効用の比較可能性なり，「**最大多数の最大幸福**」を目指すといった功利主義的な立場ではなく，「**だれも悪化させることなく，一部は良くなる**」，あるいは「**他人を悪くしない限り，自分が良くならない**」といったパレート基準に依拠しています。これには，できるだけ人々の間の直截(ちょくせつ)的な比較を回避するという意味合いがあります。効用には**限界効用逓減の法則**という厄介な性質があり（あるいは，ありそうなので），例えば自己申告に基づいて人々の間の効用を比較することは，特定の**価値判断**につながる

クローズアップ2.6 第2基本定理と補償原理

第2基本定理について問題になるのは，所得の適切な再配分とはどのようなものかという論点です。ある変化が全員の経済厚生を改善するとは限らない（すなわちパレート改善でない）ときでも，その変化を是認すべきか否かを判断する基準として，**損害を受ける人に補償してもなお余るほどの利益が社会全体で得られるか否か**を判断基準とする**補償原理**（compensation principle）が考案されました。

カルドア（Nicholas Kaldor, 1908–86）は，「ある変化によって利益を得る人が損をする人々に補償を支払っても，なお利益が残っているならばその変化を是認する」との**カルドア基準**を提唱し，**ヒックス**（John Hicks, 1904–89）は，「ある変化によって損をする人がこの変化を阻止しようとして，利益を得る人々の逸失利益を補償してもパレート改善となる状況を作れないならば，その変化を是認する」との**ヒックス基準**を提唱しました。**ヒックス基準は逆の変化がカルドア改善でない場合**になります（第5章の**クローズアップ5.2**参照）。

しかし，補償原理には，状況によっては，状態Aから状態Bへの変化も状態Bから状態Aへの変化も認められる，という論理的不整合性があります。そこで**シトフスキー**（Tibor Scitovsky, 1910–2002）は，カルドア基準とヒックス基準の両方を是認する変化に限り是認する**シトフスキーの二重基準**を提唱しましたが，これにも推移律が満たされないという論理矛盾が発見されています。これらの経緯を踏まえて**サミュエルソン**（Paul Samuelson, 1915–2009）が補償原理を完成させましたが，人々に利害対立が生じる場合に，**序数的な立場からそれを解決するのは至難である**との結論となり，以後解決の途を閉ざす形となってしまいました。

このような補償原理とは別のアプローチとして発展したものに，**バーグソン**（Abram Bergson, 1914–2003）とサミュエルソンによる**社会的厚生関数**（social welfare function）の議論があります。社会的厚生関数とは，経済社会を構成する諸個人の判断ないし選好を考慮に入れてさまざまな社会状態を倫理的に順序付ける方法論です。つまり，A，Bという社会状態について，全ての個人がAを選択するのであれば，当然Aを選びます。2つの社会状態の優劣に関して判断が一致しない場合にも，社会的厚生関数はこの対立を裁定して倫理的な優劣を順序付けられるようになっていなければなりません。

このような社会的厚生関数の存在について，**アロー**（Kenneth J. Arrow, 1921–2017）による社会選択のルールについての研究が疑問を提示しました。アローは，選択肢が3つ以上あるとき，**民主主義的な「合理性」，「パレート原理」，「情報的効率性」，「非独裁性」といった社会的選択ルールを提示し，その条件を満足する社会的選択ルールは論理的に存在しない**という**一般可能性定理**（**アローの不可能性定理**ともいう）を示しました。この面からも，序数的な立場から厚生経済学が規範的な何らかの決定を行うことは，論理的に困難が伴うことが示されることになったのです。もっとも，アローの不可能性定理を可能にするいくつかの条件も知られており，この面で社会が全く機能不全になるわけではありません。

という批判が強くなった経緯があります。芸術なり熟練技（art）としてではなく科学（science）**としての経済学としては，価値判断から自由なスタンスをとるべきだとの立場**が，厚生経済学にパレート基準を導入させたといってもよいでしょう。

効率と公平・公正

繰り返しになりますが，パレート効率性は資源配分に無駄がなく限度いっぱい利用された状態にあることを意味しますが，その際にだれがどのように利用するか，その結果だれがどれだけの所得を獲得するかといった所得分配の状態については問題とせず，オープンクエスチョンのままになっています。換言するならば，厚生経済学の第2基本定理が示すように，所得（資源）の初期保有状態なり政策次第では，完全競争市場での最終的な所得分配はそのようにもなりうるし，さらに言い換えるならば，特定の所得分布の状況を実現させることもできるわけです。

そうなると，現実問題としては，実際の所得分配がどのように決まってきているかとの問いが関心事となり，それを解明するのも経済学の1つの分野になるわけです。日本では，1980年代後半期の資産価格が高騰したバブル経済が90年代に入るや否や崩壊し，**失われた10年**，**失われた20年**と長期化したデフレ不況に陥りました。その間に，かつて**ジャパン・アズ・ナンバーワン**と讃（たた）えられた終身雇用制や年功序列賃金といった労働慣行を始めとした**日本的経済システム**が，いつの間にかなし崩し的に瓦解（がかい）し，これもかつて**一億総中流**といわれた日本の所得分配を大きく不平等化させることに舵を切ってしまいました。2000年代初頭の小泉純一郎内閣の下で進められた**市場原理主義**をバックボーンとした**構造改革路線**が，非正規労働の興隆に代表される**自己責任原則による勝ち組・負け組の許容**と，勝者劣敗よろしく二極分化を推し進めることとなった結果でもあります。小泉構造改革推進派は，それが**経済のグローバル化**の当然の成り行きであると，わが意を得たりとしたり顔で論じたものです。

ただし，誤解のない範囲で追記しておきますが，実は完全競争市場での企業の利潤最大化行動の中には**限界生産力原理**があり，**労働者の限界生産力が実質賃金率に等しくなる**ように雇用量を調整することになります。すなわち，この

◆ *キーポイント2.1* 配分と分配

本章のサブタイトルには，「資源配分」と「所得分配」が対峙して使われています。「配分」と「分配」は似た概念で，実際同義語として用いられる場合もあります。経済学ではこの2つの用語を使い分けており，「配分」は資源をどのように利用するか（配置するか）というallocationの意味で，また「分配」は経済活動の結果得られた富（所得や財・サービス）をどのように分け合うかというdistributionの意味で用いる場合が多くなっています。

■コラム2.7 価値判断論争■

価値判断を回避した上での資源配分の効率性の判断がスポットライトを浴びるにつれて，経済学における所得分配問題が脇に追いやられることになってしまったきらいがあります。

伝統的に，経済学に限らず，社会科学全般にとって価値判断は重要な問題であり，それをめぐった論争が繰り返されてきています。詮(せん)ずるところ，「**価値判断は主観的なものであり，真に客観的に正当化されうる基準はあるだろうか**」といった問いと，「**事実判断または事実認識は価値判断から自由になされうるか**」といった中立性をめぐる論争なのですが，それが過度にデジャビュ（既視感）として分配問題に消極的になるよう影を差していると言ってもよいでしょう。

歴史的には，**価値判断論争**というと，1904-13年にドイツの社会政策学会を舞台に後期歴史学派の**シュモラー**（Gustav von Schmoller，1838-1917）と社会学を始め社会科学全般を研究対象とした**ウェーバー**（Max Weber，1864-1920）との間でなされた論争（**シュモラーは客観的な価値判断が可能であるとし，ウェーバーが疑義を呈した**）が有名ですが，厚生経済学の始祖のピグーと新厚生経済学の間でも，効用の比較可能性とともに価値判断をめぐる論争も行われ，パレート最適として最適性（optimality）の概念が登場することになったわけです。

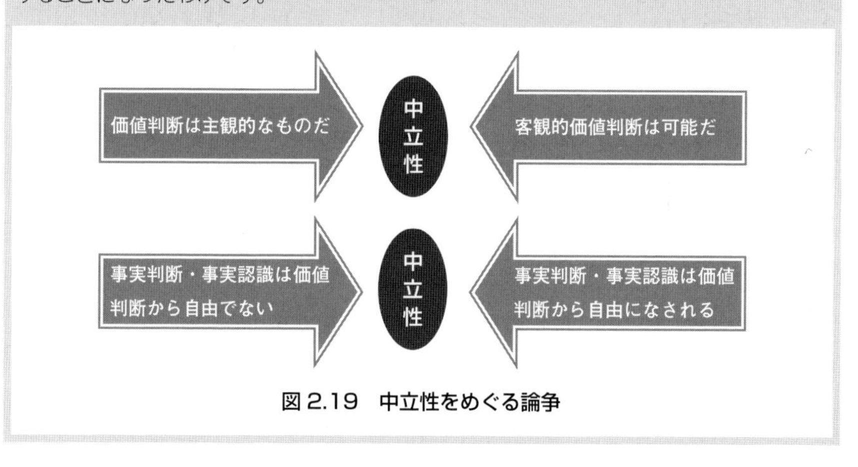

図2.19 中立性をめぐる論争

条件で労働の取り分（マクロ的には**労働分配率**）が決まることになりますが，政策的に所得分配を選択するという場合には，必ずしもこの限界生産力原理の貫徹そのものを排除するのではなく，租税や補助金を通じて実効的な実質賃金率に影響を及ぼすチャネルを考えることになります。

この際の租税や補助金は，企業側に対してのものと労働者に対してのものとのどちらか，あるいは両方が考えられます。**租税はマイナスの補助金，補助金はマイナスの租税**と，対称的に考えられるからであり，これがまさに所得分配の選択になるのです。レッスン2.2でみたように，これは資源配分の効率性とは別次元の問題であり，具体的な政策手段次第では，資源配分の効率性を損なわずに可能なわけです。似たような問題は，環境問題の経済学的解決法の際にもしばしば登場することになります。第4章で登場する**コースの定理**もその1例です。

レッスン2.6　まとめ

本章では，環境経済学を学ぶ際に基本となる，経済学の基礎的な考え方を説明しました。経済学的には，資源配分の効率性と所得分配に関する価値判断（どのような格差を認めるかという公正の問題とも言えます）は別のものであり，効率と公正は自動的に並び立つものではありません。むしろ両者の間のトレードオフ（二律背反）は，環境経済学全体を通じる基本テーマであり，オーケストラ演奏に喩えるならば，全曲に響き渡る通奏低音（つうそうていおん）の役割を担っているのです。

キーワード一覧

完全競争　完備情報　独占的競争　製品差別化　プライステイカー　市場メカニズム　効用　非対称情報　利潤最大化行動　消費者余剰　生産者余剰　限界費用　埋没費用　社会厚生指標　死荷重　厚生経済学　パレート効率性　功利主義　厚生経済学の基本定理　市場原理主義　無差別曲線　限界代替率　契約曲線　限界効用逓減の法則　補償原理　アローの不可能性定理　価値判断

▶考えてみよう

1. あなたの周りで，完全競争，独占的競争，独占，寡占それぞれの市場と思われる例を挙げてください。
2. 現実経済が必ずしも完全競争市場ばかりではないとした場合，完全競争を前提とした経済学の命題や政策提言を信じるに足ると思いますか，それとも信頼がおけないとして保留，または放置しますか？
3. 消費者余剰と生産者余剰を実際に計測するには，どのようにすればよいでしょうか？
4. アローの不可能性定理からは，社会的合意形成が容易ではないとの印象を受けると思います。しかし，現実は，それなりの合意形成に到達しています。アローの前提条件が厳しすぎるからだと思いますか，それとも別の理由があると思いますか？
5. 学問としての環境経済学にとって，どのようなことが価値判断に関わると思いますか？　そもそも，価値判断から自由な環境経済学はあり得ると思いますか？

▶参考文献

本章は経済学の中でも基本的な内容ともいえる完全競争や市場均衡を扱っており，詳しくはミクロ経済学のテキストをどれか1冊参照するのが望まれます。今日では，膨大なテキストのリストがあり，入門レベルから中級・上級レベルまで多種多様です。ここでは，次の5冊を挙げておきます。

倉澤資成『入門価格理論　第2版』日本評論社，1988年
西村和雄『ミクロ経済学』東洋経済新報社，1990年
清野一治『ミクロ経済学入門』日本評論社，2006年
神取道宏『ミクロ経済学の力』日本評論社，2014年
武隈愼一『新版 ミクロ経済学』新世社，2016年

3 環境問題はどこから起こる？

前章のレッスンでは，完全競争下の市場経済で資源配分が最適な状態になることを学びました。これは出発点であって，現実はそうでない可能性も示唆されましたが，それでは，経済学では環境問題を具体的にはどのように捉えているのでしょうか。本章では，環境問題に対する経済学的な分析視点を説明します。鍵となるのは，市場メカニズムにとって厄介な存在の公共財や外部経済・不経済であり，環境問題の発生原因もここにあります。

レッスン

レッスン3.1　公共財と市場メカニズム

前章のレッスン2.1で学んだ，完全競争市場の2番目の要件であった生産手段の私有制や消費の排除可能性に関連して，それらの適応外にある「非競合性」と「非排除性」の一方，もしくは両方の特性をそなえる財・サービスを，広く**公共財**（public goods）と呼びます。どちらの特性もないのが，**私的財**ないし**私有財**（**私的所有財**）になります（**クローズアップ3.1**）。公共財を取り上げるのは，経済学で公共財の問題として蓄積されたノウハウを環境問題に適応できる場合が多いからです。言い換えるならば，環境も公共財の一種と考えられるのです。

非競合性と非排除性

非競合性とは，ある財・サービスを利用するときに，文字通り他の経済主体と競合関係が生じないことを意味します。**非排除性**は，レッスン2.1でみた消費の排除可能性とは逆に，他の人が利用するのを制限し排除するのが困難な性質のことです（**コラム3.1**）。

公共財として，非競合性と非排除性はしばしば同時に起こり，これを**純粋公共財**と括（くく）りますが，公共財によっては一方のみ成立するということもあります。その場合には，これを**準公共財**と呼びます。競合性はあっても非排除性が高い財・サービスをコモンプール財，排除性は高くても非競合的なものをクラブ財と呼びます（**表3.1**）。

コモンプール財は文字通り共同でプールして管理する財・サービスであり，非排除性や一定のアクセス可能性が担保された財・サービスをいいます。競合性があるとしても，歴史的ないし慣行として無料で使用可能であったり，（特別な工夫がない限り）入場料や利用料金を徴収するのが困難な財・サービスが該当します。乱獲や過剰採掘・伐採を防止する漁業資源や森林・天然資源が代表的な例となりますが，昔ながらの入会地（いりあいち）や共有地（**コモンズ**），団地やマンションにある集会所や共同会議室，等々身近な例も多く挙げられます。地域の公民館や児童館，学校の講堂や体育館，家族にとっての居間もそうした例に加

■コラム3.1　非競合性と非排除性の例■

いまケーキが1つあったとして，ある人が半分食べてしまえば，他の人が食べられる量は半分に減ってしまいます。こういう場合に，競合性があると考えます。しかし，富士山の景色を観るとして，特定のスポットからの絶景（お札のデザインにもなった本栖湖の逆さ富士や世界遺産の三保の松原）といえども，他の人が富士山を鑑賞しているからといって，自分の見ている富士山が半分になってしまうことはありません。公園でのジョギングやテレビ番組も，他の人が利用していても，排除されることはありません。このように，2人ないしそれ以上の人の財・サービスの利用にあたって，お互いに影響が及ばない性質が非競合性です。

非排除性の例としては国防や一般の道路，空気などがあります。国防は国全体を防衛するので，結果として，国防に反対する国民やたまたまその国を旅行中の外国人をも守っていることになります。道路も高速道路のように料金所があれば別ですが，街中の道路をすべて管理し，出入りを規制したり料金を取ることは困難です（強盗犯を追い詰めるために非常線を張るような場合は別です）。また，悪意を持って意図的にそうしない限り，通常は他人が吸う空気を制限することはできません。

ただし，競合性や排除性も必ずしも「ある」「なし」が明確ではなく，どちらにもなるようなものもあり，相対的な概念と考えるのがよいでしょう。たとえば，毎年2月に開催される東京マラソンは，参加希望者が多数に上ることから抽選が行われますが，一般抽選とは別に「チャリティランナー」などの特別枠もあり，競合度なり排除可能性は一律ではありません。

表3.1　競合性・排除性による財の分類

		排除性	
		○	×
競合性	○	**私的財** 通常の財サービス	**コモンプール財** 漁業資源・共同管理財
	×	**クラブ財** 会員制クラブ・有料高速道路・ケーブルテレビ	**純粋公共財** 国防・一般道路・空気

コモンプール財は共同でプールして管理する，非排除性や一定のアクセス可能性が担保された財・サービス。クラブ財は一定の枠があり，会費や使用料金を支払う者は共同利用できるが，料金を支払わない者は利用できない財・サービス。

えられます。

クラブ財は有料高速道路，有料駐車場や映画館，ケーブルテレビ，あるいは会員制のスポーツクラブをイメージするとよいでしょう。一定の枠があり，**会費や使用料を支払うと利用できますが，支払わないと利用できない財・サービス**になります。クラブを形成するのに，特定の学校の同窓生，同郷県人会，特定の資格保持者，日本野鳥の会や草野球チームといった同好の士等々で形成されるクラブもあり，排除基準は必ずしも使用料の徴収に限られません。もっとも，それらの資格の取得・保持にコストが必要だったと考えれば，基本的な要件は同一と考えられるでしょう。

町内会で共同管理する夏祭りの山車（だし）やお神輿（みこし）もクラブ財といえます。お祭り道具は住民にとって競合性がないばかりでなく，むしろ何人かが集まって共同して引き回したり担ぎ回るのであり，野球やサッカーなどの団体球技スポーツと同様に，個人では意味をもたない財といえます。結局，クラブ財は，公共性を有するのにもかかわらず自ずから排除性が担保され，後述のタダ乗りにあうフリーライダー問題は比較的容易に回避できる準公共財ということができます。

公共財の特性

公共財にもいろいろなタイプがあることをみましたが，以下では純粋公共財を念頭において話を進めます。**非競合性と非排除性の両方の特性を備えた純粋公共財**としては，既述の国防や空気が代表例になりますが，ほかにも立法・行政などの文字通りの公共サービスに加えて，堤防や防潮堤などの国土保全型の社会資本，道路交通標識や街灯，天気予報や道路混雑サービス，名所旧跡の名声，三重県の松阪牛・大分県の関サバ・京都の京野菜といった各地の名産品，各地のお祭り，街並みの景観，世界遺産の風景，等々があげられます。

公共財が提供するサービスに対しては，分権的な市場経済においては，取引される市場が形成され，市場メカニズムにそって市場価格が決まることは考えにくくなっています。例えば，夜になると真っ暗になってしまう近所の道に新たに街灯を設置する場合を考えてみましょう。街灯をつけることで，通行人にとっては夜道が安全になりますが，わざわざ自分が負担し街灯を設置しなくても，別の住人によって設置されさえすれば安全性を享受できます。このような

クローズアップ3.1　公共財としての環境

経済学では，原則としてすべての有形のモノと無形のサービスを対象に，財・サービスとして考察対象とします。ただし，まずこれらを**稀少性**（scarcity）のある**経済財**と，稀少性がみられない自由財に分類します。**自由財**（free goods）は，価格がゼロでも市場全体での需要量が供給量を下回る財で，多くは数量的に無尽蔵に存在し，仮に取引されるとしても無料になる財・サービスが該当します。タダで手に入れられますので，これには稀少性はないものと見做（みな）します。どこにでもある空気や太陽光，扇状地での湧水等々が考えられる自由財で，これら以外は経済財になります。その**経済財は私的財と公共財に二分**され，**表3.1**に整理されているように，公共財もいくつかの種類に細分されます。

環境（ないし環境問題の構成要素）も財・サービスであるものとして，それは明らかに公共財の特性を示しますが，環境のすべてが公共財かといえば，それはそうではありません。例えば，レッスン3.3でみる外部効果の要素も，環境問題となります。公共財は環境の十分条件になりますが，必要条件ではないわけです。実際，レッスン1.3でみた近所のごみ屋敷のように，私的財が環境問題化することもあります。

なお，自由財を飛び越えて，価格がマイナスになる財も考えられます。存在がマイナスとなる財・サービスで，処分に費用を要する廃棄物，道路の路肩に生える雑草や生ごみを漁（あさ）るカラス，政治家の失言（がもたらす悪影響）などが挙げられます。公害も代表例で，まさに環境問題の対象です。確かにこれらは**負の公共財**（public bads）といった要素もないわけではありませんが，どちらかといえば外部不経済にかかわると考えます（レッスン3.3参照）。

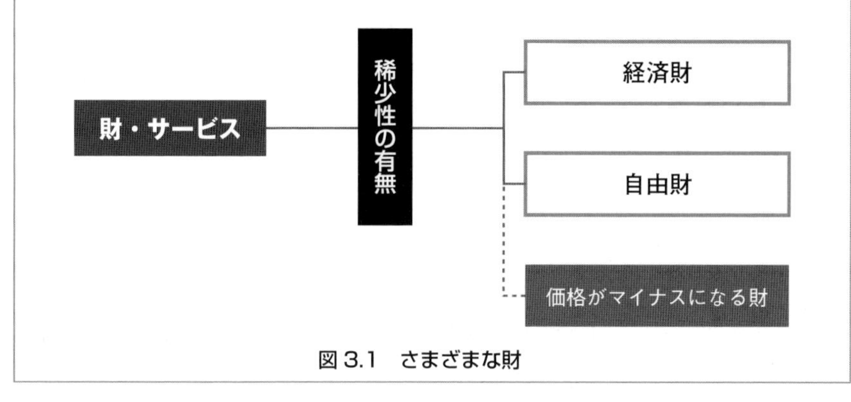

図3.1　さまざまな財

場合，人は自分の負担を減らし他者に頼ろうとするために，市場に委ねると，本当に必要なだけの街灯は設置されません。これが**公共財のタダ乗り可能性**をめぐる**フリーライダー問題**です。

公共財のフリーライダー問題によって，市場メカニズムの下では，全く供給されないか，あるいは望ましい供給量に比して過少供給となってしまうために，公共財の供給は政府に委ねなければならないのです。単に政府が供給する財・サービスを公共財と呼ぶのではなく，原理的には，**何が公共財かは財・サービスに備わった属性によって決まる**のであり，公共財の特性を持つ財・サービスだから政府によって供給されているのだと理解してください。もっとも，現実社会は理想状態にあるわけではないので，実際は，準公共財レベルの公共財の供給に民間資金を導入するさまざまな仕組みが工夫されています（**コラム 3.2**）。

例えば，レジャー施設的な公園や大型プールなどのように，都道府県営・市町村営と銘打っている公共施設の中には，内容的には民間での供給が可能なものも少なくありません。美術館には国立西洋美術館など国営・地方公共団体営も多いですが，岡山県倉敷市にある大原美術館や東京都の山種美術館など民間（現在は公益財団法人）のものも数多くあります。動物園でも，東京の上野動物園（正式には東京都恩賜上野動物園）は都営，北海道の旭山動物園は旭川市営ですが，パンダの繁殖を成功させてきたことで有名な和歌山県白浜町にあるアドベンチャーワールドは，動物園を含み民営で成功しているテーマパークです。

レッスン 3.2　社会的共通資本

レッスン 3.1 では，公共財の要件として非競合性と非排除性に焦点を当てましたが，フローとしての公共財的なサービスを提供する資本ストックに焦点を当てた視点もあります。**社会的共通資本**（social overhead capital）ないし**社会共通資本**（social common capital）の視点で，それが**生み出すサービスにメリット財としての公共性が**あると考えます（**クローズアップ 3.2**）。

■コラム3.2　公共投資のファイナンス問題■

近年はどこの国も財政が肥大化し，公共事業への民間資金の活用が工夫されています。その代表的な手法が**PFI**（プライベイト・ファイナンス・イニシアティブ）であり，必要な公共サービスを提供する際に，**公共が直接施設を整備せずに，民間に施設整備と公共サービスの提供をゆだねる手法**です。1992年に，サッチャー政権下のイギリスで，「小さな政府」への取り組みの一環として導入され，日本でも1999年にPFI法（民間資金等の活用による公共施設等の整備等の促進に関する法律）が制定され，翌年政府によってPFIの理念とその実現のための方法を示す基本方針が示され，PFI事業の枠組みが設けられました。

PFIの基本原則の1つに**VFM**（ヴァリュー・フォー・マネー）があり，一定の支払に対し，最も価値の高いサービスを提供すべきとの指針になっています。逆にいえば，一定の公共サービスに対して，最も支払いが少ない手法を選択すべきであるとの基準ともなります。もっとも，「安かろう悪かろう」の譬（たとえ）があるように，単にコストが安ければよいというものでもなく，公共サービスには一定の質が保証されなければなりません。

最近では，PFIを含むより広い概念として，**PPP**（パブリック・プライベート・パートナーシップ：**公民連携**）が提唱されています。**公共と民間の公民連携による公共サービスの提供を行うスキーム全般を呼ぶ概念**で，PFIの他に，指定管理者制度，市場化テスト，公設民営（DBO）方式，さらに包括的民間委託，自治体業務のアウトソーシング等も含みます。

クローズアップ3.2　メリット財

公共的なサービスとしては，私立学校が興味深い存在です。ほどほどに高価な授業料を支払うことから私的財ですが，多数の学生や生徒を相手にしているという意味で公共性を有し，実際，提供されるサービスは国公立学校とほとんど異なるところがありません。この種の財・サービスは，**メリット財**（merit goods，**価値財**）として括（くく）られ，ほとんど私的財なのですが，**そのサービスを享受すること自体が本人にとってだけでなく，何らかの意味で公共性・社会性を有する財・サービス**になっています。

メリット財のもつ公共性・社会性を強調すると，「人々が自ら望もうが望むまいが，制度としてそれに価値（メリット）があると定められた財・サービス」と定義することも可能です。この場合には，私立学校というよりは，教育サービスそのもの（とくに義務教育）がメリット財に対応すると考えるべきでしょう。ほかに，未成年者飲酒禁止，麻薬禁止や銃砲刀剣類保持規制といった「規制」も，広い意味でのメリット財に加えることができます。これらは，**消費者主権**を退けた**パターナリズム**（父権主義）的な「押し付け」に価値を見出すもので，それゆえにメリット財に該当するのです。

メリット財に分類する前提は，あらゆる人がこれを享受する権利をもつと判断されることです。あるいは，市場において供給することが可能であるにもかかわらず，政府が望ましいと判断して供給するのであり，消費者主権なり**レッセフェール**（laissez-faire，**自由放任**）とバッティングする面もあります。しかし，伝染病患者の隔離や刑法犯の留置といった類で最も顕著に現れますが，それが真の意味で社会全体に望ましいことであるならば，

社会的共通資本と混雑現象

東京大学名誉教授の**宇沢弘文**（1928–2014）によると，社会的共通資本には大別すると3つの種類があります。第1は道路，鉄道，港湾，国土保全，電力・ガス，上下水道等のいわゆる**インフラストラクチャー**（**インフラ**）となる**社会資本**（**政府資本**）及び公園などの生活関連社会資本であり，第2は山，森林，川，海洋，大気，ならびに富士山の景観や釧路湿原などの**自然資本**，そして第3が教育，医療，金融，司法，文化などの**制度資本**です（**図3.2**）。

これら3種類の社会的共通資本は広範囲に互（わた）りますが，それらから享受されるサービスは公共性をもつことに加えて，先の公共財の括りとは異なった共通性を有すると考えます。すなわち，典型的な公共財として位置付けられる非競合性と非排除性はともに極端な属性であり，むしろ社会的共通資本からのサービスの特徴としては，ある程度の競合性や排除性が同時にみられ，社会的共通資本のストック量に応じて**混雑現象**（congestion）が生じる点を重視します。

コラム3.1で例に挙げた公園でのジョギングも，完全な競合性や排除性はないとしても，ある程度の人々が同時に利用すると混雑が発生します。この**混雑現象によっては，経済主体が享受するサービスの低下が起こるという意味で社会的費用**（social cost）**が発生**します。この社会的費用は，人々が全体として社会的共通資本のサービスをどれだけ享受しているかという使用量，すなわちどれだけ混雑しているかに依存し，混雑の程度が増大するにつれて，逓増的に増加すると考えることができます。混雑度は全体の利用量が増大すれば増加しますが，他方社会的共通資本のストックが蓄積されると低下します。

後にレッスン4.3でみるように，社会的共通資本の利用によって生産活動や消費活動の亢進（こうしん）が起こりますが（**クローズアップ3.3**），他方社会的共通資本の**混雑現象によっては社会的費用が発生する**ことから，資源配分の観点からは，この社会的費用の最適な水準を想定することができます。そして，適切な使用料を徴収することによって，実際の利用量がその望ましい水準になるようにデザインすることが可能になるのです（第4章参照）。

社会的共通資本とコモンズ

社会的共通資本には，社会資本，自然資本そして制度資本の3種類あるわけ

一定の範囲で消費者主権に制限をかけるのもやむを得ないでしょう。レッスン1.2で取り上げたさまざまな環境規制も同様です。

メリット財の適格要件は必ずしも明確に提示可能なわけではなく，一方では容易に拡大解釈でき，例えば通常の医療や介護も対象に含めることが想定できます。他方，一般論として捉えるならば，公共財本来の非競合性・非排除性の問題がないのであれば，潜在的にはメリット財の要素をもつとしても，民間によって適切に供給されるはずですから，過度の市場介入は回避されるべきでしょう。

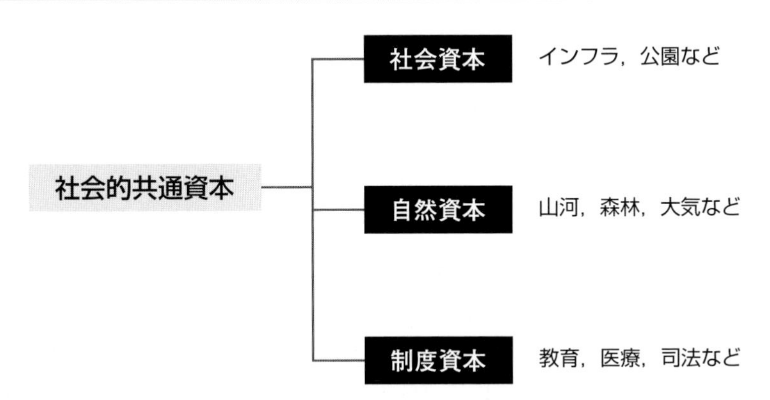

図 3.2　社会的共通資本の分類

クローズアップ3.3　社会資本の生産力効果

ある川に架かっている橋が通行止めになったとすると，地域間の運送能力が大きく損なわれることになり，それが経済活動の生産性を著しく低下させることは自明と思われます。そこで，労働や民間資本と同じように，社会資本（政府資本）も生産力をもつという認識の下で，その生産力を計測する試みがあり，いまではかなり実証研究が蓄積されてきています。この際，社会資本が生産力を発揮するチャネルとして2通り考えます。

1つは，社会資本はタダで使える**対価のいらない生産要素**（unpaid factor of production）であるとの見方であり，もう1つは労働と民間資本の生産力を一般的に高める**環境の創出**（creation of atmosphere）を行うとの見方であり，両者の違いは，生産関数の違いに現れます。いま，生産関数が，

$$Y = F(N, K, G) = AN^{\alpha}K^{\beta}G^{\gamma}$$

とコブ・ダグラス型に表せるとしましょう。ただし，Y＝GDP（産出量），A＝生産技術の水準を代表する係数，N＝労働，K＝民間資本，G＝社会資本とします。（**コブ・ダグラス型生産関数は生産要素のシェアが一定に**なるタイプの生産関数ですが，これは説明の便宜のためで，必ずしも一般性を失うわけではありません。）生産関数の形状の意味では，α，β，γのパラメータについて，$\alpha+\beta+\gamma=1$ の場合が「対価のいらない生産要素」の場合であり，$\alpha+\beta=1$ の場合が「環境の創出」の場合になります。

つまり，社会資本の役割がどういうものかは，都道府県単位のデータなりその時系列データもプールした上で，$\alpha+\beta+\gamma=1$（$\gamma>0$）になるか，$\alpha+\beta=1$（$\gamma=0$）になるかの推

ですが，これらの共通要素としてもっとも適切な基本概念なりレゾンデートル（raison d’être，存在理由）が，**豊かな経済生活を営み，人間的に魅力ある社会を持続的，安定的に維持すること**であり，そのための社会的装置が社会的共通資本になるわけです。社会的共通資本は，社会全体にとっての共通の財産であり，**それぞれの社会的共通資本にかかわる職業的専門家集団により，専門的知見と職業的倫理観に基づき管理，運営されなければなりません**。具体的な管理・運営の一例として，**コモンズを通じた持続可能な社会の構築**があげられます。

社会的共通資本としてみる場合には，コモンズをより広範囲・広分野に拡大して意義を問います。すなわち，共同利用されることからは，**コモンズは分類上はコモンプール財と重なり**ますが，内容的には社会全体にとっての共通財産（あるいは共有財産）である側面が重視されます。専門的知見と職業的倫理観に基づき管理，運営されているのが重要な要件になり，コモンズもしっかりと管理・運営されていればこそ，豊かな経済生活や人間的に魅力ある社会が持続的，安定的に維持され，それゆえに社会的共通資本の蓄積が望まれるわけです。しかし，これは必ずしも現実の姿ではありません（**コラム 3.3**）。

コモンズは持続可能か，崩壊するか

後にレッスン 3.4 で市場メカニズムの欠陥として環境問題が生じる可能性を説明しますが，その際の原因の 1 つとしてコモンズの悲劇を取り上げます。これは，イギリスの生物学者**ハーディン**（Garrett Hardin，1915–2003）が発表した The Tragedy of the Commons という論文のタイトルに由来し，「**共有地は遅かれ早かれ崩壊するメカニズムを内包している**」と主張したものです。具体的には，森林や牧草地がだれでも利用できる共有地である場合，「**利用者が勝手に自らの利益を追求すると我もわれもと乱用や過剰利用が起こり，共有地の状態が維持されず，結局利用者全員が不利益を被ることになる**」，というのが**コモンズの悲劇**の内容です。誰でも家畜を放牧できる牧草地があった場合，住民は競って自分の牛や羊に牧草を食べさせます。放牧される家畜が少なければ特段問題ないのですが，ある程度の数に達すると牧草は食べつくされ，最悪の場合回復不能となってしまいます。コモンズの悲劇においては，共同利用について**申し合わせを厳守するといった暗黙の合意なり協調行動**をとれないこと

計結果次第として臨みますが，おおむね社会資本の生産力効果は相当大きく，しばしば民間資本の生産力を上回ることも計測されてきています。こうした研究からは，社会資本のなかにはその帰属価値が投下価値を上回るものも相当あることが示唆され，国のバランスシート上の資産の評価にも反映されるべきであることが分かります。

すなわち，現在，国の資産を計算する場合に，道路などの社会資本はそれを売却して流動化するのが困難だとして，対象外としています。別の解釈としては，それらの市場性がないとして価格をゼロとして計算してきているのですが，価格がゼロなのは本来は供給が無限な自由財の場合（**クローズアップ 3.1**）に当てはまるのであって，社会資本の場合にはむしろ供給が過小な場合が多く，その意味では，根本的に誤った方法論を適応していることになります。

民間資本の場合には，その市場価値をその企業の株価で評価します。このアナロジーでいえば，国債（建設国債）で資金調達した社会資本の市場価値を国債の価格で評価するのが妥当ということになりますが，個別の社会資本プロジェクトの評価には向きません。国債は，すべての社会資本を同質的に扱うからです。この点，2001 年以来導入された財投債や財投機関債の市場価格の情報は，対応する社会資本の評価に役立つ可能性があります。

■コラム 3.3　コモンズと入会地（いりあいち）■

コモンズのもともとの意味は共有地や入会地のことをいいます。共有地は文字通り共同所有地のことで，近代以前のイギリスで牧草の管理を自治的に行ってきた制度として知られています。その後，こうした土地は集落が都市に発展する過程で公園などとして残されており，有名なものにアメリカボストン市の Boston Common があります（**図 3.3**）。

一方，入会地は日本に古来から伝わる制度で，村や部落などの村落共同体で総有した土地をいい，具体的には薪炭・用材・肥料用の落葉を採取した山林や里山，および秣（まぐさ）（家畜の飼料）や茅葺（かやぶき）屋根のカヤなどを採取した草刈場としての原野や川原があります。

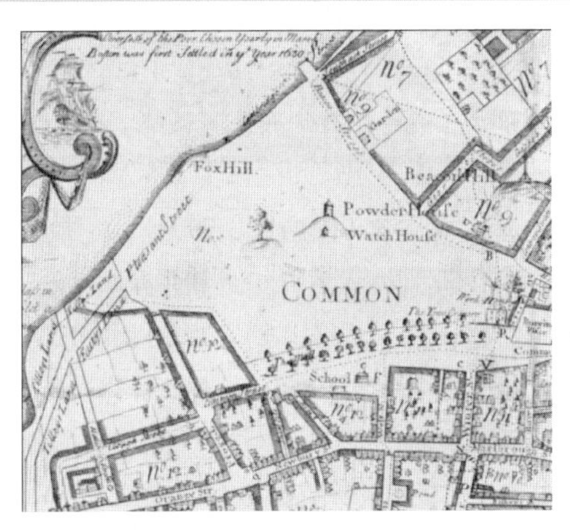

図 3.3　ボストンコモンの地図

（出所） Detail of 1769 map of Boston by William Price, showing Boston Common and vicinity.

が，バランスを崩してしまう原因といえます。

逆に言うならば，コモンズの悲劇の教訓としては，何らかの協調行動がとれるならば，コモンズを持続可能にもっていくことができるわけです。もちろん，社会的共通資本としての**コモンズが適切に管理・運営されれば，コモンズの悲劇とは無縁**になります。日本の入会地は，実際に申し合わせがあるか否かは別問題として，持続的利用を可能とする利用法が機能してきた好例として取り上げられます。例えば，「里山での野草採取は，見つけたものすべてを採らず一部は必ず残す」とか，「動物や鳥類・魚類では禁漁期間を設ける」といった類のルールです。こうしたルールを明文化して厳守するなり，慣行として世代を越えて伝承させるのが，社会的共通資本の管理という意味でも重要になります。

なお入会地などに対する**入会権**（いりあいけん）と同様の仕組みとして漁場に関する漁業権・入漁権・入浜権，水源・水路に関する水利権，そして泉源・引湯路に関する温泉権などが取り上げられることがあります。しかし，厳密には**入会権は民法が定める用益物権**であるのに対し，漁業権，水利権などは**漁業法や河川法が定める公法上の権利**になっています。確かに，法律上の扱いは異なる面がありますが，環境経済学の扱いでは，コモンズとして同類扱いするものとします（**クローズアップ3.4**）。

レッスン3.3　外部効果と市場取引

個人なり企業の行動が，市場の取引として結実しない経路で他の経済主体に直接影響を及ぼすことを**外部効果**（external effect）といいます。例えば，新駅が開設され利用者が増えると，周辺の商店街を利用する人が増え，各商店は利益が増えます。これが各商店にとっての外部効果で，それがプラスに働くのを**外部経済**（external economy）といいます。反対に，新駅から一定の距離を置く商店にとっては，利用者が新駅周辺の商店街に移ってしまい，売上げが減少してしまうでしょう。これはマイナスの外部効果で，**外部不経済**（あるいは**外部負経済**，external diseconomy）といいます。

外部経済なり外部不経済は，物理的ないし技術的に働くものと，何らかの形

近代以前のイギリスで牧草の管理を自治的に行ってきた制度に由来するコモンズは，通常は複数形が用いられますが，ボストンコモンは“The Common”の別称でも単数形が用いられ，ボストンで複数形を用いると直ちに旅行者であることが判明するといわれています。
1630年代に牧草地として解放されましたが典型的なコモンズの悲劇になって数年で牧草地は崩壊し，その後放牧は強く制限されることになったものの，1830年に市長によって正式に禁止されるまで続けられました。アメリカ独立戦争前にはイギリス軍のキャンプ地，1713年には食糧不足に対しての群集蜂起があり，1817年までは魔女狩り等の公開絞首刑場としても利用されました。第2次大戦後は，さまざまなイベント会場となり，10万人以上の人々が集まったベトナム戦争反対集会，マーティン・ルーサー・キング牧師やローマ法王の説教，歌手のジュディ・ガーランドのコンサートなどが開催されています。

クローズアップ3.4　入会（いりあい）としての漁業権

都道府県知事からの免許として与えられる**漁業権**は，「**一定の水面において一定の期間，特定の漁業を排他的に営む権利**」であり，これを侵害した場合には漁業法に基づき200万円以下の罰金が科せられます。個人が，軽い気持ちでウニやサザエ，アワビなどを獲って「密漁者」となることもあるので，注意しましょう。
漁業権には，網その他の漁具を敷設・定置して漁業を営む**定置漁業権**，養殖業などの**区画漁業権**，一定の漁場を共同に利用して漁業を営む**共同漁業権**の3種があり，それぞれはさらに細分されます。漁業法には，漁業権は民法上の物権とみなすと規定していますが，実際には，**漁業権の譲渡は原則禁止され，貸付は不能，抵当権の設定，使用方法に至るまで多くの制限**があります。ただし，公益目的の海岸埋立等に際しては，相応の補償を伴って漁業権の変更や取消等が実行されて来ています。
古代においては，特定人に対する独占的な漁場利用を認めた痕跡（こんせき）はありませんが，**江戸時代には，封建制の確立，漁具及び漁法の発達に伴い，漁場の独占利用権など現行の漁業権，入漁権の原型が形成されました**。具体的には，藩主による漁場の領有と藩主への貢租の納入を前提として，「磯猟は地附き，根附き次第，沖は入会」という一般原則が確立され，磯辺は沿岸漁村部落がその地先水面を独占利用し，沖合については入会として付近諸部落の漁民に開放された記録があります。
明治政府は，漁業権をめぐって当初は朝令暮改的な施策を行いましたが，試行錯誤期間を経て1900年漁業法が制定され，初めて法律に基づく国家統制が定められました。しかし，漁業権の性格が明確に位置づけられなかったことなどから，1909年漁業法が全面改正され，新しい**明治漁業法**では従来の慣習を基盤として漁業権制度，漁業許可制度，漁業取締制度が打ち出されました。
戦後の1949年に**農地改革と並行して現行の漁業法が制定**され，明治漁業法に基づく旧漁業権は，総額180億円といわれる補償金の交付と引き替えに消滅し，新たな漁業権が免許されました。免許を受ける権利主体は，定置漁業権と区画漁業権は漁業者個人が，共同漁業権と特定区画漁業権（牡蠣（かき）養殖業など区画漁業権の一部）は**漁業協同組合（漁協）ないし漁業協同組合連合会（漁連）**がなり，漁業権の免許期間は10年または5年に短縮され，単なる更新制ではなくなりました。

で金銭評価されるものに分類されます。新駅開設の効果は，外部経済も外部不経済も利益の増減に反映され，金銭的なものになっています。これに対して，大気汚染や公害は多くの場合技術的なものとして発生し，市場を経由しない経済効果になります。一般論としては，**外部効果は市場を経由すれば内部化**されます。ただし，「市場を経由する」ことの実態としては，文字通り市場で取引されなくとも，当事者間での交渉によって補償なりの合意がなされれば，それも外部効果が内部化されたことになります（レッスン3.4及び第4章を参照）。

外部経済は，周囲にプラスの影響を生むことから，それが十分意識されない環境下では，社会が必要とする水準，あるいは社会全体にとって望ましい水準と比べて，少ない水準にとどまってしまいます。逆に外部不経済をもたらす経済行動については，社会にとって望まれる（許容される）水準よりも過大になってしまいます。どちらの場合にあるとしても，望ましい水準から乖離してしまう要因となりますから，レッスン2.2の総余剰の分析を適用すると直ちに理解されるように，どちらも**社会的損失をもたらす**ことになります。

外部経済と資源配分 —— 知的財産権保護

まず，外部経済をもたらす経済行動が過少になることを，新しい生産技術の発明を例に説明しましょう。この発明は，これを発明した企業のみならず，周りの企業の生産技術の改良をももたらし，生産コストを低下させるとします。つまり，周りの企業には外部経済が及ぶことになります。

この新発明によって，各企業の供給曲線が右下方にシフトすることになりますから，この発明の効果は，経済全体にとって，価格を下げ，供給量を増加させ社会的総余剰を増大させます（**図3.4**）。つまり，外部経済の存在は，社会全体の利益につながるのです。そうした利益の一部であっても，もともとの発明元の企業に還元される仕組みがあれば，この企業の発明意欲はより喚起されるでしょう。実は，**知的財産権保護**の一環としての**特許制度**がそうした仕組みに相当します。この制度は，基本としては，ある一定の期間は発明者に対して特許料（ロイヤルティ）を支払うことによってのみ，この発明を利用可能とする仕組みといえます（**コラム3.4**）。外部経済として働く部分に特許料を支払うのが，外部経済の金銭評価となり，「市場を経由する」ことにつながるのです。

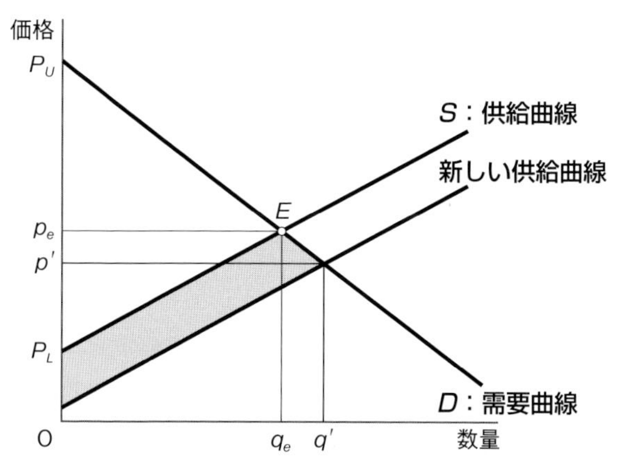

図 3.4　発明による供給曲線の変化

クローズアップ3.5　マーシャルの外部経済

外部効果の流れの中では多少脇道に入りますが，企業にとって生産効率が高まる要因としての外部経済について触れておきます。外部経済は英語ではexternal economyですが，同じ用語を**マーシャル**（Alfred Marshall，1842–1924）は独自の意味で使っています。**マーシャルの外部経済**は，企業が属する産業なりマクロ経済の拡大に伴って享受する利益のことをいいます。

先の生産技術の発明に代わって，別の想定をします。ある産業に属する企業にとって，その中間財の生産単価が下がり，原材料費が下落したとします。これによって，この産業に属する企業には恩恵が及びます。**マーシャルの外部経済は，中間財の生産単価下げは企業が属する産業なりマクロ経済の拡大に伴って起こると考えるものです**。これは結果的には外部経済として働くのには違いないのですが，もともとは，個別企業を集計した産業全体で実現させた中間財の生産単価下げによってもたらされたものであり，個別企業としては想定外の「棚から牡丹餅（ぼたもち）」的な利得といえます。マーシャルの外部経済の意義は，仮に個別企業は規模に関する収穫逓減に服するとしても，外部経済によって**産業全体の生産技術は規模に関する収穫逓増**を生むことがありえることです。

なおマーシャルの外部経済に対峙（たいじ）する用語は，外部不経済ではなく，**内部経済**（internal economy）になります。これは，**個々の企業の生産技術，経営能力，組織の効率性，資金調達能力など，その企業内部の固有の特性から生ずる利得**のことをいい，典型的には，生産面での規模に関する収穫逓増をもたらします。つまり，「マーシャルの内部経済」という概念はありますが，企業にとって外部起源の災難となるものを「マーシャルの外部不経済」というように使うことは，よほど限定した場合でない限りないといえましょう。

ところが，特許制度がなく知的財産権保護がなされない環境下では，発明が公開されるか情報が漏れることがあると，他の経済主体が模倣によってその成果を利用することが可能となります。それに対して罰則もありませんから，他の企業は競ってその成果をタダ乗りしようとします。このような状況は，レッスン3.1で議論した公共財の**フリーライダー問題**に類似し，発明意欲を減退させてしまいます。自分が発明をしても真似(まね)をされ，潜在的な利益を享受できないことが予知でき，発明をしようと思わなくなるからです。

外部経済の存在がもたらす問題は，この例からも公共財の場合と類似性をもつのですが，極端な場合には，それをもたらす経済活動が市場経済では埋もれたままになってしまう可能性があります。知的財産権の保護は，潜在的な外部経済の社会的利益を現実のものとする意味で，重要な役割を演じるわけです。

公害と外部不経済

次に，外部不経済をもたらす経済行動が過多になる例としては，公害をあげるのが分かりやすいでしょう。前章レッスン2.2で展開した社会的総余剰の分析で学んだように，企業は財・サービスの販売から得る利益と財・サービスの生産にかかる費用を天秤(てんびん)にかけながら，その差額の利潤ができるだけ多くなるように生産量を決定します（**利潤最大化仮説**）。この場合のコストは主に原材料費や加工にかかる費用で，これらを総称して便宜的に**私的費用**と呼ぶことにします。もしも生産の過程で排出される廃棄物や副生産物について，適切に処理せずにそのまま川や海に流してしまえば，生産のためのコストを私的費用のみに抑えられ，利潤を確保することができます。

しかし，廃棄物を適切に処理していない場合，企業の利潤は多く保たれますが，それは周りの環境や人々の生活に悪影響を与える外部不経済部分となり，公害を発生させます。もし企業が負担して公害問題に対処し，その費用を直接的な生産費用である私的費用に付加して総費用（これも便宜的に**社会的費用**と呼びます）とする場合には，企業の供給曲線も修正されることになります。供給曲線は限界費用曲線でしたから（**図2.5**参照），外部不経済を反映した分を加えた限界費用曲線が，新たに**社会的限界費用曲線**あるいは**社会的供給曲線**になります（**図3.6**）。

■コラム3.4　特 許 制 度■

日本での特許制度は1885年から始まり，「自然法則を利用した技術的思想の創作のうち高度のもの」として定義される**発明**が，保護の対象になります。特許を受けるためには，特許庁に出願し特許権を取得しなければなりません。特許の有効期間は，特許として設定登録されたときに始まり，原則として出願日から20年後に終わります（農薬取締法や薬事法に規定されるものは，一部最長5年間延長可能）。

特許発明として登録されるためには，①特許法上の発明であること，②**産業上利用可能性があること**，③**新規性を有すること**，④**進歩性を有すること**，⑤**先願に係る発明と同一でないこと**，⑥公序良俗に反する発明でないこと，等を満たすものでなければなりません。

なお，日本の特許は日本国内のみで有効であり，外国ではその国で特許を得る必要があります。この際，**「出願が最初である」との日本の先願主義**と異なり，アメリカでは長い間「先に発明を完成する」との先発明主義が採用されていましたが，2013年以降，アメリカも先願主義に移行しました。近年ではその他の面でも，各国間での特許制度の融合が図られています。

なお，特許と類似のものに，同じく特許庁が所管する**実用新案権**，**意匠権**，**商標権の登録**があり，これらでは早期登録の観点から，方式・基礎的要件の審査のみ行い，新規性・進歩性などの実態審査は行わない無審査制度を採用しています。特許権と合わせた4つを**産業財産権**といい，全体として新しい技術，新しいデザイン，ネーミングなどについて独占権を与え，研究開発へのインセンティブを付与し，模倣防止や取引上の信用維持を保護し，産業の発展を図ることを目的にしています（**図3.5**）。

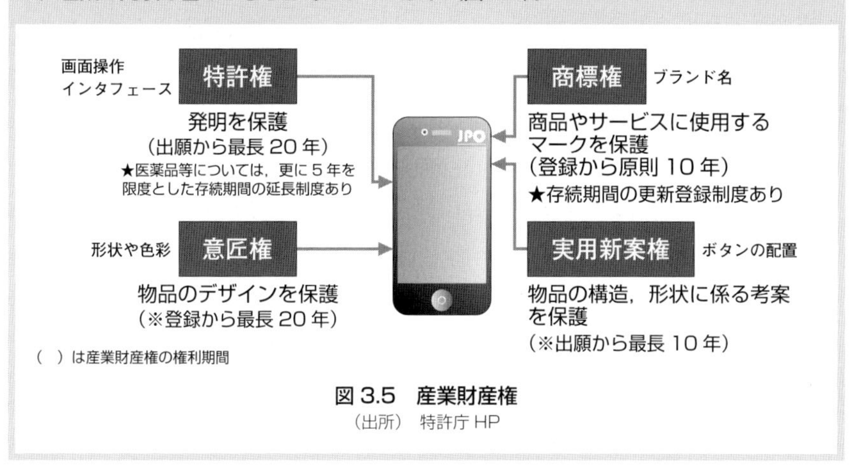

図 3.5　産業財産権
（出所）特許庁 HP

需要曲線はそのままとすれば，外部不経済の公害を反映した社会的供給曲線との交点のE^*が市場均衡点になるべきで，これが**望ましい均衡**，すなわち**社会的均衡**であるべきなのですが，市場経済の下では実現されません。実現されるのは，公害を反映せず私的費用のみからなる**私的供給曲線**と需要曲線の交点の**実際の均衡**Eで，望ましい均衡点E^*と比べると，市場価格は低く，生産量は多くなります。もちろん，公害の被害も過大になってしまいます。

レッスン3.4　市場の失敗

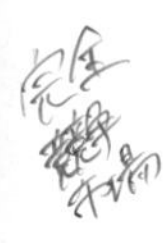

市場の失敗と社会的損失

公共財や外部効果の存在により，財・サービスに適切な価格を付けることができず，供給量が社会的に適切な水準よりも過少や過多になってしまうことを，**市場の失敗**（market failure）と呼んでいます。

公共財についての市場の失敗は，まさに供給量が社会的に適切な水準よりも過少になる点に求められます。公共財の非排除性や非競合性により，その需要は社会全体を集計するよりも過少に見積もられ，さらに公共財のタダ乗り問題もあって需要も供給も過少にしか表明されないでしょう。したがって，公共財の属性を備えた財・サービスにとっては，市場メカニズムの下で需給が均衡する水準は過少となり，社会的損失が発生するのです（レッスン2.2での**図2.9**の議論を参照）。

外部効果の存在が原因で市場の失敗が生起する際には，社会的費用としてレッスン2.2で学んだ死荷重が発生しています。その点を，外部不経済の説明で用いた公害の**図3.6**に戻って確認しておきましょう。**図3.7**は基本的には**図3.6**と同じ図ですが，消費者余剰や生産者余剰などを，面積を区切って番号で表示してあります。まず，比較の対象として，外部不経済を考慮した社会的供給曲線と需要曲線が交わる**望ましい均衡**E^*を中心に考えます。これは市場経済の下では架空の均衡ですが，この均衡点で取引が行われるとすると，消費者余剰は小さな三角形①のみになります。また，生産者余剰も小さな三角形②になります（以上，レッスン2.2の**図2.4**参照）。

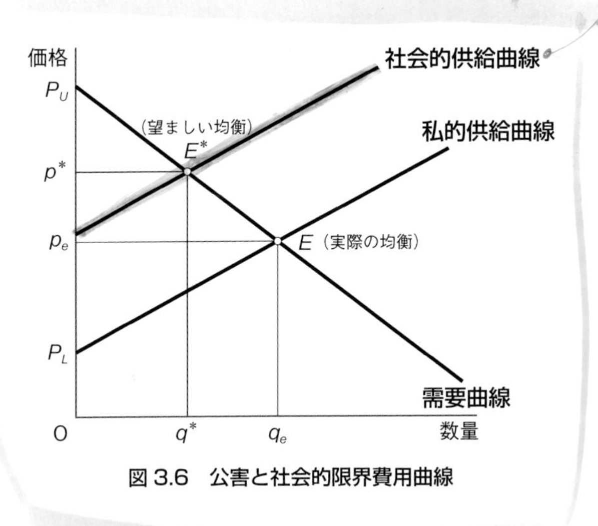

図 3.6　公害と社会的限界費用曲線

Q & A　望ましい均衡

Q　しかし，「望ましい均衡」をもたらす公害とは何でしょう？　この財を生産すると公害が発生してしまうのですから，そもそもこの財・サービスの生産を取り止めたらどうなのでしょうか。その方が，公害がなくなるわけで，社会的には望ましくなるのではありませんか？

A　社会にとって公害がマイナスなのは当然なのですが，それをゼロにするのが１番だというわけではありません（少なくとも，ここでは補償などにより回復可能な公害を考えています)。公害のマイナス部分は社会的供給関数に反映されており，金銭評価済みなのです。それと，財・サービスが生産・消費されることによる通常の消費者余剰と生産者余剰の発生があり，それらすべてのプラスマイナスを総合しています。その結果が，生産・消費を望ましい均衡点まで縮小せよとの宣託になっているのです。

◆ *キーポイント 3.1*　市場の失敗が意味するのは？

市場での取引に委ねると，適切な資源配分に失敗してしまうというニュアンスを込めた用語法ですが，多くの場合，そもそも市場が存在していないことが原因となることから，「市場の失敗」という表現には違和感があるかもしれません。内容的には，「市場メカニズムの欠陥」のことを言っていると受け止めればよいでしょう。

次に，市場経済の下で外部不経済の存在を無視した場合，すなわち需要曲線と私的供給曲線の交点である**実際の均衡**Eで取引される場合の総余剰を求めます。取引量が増えましたから，消費者余剰は4つの図形の面積の合計①+②+③+⑥からなる大きな三角形になります。また，生産者余剰は，④+⑤からなる三角形になります。しかし，これで終わりではありません。外部不経済による公害は厳然と社会のコストになっていますので，それを計算しなければなりません。ここでは，公害を除去するために掛かる費用，すなわち社会的供給曲線と私的供給曲線の差額部分を，公害の社会的費用とします。すると，生産量がEまでの間に生じる公害の費用は，5つの面積③+④+⑤+⑥+⑦を合わせた平行四辺形になります。これだけを消費者余剰と生産者余剰の合計から控除しますから，結局，実際の均衡Eでの取引での社会的総余剰は，①+②の三角形の面積から⑦だけ控除した面積に等しくなります（**表3.2**）。

以上の結果，望ましい均衡E^*での社会的総余剰と実際の均衡Eでの社会的総余剰を比較すると，後者の方が⑦の面積だけ少なくなります。この面積は，**公害の外部不経済があることによる市場経済の資源配分上の死荷重（デッドウェイトロス）**になっており，社会的損失になるのです。換言すると，外部不経済によって，確かに市場は失敗（効率が悪化）してしまうのです。

コモンズの悲劇と協調の失敗

既述のように，**コモンズの悲劇は協調行動の欠如が早晩コモンズを崩壊させる**というものでしたが，これは必然の成行（なりゆき）ではありません。ハーディンは，複数の経済主体がお互いに相手が何を望んでいるかに関する情報がないままに，最悪のケースを想定して意思決定すると前提としており，しかも悲観的な帰結となる先入観を優先しました。そのような場合に，コモンズが崩壊する可能性があることを示唆したのであって，それが必然だと証明したわけではありません。実際，崩壊する帰結となるかそうでないかは，コモンズの状況と利害対立の程度次第で，どちらの可能性もあるのです。

この問題は，協調行動がとれるか否かに関しての，**ゲーム理論**でいう**囚人のジレンマ**の問題（**クローズアップ3.6**）と同じ構造をもっています。これは非協力ゲームの構造なので，確かに住民の協調解が得られず，コモンズの崩壊に

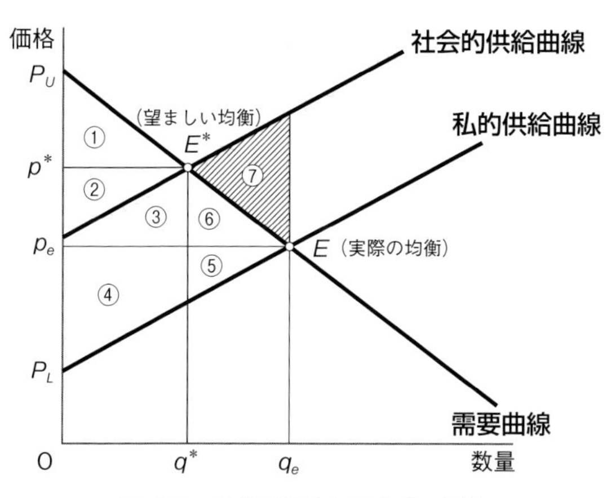

図 3.7　外部不経済と総余剰の減少

表 3.2　外部不経済の総余剰計算

	望ましい均衡	実際の均衡
消費者余剰	①	①+②+③+⑥
生産者余剰	②	④+⑤
外部不経済		−③−④−⑤−⑥−⑦
合　計	①+②	①+②−⑦

■コラム 3.5　コモンズの悲劇は市場の失敗か■

「コモンズの悲劇」的な結末は，しばしば市場の失敗の例として言及されます。コモンズも広い意味での公共財と考えると，公共財についての市場の失敗の応用例ではあります。しかし，厳密には，コモンズは典型的な公共財ではなく，あくまでも共同所有の共有地なので，レッスン 3.1 でみた準公共財のコモンプール財（**表 3.1**）の仲間に入ります。したがって，競合性がある共同利用者と協調行動が可能かという話になります。その意味では，市場メカニズムに内在する欠陥というよりも，より広いレベルで協調する態勢がとりうるのか否かという問題といえます。

実際，日本の入会地のように，持続可能な形で維持されてきたコモンズもあるのです。レッスン 3.2 の社会的共通資本の観点から，専門的な知見と職業的倫理観を有した管理・運営の重要性が指摘されましたが，入会地はその実践例として捉えることもできるでしょう。

なることがあり得ます。**協調の失敗**（coordination failure）と呼ばれるジレンマ状態で，複数の均衡（例えば，全員にとって良い均衡と悪い均衡）があるなかで，お互いに疑心暗鬼になり，みすみす悪い均衡に落ち着いてしまうのです。なぜ，協調が失敗するのでしょうか？　**クローズアップ3.6**では数値例で確認しますが，大筋は以下のようなメカニズムになります。

いま，共有者同士で話し合いができていない中でも，各々はすべての共有者が同時にコモンズを利用する量を控えるならば，コモンズが維持できることを理解しているとします。しかし，自分以外が利用を控えるかは分からず，自分が利用を控えても他人に利用されてコモンズが維持できなくなり，自分だけが馬鹿を見る可能性があります。そう考えると，自分が先にコモンズを利用し，しかも多めに利用するのが納得のいく行動になってしまいます。結果として，**各人が早い者勝ちの考え方で行動し，コモンズは破壊され悲劇が訪れます**。このような帰結になるのは，コモンズが共同所有であるために，責任の所在が不明確であることに起因します。もしも，森林や牧草地などが誰かの私有地であれば，所有者はその土地から得られる利益を最大化するために，必要な管理を行うでしょう。柵を設け，利用料を徴収することで利用を制限し森林や牧草地が維持されます。したがって，コモンズについても，共有の持分を明確にし，利益と費用の関係を内部化するといった対策が考えられます。

レッスン3.5　費用逓減産業と自然独占

ここまでは財・サービスの特徴としてマーケットメカニズムがうまく働かない状況（公共財，外部経済）を考えてきましたが，ここで独占，寡占などの**市場構造由来の市場の失敗**について説明しておきます。直截（ちょくせつ）的には環境問題の発生とは関係が薄い話題ですが，2011年の東日本大震災に続く福島県での原子力発電所の事故以降，電力会社の独占や電力料金の価格設定が問題とされており，その理解のための準備が必要といえます（第8章参照）。

完全競争市場では各経済主体は，全体からみてちっぽけな原子的存在で，市場に影響を与えることができないと考えました（レッスン2.1）。しかし，現実

クローズアップ3.6 囚人のジレンマ

ある犯罪の容疑者として2人が取り調べを受けているとします。口裏合わせをしないように2人は別々の部屋で取り調べを受けており，互いに相手が何を話したかはわかりません。どちらも自白しない場合には，別件の軽微な犯罪で1年の刑になることは決まっています。どちらか片方が自白し，もう片方が自白しなかった場合には，自白した方は刑が軽減され釈放されますが，自白しなかった方は悪質と言うことで10年の刑になります。両者が自白したときは共に5年の刑になります。

この時，2人の容疑者はどのように行動するのが合理的でしょうか。両者に望ましいのは右下の両者が黙秘した場合です。しかし，Aから見た合理的行動を考えると次のようになります。相手が黙秘をした場合，自分は司法取引に合意して自白すると表の右上の(0, 10)となり釈放されます。相手が自白をした場合，自分も自白をすると表の左上の(5, 5)となり，刑期が少なくなります。どちらにしても自白したほうが得となります。Bについても同じことが言えるため，2人とも自白してしまい刑期は(5, 5)となります。互いに裏切って5年の刑期となるよりは，黙秘を通すことで1年の刑期が望ましいのですが，お互いが自分のことを考えて行動すると，裏切りという選択をしてしまいます。これを**囚人のジレンマ**（Prisoner's Dilemma）と呼びます。

囚人のジレンマで選択された均衡を**ナッシュ均衡**（Nash equilibrium）と呼びます。ナッシュ均衡とは相手の選択肢（戦略）を所与として行動したときに，他の選択肢を選ぶ誘因が無い状態のことです。この囚人のジレンマの例では，ナッシュ均衡の左上から右下に行くと両者の状況が改善するため，この均衡はパレート最適ではありません。他の3つはそこから動くとどちらかの状態が悪化するためパレート最適になっています。

表3.3 自白するかしないかによる刑期の組合せ

		B	
		自白する	黙秘する
A	自白する	(5, 5)	(0, 10)
	黙秘する	(10, 0)	(1, 1)

括弧内の2つの数字は（Aの刑期，Bの刑期）。

には，マーケットの大部分を上位の数社で占めている産業も少なくありません。電力産業では，近年でこそ発電面での他業種からの参入が行われていますが，かつての発電や現在の送電面では，地域ごとの独占（いわゆる**９電力体制**，あるいは**地域独占体制**）が認められています。本レッスンでは，市場が独占状態になる場合に，資源分配面でどのようなことが起こるか確認します。

費用逓減産業と独占

市場が独占または寡占状態になると，企業はある程度の**価格支配力**を持ち始めます。独占や寡占下では競争相手がいないか，いても限定されることから，価格を自分で決定する裁量権があると，限界費用で決まる供給曲線よりも高い価格を付けることができます。当然需要量は減少しますが，うまく価格を付けると生産者余剰（利潤）が増加するのです。ただし，生産量は完全競争下の均衡生産量よりも下回りますから，死荷重が発生し市場が失敗します。

しかし，このことから，すべての独占や寡占を悪と決めつけるのには注意が必要です。独占を認めた方が，かえって効率的になると考えられている産業があるのです。**費用逓減産業**と呼ばれるもので，これは**供給量を増やすに従い，平均費用が逓減する**状況にあることを要求しますが，基本的には，需要に対して供給設備の規模が大きい産業（**固定費の大きい産業**）で発生します。費用逓減の状態では，第２章で学んだ限界費用と価格が一致する状態では，利潤がマイナスになってしまいます。そのため，費用逓減産業に独特の価格の設定方法が必要になります。

クローズアップ3.7の**図3.8**にあるように，生産可能量に対して需要が小さいことが問題ですので，生産量を増やす余地があれば問題が解決することがあります。しかし，市場拡大は競争相手の市場を奪うことによって達成されることから，競争により企業数は漸減し，いずれ寡占や独占状態になっていきます。これを**自然独占**と呼びます。自然独占が必然な産業では，独占禁止法の対象となる産業の場合と異なり，最初から独占を認め，独占企業に設備の管理を任せる代わりに，価格決定を規制し政府の許可を必要とすることで独占による市場の効率の阻害（不当な値上げなど）が起きないようにする政策が採られています。また，新規の設備投資は国の許可が必要となっています。

クローズアップ3.7　費用逓減産業の価格決定方法

平均費用が低減する範囲で供給量が決まると，限界費用（P_{MC}）が平均費用（P_{AC}）を下回り，限界費用で価格を決めると，そこまでのコストが回収できず利潤はマイナスになります。このような場合の価格付けとしては，以下の3通り考えられます。

① **限界費用価格形成原理**（marginal cost pricing）：通常通り限界費用により価格を決定し，赤字を何らかの方法（政府の補助金など）で補填（ほてん）する。

② **平均費用価格形成原理**（average cost pricing）：供給量までにかかった総費用を供給量で割った平均費用に利益率を乗せたものを価格とする。

③ **2部料金制**（two-part tariff）：固定費用と可変費用を区別し，固定費用を基本料などの形で徴収したうえで，可変費用部分は利用料として徴収する。

どの方法にも適切にコストを把握する上で一長一短はありますが，典型的な費用逓減産業である電気料金で実際に用いられている**総括原価方式**は，**発電にかかる諸々の費用（総括原価）と需要予測量から計算した平均費用価格形成原理**と考えることができます。電力会社の申請に基づき審査が行われる電気料金に対して，もう1つの代表的な費用逓減産業である電話料金は，総務省のコスト計算用のモデルに従って基準となるコストが計算され，それに基づいて価格が決定されています。

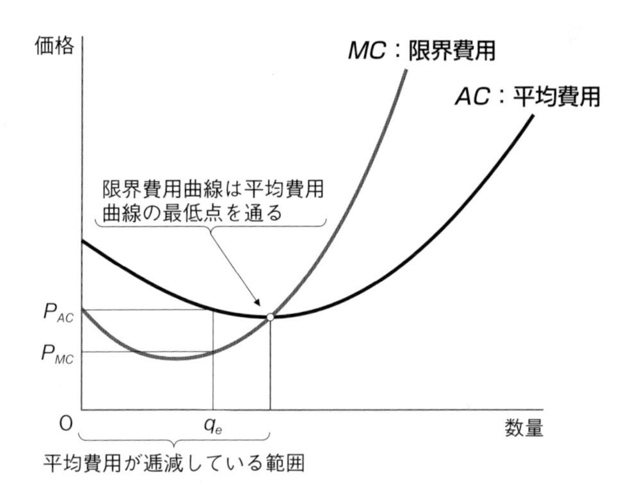

図 3.8　費用逓減産業の価格決定

総費用は可変費用（VC）に固定費用（FC）を加えたもので，平均費用（AC）は総費用を生産量で割った，$AC=VC/q+FC/q$ となります。FC が大きい場合，VC が生産量によって増加したとしても FC を生産量で割った値が小さくなる効果が大きく，平均費用は逓減します。

レッスン3.6　政府の失敗

政府の失敗

公害のように市場の失敗が起こる場合には，レッスン1.2でもみたように，政府が環境基準などを導入して規制し，市場システムを補完することによって問題を解決することが考えられます。第4章で詳しく取り上げる問題解決のための手法には，政府による介入が不可欠なものもあります。しかし，政府の介入が常に市場の失敗を是正し，状態を改善するとは限りません。政府が適切な対応をとれないことで，事態が悪化する可能性さえあります。これを**政府の失敗**といいます。

政府が失敗する原因はいくつか考えられます。環境問題に関しては，主なものとしては次の4項目がリストアップされます。すなわち，①環境問題の現状や政策の効果について，情報が不完全であったり不確実性が伴い，発動すべき政策目標が完全には査定できない，②政策決定，実行プロセスに機動性や正確性が欠如し，デザイン通りには実行されない，③官僚が積極的に問題解決型の政策を遂行するインセンティブ・メカニズムが欠如しているか，あるいは**政権交代時など，極端な政策転換が行われ不発に終わる**ことがある，④行政（政治家）の政策判断が，一部の集団の利益や既得権益を守るために偏向して行われる，の4つの要因です。

政府の失敗の諸根源

失敗の根源①は，環境問題はさまざま問題が複雑に絡み合っていることが多いことから，目の前の状況にとらわれ過ぎると，効果的な対策が打てない可能性を指摘しています。**ある環境問題に対する対策が，他に与える副作用的な影響が大きい場合**，当初予想していたのとは異なる問題が発生する可能性もあります。日本の公害問題をめぐっても，公害問題が発生した初期段階での政府の対応で，情報不足や認識不足から，必要な対策を打ち出さずにいたずらに時が流れてしまった経緯がありました（第7章レッスン7.1参照）。

失敗の根源②は，**政策効果が思った通りに行かない**という**政策の制御可能性**

■コラム3.6　ハーヴェイロードの前提■

マクロ経済学に「ケインズ革命」を起こしたとまで言われるケインズ（John Maynard Keynes，1883–1946）は，1936年刊行の『雇用，利子および貨幣の一般理論』においても，あるいはその他の言論機会においても，政府や官僚機構の万能性を信じ，また「世の為人の為に尽力する」善意の存在と考えていました。そこから，「有能・賢明な官僚機構がデザインする政策には誤りはない」という無謬性を，**ハーヴェイロードの前提**（Harvey Road presumption）と呼んでいます。ハーヴェイロードはイギリスのケンブリッジ大学のキャンパスに隣接する通りの名前で，ハーヴェイロード6番地に，父親が同大学の教授だったケインズが生まれ育った家があり，当時の知識階級が共有していたエリート主義の環境を象徴しています（**図3.9**）。

「ハーヴェイロードの前提」はケインズ伝を著した弟子のハロッド（Roy Harrod，1900–78）の造語であり，当初は政府や官僚機構を肯定的に捉える用語として意図されました。しかし，後にケインズ経済学なりケインズ政策批判が盛んになると，前提そのものが非現実的，エリート・貴族主義的，非民主的といった観点から格好の批判材料となりました。

図3.9　ハーヴェイロードとケインズの生家

（上）イギリスケンブリッジ市のハーヴェイロード，（下）ケインズが生まれ育った家の記念表札。筆者撮影（2006年9月）。

が問題になります。政府の政策決定プロセスには国会審議や官公庁レベルでの調整を必要とする場合もあり，政府の判断通りには進まないこともあります。政策が決定された後も，それが実際に実行されるまでには時間を要し，ベストなタイミングを逸してしまう可能性もあります。一般に，**問題が認識されてから対策が実行され，効果を発揮するまでには**タイムラグ（時間の遅れ）があり（**コラム3.7**），しかもそれぞれのラグの長さは不確実なのが一般的です。政策を発動する際には，こうしたラグの不確実性を考慮する必要がありますが，その匙（さじ）加減が大変で，政府の失敗が入り込む余地があるのです。

3番目の失敗の根源③は，インセンティブ・メカニズムに内在する要因が，政府の失敗を引き起こす可能性です。官僚機構は，一般に**ラインアンドスタッフ**（line and staff）で構成され，業務の遂行に直接かかわり階層化されたピラミッド型の命令系統をもつ少数の**ラインメンバー**（いわゆる**キャリア**）と，専門家としての立場からラインの業務を補佐する多数の**スタッフメンバー**に分かれます。ラインメンバーは次々と担当部局を移動しながらキャリアアップしていきますが，この際に，担当した部署では目立った失点がないことが昇任の条件となることから，**リスクを冒してまでも積極的に問題を解決するインセンティブは存しない**といわれます。担当者は解決が面倒な問題に関与することを敬遠し，問題解決を次の担当者に先送りする傾向があります。政権交代や大臣交代が頻繁な不安定政権下では，問題解決型の意思決定は期待できないか，あるいは逆に，**政権交代時に大胆な政策の転換が行われ，それが不発に終わってしまう場合もあります**（**クローズアップ3.8**）。

政府の失敗の根源④については，政治家は支持者の投票によって選ばれるために，仮に一部地域の住民にとっては死活問題であっても，その解決のために他の広範囲な地域や分野に影響が及ぶ問題については，意識的に関与を避けたり，場合によっては**自分の支持母体のために問題解決に否定的な立場をとる**可能性があります。

政府の失敗を避けるために

市場の失敗を修復し，市場メカニズムを補完するために政府が介入するとして，その際に**介入がかえって市場に混乱を招くごとく有害無益**（do more

■コラム3.7　政策発動のタイムラグ■

政策を発動する際には政策当局の内部事情から発生する**内部ラグ**（inside lag）と，政策が発動されてから効果を発揮するまでの**外部ラグ**（outside lag，lag in effect）があります。内部ラグは，さらに政策発動を必要とする何らかのショックが発生したとして，それが認識されるまでの**認知ラグ**（recognition lag），認識されてから実際に政策発動に至るまでの**行動ラグ**（action lag）に分かれます（**図3.10**）。

それぞれのラグがどれだけになるかは，政策の種類によります。例えば，景気安定策としての財政政策では，即効性があることから，政策が発動されてから効果が現れるまでのラグは短いと考えられますが，予算措置が取られるまでの国会審議に日数が必要なことから，政策の必要性が認知されてからの行動ラグが長くなります。これに対して，金融政策は行動ラグは短いものの，政策が浸透するまでの外部ラグは相当必要となる傾向があります。

個別の産業に対する規制ないし新たな課税や補助金の導入といった産業政策や特許政策などの経済政策は，一般に政策当局が政策の必要性に気が付くまでの期間や，それを議会で審議して必要性に合意が得られるまでの期間は相当長くなり，それぞれ認知ラグや行動ラグとなります。政策の内容によっては数年から数十年といったものもあるでしょう。川辺川ダムの中止決定や八ッ場ダムの中止撤回（**クローズアップ1.2**），諫早湾干拓事業（**コラム1.2**）等はそうした例になっています。

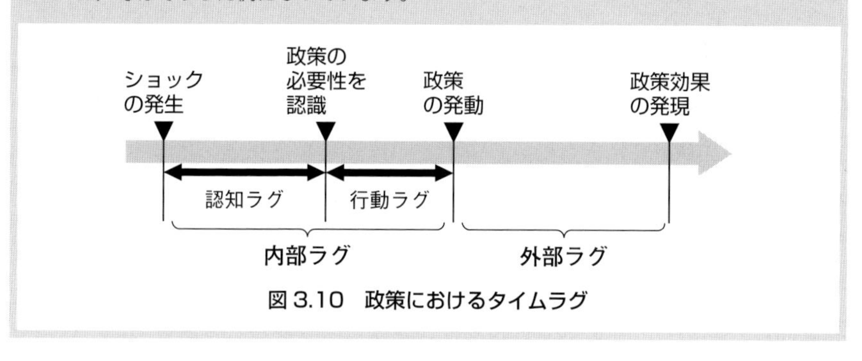

図3.10　政策におけるタイムラグ

クローズアップ3.8　政権交代と政府の失敗

日本ではいわゆる55年体制下，保守本流としての自由民主党（自民党）による安定政権が続いたことから，目立った政権交代は2度あっただけです。1度目は野党第1党であった日本社会党を中心とした非自民・非共産連立政権として，1993年8月の細川護熙政権の発足から羽田孜首相が退陣し，（自民党と日本社会党等の連立政権の）村山富市政権が発足した94年6月までの10か月間であり，2度目が2009年9月から2年10か月間の民主党中心の政権です。どちらの政権交代も結果的には短命に終わり，自民党政権（正確には公明党等との連立政権）への政権再交代が起こっています。**自民党が野に下った政権交代時には，経験のなさゆえの国家運営能力の欠如によって，内政・外交上の数々の「政府の失敗」**を引き起こしました。

harm than good）にならないように，努めなければなりません。

とりわけ，環境問題のように，一度発生を許すと回復が不可能なほどの不可逆的な影響をもたらす可能性のある問題では，政府の対応で状況が悪化しないように，政府の失敗とは無縁な政策決定の仕組みや政策決定プロセスの改善をはかる必要があります。この際，近年急速に民間の会社経営に要求されるようになった，意思決定プロセスの透明化や**説明責任**（accountability）といった規準に学ぶことも多いといえましょう。

レッスン3.7　途上国と環境問題
——教訓は何故生かされぬ？

八幡製鉄所と市民

まず，唐突ですが，1963年に近隣の5つの市が合併して政令都市の北九州市となるまで歌われていた，旧八幡（やはた）市の市歌を取り上げます。玄界灘に面した八幡市には当時の八幡製鐵（現新日鐵住金）の製鉄所があり，いくつもの高炉から煙が立ち上がっていました。八波則吉（やつなみのりよし）の作詞になる市歌の2番は，以下のような歌詞になっています。

焰（ほのお）炎々波濤（はとう）を焦（こ）がし　　煙濛々（もうもう）天に漲（みなぎ）る　　天下の壮観我が製鉄所

八幡八幡吾等の八幡市　　市の進展は吾等の責務

歌詞の内容からは，日本で公害が社会問題として顕在化する前の高度経済成長期だったこともあり，製鉄所が大量の煙を吐きながら操業していたことがわかります。しかも，そのような状況を市の発展と誇っており，大気汚染が社会問題化するのを全く想定していないことがわかります。八幡製鉄所は戦前は官営の製鉄所だったという歴史があり，それが誇りの源泉であった面もあるでしょう。いずれにしても，1970年代に入ってから大気汚染問題が前面に展開される伏線として，高炉から立ち上がる煙の柱が，時には風にそよいで，また無風時には屹立（きつりつ）していた光景が，強く印象に残ります（**図3.11**）。

とりわけ，もともと党綱領が作成できず政策理念もバラバラな政党・議員が集合して誕生した民主党政権は，実現困難な思付的政策公約集であった**マニフェスト**の破綻（はたん）や東日本大震災・福島原子力発電事故の発災といった不幸なめぐり合わせもあって，鳩山由紀夫，菅直人，野田佳彦と3代の首相はすべて急激な内閣支持率の下落を招き，ほぼ自滅への道を辿ったのでした。

環境問題関連では，政権交代直後に鳩山内閣の前原誠司国土交通大臣による八ッ場（やんば）ダム建設中止宣言，鳩山由紀夫首相による2009年9月の国連気候変動サミットの場でのCO_2の25％削減の国際公約化，菅直人首相による2011年5月のフランスG8での太陽光パネル1,000万戸設置国際公約化が打ち出されましたが，どれも実現不可能なほど高い目標であっただけでなく，（マニフェストに明記してあったとはいえ）実現までの道筋が描けないままでの見切り発車での表明だったわけです。

法治国家の日本としては，法律に基づいた手続きを踏まない政策手法は，政府の失敗以前の問題ともいえます。八ッ場ダムについては，法律に基づいた建設基本計画では（当然ながら）ダムを建設することになっていたわけであり，計画の変更には地元自治体との事前協議が義務付けられており，いくらマニフェストに謳っていたといっても，勝手な大臣による中止宣言は政府の失敗のそしりを避けられないところです。案の定，正規の手続きに復した2011年12月には，民主党政権下で自ら八ッ場ダムの建設再開を決定したのでした（第1章**クローズアップ1.2**参照）。

日本で政権交代がなかなか起こらなかったのは，衆議院議員総選挙で中選挙区制が採用されており，同一政党（具体的には自民党）からの複数の立候補者が選挙区内での共存体制を築き同時に当選してきたことが大きいと言われます。自民党内が分裂しない限り長期安定政権が可能な体制だったとも言えますが，その分裂が起こったのが第1回目の政権交代であり，2回目の政権交代は1996年から導入された小選挙区制への選挙制度の変更が大きいといえます。その意味では，政権交代は今後もあり得る選挙民の選択ではあり，それを意識した政策公約が語られ続けることと思われます。公約違反や自虐的・自滅的で選挙受けする政策選択による「政府の失敗」は，今後も繰り返されることは覚悟する必要がありそうです。

〈1960年代〉

〈現　在〉

図3.11　1960年代と現在の北九州市
（出所）北九州市

発展途上国と公害

八幡製鉄所のエピソードからは，公害は人々がそれを認識し社会問題化させるまでは，日常生活とは縁のない概念であり，実際には被害が蓄積していたとしても，それに気づかない限りは，自然に内部化されるということはあり得ないことだと再認識させられます。高度成長期の日本がそうでしたが，現在も同様のことが，世界の発展途上国で繰り返されています。

中国広東省汕頭(すわとう)市貴嶼鎮(きしょちん)（Guiyu）では，13万人余りの人口のうち3–4万人が国内や海外から運ばれてくる年間100万トンの電気機器のリサイクルに従事しており，電子機器の基板から貴金属を摘出する際の化学反応で生じる有害物質が原因の大気汚染や水質汚濁，さらには処理しきれない廃物の不法投棄が問題となっています。2005年に貴嶼鎮の幼児に対して実施された健康調査では，約8割が神経や知能の障害の原因となる鉛中毒の症状を訴えているとされています（**図3.13**）。

中国で発生しており，日本への影響も懸念される**PM2.5（微小粒子状物質）による大気汚染**については，2013年10月に世界保健機関（WHO，World Health Organization）の外部組織である国際癌(がん)研究機関が，PM2.5の発がん性リスクを5段階の分類で最高レベルであると発表しました。これはアスベスト（第7章レッスン7.3参照）と同じ危険性ということになります。国際癌研究機関は2010年に世界で約22万3千人が大気汚染に起因する肺がんで死亡したとのデータを示しており，PM2.5による大気汚染が解決されない場合，中国で多くのがん患者が発生する可能性があります（**図1.9**参照）。

日本もそれ以外の欧米の先進国も環境問題を経験し，そこからさまざまな教訓を学んできました。なぜ途上国では先進国の教訓が生かされずに公害が起きるのでしょうか？　大きな要因として，**人々の環境問題への知識不足ないし公害の深刻さに対する認識不足が挙げられます**。公害問題のもたらす健康被害への影響を実感として理解していないために，産業が発展し裕福になることを優先し，そのための犠牲として現状を容認してしまうのです。レッスン3.3でみたように，経済発展の初期段階では，政府も公害問題の解決は先送りにしがちです。かつての日本のように，発展途上にある国では政府主導での経済開発計画が作成され，行政が公害問題に対して，客観性をもって対応することが困難

■コラム 3.8　過去の煙害対策■

高度成長期初期の八幡市のエピソードでは市民は煙突からの煙を肯定的に受け止めていましたが，その時期まで全ての地域においてそうであったわけではありません。鉱山の近くなどでは明治時代から煙害は問題とされ，さまざまな対策が講じられました。しかし，当時は有毒な物質を処理し煙として出さないという対策は技術的にも困難だったために，対策としては「煙を薄める」という方法がとられていました。

図3.12　日立鉱山の大煙突
（出所）株式会社ジャパンエナジー／日鉱金属株式会社発行『大煙突の記録――日立鉱山煙害対策史』（1994 年）

煙突を高くした煙害対策として有名なものとしては，茨城県日立市にあった**日立鉱山の大煙突**があげられます。煙害対策として，1915 年，当時世界最大の大煙突（約 156 メートル）が標高 325 メートルの山に建設されました。高所から煙を上昇気流に乗せ拡散させ，ほぼ期待通りの煙害低減効果が認められたといわれています。1993 年に途中から折れて短くなってしまいましたが，現在でもリサイクル施設の煙突として使用されており，往時の雄姿の面影を眺めることができます。

住友の別子銅山では 1914 年に煙害対策として煙突を 1 本から 6 本に増やした上で，送風機により煙を拡散することで濃度を下げ煙害を減らそうとしましたが，うまくいきませんでした。実はこのような経験から，日本には脱硫などの煙を処理する技術そのものは存在していました。しかし，高度成長期になり生産が大幅に増加するまでは，製造業では排煙の処理はあまり問題にならず放置されていました。

その意味では，四日市ぜんそくなどの公害は，高度成長の生産の増加により煙の混雑現象が発生したと考えることができます。また，ここまで学んできたように，さらには第 7 章で公害について詳しくみるように，そのような状況では個々の企業は対策に後ろ向きになり，被害が増大することになります。

図 3.13　貴嶼鎮での光景：リサイクル品の選別

全世界で発生する電化製品由来の電子ごみの 7 割が，違法ルートも含めて最終的に中国にたどり着き処分されると推定されています。貴嶼鎮には，2009 年の段階でリサイクルを業とする会社が少なくとも 5,500 社確認されています。住民の 9 割が廃棄物処理工場で働いており，多くは防毒マスクなどは使用せず，電子ごみを素手で解体し，貴重金属の回収を行うことで収入を得ています。工場からの廃水は河川に垂れ流し状態で，現場は鼻をつく刺激臭が立ちこめ，ごみの中で遊ぶ子供からは（先進国での基準値を大きく超えた）鉛等の有害物質が検出されているとの報告がなされています。

な状況にあります。また，発展途上国では人権，財産権といった意識が先進国に比べると希薄なために，社会的弱者の被害を補償しなければならないという意識も低いのが現状です。

結局，発展途上国では，人々も政府も，ある程度の先進国の経験を伝え聞いているとしても，目先の経済発展への思い入れが強く，ある程度豊かにならなければ，公害問題に真剣な対策が取られない体制にあるといえます。公害の被害が顕在化する前に，何とか公害問題への関心が高まるように，例えば国連や世界銀行などを通じて，国際社会が働きかけることが望まれます（第9章レッスン9.1参照）。

レッスン3.8 まとめ

本章では，環境問題はなぜ起こるのか，それがなぜ社会問題化するのか，あるいは公害等健康被害に連なる経験を伝え聞いているのにもかかわらず，なぜそれを事前に防げないのか，といった問題を整理してみました。

経済学的には，公共財や外部効果の存在が市場の失敗をもたらすことが知られており，環境問題の多くが実際に公共財や外部経済効果（特に外部不経済）を端緒としているといえます。ただし，市場の失敗だけでなく，協調の失敗や政府の失敗も環境問題の発生段階から，あるいは環境問題を悪化させる段階で関与している可能性もあり，問題はそれほど単純ではありません。

したがって，これらに対処するのも単純ではありませんが，不可能なわけでもありません。社会的共通資本が適切に管理・運営され，外部効果は適切に内部化され，協調の失敗や政府の失敗が無理なく自然に回避されるのが理想に近いのですが，それらの方策については次章のレッスンで考察します。

キーワード一覧

公共財　コモンプール財　クラブ財　フリーライダー問題　PFI　メリット財　社会的共通資本　社会資本（政府資本）　自然資本　制度資本　混雑現象　コモンズの悲劇　入会権　外部不経済　特許制度　マーシャルの外部経済　産業財産権　社会的費用　市場の失敗　ゲーム理論　囚人のジレンマ　協調の失敗　価格支配力　自然独占　独占禁止法　政府の失敗　ハーヴェイロードの前提　タイムラグ

▶考えてみよう

1. あなたが現在一番関心を持っているのは，どのような環境問題ですか？　それはなぜ問題化したと思いますか？
2. 社会的共通資本は，どのように私たちの日々の生活に関わっているでしょうか？　同じものが，社会的共通資本でもあり公共財でもあるというのはありえるのですか？
3. あなたの周りで，コモンズの悲劇の運命にあるコモンズはありますか？　どのようにしたら，悲劇を避けられるでしょうか？
4. 市場の失敗と政府の失敗を比較しようとする場合，どのように比較すればよいでしょうか？　協調の失敗はどちらかに入るのですか？
5. あなたはハーヴェイロードの前提は妥当だと思いますか，どこかおかしいと思いますか？

▶参考文献

公共財や外部効果については，ミクロ経済学や公共経済学のテキストどれか1冊を手元に置いておくとよいでしょう。カヴァー範囲が広く，中級レベルになりますが

井堀利宏『ゼミナール公共経済学入門』日本経済新聞社，2005年

はお薦めの1冊です。コモンズと社会的共通資本については，

全米研究評議会（編）茂木愛一郎・三俣学・泉留雄（監訳）『コモンズのドラマ――持続可能な資源管理論の15年』知泉書館，2012年

三俣学（編）『エコロジーとコモンズ』晃洋書房，2014年

宇沢弘文『社会的共通資本』岩波新書，2000年

宇沢弘文・鴨下重彦（編）『社会的共通資本としての医療』東京大学出版会，2010年

があります。他にも，都市，川，森，教育，地球環境等への社会的共通資本の考え方を展開した文献があります。

4

環境問題にどう対処する？

本章では，前章で整理した環境問題の発生源を踏まえて，それにどう対処するかを探ります。こうした問題を扱う「環境政策」としてはいくつかの対処法がありますが，直接規制から市場メカニズムの機能を回復させる工夫，とりわけ環境税や補助金を通じた対処法はピグー税と呼ばれる有力な政策手段になります。政策によらず，当事者間の交渉による問題解決の可能性を主張する，レッセフェール的なコースの定理についても学びます。

レッスン

本章では，前章までで学んだ環境問題の発生源や重篤具合いを踏まえて，それにどう対処するかを探ります。これは**環境政策**の問題になり，対処法としては，なかば強権的な直接規制と市場メカニズムを通じて経済的な誘因に訴える手段があります。順に見ていきましょう。

レッスン4.1　直接規制

環境問題への対処方法として最も直観的に理解しやすいのは，**直接規制**でしょう。市場メカニズムを経由せずに，環境に関する経済活動を特定の値ないし特定の範囲に抑え込むこととなり，とりあえず環境活動そのものの管理・運営には成功することになります。問題は，それが周囲の関連する経済活動にどのような影響を及ぼすかですが，この点は直接規制が及ぶ範囲や程度にもよってさまざまなシナリオがありえるでしょう。

例えば，垂れ流しだった公害源を断つものであるとすれば，生産活動や消費活動にブレーキがかかり，産業レベルやマクロ経済レベルでは景気後退をもたらす事態も考えられなくはないでしょう。2003年に東京都・埼玉県・千葉県・神奈川県の１都３県が同時に導入（東京都と埼玉県は06年に厳格化）した喘息，肺癌等への影響が大きい**粒子状物質**（**PM**）の発生源となっている，**ディーゼル車の排出ガス規制**に関する条例では，**全国基準を上回る条例基準**を**満たさないディーゼル車の１都３県内での通行が禁じられ**，小さくない経済効果があったとされます（**コラム4.1**）。

メリット財としての規制

環境に悪影響を与える物質の取引や排出の直接規制は，環境問題の発生を抑え解決するのによくある常套的手段になっています。第１章のレッスン1.2で環境問題の類型を整理した際に，産業公害型環境問題の**典型７公害**として，水質汚濁，地盤沈下（地下水），土壌汚染，大気汚染，騒音，悪臭，振動を挙げましたが，これらには**人の健康の保護及び生活環境の保全のうえで維持されることが望ましい基準**として，個別の法令に基づいた環境基準が定められてお

■コラム4.1　ディーゼル車の排ガス規制■

1968年の「大気汚染防止法」の制定に伴い初めてガソリン車の排出ガス規制が制定され，ディーゼル車に対しては，72年に黒煙規制，74年に一酸化炭素，炭化水素，窒素酸化物の排出ガス規制が制定されました。近年では，**図4.1**にあるように，1994年に短期規制，98年に長期規制，2003年に新短期規制，05年に新長期規制が制定されるなど，**短期間で次々と厳しい規制が導入**されました。

2003年の1都3県の条例や06年の東京都と埼玉県の改正条例は，全国基準を上回る独自の規制で，対象地域外で登録された車両であっても対象地域内での走行を規制する内容になっています。なお，**全国の規制値も諸外国よりは相当厳しいものになっています**。

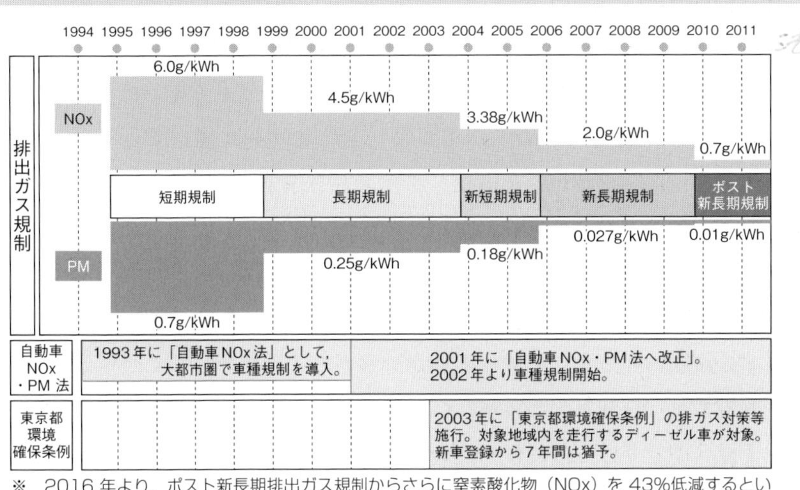

※　2016年より，ポスト新長期排出ガス規制からさらに窒素酸化物（NOx）を43%低減するという厳しい水準の排出ガス規制が，車両総重量3.5t超の重量車に順次導入される予定。

※　規制の開始時期は，短期規制～新短期規制までGVW（車両総重量）12t超は1年遅れ，ポスト新長期ではGVW3.5t超12t以下は1年遅れ。

※　g/kWhとは，エンジン出力1kw（1.36馬力）あたりの1時間の排出量を表す単位。

図4.1　トラックを取り巻く主な規制（車両総重量3.5t超のトラック・バスの規制値）

（出所）いすゞ自動車株式会社HP

り，それらが実質的な直接規制値になっています。

これら以外にも，環境規制は広範囲にわたっており，例えばレッスン1.6で言及した**レッドデータブック**に載った絶滅危惧種の保護規制，国立公園内での土石の採取や動植物の捕獲・採取規制，景観保護のための建築物に関する規制なども直接規制に該当します。こうした規制は，レッスン3.2で取り上げた**メリット財**（価値財）の範疇（はんちゅう）にあると解釈できます。規制（厳密には規制がもたらす安全・安心感の提供といったサービス）を順守することが，当事者にとってだけでなく，公共性・社会性を有すると考えることができるのです。

ネガティブリストとポジティブリスト

具体的な規制の手法としては，産業によって使用してもよい原材料と使用してはいけない原材料を定め，健康被害や環境破壊を防備しています。この際，規制法としては，規制対象を網羅（もうら）してリストを作成する手法があります。**ネガティブリスト**は，**やってはいけないこと，使ってはいけないものを列挙する規制方式**で，絶滅危惧種のレッドデータブックが具体例となります（**クローズアップ1.6**）。**ポジティブリスト**は，**逆にやってよいこと，使ってよいものを列挙する規制方式**です。可能な範囲が列挙されそれ以外は認めない**ポジティブリストの方が，規制としては厳しい**ものとなります（**図4.2**）。

工業製品などでは，危険性の高いものを除外するネガティブリストで規制が行われることが多く，食料や化粧品など直接人体に関係するものでは，安全性の高いものしか用いないとの考え方から，ポジティブリストで規制が行われることが多くなります。2013年に富士山が世界遺産に登録された際に，静岡市の三保の松原が構成資産として登録されるか否かで，日本中が気をもんだことがありました。単に富士山と縁があるだけでは，**図4.2**の「●印」の位置付けで，地元としては，思うように世界遺産をアピールできず，忸怩（じくじ）たる思いだったでしょう。積極的にアピールする資格を得るには，ポジティブリストに入らないと話にならないわけです。

EU（欧州連合）には，電気・電子製品に関して鉛，水銀，カドミウム，六価クロム，PBB（ポリ臭化ビフェニル），およびPBDE（ポリ臭化ジフェニルエーテル）の6種類の物質をごく微量以上使用した製品を，EU域内で販売で

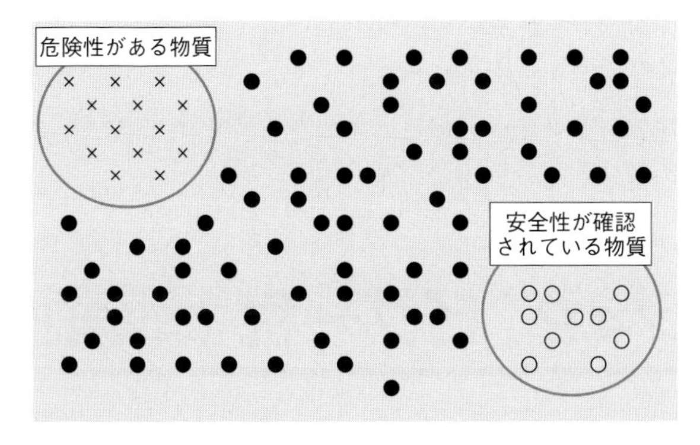

図 4.2　ネガティブリストとポジティブリスト

化学物質の使用許可については，ネガティブリストは危険性がある物質（×印）以外の物質（○印と●印）の使用が許される方式。ポジティブリストは安全性が確認されている物質（○印）以外を使用することができない方式となります。

クローズアップ 4.1　直接規制と間接規制

規制の方法は，大きく直接規制（または直接的規制）と間接規制（または間接的規制）に分けることができます。

直接規制とは，**行政が環境基準などを決定しその順守を強制する方式**を指します。**強制的アプローチないし命令・管理型アプローチ**（command and control approach）とも呼ばれ，「何々を行ってはいけない，使ってはいけない，いくら以下にしなくてはいけない」という形で，関係者の行動を律する方法です。この方法は目標がはっきりしているという利点はありますが，往々にしてぎりぎり最低限の基準達成となり，規制違反をしないように監視する必要もありコストを要します。

これに対して**間接規制**は，**関係者が自主的に行動して環境基準を満たすように誘導する手法**を指し，そのため**誘導的アプローチ**とも呼ばれます。間接規制には経済的手法と情報的手法があります。**経済的手法**は環境税や補助金などの政策的手段やごみ処理の有料化などを通じて，関係者に経済的に有利，不利になる状況を作り出し，自主的な行動を促します。**情報的手法**は，関係者についての情報を社会に提供し，人々がより環境配慮的に行動するように誘導する手法です。例えば環境に配慮した企業活動についての認証制度があった場合，その取得が企業活動にプラスであれば，企業は自主的に基準を満たすように行動するでしょう（**クローズアップ 1.7** の ISO14001 など）。**間接規制は関係者が自主的に環境配慮的な行動を取るために，同じ効果をあげるためのコストが直接規制より少なくなります。**

経済的手法にしばしばみられる金銭による誘引が，倫理的に問題を孕（はら）み，環境問題には直接規制が望ましいとの立場を取る人もいます。しかし，実は直接規制も罰則などのペナルティ（罰金や逮捕，懲役など）により実効性を確保しているために，詮（せん）ずる所，経済的手法の一種と捉えることもできます。罰則によってであれコスト意識を通じてであれ，規制を守らせる意味では，本質的には同じメカニズムと考えられるのです。

企業の国際競争力を分析したポーター（Michael Porter, 1947–）によると，適切な環境規制はそれが直接規制であれ間接規制であれ，企業の効率化や技術革新を促し，規制を実施していない地域の企業よりも競争力の面で上回る可能性が高いことを指摘しました。**ポーター仮説**と呼ばれる考え方です。

きないとした**RoHS指令**（ローズあるいはロハス，Restriction of Hazardous Substances）があります（第6章レッスン6.2参照）。製品が廃棄される際に環境汚染が起こらないように，あらかじめ素材を制限するものですが，これは典型的なネガティブリストの例になっています。

レッスン4.2　ピグー税（環境税と補助金）

前章のレッスン3.4で確認したように，市場の失敗をもたらす外部経済効果によっては社会的損失が発生し，効率的な資源配分に齟齬（そご）をきたしますが，それを回復することを考えます。これもレッスン2.2で確認したように，**社会的損失が発生するのは，取引量が市場均衡での均衡取引量から乖離する場合で，多すぎても少なすぎても死荷重が発生します**（**図2.7**と**図2.9**）。この死荷重は取引価格には関係なく発生し，取引価格が関係するのは需要側（消費者余剰）と供給側（生産者余剰）の間での取分の多寡であり，ともかく両者を足し合わせると社会的総余剰は不変になるのでした。

以上の観察を踏まえると，外部経済効果として，外部経済の場合には取引量が市場均衡での均衡取引量を下回り，外部不経済の場合には取引量が市場均衡での均衡取引量を上回ってしまうことから，それらを是正するために**前者では生産者から環境税を徴収し，後者では生産補助金を支給する**ことを考えます。それらの税率なり補助率を適切に設定すれば，取引量は均衡取引量にまで調整され，結果として死荷重は消失し，資源配分の効率性が達成されます。このことは，環境税なり補助金によって，外部経済効果が市場にもたらした非効率性が市場の取引を通じて解消されたわけで，**外部効果の内部化**に成功したことを意味します。**環境税なり補助金が，外部経済効果の金銭的評価になる**のです。

以上は，環境経済学にとって非常に大切なことですので，くどいようですが，外部経済と外部不経済のそれぞれについて，図を使って説明することにします。その前に一言，ここでの環境税と補助金は，（補助金はマイナスの税金なので）両方合わせて**ピグー税**と呼びます。第2章のレッスン2.3で厚生経済学の創始者として登場した**ピグー**に因（ちな）んだもので，**外部経済効果を内部化させる政策手**

■コラム4.2　国境を越える危険廃棄物規制■

1980年代に，欧米からの有害廃棄物がアフリカの開発途上国に輸出・放置されて環境汚染が生じ国際問題となったことが契機となり，「有害廃棄物の国境を越える移動及びその処分の規制に関する」**バーゼル条約**が制定されました。国連環境計画（UNEP）が1989年にスイスのバーゼル市での外交会議で採択し，92年に発効しました。締約国数は2012年末で178か国に達し，世界中のほとんどの国・地域が加盟しています。日本も1992年に国内法（特定有害廃棄物等の輸出入等の規制に関する法律，通称**バーゼル法**）を制定し，93年に加盟しました。

規制の対象は，六価クロム，水銀，鉛などの有害物質を含む廃棄物，医療廃棄物，家庭ごみとその焼却残滓（ざんし）など，再利用不可能な廃棄物が対象です。規制対象廃棄物の輸出を行う前に輸入国政府に事前通知を行い，了承を得ることを求めています。レッスン3.7で言及した中国の貴嶼鎮（きしょちん）（Guiyu）に集荷される電気機器・電子機器の廃棄物は，明らかにバーゼル条約の対象物であるわけですが，環境汚染の深刻度からはバーゼル条約の趣旨が貫徹しているとは言えません。条約のどこかに抜け穴があるか，あるいは必ずしも発展途上国が条約で真に守られていないのかもしれません。もちろん，貴嶼鎮の住民が自らの健康被害よりも高収入を望んでいるという事情があり，「魚心あれば水心」といつの間にか有害廃棄物が大量に集積しているのでしょう。

■コラム4.3　環境税の導入■

2012年10月1日から「地球温暖化対策のための税」が導入されました。「原油」，「ガス状炭化水素」，「石炭」に課税している石油石炭税について，租税特別措置法に「地球温暖化対策のための石油石炭税の税率の特例」が設けられ，3段階に分けて税額を高め徐々に実施されます。最終の3段階目の2016年4月以降はCO_2排出量1トン当たり289円に相当する税額として，石油で760円/kl，ガスで780円/t，石炭で670円/tの税が課されることになっています。現行の石油石炭税への上乗せで行われるため，実際の税額は以下のようになります。標準的な世帯の年当たりの負担額は1,228円（月当たり102円）程度と試算されています。

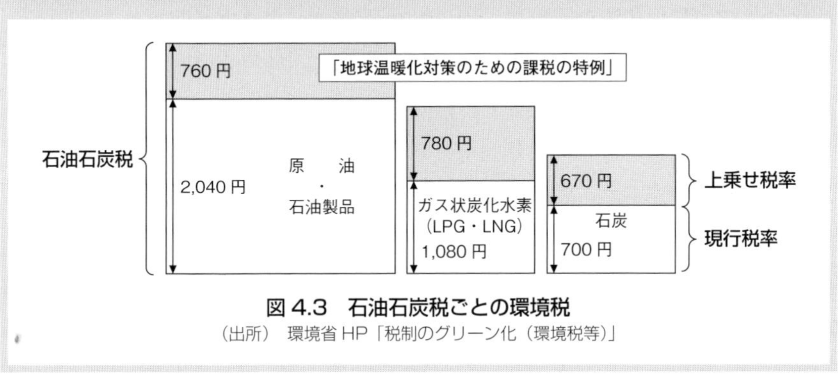

図4.3　石油石炭税ごとの環境税
（出所）環境省HP「税制のグリーン化（環境税等）」

段として，環境経済学でもしばしば言及されます。

外部不経済と環境税

公害発生という外部不経済があり市場の失敗が起こったとして，これを環境税で内部化することを考えます。外部不経済による市場の失敗を表したレッスン3.3の**図3.6**をそのまま**図4.4**の(a)として左側のパネルに，右側のパネル(b)に，環境税をかけた後の市場の供給曲線を描きます。描かれている需要曲線と供給曲線は，パネル(a)とパネル(b)でまったく同じです。ただし，解釈は異なります。パネル(a)では私的供給曲線の上側にあるのは，公害の除去費用を含んだ社会的供給曲線なのに対して，パネル(b)で私的供給曲線の上側にあるのは，公害に対して環境税が課された分を付加した私的供給曲線になります。

パネル(a)で斜線部分の死荷重が発生するのは**図3.7**で詳しく説明しましたのでスキップしますが，パネル(b)ではその死荷重が消失するのを確認しましょう。環境税が付加された私的供給曲線と需要曲線の交点は，パネル(b)のE^*で，これはパネル(a)で「望ましい均衡」とした均衡と同じで，このいわば**ピグー税均衡**での消費者余剰はパネル(a)とまったく同じ①の三角形になります。一方，生産者余剰は環境税の課税前で，パネル(a)での④を便宜的に(④－⑤)と⑤に分割したとして，②＋③＋(④－⑤)＋⑤＝②＋③＋④の台形になります。そのうち環境税として②＋③＋(④－⑤)の長方形の面積を納税すれば，最終的な生産者の余剰は⑤だけになります（**キーポイント4.1**参照)。

環境税を課した場合の社会的総余剰会計はここで終わりではなく，「ピグー税均衡」E^*の生産によっては，公害の金銭評価分である③＋(④－⑤)＋⑤＝③＋④の平行四辺形分がマイナスで入ってきます。他方，環境税の税収があり，この分は所得税など他の税金の減税に使われますので，これも経済全体の余剰に含めます。したがって，総余剰は**表4.1**にあるように，①＋②の三角形の面積になります。この面積は，パネル(a)で，社会的供給曲線を通常の私的供給曲線と見做した場合の，市場均衡での総余剰と等しくなります。つまり，費用を投じて公害を放逐した状況での社会的総余剰に対応することから，ピグー税が確かに外部不経済による市場の失敗を修復することが理解されたのです。

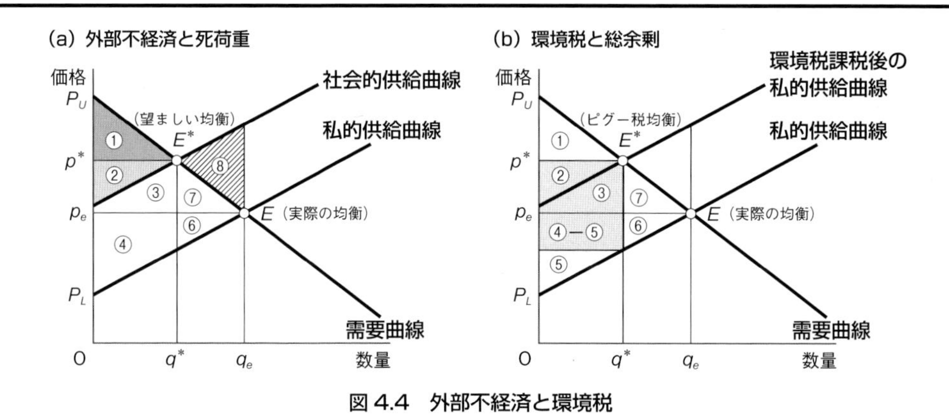

図 4.4　外部不経済と環境税

表 4.1　環境税課税の総余剰計算

		通算の総余剰
消費者余剰	①	①
生産者余剰	②＋③＋④	①＋②＋③＋④
環境税の納入	−②−③−(④−⑤)	①＋⑤
公害の費用	−③−(④−⑤)−⑤	①−③−④＋⑤
環境税の財政収入	②＋③＋(④−⑤)	①＋②
合　計	①＋②	

◆ *キーポイント 4.1*　徴税法と余剰分析

図を使った余剰分析を行う際には，厳密には環境税をどのように徴税するかが関係します。課税方法としては，課税標準が生産物で課税額が生産量に比例する**従量税**（specific rate duty），価格も含めた取引価額に課税する**従価税**（ad valorem tax），生産量によらずに固定額が徴収される**一括税**（lump sum tax）があり，限界費用を意味する供給曲線の形状に影響を及ぼします。本書では，これらのどれでもなく，理論的には，公害の外部不経済を除去する費用を回収する形の税として，**公害と連動した社会的限界費用曲線（社会的供給曲線）に沿う形で徴収する税**を想定します。逆に，公害除去費用としての環境税を前提として，社会的限界費用曲線が描かれると解釈してもよいでしょう。本章で扱う補助金の支給法も，基本的には同様の考え方によっています。

外部経済と補助金

次に，プラスの外部経済を取り上げます。この場合は，マイナスのピグー税として補助金の交付が妥当となるのですが，具体的にみていきましょう。**図4.5**は，左のパネル(a)で外部経済の下での死荷重の発生を扱い，右のパネル(b)で補助金を交付した場合の総余剰をみたものです。

パネル(a)では，外部経済を反映した社会的供給曲線は私的供給曲線の右下方に位置し，パネル(b)でも補助金分を減じた私的供給曲線が右下方にシフトした形で描いてあります。補助金が交付された私的供給曲線と需要曲線の交点は，パネル(b)のE^*で，これはパネル(a)で外部経済がある場合の「望ましい均衡」とした均衡E^*と同じで，これが補助金の場合の**ピグー税均衡**になります。

基本的には外部不経済の場合の**図4.4**と同様なのですが，外部経済の場合は均衡取引量が増加することから少し複雑なので，順に説明しましょう。まず，パネル(a)での**実際の均衡**Eでは，消費者余剰は①，生産者余剰が②になります。これに，外部経済効果の金銭評価分が③+④なので，**望ましい均衡**E^*の総余剰（消費者余剰が①+②+③+⑥，生産者余剰が④+⑤）と比べると⑤+⑥の斜線部分の死荷重が発生します。ほんらい，外部経済を認識すると社会的には生産量はq^*であるべきなのですが，認識されないと生産量はq_eに留まり，そこから社会にとって死荷重が発生してしまうのです。

外部経済に対して適切な補助金を交付したピグー税均衡では，パネル(b)のE^*が均衡となり，ここでは消費者余剰は①+②+③+⑥，生産者余剰が④+⑤になります。ここまではパネル(a)での望ましい均衡と同じですが，これに加えて外部経済効果の評価分があり，それが企業に支給され生産者余剰に加えられますが，それと同額が政府の財政支出となります。この額は，社会的供給曲線と私的供給曲線の差額分で，供給量がq^*では③+④+⑤+⑥+⑦になります（縦線部分）。

その結果，**表4.2**にあるように，社会的総余剰はパネル(b)で①+②+③+④+⑤+⑥となり，パネル(a)の総余剰と比べると，斜線の死荷重分が消失したことになるのです。すなわち，補助金も確かに外部経済による市場の失敗を修復することが可能なのです。

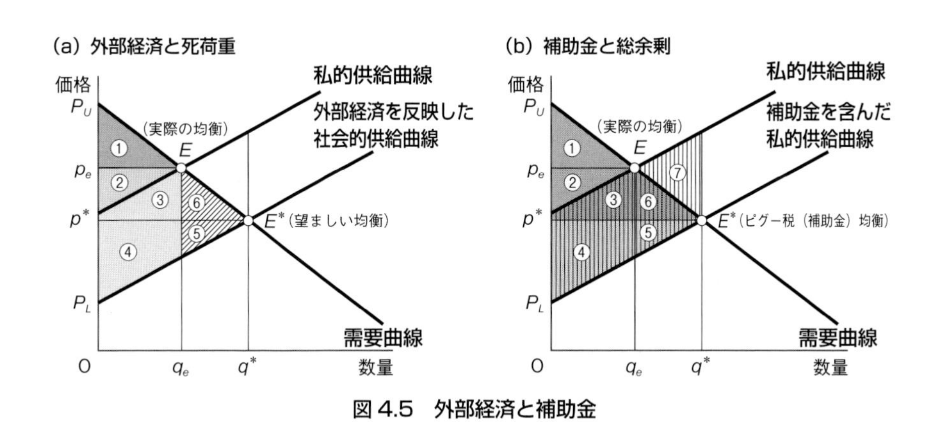

図 4.5　外部経済と補助金

表4.2　補助金の総余剰計算

		通算の総余剰
消費者余剰	①+②+③+⑥	①+②+③+⑥
生産者余剰	④+⑤	①+②+③+④+⑤+⑥
補助金交付	−③−④−⑤−⑥−⑦	①+②−⑦
外部経済効果	③+④+⑤+⑥+⑦	①+②+③+④+⑤+⑥
合　計	①+②+③+④+⑤+⑥	

ここでの説明は外部経済を提供するような財が供給されていますが，その財から外部経済が発生していることを社会が理解していない場合です。例えば，駅や工場とその近隣の商店の間で生じる外部経済の関係です。認識されていなくても外部経済は発生しています。それが外部経済効果の金銭評価分の③＋④です。

一方，発明のように，他の企業にも利益をもたらすことがはっきりしているものが，法律などで保護されなかったために外部経済が生じてしまう場合もあります。その結果，発明が行われなくなったとすると，社会的余剰の損失分は発明の減少でコストが下がらなかったことによるパネル(a)の③＋④＋⑤＋⑥と考えることになります。この場合も，補助金により望ましい均衡点に移動させることで，同様の結果を導くことができます。

環境税か環境補助金か？

以上では，外部不経済には課税し生産量を減らす，または外部経済には補助金を交付して生産量を増やす，という政策を考えました。これらのピグー税は，ともに外部効果を内部化する政策として有効なことは確認できたわけです。環境税と補助金は真逆の政策に思われますが，そうでもないのです。外部不経済としての公害を考えると，公害を減らすには生産量を縮小させればよいわけです。環境税は正しい政策ですが，次のように考えることもできます。生産量を抑制できればよいのですから，環境税を課す代わりに，財・サービスの生産を減らし公害を抑制する**環境補助金**を与えるという方法です。この場合も，生産量を同じにさせれば，公害も同じ水準になるのです。

換言すれば，環境補助金を適切に設定すれば**図 4.4**のピグー税均衡と同じ生産量に誘導できますから，そして**死荷重は生産量によってのみ左右**されますから，この場合も死荷重を回避することが可能になるのです。この意味で，**環境税と環境補助金は資源配分の効率性の観点では同じ役割を果たします**。両者が異なるのは，所得分配の帰趨（きすう）です。環境税では生産者は課税されるわけですが，環境補助金では補助金が交付され大きな違いです。形の上では政府が介在していますが，財政は中立的だとしますと，結局，**消費者（公害の被害者を含む）と生産者の間の所得分配の問題が起こる**余地があります（**コラム 4.4**）。

外部不経済が環境税でも環境補助金でも内部化できるという結果は，当然外部経済にも適応され，**生産を増やす補助金でも，生産を抑制する行為に課税しても，生産量を増やすという意味では同等で，ともに外部経済を内部化するのに成功します**。したがって，こうした外部経済効果の内部化を巡っては，最終的には所得分配の問題になるのです。この点はレッスン 4.5 で取り上げる**コースの定理**で，より鮮明化されることになります。

レッスン 4.3　社会的共通資本と混雑税

レッスン 3.2 で登場した社会的共通資本からのサービスの特徴として，ある程度の競合性や排除性が同時にみられ，社会的共通資本のストック量に応じて

■コラム 4.4　政策手段と所得分配■

環境税と環境補助金のように，同じ政策目標に対して，異なる政策手段を発動した場合，需要側と供給側で所得分配が異なったものになるのは珍しくありません。そこで，実際の政策発動に際しては，そうした所得分配を意識して政策発動することになります。もちろん，租税や環境補助金を，他の税や補助金で相殺することも選択肢になります。

また，需要側と供給側がそれぞれ複数の経済主体が関与している場合は，当然ながら，課税先の選択はより複雑な構図となります。例えば，自動車の排気ガスに課税することを考えましょう。関係者としては，需要側は自動車の利用者だけ（厳密には，自動車の所有者と利用者が異なることもある）ですが，供給側として自動車メーカーとガソリンメーカーの２つの経済主体が登場します。環境保護対策を発動するとして，すべてを自動車メーカー，ガソリンメーカー，はたまた自動車利用者に負担させるのは問題であり，環境経済学からの提言としては，それぞれの**大気汚染の社会的費用への貢献度に応じて分担負担**させるのが理想となります。しかし，現実問題としては，その「貢献度」の計算が技術的に困難という問題がのしかかるのです。最善な試行錯誤を恐れるなとの**ボーモル・オーツ税（コラム 4.5）**の考え方もありますが，いずれにしても政策的な判断を伴います。

■コラム 4.5　ボーモル・オーツ税■

環境税や補助金を使ったピグー税や外部不経済に対して環境補助金を支給する政策も含めて，どれも税額や補助金額を適切に設定すれば，消費者と生産者の自主的な行動で最適な状態へと社会を導くことが理解できました。しかし，もともと外部効果は市場での価格付けの困難さゆえに生起する場合が多いわけですから，税や補助金をどの程度の水準なり税率にするのが適切かを判断するのは容易ではありません。しかも，社会状況や技術の変化に応じて環境規制の有り様も変化するため，効果を確かめながら適切に調整する必要があります。

ピグー税等の設定に際して，現実問題として困難なのは外部経済効果などの正確な計測といえます。資源配分の効率性の観点からは望ましいはずのピグー税とはいえども，その税額や税率の査定が覚束（おぼつか）なければ，その面での非効率性も免れ得ません（レッスン 3.5 の**政府の失敗**）。そうした不確かな状況下で，試行錯誤を繰り返しつつも正しい税率に収斂（しゅうれん）させようとの発想に，ボーモル（William Baumol，1922-2017）とオーツ（Wallace Oates，1937-2015）によって提唱された**ボーモル・オーツ税**（Baumol Oates tax）の考え方があります。

最初は，**とりあえず目指す最適税率を見積もり，その下で実現される公害状況と望ましい状況を比較し，漸次税率を修正し続ける**試行錯誤的手法がボーモル・オーツ税の内容で，具体的な税率を指すわけではありません。北欧などでは実際に廃棄物の処理に応用されており，今後は日本においても，実験的な試みも含めた環境税の課税法について，検討が俟（ま）たれることになりましょう。

混雑現象が生じる点を重視しました。これは個々の経済主体からみれば，社会全体の混雑から受けるある種の外部不経済ともいえることから，社会的共通資本のサービスの使用に際してピグー税を徴収して，内部化することが考えられます。しかも，内部化によっては，社会的総余剰の損失を回避できるはずです。

社会的共通資本の定式化

いま，経済主体iが生産物Y_iを生産する際に，私的資本K_iと社会的共通資本X_iを利用するものとします。普通は労働も重要な生産要素ですが，ここでは私的資本のサービスと同じメカニズムが働く生産要素として，K_iをベクトルと解釈して明示的には取り扱わないものとします。これによって，一般性が失われることはありません。社会的共通資本については，個々の利用者にとってはプラスの生産性を発揮しますが，経済全体で使用される総量

$$X=\Sigma X_i \tag{4.1}$$

が大きいと混雑現象が生じ，生産に支障をきたすと想定します。

すなわち，Y_iの**生産関数**（**クローズアップ4.2**）が

$$Y_i=F(K_i,\ X_i,\ X) \tag{4.2}$$

と書けるとして，**私的資本と社会的共通資本のサービスについては，それぞれ限界生産力はプラスになりますが，社会的共通資本の利用量全体の増加についてはマイナスの効果が働きます**。したがって，**生産要素の限界生産力**を表わす生産関数の**偏微分係数**について，

$$F_{K_i}=\frac{\partial F}{\partial K_i}>0,\ \ F_{X_i}=\frac{\partial F}{\partial X_i}>0 \tag{4.3}$$

となり，同時に社会的共通資本の総利用量について

$$F_X=\frac{\partial F}{\partial X}<0 \tag{4.4}$$

になるものとします。

企業の利潤最大化

企業が利潤を最大化することを考えます。この際，社会的共通資本のサービスに単位当たりθだけの利用料がかかるものとします。とりあえず，高速道路の料金や漁業権を得る入漁料等をイメージしてください。私的資本のサービスに対しては，資本ストックのリース（ないしレンタル）料や労働の賃金のよう

クローズアップ4.2　生産関数と限界生産力

第２章で生産者余剰の説明をした際に，限界費用という用語が登場しました。**限界費用**とは**生産量**を**追加した際の費用の増加分**を表し，総費用を曲線で表した場合，生産量ごとの接線の傾きを示していました。第２章では他にも限界代替率や限界効用，第３章では限界収入の用語もありました。**経済学で限界（marginal）との「接頭語」が付された場合，その概念の実態は，微分（derivative または differentiation）と呼ばれる数学の演算**に求められます。

生産要素の**限界生産力**（または**限界生産性**）は，例えば資本の投入量を増やした時にどれくらい生産（Y）が増えるかを表します。これは生産要素と生産量の関係をあらわす**生産関数**（4.2）を引数（ひきすう）（説明変数）の１つである資本（K）で**偏微分**することで計算され，それが（4.3）式に当たります。ここで偏微分とは，複数の引数をもつ関数において，他の引数を変化させず定数扱いした上で，注目する変数で微分計算をすることをいいます。生産関数が民間資本と社会資本の２つの生産要素を引数とする場合，民間資本の限界生産力は社会資本は一定とした場合，社会資本の限界生産力は民間資本は一定とした場合の，それぞれの生産要素の限界生産力になっています。

さて，資本を増やし生産が増加したことによる売り上げの増加と，資本を増やしたことによるコスト（リース料，利用料）の増加を比較して，売り上げの増加の方が大きければ資本を増やす（逆の場合は資本を減らす）のが得になります。利潤が最大になるのは，資本などの投入要素を増やした際の，売り上げの限界的増加とコストの限界的増加が等しくなる場合です。それを式で表すと次項の（4.6）式の $F_{K_i}=r/p$ と $F_{X_i}=\theta/p$ となります。この際，資本の投入が増えるのに従い生産の伸びが少しずつ落ちる**限界生産力逓減の法則**を仮定しておきます（**図4.6**の下の図）。

上の説明では，売り上げの増加とコストの増加を別々に考えましたが，利潤（＝売上－コスト）をひとまとめの関数と考えると，利潤の変化を偏微分で計算し，その値がゼロとなった時に利潤が最大になっています（**図4.6**の上の図）。偏微分した値がプラスであれば生産要素を増やすことで利潤が増加し，偏微分した値がマイナスであれば逆になります。

に，生産要素として単位当たりrだけの支払いがなされるとします。企業が自ら所有している場合にも，rはリース料率に相当する分を正常利潤率として帰属させます。

生産物の価格をpとすれば，企業の利潤π_iは

$$\pi_i = pF(K_i,\ X_i,\ X) - rK_i - \theta X_i \qquad (4.5)$$

と表せますから，π_iをK_iとX_iに関して微分してゼロとおくことにより，利潤最大化条件として

$$F_{K_i} = \frac{r}{p},\ \ F_{X_i} = \frac{\theta}{p} \qquad (4.6)$$

が導かれます。**私的資本の限界生産力が実質リース（レンタル）料に等しく，社会的共通資本の限界生産力はその実質使用料に等しくなる**，というのがそれぞれの生産要素の活動水準に関する最適化条件になるのです。

次に，経済全体の企業の利潤と社会的共通資本の利用料収入の合計を考えます。（4.5）式の辺々を足し合わせると，

$$\begin{aligned}\Sigma\pi_i + \theta X &= p\Sigma F(K_i,\ X_i,\ X) - r\Sigma K_i - \theta\Sigma X_i + \theta X \\ &= p\Sigma F(K_i,\ X_i,\ X) - rK + \theta(X - \Sigma X_i)\end{aligned} \qquad (4.7)$$

が得られます。ただし，Kは各企業の私的資本のサービスを合計したもので，マクロ経済全体の一般均衡では，経済に存在する資本ストックからのサービスの合計に等しくなります（**私的資本市場の均衡**）。

第2章のレッスン2.2では，生産者余剰は利潤と同じ概念として捉えられることを学びましたから，（4.7）式の左辺第1項は生産者余剰の合計になります。個別企業レベルでは，各企業は生産物の価格pは与えられたものとして行動するのですが，経済全体では価格は内生的に決定されることになります。私的資本のリース料も同様です。本レッスンでは，そこまで分析を進めることはしませんが，社会的共通資本の使用料については，（4.7）式の生産者余剰と利用料収入の合計が最大になるように，政策的に決められるものとします。

最適使用料（混雑税）はピグー税

その最適化条件は，（4.6）式の条件を導出したのと同様に，（4.7）式をXで微分してゼロと置くことにより，

$$-p\Sigma F_X(K_i,\ X_i,\ X) = \theta > 0 \qquad (4.8)$$

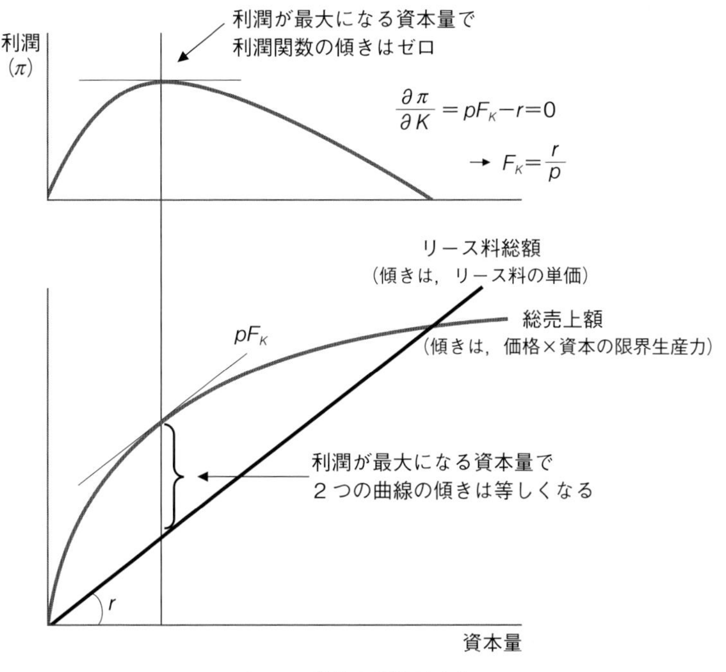

図 4.6　微分と利潤最大化

■コラム4.6　混 雑 税■

（4.7）式の生産者余剰の合計を最大化する際に，価格 p は各企業にとって与件であり特定の値に保たれています。レッスン4.2の**図4.4**でも**図4.5**でも，特定の価格の下では消費者余剰も特定の値に保たれ，混雑税 θ を選んで生産者余剰が最大化される際には，消費者余剰も合わせた社会的総余剰も最大化され，ピグー税としての要件も満たされるからです。この点は，細部は省略しますが，一般均衡で価格 p が内生的に決定される場合にも，そのまま適応されます。

社会的共通資本の混雑税を消費者余剰にまで拡張しようとすれば，消費者の効用なり厚生が，社会的共通資本のサービスを享受することによって増加するものの，混雑現象によっては低減してしまうメカニズムを考慮する必要があります。この場合も，混雑税の適切な課税によって，効用や厚生が最適な水準に到達可能になります。世界遺産に登録された富士山に大勢が駆けつけ登山道や山頂は大変な混雑現象を呈しますが，ここに入山料を適切に設定すること（すなわち，社会的限界費用分の徴収）により，社会的に最適な富士山からの満足が得られます。単に消費者にとってタダが一番良いというのではなく，有料にすることによって混雑度が減少し，効用が上がるチャネルがあるのです。

が導出されます。(4.6) 式を満たすようにX_iが決まれば，これを足し合わせることによって，(4.1) 式でXが決まりますから，(4.8) 式の左辺が計算され，その結果最適な社会的共通資本の使用料θが決まります。基本的にはそれでよいのですが，実は，(4.6) 式の右辺にはθが登場しますから，X_iやその合計のXもθに依存します。したがって，(4.8) 式の左辺もθの水準によって変わってくるので，一般論としては，かなり複雑な方程式の解として，(4.8) 式を満たす最適なθが決まることになります。

具体的に最適な使用料を導出するのではなく，(4.8) 式の意味に立ち返るならば，左辺は混雑現象によるマイナスの効果を全企業分合算したもので，これは混雑現象による社会的限界費用ないし**限界的社会費用**（MSC，Marginal Social Cost）になっています。すなわち，**最適な使用料は，混雑具合が限界的に上昇する際の限界的社会費用に相当する額にするのが，社会にとって最も好ましいことになる**のです。この使用料は社会的共通資本の利用に課された**混雑税**と解釈可能で，さらに敷衍（ふえん）するならば，**混雑現象という外部効果を内部化する**という意味では，レッスン4.2のピグー税に相当するものといえます。

レッスン4.4　排出権取引制度

直接規制と市場メカニズムを通じるインセンティブ（誘因）に働きかける政策手段の中間的なものとして，市場を創設して取引を促す**排出量取引**あるいは**排出権取引**（emissions trading）があります。これは，**端的には汚染物質の排出総量を規制した上で，あとは必要に応じて該当者の間で取引を許容するという方法**です。一般論として，規制対象が狭い空間に集中しているといったものではなく，広範囲にわたって多くの該当者がいることが，市場での取引が成立する要件になります。実際，排出権取引が現実のものになっている代表例は，地球環境問題としての温暖化ガスの排出量削減に関連したものであり，中心は削減目標が達成困難な国が排出権を購入し，目標達成に役立てているというものです（詳しくは第9章参照）。

クローズアップ4.3　排出権取引制度

排出権取引制度は，大きくキャップ・アンド・トレード（cap and trade）方式とベースライン・アンド・クレジット（baseline and credit）方式の，2通りが考案されています。

キャップ・アンド・トレード方式は，排出枠の上限（キャップ）を決めた上で，その枠の範囲内で排出枠の取引を行い，各排出者の排出量を決定する方式です。これに対して**ベースライン・アンド・クレジット方式**は，現在の排出量（ベースライン）を基準に，排出削減により減少させた排出量に応じて権利（クレジット）を発行します。キャップ・アンド・トレード方式は排出者間で取引が行われるのに対して，ベースライン・アンド・クレジット方式では排出者と政府などとの間の取引になるのが通常で，補助金と同様な効果が見込まれる方式といえます。

一般に排出権取引制度といえばキャップ・アンド・トレード方式を指します。ただし，これについても，①オークション方式，②グランドファザリング（grandfathering）方式，そして③ベンチマーク方式の3種類の考え方があります。

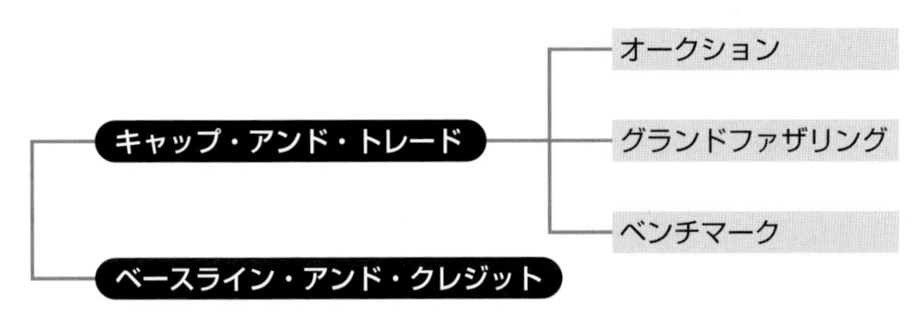

図4.7　排出権取引の手法

第1の**オークション方式**は，排出枠の総量を決めておき，オークションにより有償で排出枠を割り当てます。排出者は他の排出者の行動も考慮しながら，いくらでどれくらいの排出枠を購入するかを，自分が経済活動を行う上で必要とする排出量の予想に基づき決定します。事前に排出者に排出枠の割当を行う必要がなく，排出者も入札により価格と購入量が決定されるため，結果に対して不満を抱きにくい方式といえます。ただし，最初に排出権を購入しなければならないために，排出者にとって初期費用が必要となります。

第2の**グランドファザリング方式**は，過去の排出実績を踏まえた上で，排出者に最初に無償で排出枠を割り当て，それを用いた排出者間での取引を促す方法です。英語のgrandfatheringにはもともと実績按分という意味があり，既得権益を認め，新たな規制において不利益な取り扱いをしないことが暗黙の前提になります。この方式の場合，すでに

排出量・排出権取引

複数の企業（簡単化の為にAとBの2社とする）が，ある汚染物質を同じ量排出しているとしましょう。両企業が排出している汚染物質の総量を現在よりもある割合（例えば10%）減らそうとした場合に，どのような方法がよいでしょうか？

簡単な方法として，A，Bそれぞれに10%ずつ削減させる直接規制が考えられます。しかし，企業Aはすでに汚染物質を減らす対策を行っており，企業Bは行っていないとすると，2つの企業で汚染物質対策のための追加的費用が異なってきます。すでに対策に取り組んでいた企業Aは，一層の削減は困難でより大きな負担を背負うことになります。

そこで，もしも企業の間で減少量を調整（取引）できるとしたらどうなるでしょうか。この場合，削減により大きなコストが必要な企業は，削減が容易な企業から削減枠を買い取る，つまり削減が容易な企業に，対価を払って自分の分の削減を代わってもらうという選択肢がでてきます。

例えば，削減のコストが高くて削減が難しい企業は7%削減し，削減のコストが低く削減が容易な企業は13%削減し，削減の難しい企業が容易な企業から余分に削減した3%を買い取ります。削減の難しい企業は自分で10%削減するよりも他の企業から3%を買った方が安くなり，削減の容易な企業は3%余分に削減しても，それを売って収入を得た方が得だと考える場合に，このような取引が自然に起こるでしょう。両者にとって，ともに有利だからです。実際，両方の企業に10%削減という枠を決めて厳格に守らせるよりも，総量としての10%削減が達成される限りにおいては，規制当局にとっては誰が削減するかは問わずに企業の判断に任せた方が，社会的にはより安い総コストで削減が達成されることになり，資源配分上は**パレート改善**がなされ効率的な状態が達成されます（レッスン2.3参照)。

身近な排出権取引

既述のように，排出権取引制度は地球環境問題としての温暖化ガスの排出量削減に関連して議論される場合が多いといえます。この点はレッスン9.3で詳しく検討しますので，ここでは一般的な話題について触れておきます。

汚染物質を出している排出者が，余剰部分を他の排出者に売却し，足りない部分を他の排出者から購入するために，各排出者の初期の費用負担がオークション方式よりも少なくなります。しかし，実績に基づき割当を行うと，新規参入者などは割当が無く，既存の排出者から排出権を購入せざるをえません。また，過去に削減努力をしていた排出者にとっては，削減努力をしてこなかった排出者が実績に基づき大きな割当が行われることに不公平感を感じることになります。汚染物を大量に排出している排出者に多くの初期割当が行われるために，そのような排出者が余剰分を売却するだけで利益を上げた場合，社会的な同意が得られるのかといった問題もあります。

3番目の**ベンチマーク方式**は，産業毎の技術を考慮した標準的な排出原単位（生産量当たりの排出量）等に基づき，排出者に最初に無償で排出枠を割り当てます。グランドファザリング方式と似ていますが，産業ごとの標準的な技術を考慮するために，過去に削減努力をしていない排出者は実績に比べて少ない排出枠を割り当てられることになります。しかし，基準となる排出原単位をどのように設定するのか，また時間の経過とともに適切に条件を見直すことができるのかといった問題があります。また，この方法では，企業が削減努力をして排出原単位が改善する技術開発を行うと，基準が厳しくなり排出可能量が減らされるというパラドックスを抱えており，企業が技術開発を積極的に行わなくなるという**インセンティブ・コンパティビィリティ（誘因整合性）**の問題もあります。

◆ キーポイント 4.2　環境税か課徴金か？

環境税（environmental tax）を巡っては，日本では環境「税」という呼び名が一般的で違和感がないが，環境に悪影響を与える物質等の排出量を減少させることを目的としていることから，環境に悪者の排出量が減る，つまり収入が減った方が良いといえなくもない収入と考えられます。これは，国の安定的な収入源として位置付ける「税」の考え方とは必ずしも合致しないために，ヨーロッパ諸国では制裁金としての色彩が強い「課徴金」(levy）と呼ぶ場合もあります。

イギリスの気候変動課徴金（climate change levy）が好例ですが，日本で課徴金と呼ぶ場合には不当な取引制限（公正取引委員会）や有価証券報告書の虚偽記載（金融庁）など，どちらかというと再犯を防止するための罰金的な色彩が強くなります。

CO_2への課税については，実際には企業は生産によるCO_2をゼロにすることはできないことから，CO_2の排出からお金を取ることは安定した収入と考えることができます。この点ではタバコやお酒にかかる税金と似ているとも言えます。環境のためと言いながら，排出を止められないことを見越して税と呼んでいるとも考えられます。

歴史的には，1980年代に入ってからアメリカでピグー税に代替する政策手段として本格的に検討が加えられ，ガソリンに含まれる鉛の取引やオゾン層破壊の防止を目的としたフロンガスの取引に漸次導入され，90年になって酸性雨対策として全米の発電所を対象に二酸化硫黄（SO_2）の排出権取引がスタートしました。この外にも，部分的にせよ，一酸化炭素（CO），微粒子，窒素酸化物（NO_x），揮発性有機物質にも適応例があります。

排出権取引は，完全なキャップ・アンド・トレードの形はとってはいませんが，身近なところにも例があります。全国の市町村によっては，家庭ごみの回収用に専用の大きなビニール袋を用意し，それを用いた場合のみ回収されるという制度を採用している地域もあるかと思います。このビニール袋は有料で販売される場合が多く，その購入が排出権の購入に相当するわけです。有料での粗大ゴミの回収も同じメカニズムといえます。

冷蔵庫やテレビ，エアコンなどの家電製品についての**家電リサイクル法**では，消費者はこれらの家電を排出する際，家電の小売業者や量販店に対して収集料金とリサイクル料金を払う必要があります（**コラム4.7**）。これも一種の排出権の購入と解釈することが可能で，テレビや冷蔵庫の中古品をフリーマーケット（蚤(のみ)の市(いち)）等で販売すると，この排出権の購入義務から解放されるという意味では，排出権の供給者になるわけです（第6章のレッスン6.2参照）。

レッスン4.5 コースの定理

環境問題への対処法のうち，政府による介入を仰ぐのではなく，しかしあくまでも経済学的な発想に基づく解決方法として，当事者の交渉によって調整し問題を解決するアプローチがあります。そして，この点に関して，コースの定理と呼ばれるシカゴ大学教授であった**コース**（Ronald Coase，1910–2013）による業績があります。この定理は環境経済学のコンテクストでは発想の大転換をもたらすものであり，すでにレッスン1.3やレッスン2.5でも言及したように，所得分配の観点からは批判も寄せられる内容のものでもあります。

■コラム4.7　家電リサイクル法■

正式名称は「特定家庭用機器再商品化法」といい，エアコン，テレビ，冷蔵庫・冷凍庫，洗濯機・衣類乾燥機の家電4品目について，廃棄の際には販売業者が引き取り，製造業者がリサイクルすることが義務付けられている法律で，廃家電の減量とリサイクルの促進を目指し，1998年6月に制定され，2001年4月に完全施行されました。消費者がこれら家電4品目を排出する際には，**家電の小売業者や量販店に対して収集料金とリサイクル料金を支払い**，製造業者は国が決めた再商品化義務率（50-60%）を達成し，エアコンと冷蔵庫に含まれるフロンを回収する義務があります（**図4.8**）。

法施行によって，それまで家電を収集・リサイクルしていた自治体の年間費用が9割以上激減し，代わって民間費用が2倍近くまで激増したという記録が残っているほど，影響の大きい法規制といえます。ただし，処理費を廃棄時に支払う「後払い制」のために，負担回避目的で不法投棄の対象となったり，リサイクル目的で発展途上国に輸出されて環境汚染を起こしているとの指摘もあります（レッスン3.7および第6章参照）。

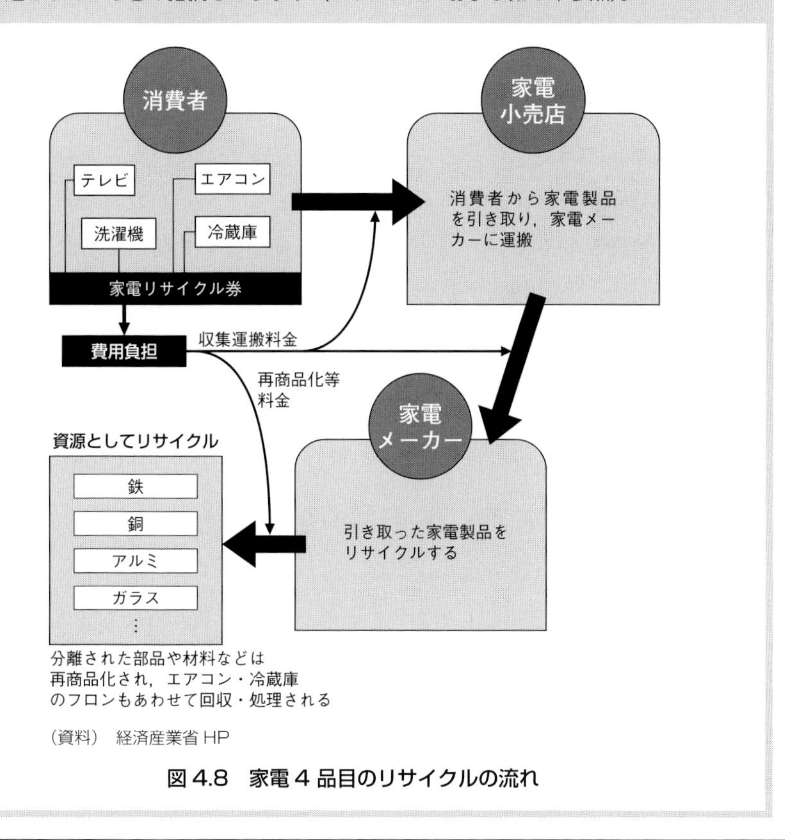

（資料）　経済産業省 HP

図4.8　家電4品目のリサイクルの流れ

協調するのに何が問題か？

コースの定理は，「**当事者の交渉において所有権なり財産権が確定していれば，法律に則る（あるいは裁判に訴える）ことによって，政府の介入がなくても市場での外部性の問題は解決される**」と主張します。そもそも外部経済効果があっても，当事者が交渉し協調すれば資源配分の効率性は，取引費用や資産効果が障害とならない限り必ず達成されるものであり（**コラム 4.8**），この結果は所得分配の状態には依存しません。外部経済効果のように，**交渉によってお互いにとって有利となるパレート改善の余地がある限り，合理的な経済主体ならば，協調しないよりは協調した方が賢明**といえます。したがって，この段階で市場での外部性の問題は解決します。効率的な資源配分が達成されたとすれば，次に問題となるのはパレート改善した分の「分け前」の交渉になり，そこは所有権や財産権の法的所持者が優先され解決すると考えるのです。

コースの定理の内容は文章として唯一の記述法があるわけではなく，例えば上に替わって「外部効果を生み出す側とそれを受ける側との外部効果に関する**所有権の関係がどのようなものであっても，交渉によりパレート効率的な資源配分を達成できる**」と書き表すことも行われます。企業が公害物質を発生している場合，被害を受けている地域住民との間で交渉が適切に行われれば，両者納得の上で，公害物質の発生量が適切なレベルに調整されると，断言していると受け止めることもできます。

コースの定理は，取引費用が無視できる等一定の条件の下では，理論的には正しい主張であり，これは第2章レッスン2.3で学んだ厚生経済学の基本定理に匹敵するレベルのものです。しかし，理論的には魅力的な考え方としても，環境問題では当事者の範囲がどこまでなのかが曖昧（あいまい）なのもしばしばです。企業が汚染物質を海などに流していた場合，どれくらいの地域に影響が出ているのかを確定することは難しく，時間とともに被害の範囲が拡大したり，人によって被害の程度が異なる場合が考えられます。また，汚染物質を出している側と被害を受けている側で，情報量に格差があり，汚染に関わっている側は自分の行為を理解しているとしても，被害を受けている側は適切な情報を得ることができない，あるいは得ることができてもタイムラグがある場合もあります。

このように，**コースの定理には当事者の範囲をどのようにするか，被害をど**

■コラム4.8　コースの定理と取引費用■

コースの定理は，端的には，所得分配の帰趨（きすう）はどうであれ，外部経済効果は当事者間の交渉によりパレート改善の対象となるというもので，これ自体はレッスン4.2で考察したピグー税による内部化の結果とも軌を一にするものです。これはこれで理論的には正しいのですが，コース自身が指摘しているように，**もし交渉に取引費用がかかるならば，コースの定理が成立しなくなる可能性があります。取引費用**（transaction cost）とは，取引の過程で発生する諸費用を意味し，他者との交渉費用，取引対象の調査費用，取引の執行費用等が含まれます。不完備情報の下での取引には，相応の取引費用が発生します（レッスン2.1参照）。

当事者間での取分の違いによって取引費用の相違があれば，コースの定理が厳密には成立しなくなるのはほぼ自明ともいえます。これはレッスン2.3の厚生経済学の基本定理の成立にとってもほぼ同様で，その際にも取引費用は捨象したのでした。

クローズアップ4.4　経済学における定理

コースの定理のように，経済学にも「定理」と名が付くものがいくつか登場します。数学における三平方の定理（ピタゴラスの定理）や正弦定理・余弦定理，フェルマーの最終定理，あるいは統計学の中心極限定理など，通常，定理（theorem）は「公理（論証不能な出発点となる性質）に基づいて論証によって証明された命題」のうち，特に重要なものを言います。

「経済学における定理」としては，前章まででも，「厚生経済学の基本定理（第1基本定理と第2基本定理）」(60頁)，「コアの極限定理」(66頁)，および「一般可能性定理（アローの不可能性定理)」(69頁）が登場しました。コースの定理も含めて，これらは**一定の公理的な諸前提の下での演繹（えんえき）プロセスによって導出された，経済学上の真実と位置付けられるもの**です。しかし，数学に代表される自然科学における真実とは異なり，経済学における真実は，あくまでも一定の公理的な諸前提を受け入れた上で導かれたものであり，こうした諸前提は時に仮説（hypothesis）と言われます。厳格な手続きに従って導出されたものであるのは確かですが，あくまでも仮説に立脚した事実であり，経済学では前提となる仮説自体が検証対象になるのも稀（まれ）ではありません。コースの定理も，取引費用を捨象するなど，いくつかの前提に基づいており，その前提に疑問が呈せられることも指摘した通りです。厚生経済学の基本定理やアローの不可能性定理も，程度の差はあれ背景には同様のものがあります。

のように見積もるか，対等な立場で交渉が適切に行われるのか，という問題があります。レッスン2.1で問題にした完全競争市場同様に，ストレートにコースの定理を現実に当てはめてもよいとするには，留保条件も多々必要となるといえましょう。グローバル化する日本経済も踏まえると，環境問題についても，今日では所有権を明確に規定することも困難である場合が多くなっています。

こうしたケースは，コースの定理が前提とする当事者間の交渉が協調解をもたらす前提が貫徹しない可能性も高くなっており，裁判による決着やピグー税など政府主導の介入が望まれる状況にもなっています。ここは，環境経済学を学ぶ読者が理論志向になるか現実志向になるか，バランス感覚が問われる分水嶺となるでしょう（**クローズアップ4.5**）。

レッスン4.6　汚染者負担の原則と拡大生産者責任

環境問題の解決を当事者間の交渉に委ねればよいとのコースの定理から離れて，再び政府が介入する対処法に戻ります。あるいは，コースの定理のいう当事者間の交渉において，公害等環境問題の被害者側が補償される状況に落ち着いた場合と考えてもいいでしょう。それが，一般原則として確立している状況と解釈することもできます。ここでは，汚染者負担の原則と拡大生産者責任を取り上げます。

汚染者負担の原則（PPP）

汚染者負担の原則（PPP，Polluter-Pays Principle）は，公害など環境汚染の際に企業などの汚染者が，公害防止のために必要な対策を講じたり，汚染された環境を元に戻すための費用を負担すべしという考え方をいいます。1972年にOECD（経済協力開発機構）が提唱し，OECD諸国を始め世界各国で環境政策における責任分担の考え方の基礎となりました。OECDが提唱した背景では，企業に厳しい公害対策を求める国とそうでない国が混在すると，公正な貿易ができなくなるという危惧があったからです。

高度成長期の前半期に「公害先進国」であった日本では，水俣病やイタイイ

こうなると，経済学にとっての定理をどのように受け止めるべきか，もう一度じっくりと考えておくのが有用です。自然科学における定理は絶対的な真実といえますが，経済学の定理は，基準となるべき理想状態に近いレベルでの抽象的な議論と割切るのが無難なのかもしれません。レッスン2.5でも考察した，価値判断が入り込む余地があるのです。

なお，定理に似た概念として法則（law）があり，第6章ではエネルギー保存の法則（熱力学の第1法則）に言及しますが，経済学の法則として，本書でも「限界効用逓減の法則」（59頁），「限界生産力逓減の法則」（125頁）が登場しました。自然科学では，観測や実験などの帰納的手法で確立した特性を法則と呼ぶようですが，経済学では，公理に近い特性がもっともらしく法則に擬せられています（需要と供給の法則やワルラス法則など例外もある）。

Q＆A　法と経済学

Q　最近，**法と経済学**に関連する本がやたら本屋さんで目に入ってきて，大学の授業科目にもあります。これは何ですか？

A　コースの定理が大いに関係するのですが，**経済学と法学を合体した学問分野が体系**だってきたのです。経済主体間の契約や経済制度の制度設計における法律の役割，とりわけ所有権や権利・義務――そうしたものの有り方が，資源配分に影響を及ぼすのか，あるいは影響しないのか，といった研究が進んだのです。

Q　コースの定理だと，取引費用の有無が重要でした。

A　そう。取引費用がなければ，外部性による非効率性は，法によらなくても当事者間の交渉によって正され，取引費用が大きいならば，できるだけ取引費用を小さくする法ルールが求められることを明らかにしました。

Q　法と経済学は，他にはどういうことを言っているの？

A　何事も（特に経済関連の問題では）法律で解決するとの考え方を改めて，法律ももっと経済合理性に目を向けるべきだとのメッセージかな…。

クローズアップ4.5　環境汚染の補償は誰が？

コースの定理では，汚染の補償が企業（汚染者）から住民（被害者）になるか，住民（被害者）から企業（汚染者）になるかは，**もともとどちらに権利があるかによって決まります**。一般的には，汚染者から被害者に補償が行われると考えられていますが，逆の場合もあります。

例えば，ある地域に工場があり，工場からは排煙が出ているため近隣の家の壁が汚れたり，洗濯物が汚くなったりするとします。工場があるために，その地域の地価は安くなってもいます。排煙ではなく，騒音や振動により，生活していくうえで苦痛を受けるという

タイ病などの**四大公害病**（レッスン1.2や第7章参照）が，工場廃液の垂れ流し等を原因として発症し，1960年代から70年代にかけては公害被害者救済の立ち遅れが当該企業に対しても，国の行政に対しても厳しく批判が向けられました。そのタイミングでのPPPの確立は，日本の環境行政にとっては試金石となるもので，OECD案にある企業の汚染防止費用の負担だけではなく，汚染環境の修復費用や公害被害者の補償費用についても汚染者負担を基本とする考え方が受け入れられ，1973年に公害健康被害補償法が制定されました。

PPPをめぐる世界の展開では，1975年にEC（欧州共同体）がPPPを汚染防止の国際的原則として採択し，80年にはアメリカも包括的環境対処補償責任法（スーパーファンド法）において，有害廃棄物放出の責任当事者に汚染浄化費用負担義務を課すこととしました。さらに，1992年の**国連環境開発会議**（UNCED）で採択された**リオ宣言**の原則15では，「取り返しのつかない損害の恐れがあるところでは，十分な科学的確実性がないことを，環境悪化を防ぐ費用対効果の高い対策を引き伸ばす理由にしてはならない」との予防的取組が提唱され，PPPにこの予防の考えを適用した**PPPP**（Precautionary PPP，**予防的汚染者負担原則**）が考案されました。

拡大生産者責任（EPR）

PPPは汚染者が明白な場合には容易に適応できますが，通常の経済活動に関わる資源・エネルギー消費の環境負荷の問題等では，汚染者負担原則の適用が困難な場合があります。そこで，PPPと同じくOECDが提唱した概念に**拡大生産者責任**（EPR，Extended Producer Responsibility）が各国で導入されており，「製品に対する生産者の物理的および経済的責任が製品ライフサイクルの使用後の段階にまで拡大される環境政策上の手法」と定義されています。

EPRでは，**地方自治体から生産者に責任を移転する，及び生産者が製品設計において環境に対する配慮を取込む**，といった2つの方向性が重視されています。すなわち，これまで行政が負担していた使用済製品の処理（回収・廃棄やリサイクル等）に係る費用を，その製品の生産者に負担させるようにしており，レッスン4.4で取り上げた日本の家電リサイクル法（**コラム4.7**）もこの方針に沿ったものといえましょう。

こともあるでしょう。この工場の近所に転居してきた新住民が，工場の排煙に苦情を訴え，工場の排煙を減らすか処理するための機械の設置を求めた場合，工場と新住民との間ではどのような交渉が考えられるでしょうか？

住民は工場があることを知った上で越してきており，工場があることで安く土地を手に入れたとします。この場合は，工場から受ける被害は安い土地の代金として，既に相殺されているとの見方も成立します。このような場合には，住民側が，工場があるおかげで近隣の土地に比べて安く購入できた差額から，工場に対してお金を支払い，生産量を縮小してもらい排煙を減らすか，排煙を処理する機械を設置してもらうという解決方法もあり得ることになります。一方的に操業を減らすことを要求したり，工場を追い出したりすることができれば，安い価格で住宅を手に入れた後で住宅の価値を上げることができてしまいます。

住民が古くから居住しており，工場が新しく稼働し出した場合や，すでにある工場が今まで排出していなかった有害物質を出すようになった場合には，状況は逆転します。要するに，**どちらがどちらに補償することが適切かは，汚染の現状だけで決まるものではなく，さまざまな権利を考慮した上で決定される必要がある**といえましょう。ここがコースの定理のいう当事者間の交渉になるのです。

◆ *キーポイント 4.3*　環境経済学の2つのPPP

PPPはここではPolluter-Pays Principle（**汚染者負担の原則**）の略称でしたが，本書では既にレッスン3.1の**コラム3.2**で別の用語として登場しました。そこでは，Public Private Partnership（**公民連携**）の略称として用いられ，公共と民間の公民連携による公共サービスの提供を行うスキーム全般を指す概念を意味しました。

環境経済学は相対的には経済学の中でも新しい分野ですが，カバーする範囲が幅広いこともあって，多くの専門用語が登場します。通常の専門用語はそれ自体で対応する概念が理解されるように排他的に用いられますが，この2つのPPPは意外と近いテーマ下で用いられることもあって，単にPPPで突然登場するとどちらのことか混乱する場合もあります。かつては，PPPといえば，まず10中8，9はここの汚染者負担の原則として用いられましたが，近年では公民連携として用いられる頻度が上がった印象を受けます。

ちなみに，経済学全般ではPPPといえばPurchasing Power Parity（購買力平価）の略称にもなっており，多くの経済学徒にとっては，まずこの国際経済学で登場するPPPが自然に頭をよぎるのではないでしょうか。

EPRによって，一般論として処理にかかる社会的費用を低減させるとともに，生産者が使用済製品の処理にかかる費用をできるだけ削減するインセンティブが生まれます。結果的にリサイクルしやすい製品や廃棄処理の容易な製品等にシフトし，**環境に配慮した製品の設計**（DfE，Design for Environment）に注力することが期待されます。

レッスン4.7　まとめ

本章では，前章で整理した環境問題の発生源を踏まえて，それにどう対処するかを探ってきました。いくつかの対処法がありますが，直接規制から市場メカニズムの機能を回復させる工夫，そして社会的共通資本の混雑税について検討しました。とりわけ環境税や補助金を通じた対処法は，ピグー税と呼ばれる有力な政策手段になり，これによって市場メカニズムを維持した上で環境問題に対処可能なことが分かりました。政策手段によらず，当事者間の交渉による問題解決の可能性を主張するレッセフェール（自由放任）的なコースの定理については，所得分配の公正性や理論と現実の乖離といった観点から，批判的に検討しました。

キーワード一覧

直接規制　ディーゼル車の排出ガス規制　ネガティブリスト　ポジティブリスト　間接規制　バーゼル条約　環境税　外部効果の内部化　ピグー税　ボーモル・オーツ税　限界生産力　社会的限界費用　混雑税　排出権取引　キャップ・アンド・トレード方式　ベースライン・アンド・クレジット方式　家電リサイクル法　コースの定理　取引費用　汚染者負担の原則　拡大生産者責任

▶考えてみよう

1. あなたは，環境問題について，直接規制と間接規制のどちらが行われるべきだと思いますか？
2. あなたの身の回り品で，日常生活にとってネガティブリストとポジティブリストを作成してみてください。
3. ピグー税，ボーモル・オーツ税，そして混雑税が課されている具体例を挙げてください。身近に見当たらない場合は，これらの税を課してみたい環境問題を想定してみてください。
4. コースの定理は何が「定理」の名に値するのでしょうか？
5. あなたの周りの身近な環境問題について，汚染者負担の原則と拡大生産者責任を当てはめてみてください。拡大生産者責任は，どの範囲まで遡及すべきだと思いますか？

▶参考文献

環境経済学の中でも環境政策は，それ自体が環境問題に対処する政策論としては，

松下和夫『環境政策学のすすめ』丸善株式会社，2007年

諸富徹（編）『環境政策のポリシー・ミックス』ミネルヴァ書房，2009年

があります。日本の環境政策全般については，環境省のHPに「日本の環境政策」というポータルサイトがあり，各省庁とリンクしたリンク集の形式をとりながら，環境政策に関する役に立つ情報を統一的に提供しています。

コースの定理を始め法と経済学の入門書としては，

矢野誠（編）『法と経済学——市場の質と日本経済』東京大学出版会，2007年

柳川範之『法と企業行動の経済分析』日本経済新聞社，2006年

がいいでしょう。

5 環境を評価する

前章までで，環境問題がなぜ発生し，その解決のためにはどのような考え方があるかをみてきました。しかし，実際の環境の価値，環境破壊による被害の大きさが分かっていなければ，具体的な対策を行うことができません。そこで本章では，環境の価値を測る方法について，検討します。最初に個々の環境問題の評価の方法を説明し，次いで経済全体の環境の評価について考えます。

レッスン

レッスン5.1　費用便益分析

最初に，環境問題に限らず公共事業などの一般のプロジェクトを評価する際にも用いられる，費用便益分析を説明します。**費用便益分析**（cost benefit analysis）とは，あるプロジェクト等を実施したときの総便益と，プロジェクトの遂行にかかる総費用を比較し，総便益の方が総費用を上回ればプロジェクトを実施し，逆に総費用が総便益を上回るのであれば，プロジェクトを中止するという考え方です。この考え方自体に，経済学者やプロジェクトの関係者から，取り立てての批判があるわけではありません。

しかし，まったく問題がないというわけでもありません。問題の多くは総便益や総費用をどのように評価するかといった技術的な点にありますが，評価の手法そのものにも議論の余地があります（**クローズアップ5.1**）。

B/C，費用便益比率

費用便益分析の出発点となるのが，費用と便益の比率である**費用便益比率**（CBR，Cost Benefit Ratio）ですが，これは**B/C（ビーバイシー）比率**ともいいます。ここは紛らわしいところですが，B/C比率は英語では素直に「B by C ratio」であり「BをCで割った比率」を意味しますが，日本語になると順番が逆になり費用便益比率となります。

費用便益比率は，投入された費用に対してどれだけの諸々のプラス効果が**VFM**（Value For Money，**コラム3.2**参照）の意味で認められるのか，その程度を数字で表わしたものになっており，それゆえC/BでなくB/Cになるのです。この費用便益比率は具体的な数値（例えば2.3とか0.8）として計算されますが，ブレイクイーブンとなる値が1で，1を上回れば投入された総費用より多い総便益があり，1を下回れば総費用を回収できないことになります。

さまざまな側面をもつ評価対象のプロジェクトも，**すべてこのB/C比率という1つのスカラー指標で表される**ことになるのですが，その数値を求めるために複雑な条件を簡略化するなどの大胆な想定を置く場合が多くあります。具体的に，費用便益比率が公共事業の評価に用いられている例を**コラム5.1**の

クローズアップ5.1　新規事業評価と再評価

国土交通省では，1998年度以来，原則としてすべての所管公共事業（維持・管理，災害復旧に係る事業等は除く）を対象として，事業の予算化の判断に資するための評価（**新規事業採択時評価**），事業の継続又は中止の判断に資するための評価（**再評価**），および事業完了後5年以内に実施し，改善措置を実施するか否かなど今後の対応の判断に資する**事後評価**，の3種類の評価を行うこととしています（**図5.1**）。評価を実施する際には，事業特性に応じて環境に与える影響や災害発生状況も含め，**必要性・効率性·有効性等の観点から総合的に評価を実施する**こととなっていますが，具体的な評価手法としてはB/C比率の算出が定量的評価の中心になります。

なお，再評価については，①事業採択後5年間が経過した時点で未着工の事業，②事業採択後10年間が経過した時点で継続中の事業，③準備·計画段階で5年間が経過している事業，④再評価実施後5又は10年間が経過している事業，⑤社会経済情勢の急激な変化，技術革新等により再評価の実施の必要が生じた事業について実施するとしています。

新しいプロジェクトを初めて評価するのか，既に着手したプロジェクトを再評価するのかで，評価の手法は大きく異なります。スタート済みのプロジェクトには，往々にして履歴効果（ヒステリシス）が働くからです。ここで**ヒステリシス**（hysteresis）とは，あるシステムの現在の状況や長期の均衡状態が現在の外的環境だけでなく過去の環境，とりわけそこに至った経路にも影響される依存関係をいいます。履歴効果が発生する原因はいくつかありますが，その1つが**埋没費用**（**クローズアップ2.4**）が関わることです。埋没費用（sunk cost）は投下済みの費用，あるいは回収不能な費用のことをいいます。

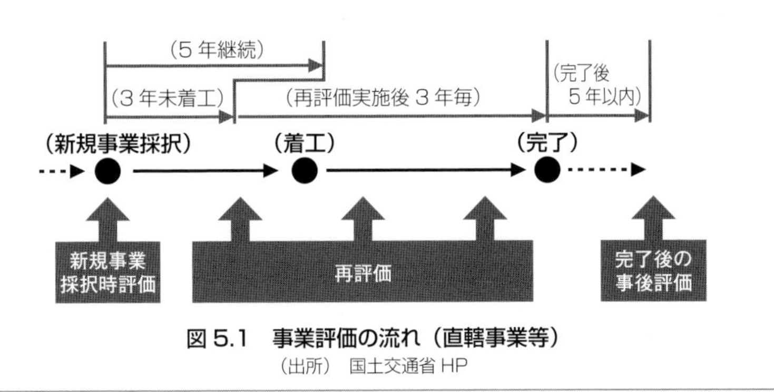

図5.1　事業評価の流れ（直轄事業等）
（出所）国土交通省HP

表5.1に挙げましたが，ここからは，必ずしもB/C比率だけから機械的に公共事業の是非が判断されているわけではないことが分かります。

どんなプロジェクトでも，原則的には，投入した総費用は直接把握可能でしょう（仮にプロジェクトが公害等の社会的費用を発生するようなものでも，この費用はマイナスの便益としてカウントします）。それに対して，総便益は必ずしも直接計量するのが容易ではないものもあります。第2章で展開した総余剰分析を思い起こしてください。そこでも，生産者余剰は企業の利潤として直接金銭単位で数量化しましたが，消費者余剰は消費者の主観的要素が関与するため，直接捕捉可能なわけではありませんでした。

不確実性と社会的割引率

コラム5.1にまとめたような公共事業の費用便益分析では，基本的にプロジェクトは長期間にわたり，総費用も総便益も多期間にわたって計上する必要があります。そのような長期プロジェクトを評価するに当たって，2つの問題点を指摘しておきます。

1つは，将来は何が起こるか分からないという意味で，**不確実性に直面する**ことです。将来の資材価格が上昇する，景気が転換点を迎え悪化する，等々費用便益分析を実施する際に想定した状況が変化することは日常茶飯事ですから，これらにあらかじめ十分対処しなければなりません。ただし，不確実性も多種多様で，価格変動の不確実性なのか，技術や投資効果の不確実性なのか，どれを念頭に置くかで異なった効果があり，最終的に費用便益比率にどのような影響を及ぼすかは決まった解答があるわけではありません。

しかし，一般論としては，「費用は少なめに，便益は多めに」といったバイアスが生じやすいといわれています。人々は往々にして楽観的になり，不確実な事態に直面したとして，そうなって欲しい方向に見積もる**希望的観測**（wishful expectations）が反映されやすいといわれており，評価主体には真の中立性が求められる所以（ゆえん）になります。もちろん，バイアスは必ずしも不確実性だけに起因するわけではなく，より客観的な要因による場合もあります。対象となるプロジェクトから派生して発生する費用が見逃されやすいとか，逆に便益に関しては，公共的なプロジェクトの場合，予算を確保するために甘めの見

■コラム5.1　公共事業評価における費用便益分析の実際例■

費用便益比率（B/C）が1以上であれば，とりあえず，その事業は妥当なものとされますが，実際の事業ではどの程度のB/Cになっているでしょうか？　国土交通省が2003-05年度に公表した439件の事後評価結果のうち，費用便益分析結果の比較が可能な358件について，それぞれの事業の中でのB/Cの中位数（median）は，**表5.1**の通りになっています。航路標識整備及び海岸事業では5.0，4.5と高く，河川，道路･街路，都市･幹線鉄道整備及びダム事業もそれぞれ2.8，2.35，2.1，2.05と2を上回っていますが，港湾整備，空港整備及び官庁営繕事業ではそれぞれ1.3，1.2，1.1とさほど高くありません。

ただし，例えば道路･街路，港湾，空港，鉄道等の事業では，旅客･貨物の移動時間の短縮による費用の節減を主たる便益と見なすのに対して，河川，砂防，海岸等の事業では，災害の減少による人的・物的損失の減少や環境保全の効果を主たる便益と見なすなど，便益に含む項目は事業分野によって異なり，費用の取り方にも若干の差異があります。このため，異なる事業分野間でのB/Cの比較には，相応の注意が必要です。

表5.1　各事業分野の費用便益分析の評価項目と評価結果

事業分野	費用便益分析				その他の主な評価項目
	費用項目	便益項目	件数	B/C中位数（注1）	
河川事業	事業費，維持管理費	想定年平均被害軽減期待額，水質改善効果等（環境整備事業の場合）	34	2.8	災害発生時の影響，過去の災害実績，災害発生の危険度，河川環境をとりまく状況
ダム事業			24	2.05	
砂防事業	事業費	直接被害軽減便益，人命保護便益	1	1.7	災害発生時の影響，過去の災害実績，災害発生の危険度
海岸事業	事業費，維持管理費	浸水防護便益，侵食防止便益，飛砂・飛沫防護便益，海岸環境保全便益，海岸利用便益	6	4.5	
道路・街路事業	事業費，維持管理費	走行時間短縮便益，走行費用減少便益，交通事故減少便益	76	2.35	事業実施環境，物流効率化の支援，都市の再生，安全な生活環境の確保
港湾整備事業	建設費，管理運営費，再投資費	輸送コストの削減（貨物），移動コストの削減（旅客）	13	1.3	地元等との調整状況，環境等への影響
空港整備事業（注2）	建設費，用地費，再投資費	時間短縮効果，費用低減効果，供給者便益	3	1.2	地域開発効果，地元の調整状況
都市・幹線鉄道整備事業	事業費，維持改良費	利用者便益（時間短縮効果等），供給者便益	7	2.1	道路交通混雑緩和，地域経済効果
航路標識整備事業	創設費，維持運営費，更新費	安全便益，輸送便益	136	5.0	安全性の向上，国際的要請への対応，信頼性の向上
地方都市開発整備等事業			2	1.3	
官庁営繕事業	初期費用（建設費等），維持修繕費	土地利用効果，利用者の便益，建物性能の向上，環境への配慮	56	1.1	事業の緊急性，計画の妥当性
費用便益分析件数			358		

（注）1．B/C中位数は，各分野において事後評価における費用便益分析結果が利用できる事業についての値
2．空港の新設，滑走路の新設・延長等の場合
3．事後評価結果が未公表の事業分野についての評価項目は省略
（出所）山田宏「公共事業における費用便益分析の役割」，参議院『立法と調査』256号（2006年6月）

通しを立てる傾向があるといったような傾向です。

もう1つの問題は，将来の費用や便益は，現在時点での現在価値に換算されることです。その際には，**社会的割引率**（social discount rate）が用いられます（**コラム1.6**参照）。費用便益分析の場合には，この社会的割引率を何パーセントに設定するかは，現在と将来の相対的ウェイトを決めることになり，長期プロジェクトの評価にとっては重要な決定要因になります。社会的割引率が何パーセントかは，費用便益分析に限らず地球温暖化の将来に亙（わた）るシミュレーション分析等においても，50年後，100年後といった超長期の将来世代の効用の割引現在価値を導出する際には，決定的な要因になります。**表5.2**は，いくつかの国で採用されている社会的割引率の比較表になっています。

社会的割引率が高い場合には，**便益はより近い将来に見込まれた方が，また費用はより遠い将来に割り振られた方が，費用便益比率は高くなる**わけです。すなわち，投資プロジェクトの効果はタイムラグがなく直ちに現れた方が，費用は一括でなくより長期間にわたって分割計上された方が，B/C比率は大きくなるのです。

レッスン5.2　いくつかの環境評価手法

環境問題に関連した費用便益分析を行うには，環境の価値を評価する必要があります。森林を切り開いて高速道路を建設するとか，大鷹の生息地を愛知万博の開催会場にする（レッスン1.6参照）といった問題の是非を判断するには，ダメージを受ける環境を評価する問題に直面することになるわけです。しかし，環境の評価は，そもそも「環境」自体が曖昧模糊（あいまいもこ）としており，評価の対象となった前例がない場合が多いといえます。この点は，地価公示や近隣の類似の取引実例がある土地・マンションの不動産鑑定，あるいは相場という形で評価が共有される骨董や美術品等と大いに異なるところです。

しかし，こうした制約のある中でも，環境の価値を金銭単位で評価する手法がいくつか開発されています。これらの手法は，いずれも**限られた情報量から，何とか環境に対する需要曲線を推計しようとする**ものですが，それぞれ一定の

表5.2　いくつかの国の社会的割引率

国　名	社会的割引率	割引の原価係数（n年後の1が今のいくらにあたるか）				
		1年	3年	5年	10年	30年
イギリス	6% （～2003年3月）	0.94	0.84	0.75	0.56	0.17
	3.5% （2003年3月～）	0.97	0.90	0.84	0.71	0.36
ドイツ	3%	0.97	0.92	0.86	0.74	0.41
ベルギー	4%	0.96	0.89	0.82	0.68	0.31
フランス	8%	0.93	0.79	0.68	0.46	0.10
スウェーデン	4%	0.96	0.89	0.82	0.68	0.31
ニュージーランド	10%	0.91	0.75	0.62	0.39	0.06
アジア開発銀行	10%～12% （原価係数は12%で計算）	0.89	0.71	0.57	0.32	0.03

（出所）　国土交通省「公共事業の費用便益分析に関する技術指針」（2004年）の表2-3をベースに筆者作成。

やや古いデータですが，基本的にどの国でも3–10%と高い割引率が設定されています。日本は4%に決められています。よく知られているように，割引率が7%の場合は10年で約半分までになりますが，**表5.2**では，それぞれの国の社会的割引率に応じて，1年後，3年後，5年後，10年後そして30年後の1単位が，現在価値のどれだけに換算されるかを記載してあります。日本も含めてベルギーやスウェーデンで採用されている4%の場合，3年後は0.89，5年後は0.82，そして10年後には0.68まで割引かれます。単純に加算した場合に合計金額で同額となる長期プロジェクトの場合，計画期間のどのタイミングに割り振られるかで，総費用や総便益それぞれの割引現在価値が異なり，したがって費用便益比率にも小さくない影響が及ぶことになります。

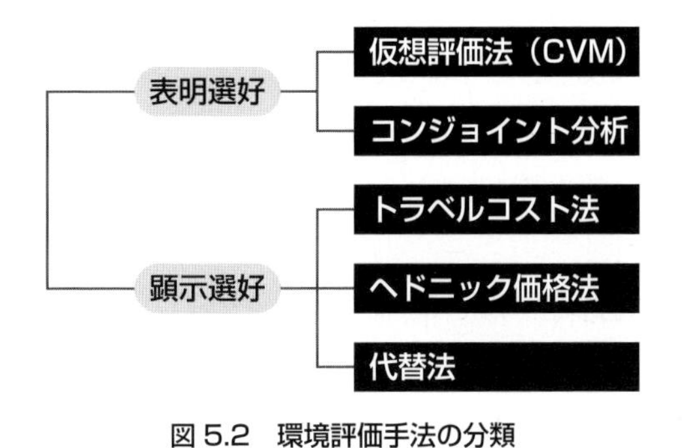

図5.2　環境評価手法の分類

想定を導入する必要があり，必ずしも全ての環境問題に同等に適応可能というわけではありません。具体的には，手掛かりとなるデータがまったく利用可能でなく，人々に環境価値を直接たずねるアンケート調査に訴える**表明選好**（stated preference）と，人々の実際の経済活動から多少は手掛かりとなるデータが得られる場合の**顕示選好**（revealed preference）の2通りに分類することができます。

前者の表明選好は，もっとも広範に応用可能なアプローチであり，**アンケート調査によって仮想的な市場取引のデータを創出して手掛かり**とします。このことから，一般に**仮想的市場評価法**ないし単に**仮想評価法**と呼ばれます（なお，主にマーケット・リサーチで発達した手法としての**コンジョイント分析**（後の**コラム5.3**）を，環境評価に応用する場合に表明選好に含める考え方もあります)。後者の顕示選好法には，手掛かりとするデータによって，トラベルコスト法，ヘドニック価格法，そして代替法の3通りが工夫されています（**図5.2**)。なお，**表5.3**はこれらの手法について，簡単に概要と特徴をまとめたものです。

トラベルコスト法は，空間移動の旅行費用を環境評価の手掛かりとするものであり，公園や観光地など人が集うレクリエーション・サイト等の評価にフィットした評価法といえます（後の**コラム5.3**)。後述の**ヘドニック価格法**は，財・サービスの価値はそれを構成する複数の属性の価値の和から成るとして，まずそれぞれの属性の価値を求め，そこから全体の価値を求めようとするアプローチをいいます。環境評価に際しては，地域的アメニティなどの評価で利用される場合が多く，その際は環境の価値が地価あるいは賃金に反映されているとの前提で推定します。最後の**代替法**は，悪化した環境を回復するためにかかる費用，あるいは環境をある水準で維持するために必要な費用を算出して環境の価値を評価する手法ですが，この手法が適用できるのは評価対象と同じ機能を有する代替可能な市場で取引される財・サービスが存在する場合に限られます。

仮想評価法の考え方

環境を評価する際の基本的発想は，**限られた情報量から，何とか環境に対する需要曲線を推計しよう**というわけです。骨董や美術品の場合に，オークションにかけると競(せ)りが行われ落札によって直截(ちょくせつ)的に時価評価がなされますが，

表 5.3　主な環境評価手法の概要と特徴

評価手法	表明選好法		顕示選好法		
	仮想評価法	コンジョイント分析	トラベルコスト法	ヘドニック価格法	代替法
内容	環境変化に対する支払意思額や受入補償額を尋ねることで評価	複数の代替案を回答者に示して，その好ましさを尋ねることで評価	対象地までの旅行費用をもとに評価	環境資源の存在が地代や賃金に与える影響をもとに評価	環境財を市場財で置換するときの費用をもとに評価
適用範囲	利用価値および非利用価値 レクリエーション，景観，野生生物，生物多様性，生態系など幅広く適用可能	利用価値および非利用価値 レクリエーション，景観，野生生物，生物多様性，生態系など幅広く適用可能	利用価値 レクリエーション，景観などに限定	利用価値 地域アメニティ，大気汚染，騒音などに限定	利用価値 水源保全，国土保全，水質などに限定
利点	適用範囲が広い 存在価値やオプション価値などの非利用価値も評価可能	適用範囲が広い 存在価値やオプション価値などの非利用価値も評価可能 特定の環境対策以外に複数の代替案を比較して評価可能	必要な情報が少ない 旅行費用と訪問率などのみ	情報の入手コストが小さい 地代，賃金などの市場データから得られる	必要な情報が少ない 置換する市場財の価格のみ
欠点	アンケート調査の必要があり，情報入手コストが大きい バイアスの影響を受けやすい	アンケート調査の必要があり，情報入手コストが大きい バイアスの影響を受けやすい 研究蓄積が少なく，信頼性が不明	適用範囲がレクリエーションに関係するものに限定	適用範囲が地域的なものに限定	環境財に相当する市場財が存在しないと評価できない

（出所）　環境省自然環境局「自然の価値を評価する」より一部修正して作成。

表 5.4　環境評価の具体例（国内の経済的価値の評価事例）

事例	場所	評価手法	評価年	WTP（1 世帯当たり）		集計額		
				中央値	平均値	中央値	平均値	備考
全国的なシカの食害対策の実施により保全される生物多様性の価値	全国	仮想評価法	2013	1,660 円/年	3,181 円/年	865 億円/年	1,653 億円/年	全国世帯
奄美群島を国立公園に指定することで保全される生物多様性の価値	鹿児島県	仮想評価法	2013	1,728 円/年	3,227 円/年	898 億円/年	3,227 億円/年	全国世帯
沖縄県やんばる地域における絶滅危惧種の経済価値評価	沖縄県	仮想評価法 コンジョイント分析	2012	772 円/年	1,921 円/年	—	—	—
宮城県大崎市蕪栗沼を対象にした生態系サービスの価値評価	宮城県	仮想評価法 コンジョイント分析	2010	917 円/年	2,004 円/年	—	—	—
釧路湿原における自然再生事業の評価	北海道	コンジョイント分析	2008	—	—	—	—	—
函館市松倉川の生態系の評価	北海道	仮想評価法	1996	8,756 円/年	13,016 円/年	193 億円/年	287 億円/年	北海道全体
熊本市における地下水涵養機能保全政策の評価	熊本県	仮想評価法	2003	1,045 円/年	2,287 円/年	33 億円/年	71 億円/年	熊本市
六甲山系における森林の公益的機能の評価	兵庫県	コンジョイント分析	1999	—	—	—	—	—
森林の公益的機能の評価	全国	代替法	2000	—	—	74 兆 9,900 億円/年		全国世帯
屋久島の生態系保全の価値	鹿児島県	トラベルコスト法 仮想評価法	1997	—	—	688 億円/年	2,483 億円/年	保護政策が強いシナリオ（全国）

（出所）　環境省自然環境局「経済的価値の評価事例」（2013 年）より評価額が得られるものを中心に選別して作成。

同じように**仮想市場での取引を想定して**，メリット財ないし社会的共通資本としての環境に対する**需要曲線を推計します**。この際，顕示選好が何らかの経済活動に伴って観察されるデータを手掛かりとするのに対し，表明選好ではアンケート調査を出発点とします。

アンケート内容としては，例えば，環境の保全に対してどの程度の資金を提供するつもりがあるか，あるいは，環境の悪化に対して，どの程度の補償が得られるならば受け入れる用意があるか，といった問いに回答を求めます。環境保全のために支払ってもよい**支払意志額**を**WTP**（Willingness To Pay），環境保全の悪化に対して補償されれば容認できる**受入意志額**，すなわち**受入補償額**を**WTA**（Willingness To Accept）と定義し，これらの金額を評価額とするのです（**コラム5.2**参照）。これが**仮想的市場評価法**ないし**仮想評価法**（**CVM**，Contingent Valuation Method）と呼ばれる所以（ゆえん）です。

仮想評価法の理論的根拠は，第2章の余剰分析で登場した**消費者余剰**の考え方にあります。レッスン5.1では，消費者余剰は消費者の主観的要素も関与するので直接捕捉するのが困難と記しましたが，まさにその限界を超えようとする試みが仮想評価法になるのです。通常の財・サービスでは，消費者は市場で価格を見ながら購入するか否か決め，それが需要曲線の基礎になります。仮想評価法は，同様の過程をアンケート調査によって仮想的に行い，その回答に基づいて**補償変分**（CV，Compensating Variation）としてのWTPや**等価変分**（EV，Equivalent Variation）としてのWTAを推定する手法になっています。

補償変分と等価変分

第2章から第4章で分析手法として学んだ消費者余剰なり総余剰は，消費者や社会全体の満足感なり社会的厚生を金銭単位で評価したものですが，通常の無差別曲線は序数的な効用単位で測ることから，必ずしも金銭的な評価になっていません。しかし，それを金銭単位に変換して評価することが出来ないわけではありません。無差別曲線なり効用関数を用いて「効用」を金銭的に測定するために考案されたのが，**補償変分**と**等価変分**の概念です（**クローズアップ5.2**参照）。

これらの金額を推定するには，無差別曲線を特定する，つまり効用関数を特

■コラム5.2　アンケート調査のデザイン■

支払意志額をどのように環境評価に結び付けるかは，細部はアンケート調査の実施方法次第です。近年の**実験経済学**や**行動経済学**においても，アンケート調査をどのようにデザインするかは，実験目的を達成できるか否かにとって決定的に重要になっています。環境評価の成否にとっても同様であり，後述の各種のバイアスを除去する工夫がなされ，信頼性を高めなければなりません。

典型的な調査法は，住民の中から一定の人数のサンプルを選んだ上で，環境保護の程度をいくつかの段階で指定し，個々人にそれぞれの支払意志額を尋ねます。例えば「件（くだん）の環境問題に対して，その保全に，どの程度の金額や時間であれば受け入れる用意があるか」の回答を求めます。多くの人々の回答の平均値や中央値（メディアン）を算出し，それぞれの段階的な環境保護策に対する1人当たりの支払意志額を求めます。これに，関係住民の人数を掛けることによって，（さらに時間で調整することも考えて）地域全員の支払意志額とします。

アンケートの回答分布が平均値を境に左右対称ならば平均値と中央値は一致しますが，相対的に大きなWTPが散見され上側の裾が長い場合には，平均値が中央値を上回ることになります。中央値は，仮に住民投票を行った際にちょうど過半数をとる金額となるため，あえて対照させるならば，中央値の方が平均値よりも政策的判断の基礎となりうるものといえます。

クローズアップ5.2　消費者余剰と補償変分・等価変分

補償変分や等価変分と消費者余剰との関係を，厳密に理解しておきましょう。まず，前章までの消費者余剰分析で前提としてきた需要関数は，Yを所得として，

$$x^M = x^M(p, Y) \qquad (*)$$

と表され，**マーシャルの需要関数**と呼ばれます。これは，価格体系pや予算制約となる所得Yが変化した場合に，財・サービスの需要量がどのように変化するかを示した，通常の意味での需要関数になっています（消費者余剰分析では，Yを一定で変化しないと考え，pの変化の影響を分析しています）。

これに対して，本文で定義した補償需要関数を，改めて，

$$x^H = x^H(p, u) \qquad (**)$$

と書き表します。これはpと効用水準uの下で支出額を最小とする財・サービスの需要量を表すものであり，補償所得の下での**ヒックスの需要関数**と呼ばれます。

155頁の**図5.3 (a) (b)** は，2つの財x_1とx_2についての無差別曲線と，x_1財の需要曲線を対応させたものです。x_2財としては，x_1財以外のすべての財をパックにした集合財と考えることもできます（厳密にはそれらの間の相対価格が固定しているのが条件となります）。

プロジェクトの実行前は，価格体系がp^0の下で，**図5.3 (a)** の無差別曲線のA点で需要が決まっていたとします。プロジェクトの実行後は，価格体系がp^1に変化して，新しい需要点はB点に

定する必要があります。効用関数は効用の単位ですが，ここから金銭単位で効用を測定するために，まず「ある効用水準を享受するのに必要な最小支出（所得）額」を**最小所得**（minimum expenditure）あるいは補償所得と定義します。当然，**補償所得**は，**財・サービスの価格体系と達成する効用水準に依存**します。いま，効用が得られる財・サービスの組合せとその価格体系を，ともにベクトル表示でxとpとします。**効用関数**は，$U(x)$で表します。

すると，価格体系をp，保つべき効用水準を$U(x)=u$とすれば，**補償所得**mはpとuの関数として

$$m(p, u)=px(p, u)=\min \Sigma p_i x_i(p, u) \tag{5.1}$$

と表せます。ただし，上の式の真中の項にあらわれる$x(p, u)$は補償所得の下でのpとuの関数としての財・サービスの需要量の組合せを表し，これをxの**補償需要関数**と呼びます。

以上の準備の下で，公共事業などのプロジェクト（その他，地域開発計画が実行に移される，環境汚染が広まる，特定の資源の国有化・民営化が発表されるなど）が実行された後の財・サービスの価格体系をp^1，その下での財・サービスの需要量をx^1，得られた効用を$u^1=U(x^1)$し，プロジェクト実行前の対応するベクトルを，それぞれp^0とx^0とu^0とします。この時，プロジェクトの実行後と実行前の効用の差を，任意の価格体系pで貨幣評価した額は補償所得を用いて

$$m(p, u^1)-m(p, u^0) \tag{5.2}$$

と表せます。プロジェクトの実行による価格体系の変化による需要量のベクトルの変化に由来する，$u^0=U(x^0)$から$u^1=U(x^1)$への効用の変化を，価格体系pの下でその効用を達成する補償所得の差として捉えるわけです。ただし，価格pの下で効用uを達成する補償需要は，与えられるpが異なれば変化します。例えばu^1の需要量x^1はpに応じて異なります。また，(5.2)の段階では価格体系を特定化していないために，まだ値を計算することはできません。

補償所得の差を計算する際に，**価格体系をプロジェクト実行後のp^1にしたのが補償変分**

$$CV=m(p^1, u^1)-m(p^1, u^0)$$

であり，反対に**プロジェクト実行前のp^0にしたのが等価変分**

シフトし，効用水準はu^0からu^1に増加します（説明を簡単にするために，x_1財の価格のみが変化し，x_2財の価格は1と基準化し変化しないとします）。A点とB点は，（＊）のマーシャルの需要曲線上にあり，A点は$x^M(p^0,Y)$，B点は$x^M(p^1,Y)$に対応します。これを横軸がx_1財の需要量，縦軸がx_1財の価格をとった，**図5.3（b）**の図に描くと，直線AB（一般には曲線）となり，これがマーシャルの需要関数になります。

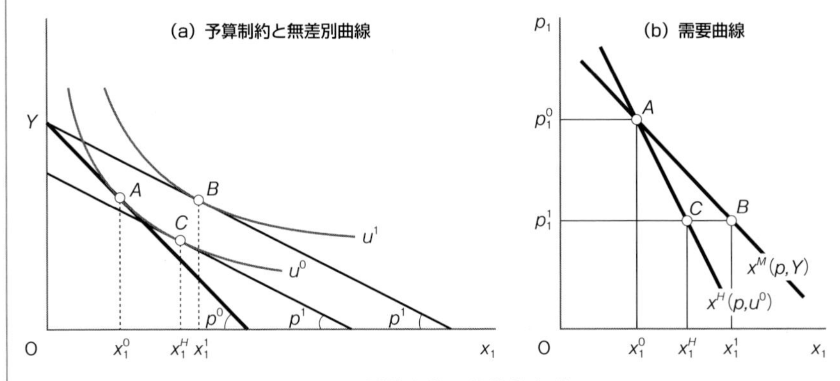

図5.3　補償変分と消費者余剰

図5.3の（a）で，C点は，A点と同じ無差別曲線上にあり，接線の傾きである価格体系がp^1の場合の，ヒックスの需要関数の需要点となります。すなわち，（＊＊）の関数で表すと，A点は$x^H(p^0,u^0)$，C点は$x^H(p^1,u^0)$となります。A点とC点を結んだ直線を右側の図に描いたのが，ヒックスの需要曲線です。この図ではヒックスの需要曲線の傾きがマーシャルの需要曲線の傾きよりも急に描かれていますが，常にこのようになるわけではなく，厳密には，**価格変化が財需要に及ぼす代替効果と所得効果の大きさに関係します。**

図5.3から明らかなように，$x_1{}^H$と$x_1{}^1$の違いは，同じ価格体系p^1での点Cと点Bの違いに対応することから，所得の増加による所得効果によるものです。したがって，もし所得効果が無視できる程度に小さいならば，マーシャルの需要曲線とヒックスの需要曲線は，限りなく同じ曲線に近づきます。逆に所得効果が相当程度大きく，普通財（上級財）のように代替効果を補強する方向に働くならば，価格低下は実質的には所得の増加となるために，需要が増加することになります。ヒックスの需要関数では所得効果の部分が欠落するために，需要点Cはマーシャルの需要曲線上のB点よりも左側に位置することになります。もし劣等財ならば所得効果は逆に働き，所得の増加は需要の減少となり，C点がB点よりも右側に位置することもあり得るわけです。しかし以下では，普通財の**図5.3**の位置関係を，文字通り普通ケースと仮定することにします。

次に，**図5.3（b）**において，もう1本B点を通ってACのヒックスの需要曲線に平行な線を引いて，これを新しく**図5.4**とします（157頁）。この直線は，u^1の効用水準を保った上でのヒックスの需要関数になります。したがって，3本の需要曲線を描いた**図5.4**において，第1財の価格が$p^0{}_1$から$p^1{}_1$に低下する場合の，第2章のレッスン2.2で学んだ消費者余剰の変化分は，マーシャルの需要曲線に沿った台形$p^0{}_1ABp^1{}_1$になります。これに対して，補償変分は効用水準がu^0のヒックスの需要関数に沿った台形$p^0{}_1ACp^1{}_1$，また等価変分は効用水準がu^1のヒックスの需要関数に沿った台形$p^0{}_1DBp^1{}_1$になります。**補償変分がWTP（価格低下への支払意志額），等価変分がWTA（価格上昇を受け入れる意志額）になるわけです。**

図5.4の場合には，面積の比較から，

$$EV = m(p^0, u^1) - m(p^0, u^0)$$

になります。

これらは次のように解釈できます。**補償変分**は，プロジェクトの実行により**価格変化が生じたときに，消費者を最初の無差別曲線上にとどめるために必要な所得変化**（価格変化によって不利益が発生するならばその補償として払って欲しいと考える金額，逆に利益になるならばプロジェクトの実現のために支払ってもよいと考える最高支払額）であり，**等価変分**は，**価格変化後の無差別曲線上と同じ効用を享受するために必要な所得変化**（価格変化によって利益を得る消費者から取り上げなくてはならない金額，あるいは価格変化によって不利益になる消費者がプロジェクトの実行によって利益を受ける人に対して，プロジェクトの実行を諦（あきら）めてもらうために支払う金額）として定義されます（**クローズアップ2.6**参照）。

補償変分と等価変分を無差別曲線を用いて説明するために，2財のケースを考えます（**図5.5**）。同図の，x^1がプロジェクト実行後の消費の組合せ，x^0がプロジェクト実行前の消費の組合せであり，p^1とp^0がそれらが実現された価格体系とします。効用では$u^1 > u^0$と，プロジェクトの実行によって効用が増加する場合となっています（p^1とp^0の傾きが**図5.3**と逆なのに注意）。

プロジェクト実行後はx^1が消費の組合せであり，x^1点で接する価格体系p^1に対応する傾きの予算制約式が縦軸と交わる点をC^1，同じ接線の傾きの直線がプロジェクト実行前の消費の組合せx^0を含む無差別曲線と接する時に縦軸と交わる点をC^0とします。すると，線分としてのC^1とC^0の差が，縦軸の財で測った補償変分CVであり，これに縦軸の財の価格を掛ければ，金額表示でのCVが導出されたことになります。同様にして，プロジェクト実行前の価格体系p^0に基づいて求めた縦軸のE^1とE^0で形成される線分が，縦軸の財で測った等価変分EVになります。金額表示にするには，やはり縦軸の財の価格を掛ければよいわけです。

総便益の計算

実際に推計に入る前に注意する必要があるのは，アンケート調査ですので，無効となる回答や異常値と見做（みな）すべき回答も多々あることです。これらは，

補償変分（**CV**, WTP）＜消費者余剰の変化分（**ΔCS**）＜等価変分（**EV**, WTA）

といった大小関係になることが分かります。このように，消費者余剰の変化分をベースにプロジェクトや環境の評価を行う場合と，補償変分や等価変分をベースに評価する場合で，一般的には評価結果が異なる可能性があります。**WTP や WTA による便益評価は，本来はヒックスの需要関数をベースとした補償変分や等価変分を用いることが望ましく**，消費者余剰の変化分をベースに WTP や WTA を評価すると，厳密には誤差が生じることになります。

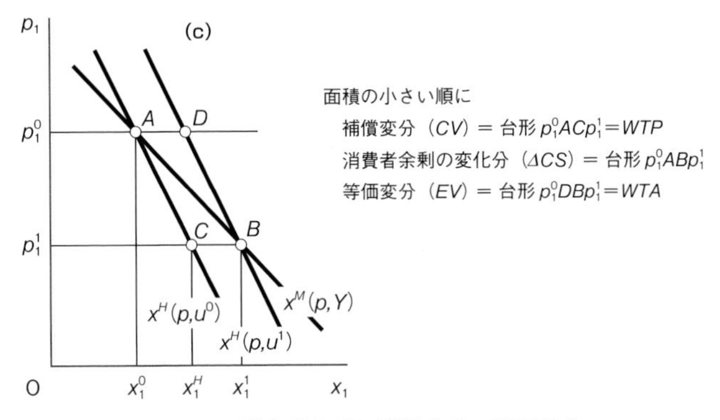

図 5.4　消費者余剰と補償変分・等価変分

この評価誤差がどれくらいになるかは，理論的には所得効果の大きさ，あるいは需要の所得弾力性の大きさに依存します。**所得効果が存在せず，需要の所得弾力性がゼロならば，マーシャルの需要曲線とヒックスの需要曲線は一致し**，測定上の誤差は消失するのです。したがって，所得弾力性が極端に大きくない限り，これを同一とみなしても問題はないと考えることができます。しかし，こうした理論的な予想に反して，所得の弾力性が小さいにもかかわらず，現実には WTP や WTA には大きな乖離が見られることがあります（**キーポイント 5.1** 参照）。

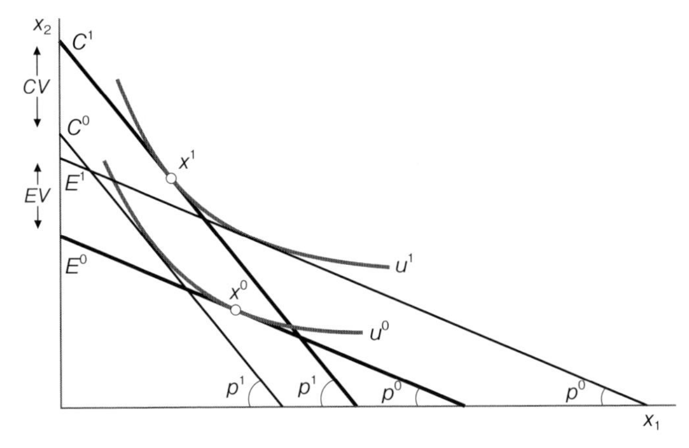

図 5.5　無差別曲線と補償変分・等価変分

躊躇することなく，推計対象から除外します。除外するサンプルが多すぎて有効な回答が足りなくなってしまう場合には，正しい対処法はアンケート調査のやり直しになります。

次に，需要関数の推計ですが，アンケート調査の実施方法によっては，2項選択（yes/no）方式の場合のように，WTPが提示額よりも高いか低いかのデータのみしか得られないために，これらのデータを基に需要曲線やWTPを推計するには，情報量が少なく，予備的な情報としての付値関数や効用関数を推計するためにも，関数形や変数を選択・決定する際に恣意的な制約を課す必要があります。

一方，効用関数等の推計を行わなくても近似的に賛同率曲線を描く手法がとれる場合もあります。**賛同率曲線**とは，提示金額（縦軸）とその金額の支払いに同意する（すなわち，**WTPが提示金額と等しいかそれを上回る**）回答者の母集団に占める比率である「賛同率」（横軸）を対応させるもので，金額が下がるほど賛同者が増えることから，通常は右下がりの曲線となります（**図5.6**）。賛同率曲線は，各提示価格での全回答者に対する累積賛同者数の比率であることから，賛同率曲線の左側で支払金額の上限と下限の間で挟まれた**アミカケ部分の面積は，アンケート回答者の中での賛同者の割合で重み付けられた賛同提示金額（すなわち，WTP）の合計，つまり平均値**になります。

面積を計算するのは厄介ですが，賛同率曲線はアンケートの回答結果から描くことが出来ることから，理論的には**図5.6**のアミカケ部分の面積は求積可能で，したがってWTPの平均値が求められることになります。すると，この1人当たり（または1世帯当たり）の平均WTPに，当該地域の集計母数を乗じて合計便益とすることができます。それが単年度の数字であれば，さらに評価期間の合計値としての便益総額を求めることになります。長期間の便益の総和には，社会的割引率を適応することも忘れてはなりません。

なお，多くの具体的な推計例からは，既述のように平均値が中央値を上回る結果となっており，

中央値　<　WTP　<　平均値

ぐらいの幅をもって，WTPを理解するのが適切といわれています。ちなみに，WTPの中央値（メディアン）は，賛同率曲線で賛同率が0.5（50%）の場合の

◆キーポイント5.1　小さくない評価誤差

クローズアップ5.2でみたように，所得効果や需要の所得弾力性が大きくない限り，消費者余剰に基づく評価も補償変分や等価変分による評価も，大きく異なることはないと予想されます。実は，それらの差が所得弾力性に比例するとの**ウィリッグの親指ルール**（Willig's thumb rule）と呼ばれる公式があるのですが，現実は，所得弾力性が小さいのにも拘（かかわ）らず，しばしばWTPとWTAの間に大きな乖離がみられる場合があります。原因としては，環境サービスに関するアンケート調査では，本来回答を求められている価格の変化に対するWTPやWTAを応えるのではなく，環境サービスの消費量の変化に対するWTPやWTAを応えている可能性が考えられます。もしそうならば環境サービスをどのくらいお金（単価ではなく総額）と交換できるか，といった代替の弾力性にも依存することになり，大きな乖離が生じるのも合点（がてん）がいくことになります。

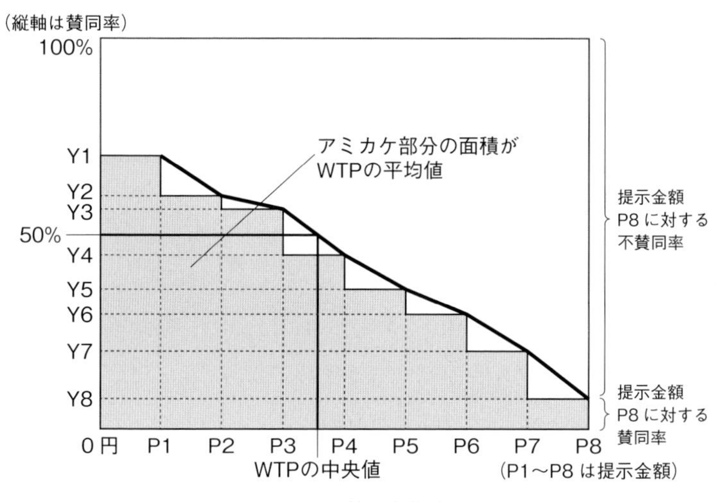

図5.6　賛同率曲線

（出所）　農林水産省・国土交通省『海岸事業の費用便益分析指針（改訂版）』(2004年6月)の参考資料を基に作成。

アンケート調査で提示金額が低い順にP1からP8までの8段階あり，それぞれに対応する賛同率をY1からY8とします。回答する提示価格は1つですので，より高い提示価格に賛同した人は，低い価格にも賛同していると見なし，高い提示価格の賛同率を低い提示価格の賛同率に加えて（累積させて）いくと，右下がりの賛同率曲線が得られます。アンケートでP8に賛同した人の割合は原点からY8の高さまでなので賛同率はY8となります。P7に賛同した人の割合は（Y7－Y8）の高さですが，P8に賛同した人も加えて，P7の賛同率はY7となります。厳密には階段関数ですが，実線は折れ線で近似したものです。

WTPの平均値は各提示金額に賛同した人数を掛けた総額を，不賛同者も含めた全体の人数で割ったものとなります。これは結局，各提示金額に賛同率を掛けたものを加えた，**図5.6**のアミカケ部分の面積になります。

提示価格として求めます。なお，中央値と平均値で求める区間は，いわゆる推計量の信頼区間とは無縁の概念であることには，十分留意する必要があります。

ヘドニック価格法

ヘドニック価格法（HPM，Hedonic Price Method）は，財・サービスの価値をさまざまな関連データから間接的に推計する手法です。世の中に初登場のまったくの新しい財（例えばスマートフォン）も，それが備える複数の既知の属性・機能（電話，テレビ，カメラ，パソコン）それぞれの評価を通じて，全体としての新製品の評価を可能とするのが**ヘドニック・アプローチ**になります。

具体的には，環境評価に関連しては，例えば公園・市街地整備やごみ焼却場建設の前と後で，地価や賃金・自営業者の所得の変化があり，顕示選好されたものと想定します。公園・市街地整備が行われた後には，住環境の向上があったとして，新住民の移入，宅地需要の増加，地価の上昇が起こります。ごみ焼却場建設に関しては，おそらく逆の影響が起こりますが，前者では整備前と整備後の一定範囲の地価の上昇分が公園・市街地整備の便益となり，後者では地価の下落分がごみ焼却場建設のマイナスの便益になります。

要するに，ヘドニック価格法では，「環境の悪い地域の住宅は安い，逆も真」というように，環境の価値はそれに関連する市場で取引される財・サービスの価値に影響を与える点に注目するのです。環境の価値は直接的には把握できないとしても，環境以外の条件が同じ財を比較することによって，結果的に，価格の違いは環境によってもたらされたものと考えるのです。

実際の分析においては，例えば住宅価格を考えるならば，家や庭の広さ，築年数，アクセス方法といったものに加え，学校や公園などの施設の有無，騒音の程度といった環境的要因を考慮し，重回帰分析などの統計的処理を行った上で，環境要因による価格の違いを評価します。しかし，評価の際に価格に影響を与える要因を除外してしまうと，環境の価値が誤ったものになってしまいますから，分析に必要なさまざまな要因について，十分なデータを揃える必要があります。しかし，それ自体困難を伴うという問題もあります。

なお，その他の手法のうち，コンジョイント分析とトラベルコスト法については，**コラム5.3**で紹介します。

■コラム5.3　コンジョイント分析とトラベルコスト法（TCM）■

コンジョイント分析はマーケティングで用いられる手法です。例えばカバンを売ろうとする場合，消費者は色，形，値段といった要因で商品を選択します。このような場合に，全ての組合せを作る必要はありませんが，色と形と値段をいくつか組合せたものを提示し，消費者に順位付けしてもらうことで，色，形，値段のどれが重要なのかという要因間の優先度や色の中ではどの色が好まれるのかといった要因内の優先度を推測する手法です。その結果を利用することで，消費者に順位付けしてもらわなかった組合せの評価を行うことも可能になります。

トラベルコスト法（TCM，Travel Cost Method）は，端的には，**観光などのために支払う旅行費用を，その観光地の環境からのサービス（便益）を享受するためのWTPと見做す評価手法**といえます。いわば支払意志を旅行費用で示したという顕示選好法の考え方を採用したもので，この際の旅行費用は単に交通費だけではなく，滞在費や費やす時間の機会費用等も含めて考えます。TCMは公園や海水浴場といったレクリエーション・サイト，あるいは「○○祭り」といったイベント等の「サービスを享受する上で空間的に移動する必要のある対象」の評価に利用される手法であり，観光等で利用者が訪問するのを前提とする自然環境関連の評価に馴染みやすいといえるでしょう。

客観的なデータとしての旅行費用も，実際は人々に対するアンケート調査によって収集する必要があります。TCMによる基本方針は，まず来訪者の住所，交通費，所要時間などから旅行費用を計算し，同時に地域別の訪問率のデータも収集します。次いで，これらのデータを基に，当該対象に対する旅行費用を変数として含む需要曲線を推定し，その後消費者余剰を計算します。

トラベルコスト法は，より客観的なデータを用いるという意味で精度が高まる利点があり，観光地など，さまざまな地域からの来訪者が期待でき，したがって多様な旅行費用のデータが得られる場合には，仮想評価法と比べてより信頼性が高い評価法といえます。ただし，派生効果などは想定しないために，直接の利用便益しか計測できないという短所があります。

クローズアップ5.3　仮想評価法のバイアス

仮想評価法は，現実には市場データが存在しない場合を対象とするために，計測対象を比較的自由に選ぶことができるメリットがあります。しかし，市場データが存在しないがゆえに，制約もあります。それは，バイアスの発生が避けられないという問題であり，アンケートの回答者の判断が偏向し，評価対象の真の価値からずれてしまう可能性があります。仮想評価法ではアンケート調査によって補償変分や等価変分を推定するのですが，それらがシステマティックに真の値と乖離し，バイアスが発生するのです。

バイアスが発生する原因としては，主に3つの要因があります。第1は，**指示された状況の伝達の不正確さによって生じるバイアス**で，アンケート調査の設問が「砂漠化を阻止する植林にいくら支払うか」といったように漠としたものの場合，回答者が植林の範囲や

レッスン5.3　環境・経済統合勘定

一企業の活動実態や企業が置かれている状況は，損益計算書（P/L）や貸借対照表（バランスシート，B/S）などの財務諸表を見ればわかります。**財務諸表**は期間中のすべての取引を，会計ルール（複式簿記）に基づき記録することで作成されています。同様に，一国の国民経済レベルの経済の状態を見るための記録，処理，集計の方法は，**国民会計**（national accounting）ないしより一般的に**社会会計**（social accounting）と呼ばれています。具体的には，**国民所得勘定**（GDP統計），**産業連関表**（投入産出表），**資金循環表**（マネー·フロー表），**国際収支表**，**国民貸借対照表**という５つの勘定体系を整合的に取りまとめた国民所得体系ないし**国民経済計算**（**SNA**，System of National Accounts）が存在します。

環境も含めた経済の全体の姿を的確に把握するためには，**環境のストック**（ある時点での存在量）の状況および**環境のフロー**（ある時点から次の時点の間でどれだけ変化したか）の動きを整合的に取りまとめなければなりません。このような試みは**環境資源勘定**として，国連の指針に沿って全世界的に行われています。

環境資源勘定の作成は日本でも進んでいますが，経済活動と切り離して評価できるものではないため，**環境・経済統合勘定**（**SEEA**，System of integrated Environment and Economic Accounting）として，普段使われている経済勘定とどのように整合的に勘定体系を構築するかが問題とされています。そのためには，**環境の価値をどのように評価するのか，経済勘定体系との重複計算をどのように調整するのか，そして環境勘定の推計のためのデータ整備**という課題が残されています。

1993年に国連が行ったSNAの改定（**93SNA**）以降，環境関連項目はサテライト勘定として取り入れられるようになりました。**サテライト勘定**とは，基本となるSNAの体系とは別に，ある特定の経済活動を経済分析目的や政策目的のために，中枢体系の経済活動と密接な関係を保ちながらも，別勘定として推計したものです。環境をサテライト勘定として扱うのは，市場での評価が困

樹木の種類に勝手なイメージを抱き（**部分・全体バイアス**），それによって金額を回答してしまうことによります。評価対象について個別に尋ねられた場合と，より包括的な問題の一部として尋ねられた場合で，評価額が変化したり，逆に評価対象の数量が変化しても評価額が変わらないといった，いわゆる**包含効果**も看過できないといわれます。

第2は，**設問と回答の意図の相違によって生じるバイアス**で，提示された状況が正確に伝達されても，調査者と回答者の意図が相違してしまい発生します。この種のバイアスの代表に戦略的バイアス，追従バイアス，そして慈善バイアスがあります。**戦略的バイアス**は，回答者が意図的に便益を過大または過小に評価するもので，回答者が，実現して欲しい施策に有利な回答をするバイアスをいいます。自分の回答する金額がいずれ決定される住民負担額に反映されると予想すれば，意図的に低い金額を回答するといったバイアスになります。**追従バイアス**は，調査員を喜ばせようとして回答者が高い金額を答えるもので，面接方式の調査で起こりやすいといわれています。**慈善バイアス**は，回答者が評価対象の価値ではなく，別の要素を意識して回答するために起こるものです。例えば，先の反砂漠化の植林そのものに意義を認めて寄付するのではなく，寄付行為を行うことで倫理的満足が得られることを判断基準として高い金額を回答することなどがこれに当たります。

第3は，**提示方法による誤った誘導によって生じるバイアス**で，設問の設定や回答方法によって回答額が誘導される効果をいいます。代表的な例に，**範囲バイアス**があり，回答者が両端の値を避けて中央に近い値を選択する傾向が認められます。具体的には，同じ評価対象であっても100–1,000円を提示すれば数百円の回答が多くなり，100–10,000円を提示すれば数千円という回答者が多くなる傾向が，範囲バイアスに当たります。

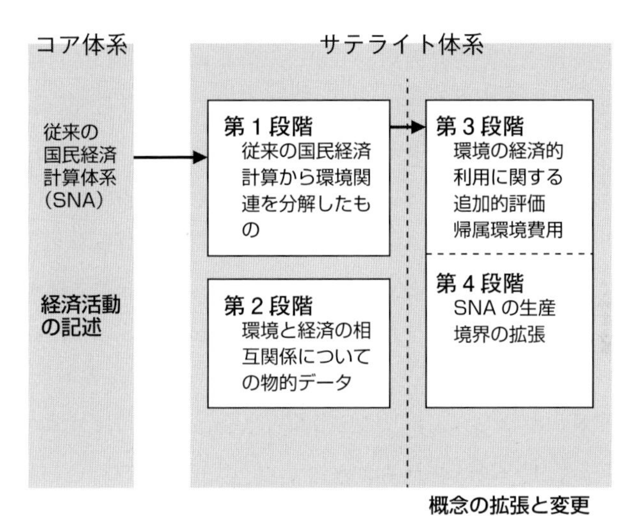

図 5.7　環境・経済統合勘定のイメージ
（出所）環境省『環境白書』（平成6年版）

難なものを体系の中枢に組み込んでしまうことで，逆に環境を考慮しない分析を行う際に，勘定全体が利用しにくくなることがないようにしていると考えることもできます。日本では内閣府から試算や関連資料が公表されています。

サテライト勘定の試算

日本の環境・経済統合勘定は，大別すると2種類の環境関連計数からなります。1つは，SNAの既存計数から分離される**環境関連のフローの支出額（実際環境費用）**や**ストックの資産額（環境関連資産額）**であり，これにより，経済活動中の環境保護活動の状況等が詳細に把握できるようになります。もう1つは，経済活動に伴う環境の悪化を，**外部不経済効果として貨幣表示する帰属環境費用**の試算を行っていることです。この結果，経済活動全体の中において，どの経済主体がどのような規模の環境保護活動を行い，また，どの程度の環境悪化を引き起こしているか等が，貨幣表示でわかることになります。

実際の試算は，多少昔のことになりましたが，1998年に内閣府（当時は経済企画庁）から初めて公表され，1970年から95年までの5年毎の6年度分について行われました。その後については，内閣府から公表されたものはありませんが，改善すべき点を検討する研究会等は継続しています。また，2012年に国連統計委員会で，環境経済勘定についての初めての国際統計基準が採択されたことから，いずれ改良された形で公表されることになるでしょう。短い期間について公表された試算結果の概要は以下の通りです。

基準となる1990年について，環境・経済統合勘定としての「経済活動と環境に関する外部不経済」の全体像（**図5.8**）を参照しながら説明します。実際環境費用としては，当時のGDP430兆円に対して，**環境保護活動の付加価値額は，産業が3兆円，政府が1.5兆円の合計4.5兆円**で，GDPの1.0%に達していました。環境に関連する生産活動によって生産された環境関連の財貨・サービスの総産出額は6.1兆円（総産出額の0.7%）であり，そのうち3.9兆円が中間消費（総中間消費の1.0%）され，2.2兆円が最終消費（総最終消費の0.8%）されました。

環境関連資産としては，1990年中の人工資産の総資本形成額は135兆円に達しましたが，そのうち環境保護活動に使用される**環境保護資産の総資本形成額**

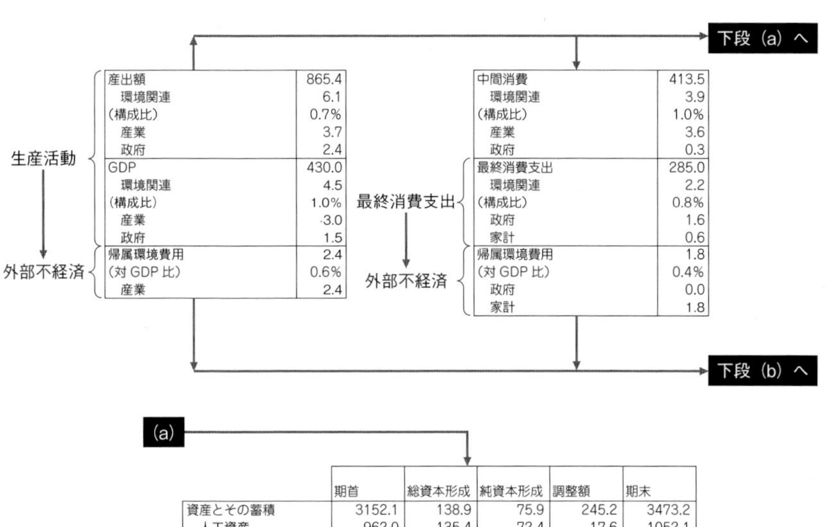

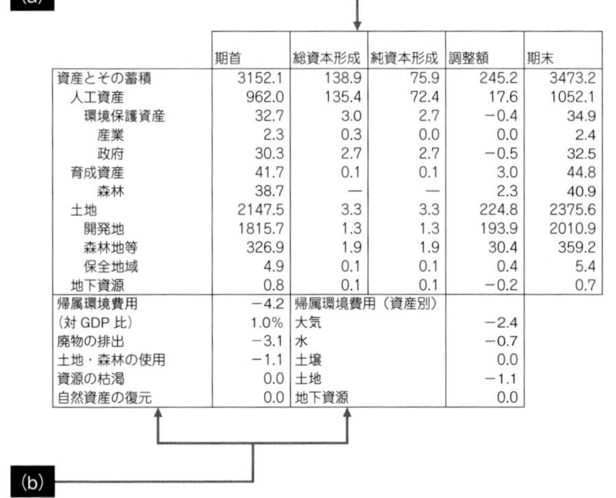

(a)

	期首	総資本形成	純資本形成	調整額	期末
資産とその蓄積	3152.1	138.9	75.9	245.2	3473.2
人工資産	962.0	135.4	72.4	17.6	1052.1
環境保護資産	32.7	3.0	2.7	−0.4	34.9
産業	2.3	0.3	0.0	0.0	2.4
政府	30.3	2.7	2.7	−0.5	32.5
育成資産	41.7	0.1	0.1	3.0	44.8
森林	38.7	—	—	2.3	40.9
土地	2147.5	3.3	3.3	224.8	2375.6
開発地	1815.7	1.3	1.3	193.9	2010.9
森林地等	326.9	1.9	1.9	30.4	359.2
保全地域	4.9	0.1	0.1	0.4	5.4
地下資源	0.8	0.1	0.1	−0.2	0.7

帰属環境費用	−4.2	帰属環境費用（資産別）	
（対 GDP 比）	1.0%	大気	−2.4
廃物の排出	−3.1	水	−0.7
土地・森林の使用	−1.1	土壌	0.0
資源の枯渇	0.0	土地	−1.1
自然資産の復元	0.0	地下資源	0.0

(b)

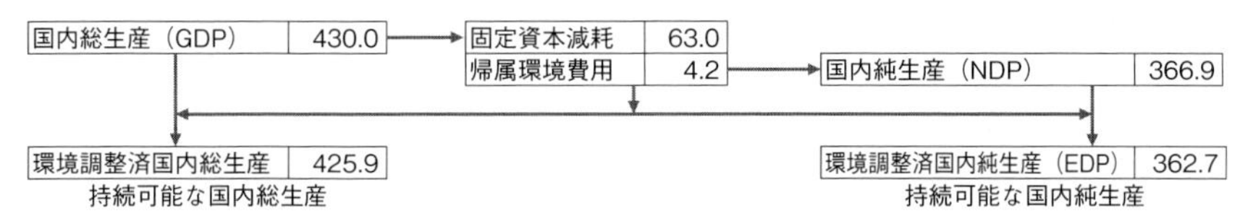

図 5.8　経済活動と環境に関する外部不経済（1990 年，名目値，単位：兆円）

（出所）　経済企画庁経済研究所「環境・経済統合勘定の試算について」（平成 10 年 7 月）

は3兆円（2.2%）に上りました。その結果，期末ストック額は，**人工資産合計1,052兆円に対して，環境保護資産は35兆円（3.3%）**で，内訳は産業が2兆円，政府が33兆円でした。一方，森林の期末ストック額は41兆円と算出されました。

帰属環境費用は，**総額で4.2兆円，対GDP比で1.0%**（対NDP比1.1%）に上りました。環境悪化の原因別では，産業の生産活動が2.4兆円（57.1%），家計の最終消費が1.8兆円（42.9%），また悪化した自然資産の種類別では，大気が2.4兆円，水が0.7兆円，土地が1.1兆円と，それぞれ57.1%，16.7%，26.2%を占めました。二酸化炭素による地球温暖化については，帰属環境費用の推計対象となる超過排出量は1990年の総排出量の76%に達し，**このような量を削減可能な技術対策は存在しないため，その帰属環境費用は算定不能**という暫定的な結論になっています。

長期の時系列推移

次に，1970年から1995年までの5年毎の6年度分について，実質値による環境・経済統合勘定に基づき，経済と環境の長期的推移をみます。

まず，実際環境費用の推移をみましょう（**図5.9**）。**1995年のGDPは70年の2.5倍になりましたが，環境保護活動の付加価値額は5.6倍**と大幅に伸び，結果として構成比は0.5%から1.1%に上昇しました。その際，産業と政府を比べると，産業の環境保護活動の伸びが顕著であったといえます。1995年の最終消費支出額は，GDPの伸びと同じく70年の2.5倍になりましたが，環境関連の財貨・サービスの最終消費支出額は3.9倍にもなり，こちらの構成比も0.6%から1.0%に上昇しました。1990年代に政府による環境関連の財貨・サービスの最終消費が増加しているのは，環境行政関連の予算額の増加によるのが大といえます。

次に，環境関連資産の推移をみます。1995年の人工資産総額は70年の4.5倍になりましたが，環境保護資産額は11.9倍と大幅に伸び，結果として構成比は1.3%から3.4%に増加しました。これには政府の環境保護資産の伸びが大きく貢献しました。森林資産額は1995年には70年の1.7倍になりましたが，こちらは主としてその間の自然成長によったもので，生産される資産全体に対する

■コラム5.4　グリーンGDP■

国内総生産（GDP，Gross Domestic Product）から固定資本の減耗額（減価償却）を控除すると**国内純生産**（**NDP**，Net Domestic Product）となり，さらに**帰属環境費用**を控除すると**環境調整済国内純生産**（EDP，Eco Domestic Product）となります。別名**グリーンGDP**と呼ばれるもので，1993年に国連統計部によって提案され，現段階では細部については各国の事情に応じてさまざまな基準があるのが現状です。NDPがGDPから見た目には認知しにくい資本減耗分を控除した「純」概念になるのは，**生産活動に伴って資本ストックの陳腐化ないし劣化が進行しているわけなので**，その分をしっかりと付加価値の減少分として計上しようという発想があるからです。同様に，経済活動に伴う自然資産の減耗額ともいうべき**帰属環境費用をNDPから控除すること**によって，環境の劣化まで考慮に入れた「純かつ真」の付加価値額を求めようというのが**green GDP**を算出する意義といえます。

日本における環境・経済統合勘定の作成の試みは，当初は国連の提唱に従って経済活動による環境負荷量を貨幣評価し，外部不経済として経済活動から控除した**グリーンGDP**を計測したのですが，環境負荷物質に対する貨幣評価手法が国際的に定まらず，国連自体がSEEAの改訂に着手していることもあり，より日本の実情に合う形で，経済活動量を測る国民勘定と，それに伴う環境への負荷を物量勘定として並列表記する，経済活動と環境負荷の**ハイブリッド型統合勘定**を開発し，1990年，95年，及び2000年について試算しました。

その後，環境・経済統合勘定の推計作業を継続するとともに，ハイブリッド型統合勘定をより活用させていくために，兵庫県をパイロット・スタディとして特定地域に指定し，廃棄物明示型ハイブリッド型統合勘定のプロトタイプ版を試算する一方，日本全国版ハイブリッド型統合勘定と地域版ハイブリッド型統合勘定の調整・整理，ミクロ経済理論に立脚した計算可能な一般均衡モデル（CGE）への発展，等年々改良を加え，2012年9月には，内閣府経済社会総合研究所から最新の研究成果を反映した「水に関する環境・経済統合勘定の推計作業報告書」が公表されました。

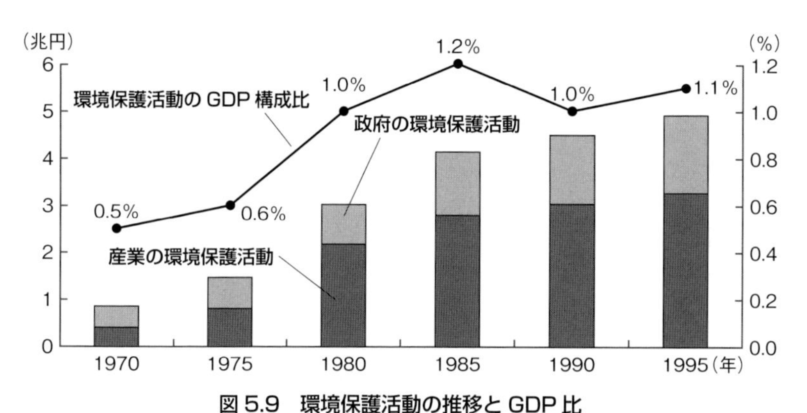

図5.9　環境保護活動の推移とGDP比

（出所）　経済企画庁経済研究所「環境・経済統合勘定の試算について」（1998年7月）

構成比としては8.3%から3.3%へと低下しました。

第3に，帰属環境費用の総額は，1975年が最も高く6.2兆円，90年が最も低く4.2兆円となり，**全体的傾向としては，70年代に高く，80年代以降は低下してほぼ横ばいで推移しました**（**図5.10**）。対GDP比は，1970年が最も高く3.1%でしたが，70年代に急速に低下して80年には1.5%になり，90年と95年は1.0%に留まりました。環境悪化の原因別では，1970年には産業の生産活動が帰属環境費用総額の76%を占め，家計の最終消費は21%でしたが，以後，徐々に産業の生産活動の比率が低下する一方，家計の最終消費の比率は上昇し，95年には産業の生産活動が52%，家計の最終消費が48%と，両者が拮抗するレベルになりました。悪化した自然資産の種類別では，1970年には大気が72%を占め，土地が18%，水が6%でした。その後，光化学スモッグなどの大気汚染対策が本格化したことから，大気は額が徐々に少なくなる一方，土地は横ばい，水は増加したため，95年には大気55%，土地26%，水20%となりました。

以上の動向から，GDPから帰属環境費用を控除した環境調整済国内総生産は，1970年の179.7兆円から95年の460.4兆円へ2.56倍になっており，GDPが増加する一方で帰属環境費用は減少したため，僅かながらGDPの伸び（2.51倍）より大きくなっています。

レッスン5.4　新たな豊かさ指標

本レッスンでは，日本以外でのグリーン経済指標の試みについて概観しておきます。具体的には，2011年5月に**OECD**（**経済協力開発機構**）がグリーン成長戦略の一環として公表した「グリーン成長に向けて」と同年11月に**UNEP**（**国連環境計画**）が公表した「グリーン経済」の2つの報告書に基づき，環境・経済・社会の持続可能性の追求に関する世界の潮流を見ておきます。

UNEPのグリーン経済とOECDのグリーン成長

公表の順番と逆になりますが，UNEPの報告書では，**グリーン経済**（green economy）を「環境問題に伴うリスクを軽減しながら，人間の生活の質や不平

◆ *キーポイント 5.2* 日本のグリーン GDP

図 5.8 の最下段に総括されているように，1990 年の **NDP** は 366.9 兆円であり，**帰属環境費用** 4.2 兆円を控除したグリーン GDP は 362.7 兆円と試算されます。1970 年の 179.7 兆円から 95 年の 460.4 兆円へは 2.56 倍になっており，GDP が増加する一方，帰属環境費用は減少したため，GDP の伸び（2.51 倍）より僅かながら大きかったことになります。

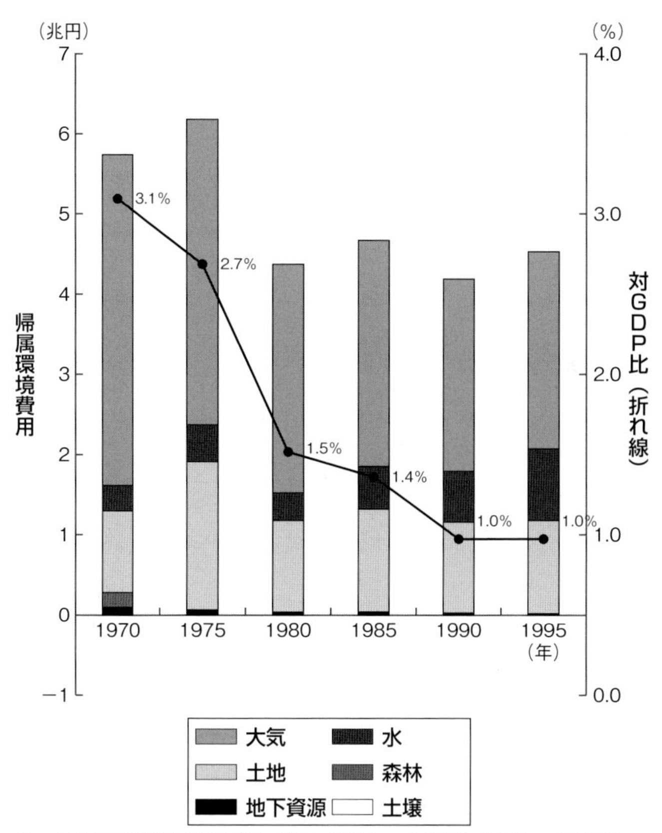

※ 土壌は 1970 年が 0.0 億円。以降，75 年：−48 億円，80 年：−61 億円，85 年：−71 億円，90 年：−57 億円，95 年：−84 億円。
森林は 1970 年が 1,772 億円，75 年が 270 億円のみ。

図 5.10 帰属環境費用の推移と対 GDP 比

（出所） 経済企画庁経済研究所「環境・経済統合勘定の試算について」（1998 年 7 月）

等を改善する」経済のあり方と定義しています。**グリーン経済では，環境の質を向上させ人々が健康で文化的な生活を送れるようにするとともに，経済成長を達成し，環境や社会問題に対処するための投資を促進**します。また，気候変動，エネルギーの安定確保，生態系の損失の問題に直面している世界情勢の中で，国家間・世代間での貧富の格差を是正することに焦点を当てます。

一方，OECDの報告書において，**グリーン成長**（green growth）とは，「資源制約の克服と環境負荷の軽減を図りながら，経済成長も達成する」こととしています。その重要な要素として，生産性の向上，環境問題に対処するための投資の促進や技術の革新，新しい市場の創造，投資家の信頼，マクロ経済条件の安定等が必要であることを指摘しています。**グリーン成長は，資源制約が投資効率の悪化の要因となり，生物多様性の損失などの自然界の不均衡が不可逆の悪影響を及ぼす要因となるリスクを低下させる**のです（**表5.5**）。

OECDにおいては，グリーン成長に向けた取組みの進捗状況を評価するために，**25のグリーン成長指標が提言・整備**されています。この**指標群は4つのグループに分類**されており，経済成長と環境との関係について，

① 生産性・効率性がどの程度高いか，

② 自然資源がどの程度残されているか，

③ 社会経済活動が人の健康や環境に悪影響を及ぼしていないか，

④ グリーン成長を支える政策が効果的に実施されているか，

それぞれの視点で統計的な手法を用いて評価されています（**図5.11**，**表5.6**）。

①の生産性については，炭素生産性や資源生産性等の指標が用いられています。②自然資源のストックは，生物多様性の損失の状況のほか，森林資源や地下資源の賦存量等が用いられ，③の人の健康や環境への影響は有害物質や大気汚染の状況によって評価されます。④のグリーン成長に関する政策については，研究開発予算や雇用状況等の社会経済関連の指標が用いられます。これらの指標は，OECDのグリーン成長が目指す姿を**客観的なデータを用いて表現したもの**だともいえます。グリーン成長の取組みを進めるに当たっては，中長期的な政策展開に加えて，客観的な数値を用いた評価が欠かせないのです。

OECDの「グリーン成長」とUNEPの「グリーン経済」は，いずれも，資源制約や環境問題が存在する中で，環境・経済・社会の持続可能性を追求しよ

表5.5　グリーン成長における重要な要素

生産性の向上	環境効率性を指向することで生産性を向上し，廃棄物やエネルギー消費を抑制する。
環境分野の技術革新	環境問題の解決に向けた制度設計によって，技術革新を促す。
新しい市場の創造	環境にやさしい技術に裏打ちされた新しい市場の創造によって，新しい雇用の可能性が生まれる。
安定した政策への信頼	環境問題に対処するための政策が中長期的に行われることで，投資行動が促進される。
マクロ経済的な安定性	資源価格の乱高下を抑制し，財政支出の安定を図ることで，マクロ経済の安定を図る。
資源制約	自然資源の損失が社会経済活動の便益を超えることによって将来的な経済成長の可能性が損なわれることを防ぐ。
生態系における安定性	生態系の安定性が損なわれることによって生じる不可逆的な悪影響のリスクを回避する。

（資料）OECD，Towards Green Growth より環境省作成。
（出所）環境省『環境白書』（平成24年版）

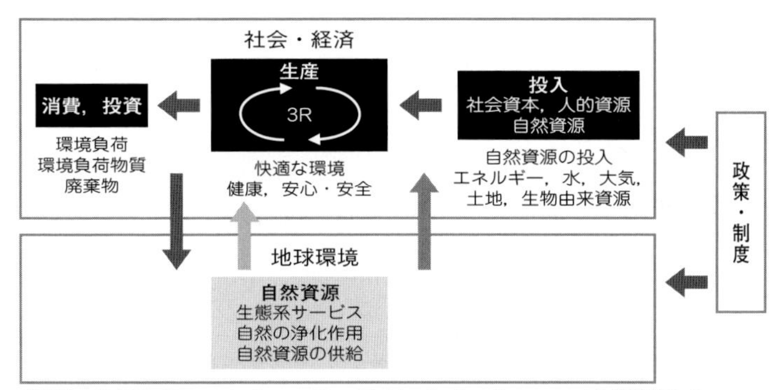

（資料）OECD，Towards Green Growth Monitoring Process より環境省作成。

図5.11　グリーン成長の評価体系

（出所）環境省『環境白書』（平成24年版）

表5.6　グリーン成長指標の概念

1．経済の環境／資源生産性	●炭素／エネルギー生産性 ●資源生産性：材料，栄養物，水 ●多要素生産性
2．自然資産基盤	●再生可能な資源ストック：水／森林／水産資源 ●再生不可能な資源ストック：鉱物資源 ●生物多様性と生態系
3．生活の質の環境側面	●環境衛生／リスク ●環境サービス／アメニティ
4．経済的機会と政策対応	●技術とイノベーション ●環境製品／サービス ●国際資金フロー ●価格と移転 ●技能と訓練 ●規制と管理アプローチ
成長の社会経済的文脈と特徴	●経済成長／構造 ●生産性と貿易 ●労働市場，教育，所得 ●社会人口統計学的パターン

（資料）OECD
（出所）環境省『環境白書』（平成24年版）

うとしている点で**同じ将来像を描いている**といえます。他方で，両者では，環境・経済・社会の重点の置き方に差違があります。

すなわち，OECDでは，メンバーの先進諸国にとって今後の成長や環境負荷の低減が特に大きな課題となっていることを踏まえ，資源制約の克服と環境負荷の解消を図りながら経済成長を同時に達成することを目指します。一方，UNEPにおいては，開発途上国において貧困撲滅や環境問題の解決が主要な課題となっていることを踏まえ，環境問題に伴うリスクを軽減しながら，人間の福利や不平等の改善を目指しているという点で，**環境問題と社会問題の接点**に焦点を当てているといえます。

豊かさ指標の開発

第10章でみるブータンの国民総幸福量もそうですが，近年，従来から採用されてきたGDP（国内総生産）に代わって，環境指標を含めた真の豊かさを測る指標の検討に世界的な関心が集まっています。

多少古くなってしまった概念もありますが，過去には**マクロ経済指標**として**MEW**（Measure of Economic Welfare），**国民純福祉**（**NNW**，Net National Welfare），**GPI**（Genuine Progress Indicator），**eaNDP**（environmentally-adjusted Net Domestic Product），**ジェニュイン・セイビング**（Genuine Savings）などが，また**複合指数型指標**として**人間開発指数**（**HDI**，Human Development Index），Environmental Sustainability Index（**ESI**），Environmental Performance Index（**EPI**），及び**エコロジカル・フットプリント**があります（**コラム5.5**）。そして近年では，持続可能性に重点を置いた様々な指標が工夫されています。すなわち，**SMEW**（Sustainable Measure of Economic Welfare）や**ISEW**（Index of Sustainable Economic Welfare）に加えて，既述の**グリーン成長指標**や**EU（欧州連合）による持続可能な発展指標**があり，**これらは時にダッシュボード（計器盤）型指標**ともいわれます。

フランス政府は2005年以来，GDPに代わる新しい指標導入を国家戦略に位置付け，09年には，GDPの限界と持続可能性指標の重要性を提言した**スティグリッツ委員会報告書**が公表されました（**コラム5.6**）。また，2007年には欧州議会，欧州委員会，ローマクラブ，WWF（世界自然保護基金），OECDが

■コラム5.5　エコロジカル・フットプリント■

エコロジカル・フットプリント（EF，Ecological Footprint）とは，文字通りには「人間活動が生態系などの地球環境を踏みつけにした足跡」を示し，環境へのダメージを示します。より具体的には，**地球の環境容量を表す指標であり，人間活動が環境に与える負荷を，資源の再生産および廃棄物の浄化に必要な理念上の面積に換算して示した数値**で表されます。イメージとしては，生活を維持するのに必要な1人当たりの陸地および水域の面積で数値化され，この値が大きいほど，自然資源を多消費し，大きな環境負荷をかけていることになります。

図5.12は，横軸にGDPを，縦軸にEFを取り，国別に示したものです。これを見ると，先進国を中心として，**国民1人当たりのGDPの高い国は，EFの値も高い数値になる**傾向にあることが分かります。このことは，先進国が依然として環境に強い負荷を与えている社会経済活動を行っていることを示すとともに，BRICsをはじめとする経済成長が著しい新興国については，現在の社会経済の構造が変わらない限り，今後，環境負荷が増大する可能性が高いことを示唆しています。

図5.12の右端の方に行くと，右下がりの関係があるようにも見受けられる国が散見されるようになります。これらは特段の異常なサンプルではなく，縦軸をEFとは別の環境指標をとった場合に見られる，**環境クズネッツ曲線（クズネッツの逆U字曲線）**を予言させる図と解釈されるのです（**コラム7.12**および**コラム9.5**参照）。

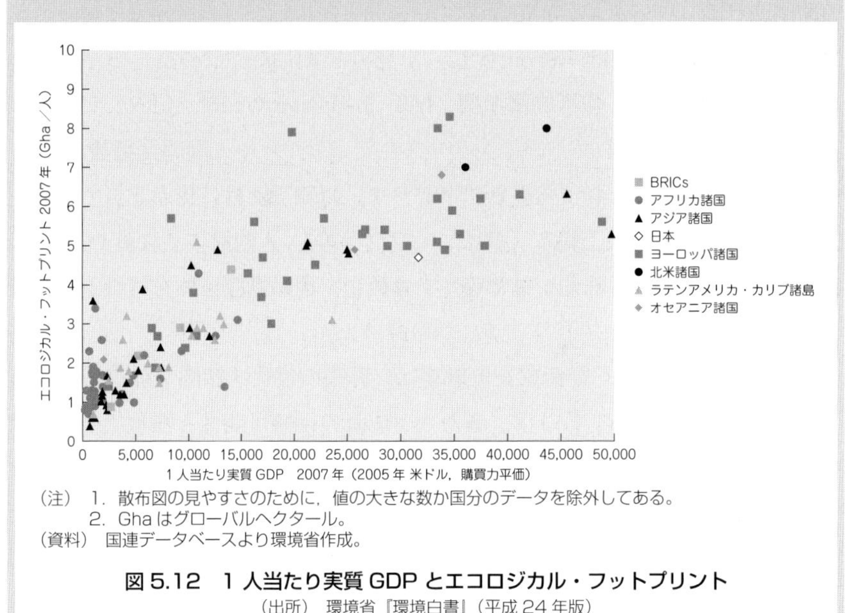

（注）1．散布図の見やすさのために，値の大きな数か国分のデータを除外してある。
　　　2．Ghaはグローバルヘクタール。
（資料）国連データベースより環境省作成。

図5.12　1人当たり実質GDPとエコロジカル・フットプリント

（出所）環境省『環境白書』（平成24年版）

参加した**Beyond GDP会議**が開催され，GDPを補完する新たな指標の開発に向けて合意が得られ，09年には，欧州委員会が「GDP and beyond」を公表しました。この流れの上で，OECD発足50年に当たる2011年に，OECDによるグリーン成長指標が公表され，さらに12年には**リオ+20**において，**包括的富指標**（IWI，Inclusive Wealth Index）が公表されました。

既にみたように，OECDのグリーン成長は「自然資産が人類の幸福のよりどころとなる資源と環境サービスを提供し続ける状態を確保しながら，経済成長及び発展を促進していくこと」と広く捉え，グリーン成長の決定要素を特定するとともに，その実現に向けた政策分析や取組みの進捗状況を評価するために，25の**グリーン成長指標**を提言・整備しています。

包括的富指標（IWI）

2012年6月，**リオ+20サミット**（国連持続可能な開発会議）で，国連大学地球環境変化の人間・社会的側面に関する国際研究計画（**UNU-IHDP**）は，**国連環境計画**（UNEP）など複数のパートナーと共同で『包括的富に関する報告書』（Inclusive Wealth Report 2012）を発表しました。この報告書では，新たな経済指標である，**包括的富指標**（IWI，Inclusive Wealth Index）が提案されています。この指標は，従来の国内総生産（GDP）や**人間開発指数**（HDI）などのように短期的な経済発展を基準とせず，持続可能性に焦点を当て，長期的な**物的資本**ないし**人工資本**（機械，インフラ等），**人的資本**（教育やスキル），**自然資本**（土地，森，石油，鉱物等）を含めた，国の資産全体を評価し，数値化しています。

さらに本報告書は，「経済成長の偏重は，将来の世代に深刻な被害をもたらし，資源を枯渇させる。IWIは，豊かさと成長の持続可能性を提示できる指標である」と有用性を自賛しています。第9章のレッスン9.5で見るように，世代間効用なり世代間福祉（intergenerational well-being）が減少しないことを，持続的発展の必要条件とし，それには「各世代が，前の世代から受け継いだのと少なくとも同程度の富を，後の世代に遺す」のが要求されます。効用や福祉は環境そのものなど財・サービスの消費以外からも得られると考えると，国の豊かさを，GDPなどのフローによって測る視点から，さまざまな資本のス

■コラム5.6　スティグリッツ委員会報告書■

2001年にノーベル経済学賞を受賞した**スティグリッツ**（Joseph Stiglitz, 1943-）教授が委員長を務めたスティグリッツ委員会（経済パフォーマンス及び社会進歩の計測に関する委員会）の報告書では，まず豊かさや持続可能性を単独の指標で測定することの難しさ，逆に複雑な指標群によって豊かさや持続可能性の本質を見失う恐れがあることなど，既存の指標についてのさまざまな課題を指摘します。その上で，環境・経済・社会の側面から，**豊かさ**（**QOL**, Quality Of Life）と持続可能性を測定するための指標体系を提案し，現世代の水準の幸福度が将来の世代においても持続可能かについて考察しています。

この報告書では，持続可能性を測定する場合は特に自然資本や人的資本，社会的資本，物的資本など資本に注目した測定を進めることが重要であるとの提案がなされ，また，豊かさを測定する場合は，**主観的な要素の測定**（個人の置かれている状況や実際に感じている感情等）と，**客観的な要素の測定**（環境の状況，健康，教育，余暇などの個人的な活動等）の両方に焦点をあてることが重要であると提案されています。

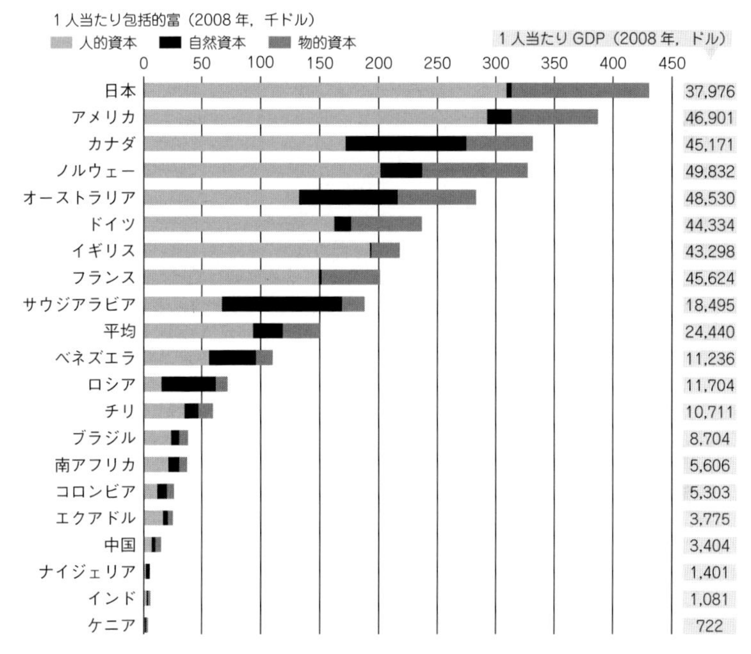

図5.13　1人当たり包括的富（2008年）

（出所）UNU-IHDP, Inclusive Wealth Report 2012

トックの質や量によって測る視点へシフトするのが望まれます。そこで登場するのが，この包括的富指標なわけです。

IWIでは，資産が3つに分類されています。それらは**物的資本**ないし**人工資本**（physical capital），**人的資本**（human capital），**自然資本**（natural capital）の3つです。**図5.13**は，先進諸国のG8と南米7か国中心の選別された20か国について，**1人当たりのIWI**を示したものです。また，**表5.7**は，左側から，**1人当たりIWI，HDI（人間開発指数），1人当たりGDP**の1990–2008年にかけての平均成長率を比べたものです。

20か国中，1人当たりの包括的な富は，日本，アメリカ，カナダ，ノルウェーと続きます。**日本は，1人当たりの人的資本と物的資本でも世界第1位**になっています。フローのGDPでは中国に抜かれた日本ですが，このストックの尺度で測れば，いまだに日本は中国より3倍近くも大きいのです。ただし，**表5.7**からは，成長率はどの指標でも中国が1番となっており，遠くない時期に順位が変わる可能性はあります。日本は，1990–2008年のほぼ20年間では，IWIとGDPの成長率がそれぞれ0.9%と1.0%とほとんど同レベルになっていますが，各国との相対的な順位としては，GDPよりもIWIの成長率の方が高くなっており，フローよりもストック面での堅実性を示しています。

3つの資産のうち最大となるのは，有数の産油国であるナイジェリア，ロシア，サウジアラビアの3か国を除くと，いずれの国でも人的資本となります。人的資本は，労働者が得られる賃金や引退するまでの予想労働年数などに基づいて計測するのですが，日本のIWIが大きいのはもっぱら人的資本の大きさによる部分が大きいといえます。**人的資本は，イギリスの富の88%，アメリカの富の75%，日本の富の72%**を占めています。

ドイツや中国の例でも分かるように，包括的富の立場では，3種類の資本はそれぞれが相互に代替可能（substitutable），すなわち置き換えることが可能と考えることができます。もちろん，これには異論もあり，枯渇性資源や美しい自然等の天然資源は，性質が全く異なり，物的資本では代わりが利かないとの見解もあります。

第9章のレッスン9.5では，枯渇性資源の下での持続可能な開発のための**ハートウィック・ルール**について学びます。これは，通常の資源配分に関する効率

表5.7　1人当たりIWI，HDI，1人当たりGDPの成長率（1990-2008年）

1人当たり包括的富（IWI）		人間開発指数（HDI）		1人当たりGDPの成長率	
中国	2.1	中国	1.7	中国	9.6
ドイツ	1.8	インド	1.4	インド	4.5
フランス	1.4	ナイジェリア	1.3	チリ	4.1
チリ	1.2	コロンビア	0.9	ナイジェリア	2.5
ブラジル	0.9	ブラジル	0.9	ノルウェー	2.3
インド	0.9	ロシア	0.8	オーストラリア	2.2
日本	0.9	ベネズエラ	0.8	イギリス	2.2
イギリス	0.9	チリ	0.7	エクアドル	1.8
ノルウェー	0.7	フランス	0.7	アメリカ	1.8
アメリカ	0.7	ドイツ	0.7	コロンビア	1.7
カナダ	0.4	エクアドル	0.6	ブラジル	1.6
エクアドル	0.4	ノルウェー	0.6	カナダ	1.6
オーストラリア	0.1	イギリス	0.6	ドイツ	1.5
ケニア	0.1	サウジアラビア	0.5	フランス	1.3
コロンビア	−0.1	日本	0.4	南アフリカ	1.3
南アフリカ	−0.1	ケニア	0.4	ベネズエラ	1.3
ロシア	−0.3	オーストラリア	0.3	ロシア	1.2
ベネズエラ	−0.3	カナダ	0.3	日本	1.0
サウジアラビア	−1.1	アメリカ	0.2	サウジアラビア	0.4
ナイジェリア	−1.8	南アフリカ	−0.1	ケニア	0.1

（資料）Inclusive Wealth Report 2012 Summary for Decision-Makers, page15
（出所）UNU-IHDP, Inclusive Wealth Report 2012

◆ *キーポイント5.3*　自然資本の評価

図5.12と**図5.13**でのもうひとつの特徴は，各国とも自然資本の占める割合が意外に小さいことです。これには理由があります。レッスン5.3で見たように，自然資本を含めて環境全般の評価には困難な面が多いために，ここでの国連の報告書では，自然資本の評価対象は**市場価格の存在する資源**（原油，天然ガス，金銀銅などの金属，木材など）に限定しています。無限の価値が眠っている可能性のある海洋資源や多くの観光客を集める国立公園などの評価も対象外であり，将来の課題として残されています。

自然資本に関しては，日本はフランスとケニアとともに，1990年から2008年にかけて「自然資本を消耗しなかった」3か国の1つに数えられるといった特徴もあります。換言すると，20か国中これら3か国以外の国の自然資産は，過去20年間で減少してしまいました。ただし，ロシア以外は，全体の包括的富は減少していません。というのも，自然資本の減少を上回って人的資本や物的資本の蓄積があったからです。例えば，ドイツは東西ドイツの統合効果もあって人的資本は50%上昇し，中国の物的資本は高度経済成長に伴って540%も上昇しています。

性の条件（レッスン2.3の**パレート最適性**）に加えて，「各時点において，社会は枯渇性資源の利用にかかる競争的な使用料相当額分だけ再生産可能資本の蓄積を行う」というルールのことですが，別の言い方では，**パレート最適な経路の中で，消費水準を維持するための条件**になります。枯渇性資源に対して消費水準を維持し続けるためには生産能力自体を維持していく必要があり，ここでの包括的富の維持の観点では，そのためには**枯渇性資源の減少分を投資によって人工資本を蓄積し生産能力を補う必要があります**。すなわち，ハートウィック・ルールは，代替可能な包括的富の配分の問題として理解されるのです。

レッスン5.5　まとめ

本章では，環境の価値を測る方法について，個々の環境問題の評価の方法から経済全体の環境の評価についてまで，一通り学びました。前章で検討したように，環境問題は経済学の中でも公共財や外部不経済と結びついており，もともとの環境問題が「市場の失敗」を伴うことから，標準的な経済学の分析手法をストレートに応用することはできず，環境の評価が一筋縄ではいかない場合が多くなっています。市場取引がない場合の仮想評価法やマクロの環境・経済統合勘定など，細部はともかく，どのような環境評価法があるのか，理解しておくことが後続の章でさまざまな環境問題に直面する際に，その深刻度の確認や資源配分面での歪（ゆが）みの程度を推測する上で，必ず役立つことになるでしょう。

クローズアップ5.4　くたばれGNP

大分昔のことになりますが，高度経済成長期の日本では，経済成長の背後で公害が発生し，各地で環境の悪化が起こりました。そうした中で，GNP（当時はGDPでなくGNPに注目が集まっていた）の成長率至上主義に対する批判として，朝日新聞が連載しその後書籍として出版された，朝日新聞経済部『**くたばれGNP——高度経済成長の内幕**』（1971年）がベストセラーとなり，そのタイトルは当時の流行語にもなりました。

GNPやGDPは市場価格で評価した付加価値の合計ですから，市場で取引されることのない活動は市場価格がなく（あえていえば価格がゼロの自由財），GDPに計上されることはありません。**グリーンGDP**（**コラム5.4**）は，その枠組みを超える試みといえますが，当時は環境自体を評価の対象とは考えていませんでした。したがって，環境が悪化する経済活動でも，取引が行われた部分はGDPではプラスになります。また，悪化した環境を改善する支出も，GDPにはプラスになります。宅地造成のために里山を崩し，これにより生じた環境悪化のための対策を講じると，二重にGDPを増やすことになるのです。

こうしたGNPの「構造的欠陥」に対して，1970年代に入るころから世界中で見直しが行われ，いくつかの新しい指標が提案されました。日本でも1973年に福祉や環境被害などを考慮した**国民純福祉**（**NNW**，Net National Welfare）といった新指標が作成されました。NNWの作成については，高度成長期の公害被害（**コラム1.5**と第7章）の社会的認知度の高まりや当時の「くたばれGNPキャンペーン」とも絡み合い，GNPを全批判するものとの誤解もあって，NNWの真価をめぐっては（あまり生産的でない批判も含めて）熱い議論が起こりました。しかし，このヒートアップもローマクラブの**成長の限界**（**クローズアップ1.4**）や第1次石油ショックの発生によって焦点がずれ，結局議論の盛り上がりは短命に終わってしまいました。

しかし，その後もGNPやGDPの「構造的欠陥」については研究が継続され，1993年に国連によって提案されたグリーンGDPに連なることになります。NNWそのものについては，**基本的にはGNP統計を基準とし，さまざまな追加的な状況を利用者にとって使いやすい形でGNP統計に融合させた**ものであり，先駆的な試みだったといえましょう。

キーワード一覧

費用便益分析　B/C（ビーバイシー）比率　社会的割引率　表明選好　顕示選好　仮想的市場評価法　トラベルコスト法　ヘドニック価格法　支払意志額　受入補償額　補償変分　等価変分　補償所得　補償需要関数　賛同率曲線　仮想評価法のバイアス　環境・経済統合勘定　サテライト勘定　帰属環境費用　グリーンGDP　グリーン経済　グリーン成長　人間開発指数　エコロジカル・フットプリント　包括的富指標　くたばれGNP

▶考えてみよう

1. あなたの周りの公共事業を取り上げ，大胆な想定も明確に示した上で費用便益分析を行い，B/C比率を試算してみてください。
2. あなたが最近訪れた観光地や参加したイベントなどを，トラベルコスト法（別の評価法も可）で評価してみてください。
3. 仮想評価法にはどのようなバイアスが考えられますか？　それらはどのように織り込んだらいいでしょうか？
4. グリーンGDP，グリーン経済，グリーン成長にはなぜ「グリーン」の名がついたと思いますか？　他に適切な用語があると思いますか？
5. 日本の1人当たり包括的富が20か国中の1番（おそらく世界一でもある）になったのには，どういう要因が貢献していると思いますか？

▶参考文献

補償変分や等価変分など補償所得の理論については，ミクロ経済学なり公共経済学のテキストで説明されているはずです。費用便益分析や環境評価の本も少なからずありますが，初心者レベルから実際の評価例までカヴァーしたものとして

栗山浩一・庄子康・柘植隆宏『初心者のための環境評価入門』勁草書房，2013年

交通工学研究会『道路投資の費用便益分析——理論と適用』丸善出版株式会社，2008年

栗山浩一『環境の価値と評価手法——CVMによる経済評価』北海道大学出版会，1998年

があります。

6

ごみ問題を考える

本章では，身近な環境・資源問題としてのごみ問題を取り上げ，リサイクルなどの手法や日本の現状を学びます。大量生産・大量消費は，経済成長の前提であり，また経済規模が拡大した当然の帰結でもあることから，ごみ問題は先進経済なり成熟経済にとっての不可避の経済・環境問題といえます。本章では，ごみ問題の現状を理解すると同時に，今後の目指すべき方向について考えます。

レッスン

レッスン6.1　ごみ問題の現状

ごみ排出量の推移

ごみ問題のエッセンスは，当然ながら，廃棄物の総量が莫大(ばくだい)な量に達していることに求められます。しかし，意外かもしれませんが，日本の廃棄物の総量は年々幾何級数的に，また一方的に増えているというわけではなく，**2000年度をピークに減少に転じています**（**図6.1**）。この年までは，年々増加するごみ処理量と，それに伴い減少していく**最終処分場の残余年数**（最終処分場の残余容量を年当たりの最終処分量で除した数）に，どのように対処するべきかが多くの地方公共団体にとって行政上の喫緊の課題となっていました（**図6.2**）。なお，**図6.1**を見ると，2000年度はごみ（一般廃棄物）の総排出量だけでなく，**1人1日当たりごみ排出量についても転換点となり，以後減少傾向**にあります。

こうしたトレンドが定着したのには，いくつかの要因が重なったのが大きいといえます。まず第1に，後年**公害国会**と呼ばれることとなった1970年11月に開催された臨時国会で抜本的に改正された**廃棄物処理法**（廃棄物の処理及び清掃に関する法律，正式名から**廃掃法**ともいう）が，90年代の10年間ほどに更に3回（1991年，97年，2000年）改正され，それに伴い**ごみ問題に対する法整備や行政，企業，消費者の対応が進んだ**ことが背景にあります。**容器包装リサイクル法**（2000年完全施行）などの**循環型社会を目指す法体系の整備**が進んだことも，ごみの減少を後押ししています。

第2は，日本経済が1980年代後半期のバブル経済崩壊後に襲われた「失われた20年」の長期デフレ不況により，全般的に大量生産・大量消費の経済活動が低迷したことが挙げられます。**図6.1**において，ピークが2000年度であった事実以上に，1990年代に入ってからのごみ排出量の増加幅が押しなべて落ち込んだことも，経済活動の低迷による影響が大きいことを物語っています。第3に，日本の人口が2008年をピークとして減少しつつあることも，ごみ排出量に少なからず貢献しているでしょう。

なお，**図6.1**において，1人1日当たりごみ排出量もごみの排出量と同様の動きを示しているのは，そもそも人口変動が穏やかであったこともありますが，

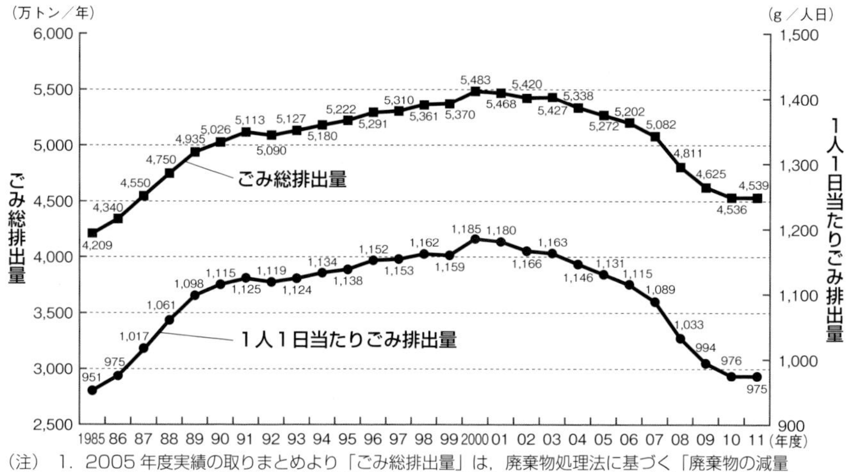

（注） 1. 2005年度実績の取りまとめより「ごみ総排出量」は，廃棄物処理法に基づく「廃棄物の減量その他その適正な処理に関する施策の総合的かつ計画的な推進を図るための基本的な方針」における，『一般廃棄物の排出量（計画収集量＋直接搬入量＋資源ごみの集団回収量）』と同様とした。

2. 1人1日当たりごみ排出量は総排出量を総人口×365日又は366日でそれぞれ除した値である。

（資料） 環境省

図 6.1 ごみ排出量の推移

（出所） 環境省『環境白書』（平成25年版）

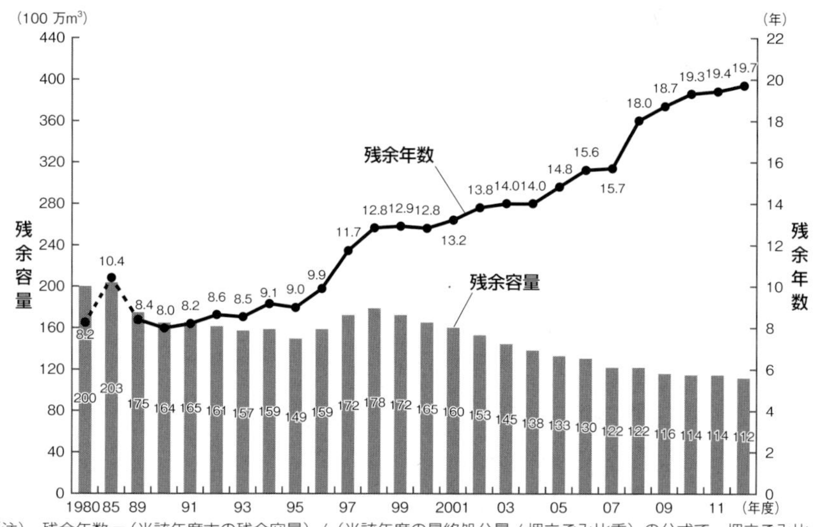

（注） 残余年数＝(当該年度末の残余容量)／(当該年度の最終処分量／埋立ごみ比重）の公式で，埋立ごみ比重は0.8163として算出。

（資料） 環境省『環境白書』（各年版）

図 6.2 最終処分場の残余年数と残余容量

それ以上に，各自治体における有料化や分別の徹底などごみ減量施策が浸透したことや，事業者において容器の軽量化などの取組みが進んだことなどが，人口変動分を相殺した主な要因と考えられます。

ごみの処分施設については，産業廃棄物に関しては後に詳しく見ますが，一般廃棄物の最終処分場について概観すると以下のようになります。すなわち，1995年度末で全国で2,361施設，残余容量の合計は1億4,200万m^{3}と当時として最小となり，残余年数は全国平均で9.0年と危機的状況でした。これが，15年後の2010年度末には，最終処分場は1,775施設と数は減少し，残余容量も1億1,400万m^{3}と減少しましたが，当該年度の最終処分量がそれ以上に減少したために，残余年数は全国平均で19.3年分まで増加しました（**図6.2**）。

ごみの分類

図6.1では，定義なしに一般廃棄物のデータを見ましたが，ごみ・廃棄物の定義と内容を確認しておきましょう。日常用語では「ごみ」が一般的な用語ですが，専門用語としては「廃棄物」がより広義に用いられます。廃棄物処理法では，**廃棄物**とは，自ら利用したり他人に有償で譲り渡すことができないために不要になったものであって，**ごみ，粗大ごみ，燃え殻，汚泥，糞尿などの汚物又は不要物で，固形状又は液状のもの**をいいます。ただし，放射性物質及びこれに汚染されたものはこの法律の対象外で，東日本大震災後の原発事故による放射能汚染を受けた瓦礫や除染土等は，ここでの定義からは除かれます。

廃棄物は一般廃棄物と産業廃棄物に大別されます。一般廃棄物は消去法的に産業廃棄物以外として分類され，**産業廃棄物**は**事業活動に伴って生じた廃棄物のうち，燃え殻，汚泥，廃油，廃酸，廃アルカリ，廃プラスチック（廃プラ）類など法律で定められた20種類のものと輸入された廃棄物**をいいます。業種が指定されている産業廃棄物もあり，紙くずなどは製紙工場や印刷所，建設などから出るものは産業廃棄物ですが，一般のオフィスから出るものは一般廃棄物となります（**図6.3**）。**一般廃棄物**は産業廃棄物以外の廃棄物を指し，屎尿のほか主に家庭から発生する家庭系ごみが中心となり，オフィスや飲食店から発生する事業系ごみも含まれます。

これは当たり前ですが，物品や資源が所有する経済主体にとって無用・不要

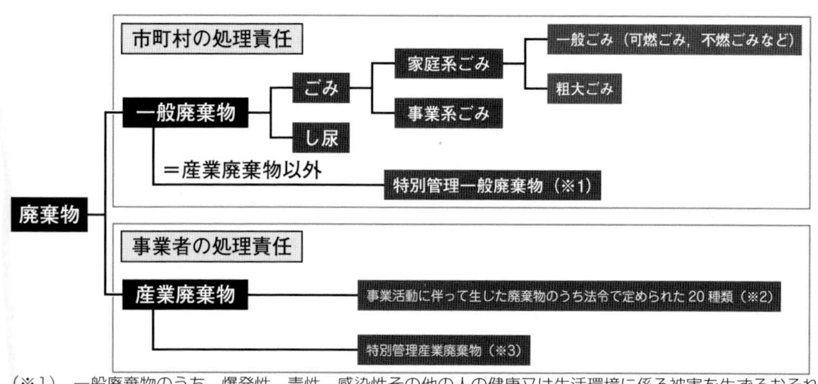

（※1）一般廃棄物のうち，爆発性，毒性，感染性その他の人の健康又は生活環境に係る被害を生ずるおそれのあるもの
（※2）燃えがら，汚泥，廃油，廃酸，廃アルカリ，廃プラスチック類，紙くず，木くず，繊維くず，動植物性残さ，動物系固形不要物，ゴムくず，金属くず，ガラスくず，コンクリートくず及び陶磁器くず，鉱さい，がれき類，動物のふん尿，動物の死体，ばいじん，輸入された廃棄物，上記の産業廃棄物を処分するために処理したもの
（※3）産業廃棄物のうち，爆発性，毒性，感染性その他の人の健康又は生活環境に係る被害を生ずるおそれのあるもの
（資料）環境省

図 6.3　ごみの定義（廃棄物の区分）
（出所）環境省『環境白書』（平成 25 年版）

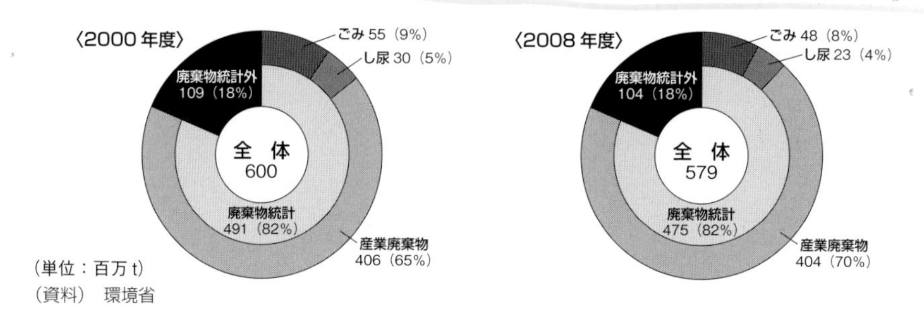

（単位：百万 t）
（資料）環境省

図 6.4　廃棄物等の発生量（2000 年度と 2008 年度）
（出所）環境省『循環型社会白書』（平成 15 年版），環境省『環境白書』（平成 23 年版）

廃棄物に係る統計資料のうち，把握されている排出属性の調査範囲が最も広いのが，産業廃棄物が環境省の「産業廃棄物排出・処理状況調査」，一般廃棄物が同じく環境省の「一般廃棄物処理事業実態調査」であり，廃棄物等の算出はこの 2 つの**廃棄物統計**を基本とします。その上で，他の個別製品統計の調査範囲を整理し，廃棄物統計に含まれる部分と含まれない部分とに分離し，廃棄物統計と重複していない個別製品統計データを廃棄物統計データに加算して，廃棄物等の算出を行っています。**図 6.4** は，その結果を整理したものです。

となっても，直ちに廃棄物となるわけではありません。リサイクルショップや中古自動車などの中古品業者に引き取られ，さらに販売されることがあります。また，工場によっては，端材を生産工程に戻したり，溶剤を浄化して再使用したりして，廃棄物の排出抑制に努めています。これらの取組みによってもなお，廃棄物等として排出された量が，総廃棄物となるのです。

廃棄物の統計については，環境省が全国データとして集計しています。その結果は**図6.4**に示す通りであり，2008年度におけるすべての廃棄物等の発生は5億7,900万トンで，そのうち産業廃棄物は4億400万トンと70%を占め，したがってごみの定義に戻ると，一般廃棄物は残りの30%を占めます。これには，金属スクラップ，紙屑（かみくず），稲藁（いなわら），籾殻（もみがら）等の廃棄物統計外の1億400万トン（18%），一般廃棄物のごみの4,800万トン（8%）及び屎尿（しにょう）（浄化槽汚泥を含む）の2,300万トン（4%）が含まれます。

こうしたごみの構成比は，**図6.4**に比較として掲げる2000年度の構成比と比べると，産業廃棄物の割合が全体の65%から70%まで上昇しましたが，産業廃棄物の発生量は4億600万トンとほとんど変化がなく，すべての廃棄物の発生量は6億トンから2,100万トン減量になっています。この分は**図6.1**にも示された一般廃棄物の排出量の減量トレンドに沿ったものになっています。なお，産業廃棄物の発生量は，推計手法の変更等があったのにもかかわらず，ここ20年以上にわたって4億トン前後で大きな変化はなく横ばいで推移しており，減少傾向も増加傾向も見られません（**図6.5**）。

図6.6は，一般廃棄物の種類別発生量の推移を見たものであり，大きなトレンドとしては，紙ごみのウェイトが上昇しているのが顕著ですが，残りの種類の間には特に際立った特徴は見られないといってもよいでしょう。近年では，紙ごみと厨芥（ちゅうかい）（台所ごみや食べ物の残りなど）がごみの70%を占めるまでになっています。他方，産業廃棄物としては，2008年度の廃棄物等の発生5億7,900万トンを**物質の性状別**に見ると，有機性の汚泥や屎尿，家畜糞尿（ふんにょう），動植物性の残渣（ざんさ）といったバイオマス系が3億2,100万トン（55%）で最も多く，次いで，無機性の汚泥や土砂，鉱滓（こうさい）（スラグ）などの非金属鉱物系（土石系）が1億9,400万トン（34%），以下，鉄，非鉄金属などの金属系が4,300万トン（7%），プラスチック，鉱物油などの化石系が1,500万トン（3%）となっています。

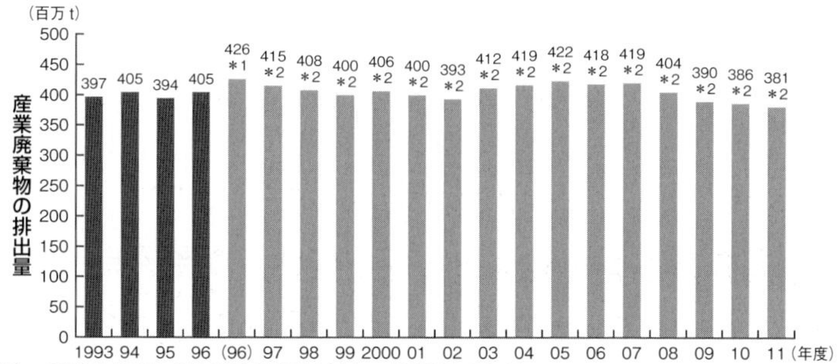

（注）　1996 年度から排出量の推計方法を一部変更している。
（＊1）　ダイオキシン対策基本方針（ダイオキシン対策関係閣僚会議決定）に基づき，政府が 2010 年度を目標年度として設定した「廃棄物の減量化の目標量」（1999 年 9 月設定）における 1996 年度の排出量を示す。
（＊2）　1997 年度以降の排出量は＊1 において排出量を算出した際と同じ前提条件を用いて算出している。
（資料）　環境省『産業廃棄物排出・処理状況調査報告書』

図 6.5　産業廃棄物の排出量の推移

（出所）　環境省『環境白書』（平成 26 年版）

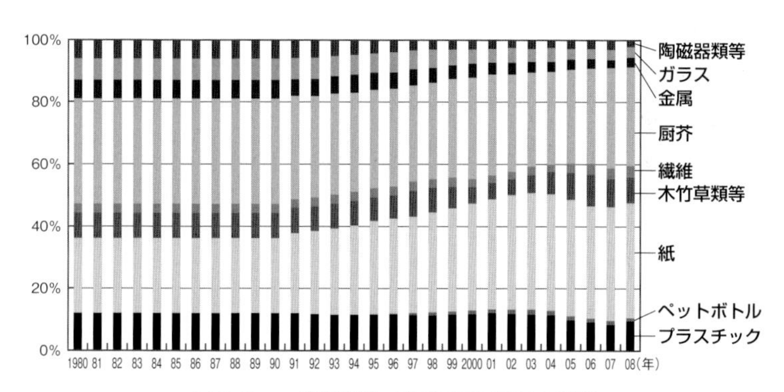

図 6.6　一般廃棄物の種類別排出量の推移

（出所）　環境省『環境白書』（平成 23 年版）

◆ *キーポイント 6.1*　ごみの実感

2010 年度の 1 人 1 日当たり 976 グラムのごみは，1 年間では国民 1 人当たり 356 キロとなり，年間 4,536 万トンの総排出量は当該年度の GDP（国内総生産）480 兆円で計算すると，付加価値 100 円当たり 9.45 グラムの一般廃棄物が発生していることになります。アルミニウム製の 1 円玉硬貨はちょうど 1 グラムの重さですので，その 1 割近くがごみに対応すると考えると実感が湧くでしょう。

生活系ごみと事業系ごみ

別の観点からのごみの分類として，一般廃棄物を生活（家庭）系と事業系に分類した場合，**2009年度では生活系が71.3%，事業系が28.7%**であり，7割近くが生活系になっています。2000年度には生活系が65.6%，事業系が34.4%であったことから，わずかながら生活系のごみのウェイトが上がっています（**図6.7**）。この間，全体のごみの排出量は4,625万トンにまで10%以上減少しており（**図6.1**），結局**事業系のごみの減量と比べると，相対的に生活系のごみの減量が進まなかった**ことを示しています。

表6.1は，2005年段階とやや古くなっていますが，OECD（経済協力開発機構）加盟の先進国について，ごみの排出量等の各国比較をまとめたものになっています。この表は，OECD加盟30か国のなかで1人当たりのごみ排出量の少ない順に並んでおり，日本は少ない方から6番目に位置しています。しかも，アメリカ，ドイツ，英国，フランスといった，いわゆるサミット（主要国首脳会議）構成国のどのメンバー国よりも少なく，**経済活動水準が高い国の中では優等生**といってもよいでしょう。

また，**表6.1**では，データが利用できる20か国について，家庭ごみと事業系ごみに分類しています。全体に占める家庭ごみの比率が最も低いのはフィンランドの49%，逆に最も高いのはオランダの90%で，日本は68%で7番目に低い水準になっています。家庭ごみの比率が低い国には，フィンランドに続いてノルウェー，アイルランドと北欧系の国々があげられます。しかし，それ以外には，例えば経済発展段階や人口密度とかに依存するわけでもなく，特にこれといった特徴は見られません。なお，**表6.1**のリサイクル関連については，次のレッスン6.2で言及します。

産業廃棄物の分類と不法投棄問題

既述のように，産業廃棄物の排出量は過去20年以上にわたって4億トン前後で大きな変化はなく横ばいで推移してきており，その業種別・種類別の排出量も安定的に推移していますが，2010年度には3億8,600万トンと多少下放れした感もあります（**図6.5**）。なお，**図6.1**より，同じ年度の一般廃棄物の発生量が4,536万トンですから，産業廃棄物の量は，一般廃棄物の約8.5倍にもな

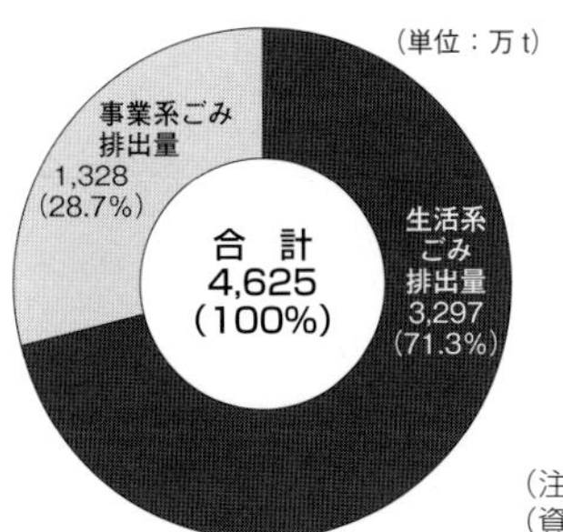

(注)　集団回収量は生活系ごみ排出量に分類した。
(資料)　環境省

図 6.7　生活系ごみと事業系ごみ（2009 年度）

(出所)　環境省『環境白書』(平成 23 年版)

表 6.1　ごみの排出量等の各国比較（2005 年）

	1人当たりのごみ排出量 (kg/人・年)	その内の家庭ごみ (kg/人・年)		その内の事業系ごみ (kg/人・年)		ごみのリサイクル等の比率 (%)				
	2005年	2005年	構成比	2005年	構成比	年	リサイクル率	コンポスト率	焼却率	埋立率
ポーランド	250	170	(68%)	80	(32%)	2005	4	3	—	92
スロバキア	270	230	(85%)	40	(15%)	2005	1	1	12	78
チェコ	290	—	—	—	—	2004	1	3	14	80
メキシコ	340	260	(76%)	80	(24%)	2006	3	—	—	97
韓国	380	320	(84%)	60	(16%)	2004	49	—	14	36
日本	400	270	(68%)	130	(33%)	2003	17	—	74	3
ギリシャ	440	—	—	—	—	2003	8	—	—	92
トルコ	440	—	—	—	—	2004	0	1	—	98
ハンガリー	460	270	(59%)	190	(41%)	2003	3	1	6	90
ベルギー	460	360	(78%)	100	(22%)	2003	31	23	34	12
フィンランド	470	230	(49%)	240	(51%)	2004	30	—	10	60
ポルトガル	470	—	—	—	—	2005	9	6	21	64
スウェーデン	480	—	—	—	—	2005	34	10	50	5
アイスランド	520	—	—	—	—	2004	16	9	9	72
イタリア	540	—	—	—	—	2005	—	33	12	54
フランス	540	350	(65%)	190	(35%)	2005	16	14	34	36
オーストリア	560	420	(75%)	140	(25%)	2004	27	45	21	7
英国	580	510	(88%)	70	(12%)	2005	17	9	8	64
ドイツ	600	480	(80%)	120	(20%)	2004	33	17	25	18
オランダ	620	560	(90%)	60	(10%)	2004	25	23	32	2
スイス	650	440	(68%)	210	(32%)	2005	34	16	50	1
スペイン	650	530	(82%)	120	(18%)	2004	9	33	7	52
ルクセンブルグ	710	600	(85%)	110	(15%)	2003	23	19	39	19
アイルランド	740	420	(57%)	320	(43%)	2005	34	—	—	66
デンマーク	740	620	(84%)	120	(16%)	2003	26	15	54	5
アメリカ	750	450	(60%)	300	(40%)	2005	24	8	14	54
ノルウェー	760	400	(53%)	360	(47%)	2004	34	15	25	26
オーストラリア	—	450	—	—	—	2003	30	—	—	70
カナダ	—	420	—	—	—	2004	27	12	—	—
ニュージーランド	—	400	—	—	—	1999	15	—	—	85

(出典) OECD, Environmental Data Compendium 2006-2008

ります（後の**コラム6.4**も参照）。2010年度について，排出量を業種別に見たのが**図6.8（a）**であり，排出量の最も多い業種として電気・ガス・熱供給・水道業（24.8%），農業・林業（22.0%），建設業（19.0%）が挙げられ，これら上位3業種で総排出量のほぼ3分の2を占めています。また，排出量を種類別に見たのが**図6.8（b）**であり，汚泥の排出量が最も多く，全体の44.0%を占めています。これに次いで，動物の糞尿（22.0%），瓦礫類（15.1%）となっており，これらの上位3種類の排出量が総排出量の8割を占めています。

さて，**産業廃棄物は1970年の公害国会で特定**されましたが，背景には，当時公害が社会問題化する中で，人々の生活に悪影響を与えた企業の廃棄物に対する規制の流れがありました。既述のように，廃棄物処理法（廃掃法）はそれまでの「清掃法」に代わり制定されましたが，**清掃法が公衆衛生の維持を中心としていたのに対し，環境保全の立場から廃棄物の適正な処理を行う問題意識に転換**したのです。廃掃法への改正では，**一般廃棄物の処理については市町村の固有事務，産業廃棄物については事業者責任に基づく処理**を義務付けました。事業者に責任を負わせた産業廃棄物の処理について，事務は国が管理することになり，それを都道府県，政令指定都市，中核市などに委任する（実質的に許可権者となる）制度になったのです。

しかし，事業者の処理責任を明示し産業廃棄物を特定しましたが，**処理業者に対する規制はあっても，排出者である企業に対する規制は行われてこなかった**ために，多くの不法投棄の事例が発生しました（**図6.9**，**図6.10**）。企業としては処理業者に産業廃棄物を委ねてしまえば，そこから先は無関係との立場を主張でき，コストが安く，適切な処理を行うかが怪しい業者を使ってもその責任は追及されなかったからです。処理業者の中には廃棄物を不法投棄し，問題が発覚するとそのまま会社を倒産させてしまう逃げ道があったために，結局は自治体が費用を負担し処理する顛末に至った事例も頻発しました。

図6.9より，産業廃棄物の不法投棄件数と投棄量は2000年度前後を頂点として減少傾向に転じ，11年度に新たに判明したと報告のあった不法投棄は192件，投棄量が5.3万トンとなっています。ただし，不法投棄にまではならないまでも新たに不適正処理事案とされたものが183件，13万トンあり，その他にも不適正処理が長期間行われてきたものとして120万トンが別途指摘されてお

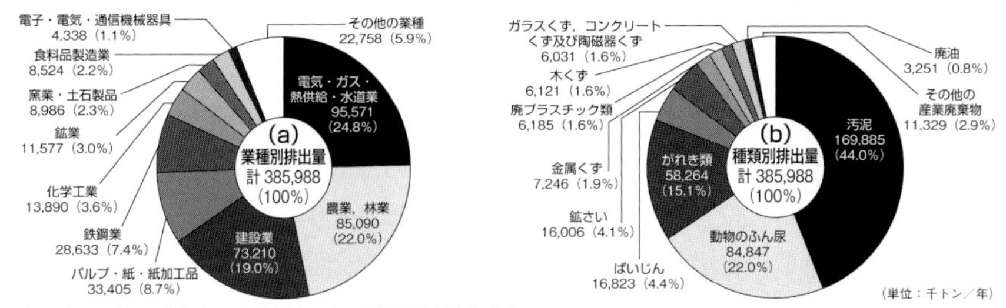

（資料） 環境省「産業廃棄物排出・処理状況調査報告書」

図 6.8 産業廃棄物の種類別排出量（2010 年度）

（出所） 環境省「産業廃棄物の排出及び処理状況等（2010 年度実績）について」

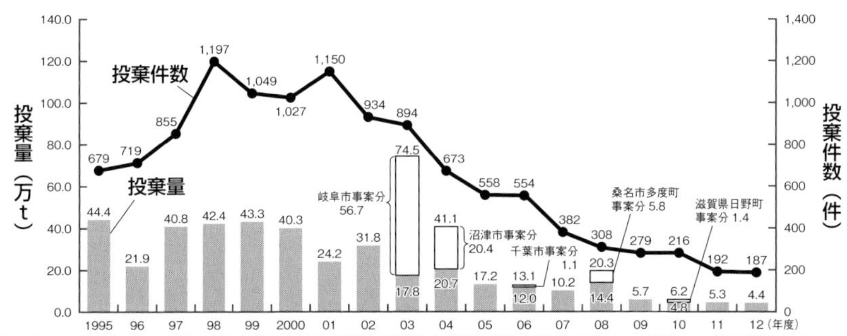

（注 1） 不法投棄件数及び不法投棄量は，都道府県及び政令市が把握した産業廃棄物の不法投棄のうち，1 件当たりの投棄量が 10 トン以上の事案（ただし特別管理産業廃棄物を含む事案はすべて）を集計対象とした。

（注 2） 上記棒グラフ白抜き部分について，岐阜市事案は 2003 年度に，沼津市事案は 2004 年度に判明したが，不法投棄はそれ以前より数年にわたって行われた結果，当該年度に大規模な事案として判明した。
上記棒グラフ白抜き部分の 2006 年度千葉市事案については，1998 年度に判明していたが，当該年度に報告されたもの。
上記棒グラフ白抜き部分の 2008 年度桑名市多度町事案については，2006 年度に判明していたが，当該年度に報告されたもの。
上記棒グラフ白抜き部分の 2010 年度滋賀県日野町事案については，2009 年度に判明していたが，当該年度に報告されたもの。

（注 3） 硫酸ピッチ事案については本調査の対象からは除外し，別途とりまとめている。

（注 4） フェロシルト事案については本調査の対象からは除外している。
なお，フェロシルトは埋戻用資材として平成 13 年 8 月から約 72 万トンが販売・使用されたが，その後，これらのフェロシルに製造・販売業者が有害な廃液を混入させていたことがわかり，産業廃棄物の不法投棄事案であったことが判明した。不法投棄は 1 府 3 県の 45 か所において確認され，そのうち 44 か所で撤去が完了している（平成 25 年 11 月 19 日時点）。

※ 量については，四捨五入で計算して表記していることから合計値が合わない場合がある。

（資料） 環境省

図 6.9 産業廃棄物の不法投棄件数及び投棄量の推移

（出所） 環境省『環境白書』（平成 26 年版）

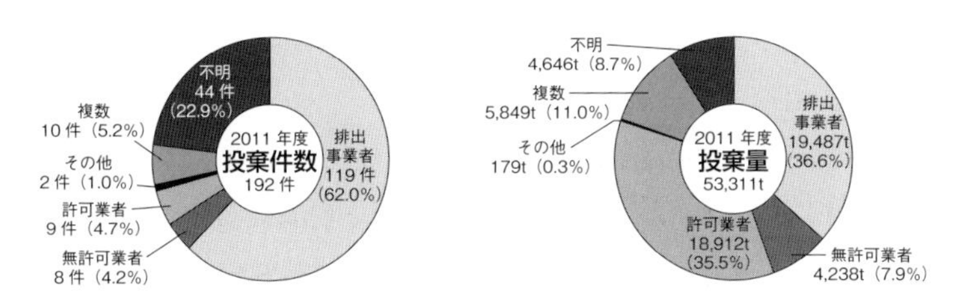

図 6.10 産業廃棄物の不法投棄者

（出所） 環境省「産業廃棄物の不法投棄等の状況（平成 23 年度）について」（2012 年 12 月）

り，これらを合わせると依然として高水準の不法投棄問題が存在しています。

産業廃棄物の不法投棄には，排出事業者自らが不法投棄するもののほか，許可業者に渡され不法投棄されるもの，委託された許可業者（収集運搬，中間処理，最終処分）によって不法投棄されるもの，許可業者から他の許可業者や無許可業者に渡り不法投棄されるもの，など様々なケースが存在します。処理能力を超えた量の産業廃棄物を受託した収集運搬業者や中間処理業者が，積み替え保管施設や中間処理施設敷地内に産業廃棄物を過剰に積み上げたあげく，行き場を失った産業廃棄物が不法投棄されたり，最終処分業者が搬入した産業廃棄物を不法投棄するケースもあります（**クローズアップ6.1**）。

図6.10からは，2011年度に**不法投棄を行った実行者は，件数ベースでは62.0%が排出事業者であり**許可業者も4.7%認められます。**不法投棄量レベルでは，排出事業者（36.6%）と許可業者（35.5%）が合わせて4分の3近く**に達します。これらは，まさに不法投棄に関する規制が抜け道だらけであったのと無関係とはいえません。2010年に改正された廃棄物処理法では，不完全ではありますが，排出事業者に対する規制も盛り込まれるようになりました。

最終処分場の状況

図6.2では一般廃棄物の最終処分場の残余年数及び残余容量について概観し，残余年数は趨勢的に増加し，残余容量は減少が続いていることを確認しました。**図6.11**には，一般廃棄物の（直接最終処分量と中間処理後に最終処分された量との合計である）最終処分量も減少トレンドにあり，2012年度で465万トン，1人1日当たりの最終処分量は101グラムになっています。最終処分量が減少トレンドにあるのは，**図6.1**で見たように，ごみ排出量も1人1日当たりのごみ排出量も減少傾向にあり，2012年度でそれぞれ4,539万トンと975グラムを記録したことを反映しているといえます。

最終処分場等の廃棄物処理施設は，住環境の悪化や地価の低下を招くいわゆる**迷惑施設**であることから，新たな立地は困難な状況にありますが，中でも最終処分場の確保は市町村単位では難しいケースが見られます。こうした状況から，広域的に最終処分場を確保する取組みがすでに始まっていますが，今後は，単に用地の確保が難しいからほかの地域に確保するといった発想ではなく，管

クローズアップ6.1　不法投棄の3つの事例

やや古くなりますが，2003年版の『循環型社会白書』（環境省）に報告されている，不法投棄の具体的な事例を紹介しておきます。

事例1〔排出事業者（解体業者）による不法投棄〕

長崎県の家屋解体業者が，2002年10月，県内の借地山林内に家屋解体により排出したコンクリート殻等約25tを不法投棄し，さらに，同所に穴を堀り，木くず等約30tを焼却しました。2003年5月に2名が逮捕されました。

事例2〔無許可業者（ブローカーら）による不法投棄〕

東京都のブローカーらが，「土地屋」，「ダンプ屋」，「穴屋」等によるグループを組織し，2002年8–9月の間，長野県富士見町の山林等に，埼玉県内の廃棄物中間処理業者から委託を受けた廃プラ類等約2千m^3を不法投棄しました。2003年11月までに暴力団幹部ブローカーら17名（うち13名を逮捕）が検挙されました。（なお，ブローカーは仲介業者，土地屋は不法投棄の適地を斡旋する者，ダンプ屋は廃棄物を運搬して不法投棄する者，そして穴屋は不法投棄用の穴を重機等で掘り廃棄物を埋め立てる者，をいいます。）

事例3〔許可業者による不法投棄〕

静岡県及び横浜市の産業廃棄物収集運搬業の許可を有する静岡県の業者が，神奈川県内の解体業者から収集した産業廃棄物約7千m^3を静岡県三島市の山中に不法投棄しました。その方法は，深夜見張り役を配置し，埋立投棄した廃棄物の上に残土を被せて隠蔽（いんぺい）するなど悪質な広域事犯でありました。2003年2月，不法投棄行為者である経営者ら6名が現行犯逮捕され，さらに処分委託した解体業者ら10名（うち6名を逮捕）が検挙されました。

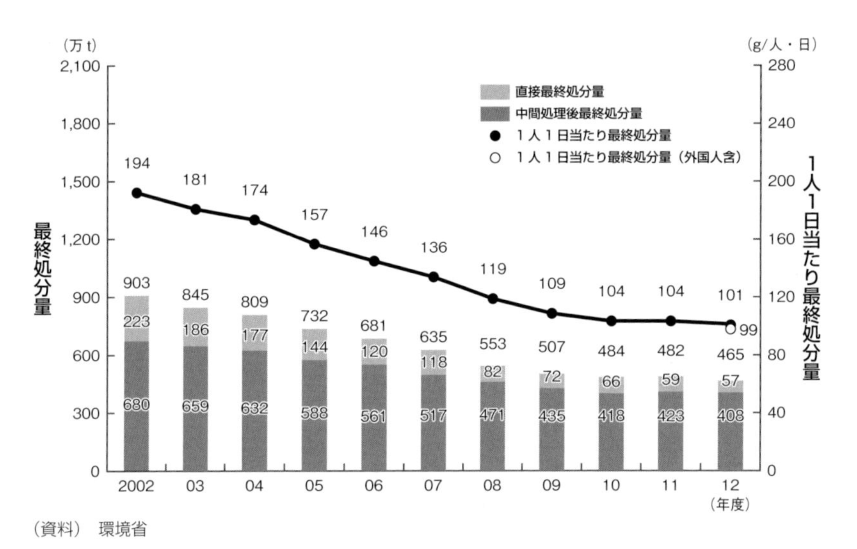

（資料）　環境省

図6.11　一般廃棄物の最終処分量と1人1日当たり最終処分量の推移

（出所）　環境省『環境白書』（平成26年版）

理すべき施設の数を減らし，確実かつ高度な環境保全対策を実施した上で，廃棄物のリデュースや適正な循環的利用を徹底した後の最後の受け皿として，広域的に最終処分場の整備を進めていく必要があります。こうした**循環型社会**の形成のために必要なごみ処理施設の整備は，レッスン6.2で学ぶように，市町村において**廃棄物の3R**に関する明確な目標を設定した上で，その実施に向けた総合的な施策を内容とする計画を策定して進めていく必要があります。

なお，**図6.12**からは，産業廃棄物の最終処分場については，残余年数は一般廃棄物の場合と同様に長期的に増加していますが，残余容量については際立った減少トレンドは認められず，ここ数年はむしろ増加傾向を示しています。これは，**図6.5**で見たように，産業廃棄物については排出量が長期的に横ばいにとどまってきたことを反映したものです。ちなみに，2010年度の残余容量は1億9,452万 m^3，残余年数は全国平均で13.6年分と徐々に改善されています。しかし，首都圏の残余年数は4.0年分であり，特に大都市圏において残余容量が少なくなっています。

ごみ焼却場の立地

だいぶ古い事件になりましたが，1970年に東京都では，清掃工場（ごみの分別，焼却，無害化処理などのごみ処理全体を行うための施設）の建設と関係して，**ごみ戦争**が起こりました。この呼び名は，当時の美濃部亮吉東京都知事が，東京都ごみ戦争対策本部を設置したことによります（**コラム6.1**）。結局は，話し合いでは合意が得られず，ごみ回収停止といった究極の決裂状態に至った末に，住民がごみ焼却施設の建設を受け入れるとの結末に至りました。

全国のごみについてはどうでしょうか？　**図6.1**に示したように，ごみは2000年まで増え続けました。1990年代以前の厚生省（現厚生労働省）の方針は「混合ごみ収集」および「全量焼却」であったために，プラスチックごみなどの増加が焼却炉の能力低下や炉の損傷を引き起こし，廃棄物処理の上で大きな問題となりました。1990年代に入ってからは，ごみの減量化とリサイクルに重点がおかれるようになりましたが，増加するごみや混合物への対応で焼却炉の建て替えが必要になり，全国で**焼却施設建設問題**が発生しました。

清掃工場建設が地域住民の反対により進まない例は近年でも見られ，例えば

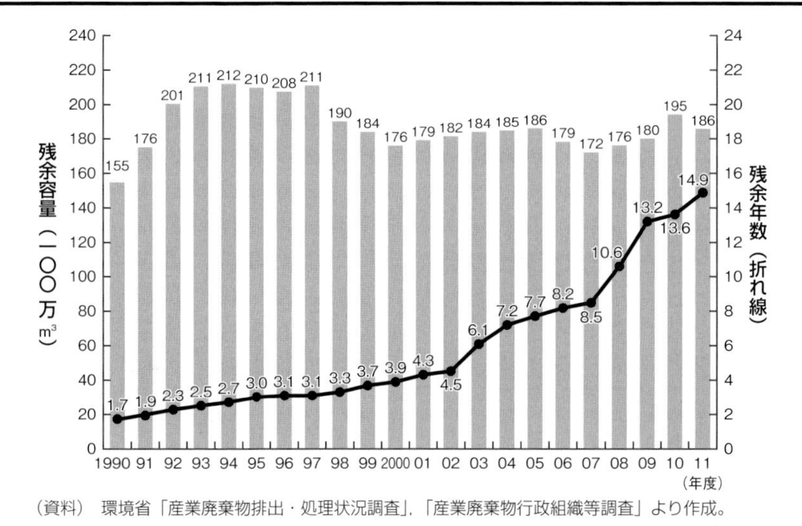

（資料） 環境省「産業廃棄物排出・処理状況調査」,「産業廃棄物行政組織等調査」より作成。

図 6.12　産業廃棄物の最終処分場の残余容量及び残余年数の推移

■コラム6.1　東京のごみ戦争■

当時の東京都区部には4か所にしか清掃工場が無く，江東，多摩川に新たに2工場を建設する計画はありましたが，大部分のごみは未処理のまま埋立てに回されていました。江東区には14号埋立地（夢の島）と15号埋立地（新夢の島）があり，後者については1970年までの使用とし，それ以降は全量焼却処理することが決着済みでした。

しかし，清掃工場建設が進まない中，都が江東区に対して新夢の島の利用延長を求めたため，過度の負担に我慢がならなくなった**江東区議会が反発し，ごみ持ち込み反対の決議**をしました。特に**杉並区では住民の反対で清掃工場の建設が止まっていた**ために，杉並区からのごみの搬入がやり玉に上げられました。1973年になり江東区は杉並区からのごみの搬入に対し，道路を塞（ふさ）ぐ実力阻止に至り，都も杉並区内でのごみの収集を中止したため，杉並区では未回収のごみがあふれる事態となりました。結局，行き着くところまで行った末の事態の収拾策として，杉並区において清掃工場の建設が進められることとなり，江東区もごみの受け入れを再開したのでした。

Q&A　ゼロエミッション

Q　テレビで**ゼロエミッション**というのが出てきたんですが，何ですか？

A　zero emission，つまり排出ゼロ。国連大学が1995年に提唱した構想で，廃棄物を出さない製造技術を開発する計画のことを言います。ある企業・産業で排出される廃棄物を，別の企業・産業の原料として使うなどの連鎖を構築して，世の中全体では廃棄物をゼロに抑える目論見です。**エコシティ**（レッスン10.1）内部での達成も考えられるね。

東京都小金井市では2014年現在，住民の合意が得られず清掃工場の建設が止まっています。清掃工場が建つまでの間，委託費を払って近隣自治体にごみ処理を頼んでいますが，建設が具体化しない状態が続いていることから，近隣自治体からはごみの受け入れに対して否定的な意見が優勢な状況となっています。そうした経緯の中で，ごみ処理問題に関する公約を守れなかった市長が辞任するといった顛末にもなりました。

レッスン6.2　リデュース・リユース・リサイクル

ごみ問題への対策として，限りある資源を大切に利用するために，**循環型社会の構築**が模索されています。その方法としてはリサイクル（Recycle），すなわち再生利用がよく知られています。しかし，リサイクルは万能ではありません。一度，ある製品に加工された資源はそのまま再利用するリユース（Reuse）でなければ，新たな製品に再加工するために追加的なエネルギーを必要とします。また，再加工にしても鉄のように溶かして何回も使える資源もありますが，紙のように再加工する回数に限界のある資源もあります。製紙の過程で繊維を撚（よ）り合わせるために，何回もリサイクルを繰り返すと繊維が徐々に短くなり紙を作ることができなくなってしまうからです。

3R原則による優先順位と循環利用・処分状況

このような事情を踏まえて，循環型社会の構築のためには，3つのRで始まる行動に優先順位を付けた，**3R原則**が重要になります。3つのRとは，

① 発生抑制・減量化（**リデュース**：Reduce）＝資源の節約のためには生活などを見直し不必要なモノを作らない，できるだけ作る量を減らす。

② 再使用（**リユース**：Reuse）＝作ったものをそのまま再利用する。

③ 再生利用（**リサイクル**：Recycle）＝再資源化，作り直して再利用する。

のことをいいます（**図6.13**）。

リデュースは，生産，流通，消費という生産活動全てのプロセスで，廃棄物の減少に努めることです。この中には，廃棄物になるようなモノを利用しない，

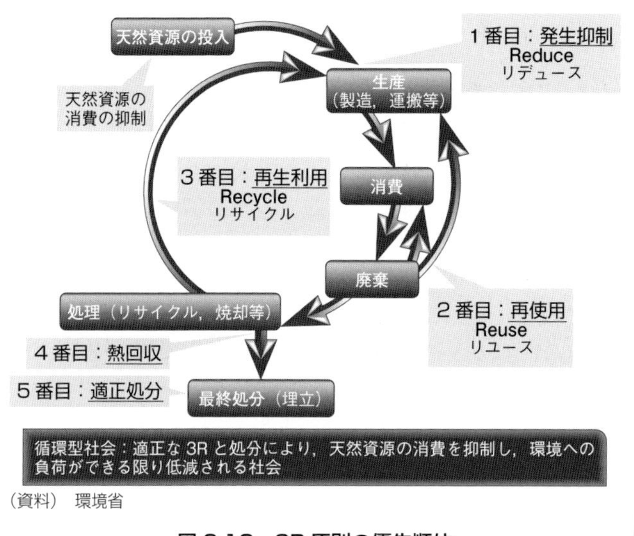

図 6.13　3R 原則の優先順位

（出所） 環境省『循環型社会白書』（平成 17 年版）

■コラム6.2　熱回収の位置付け■

図 6.13 では，3R 原則の枠外の第 4 番目にあった**熱回収**（サーマルリサイクルないしサーマルリカバリー）ですが，循環型社会でのごみ処理の流れでの位置付けを確認しておきます。

ごみ焼却施設はエネルギー源であり，**エネルギー保存の法則**（熱力学の第 1 法則）からも，ごみ焼却によってエネルギーが生まれ，生じた余熱エネルギーを他の用途に向けることが可能です。熱はエネルギーの移動であり，熱回収は，有機物のなかに蓄えられている化学エネルギーを熱エネルギーに変えて放出させ，特定の目的に利用することと言い換えることも可能です。

実際，全国で温水や蒸気，発電などで有効利用している施設の割合は約 7 割に達します。具体的な利用方法としては，発電をはじめ，施設内の暖房・給湯での利用，施設外での利用として温水プール，社会福祉施設への温水・熱供給，地域暖房への供給等があります。

このように，**廃棄物を単に焼却処理するだけではなく，焼却の際に発生するエネルギーを回収・利用するのが熱回収**になります。廃棄物の焼却熱は，回収した廃棄物を選別した後の残渣（ざんさ）処理にも使われます。物質としての**マテリアルリサイクル**が不可能な場合に，廃棄物を焼却した排熱を**サーマルリサイクル（サーマルリカバリー）**として回収して利用することは，欧米諸国では早くから行われていました。日本もこれに倣って，1970 年代以降徐々にごみ焼却施設の排熱利用が普及しだしました。ただし，熱回収は物質を消滅させる方法でもあることから，欧米では，燃焼はリサイクルには含まれないとの立場もあるようです，しかし，有形の財と無形のサービスがともに価格評価されるように，ここは物質としてのマテリアルリサイクルとエネルギーとしてのサーマルリサイクルも，エネルギー保存の意味では同等であると考えるべきでしょう。

設計段階で廃棄物の出ない設計を行う**環境配慮型設計**も含まれます。リユースは，家具，古着の再利用や，使い捨てでなく再利用可能なリターナブル容器を優先的に利用する取組みです。これらの減量化，再使用を行っても出てしまうごみに関してはリサイクルを行います。ただし，回収したものを再資源化する段階でエネルギーを余計に消費してしまう場合は，焼却することによって電気や熱エネルギーを得るような対応もリサイクルと考えられています。これを**熱回収**（thermal Recycle，あるいはthermal Recovery）と呼び，**図6.13**でも埋立による最終処分前の4番目の優先順位になっています（**コラム6.2**）。

次に，廃棄物ごとの循環利用を把握するために，**資源を物質の性状別にバイオマス系，非金属鉱物系，金属系，化石系の4種類に分類**し，それぞれについて2008年度の循環利用・処分状況と循環利用の主な用途先をまとめておきます（**コラム6.3**）。

図6.14から状況を概観すると，第1に，**バイオマス系**循環資源は廃棄物発生量全体の55%を占めますが，水分及び有機物を多く含み，焼却や脱水による減量化の割合が高くなっています。廃棄物に占める割合ではなく資源の投入量に対する割合で見た循環利用は23%となります。

第2に，**非金属鉱物系（土石系）**循環資源は，廃棄物等発生量全体の34%を占め，資源の投入量に対する割合で見た循環利用は18%となります。

第3に，**金属系**循環資源は廃棄物等発生量全体の8%を占め，従来から回収・再生利用のシステムが構築されてきていることから，循環利用率が98%と循環利用される割合が非常に高くなっています。資源の投入量に対する割合で見た循環利用は21%となっています。

第4に，**化石系**循環資源は廃棄物等発生量全体の3%に当たり，現状では焼却による減量の割合が高くなっています。資源の投入量に対する割合で見た循環利用は1%にすぎません。後述する容器包装リサイクル法や家電リサイクル法の制定により，使用済製品の回収及びその再資源化技術の開発が促進されましたが，より一層の技術開発が望まれます。

拡大生産者責任と環境配慮型設計

循環型社会を構築する上で，重要な役割を演じるフレームワークとして，第

■コラム6.3　資源の循環利用の用途■

バイオマス系循環資源の循環利用の用途としては，農業でのたい肥，飼料としての利用があり，汚泥をレンガ等の原料に，木くずを再生木質ボード等に再利用します。循環利用率は23％程度ですが，これをもっと上げるには，農業分野での肥料，飼料としての受入れの拡大，メタン発酵施設などでのエネルギー化や残渣（ざんさ）の焼却等による減量化処理の徹底などが考えられます。

非金属鉱物系（土石系）は，無機物であり性状的に安定しており，約7割が主として路盤材，セメント原料などの土木建設分野で循環利用されています。**金属系**は，循環利用の用途としては，電炉による製鉄や，非鉄金属精錬に投入される金属原料としての利用等があります。

化石系循環資源は建設資材や鉄鋼業での高炉においてコークスの代替品として鉄鉱石の還元剤として利用されています。また，プラスチックとして再生利用される用途もありますが，現状では廃プラにさまざまなグレードの樹脂及び添加剤が含まれているために，多段的にその度ごとに質を下げて再利用する**カスケード利用**になっています。

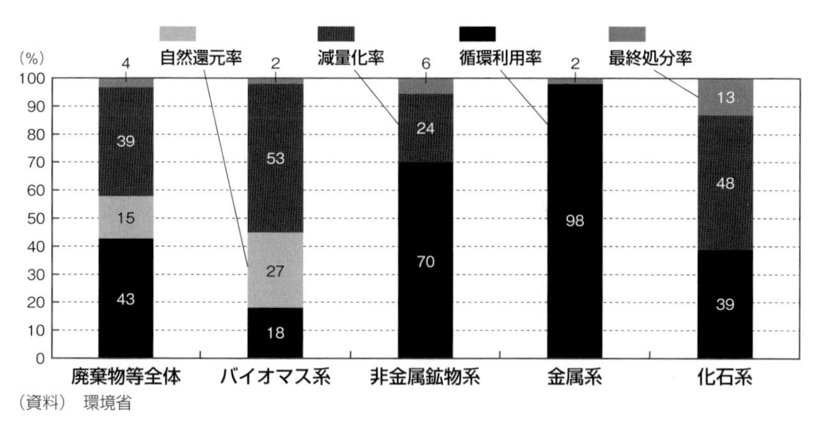

図6.14　廃棄物等の循環利用・処分状況（2008年度）

（出所）環境省『環境白書』（平成23年版）

4章のレッスン4.6でも言及した拡大生産者責任（EPR）と環境配慮型設計（DfE）があります。**拡大生産者責任**は，製品に対する製造者の物理的・経済的責任を，製品ライフサイクルの使用後の段階にまで拡大させる考え方で，OECDによって2001年に制定されました。物理的責任は使用済製品の回収・処理・リサイクルを実施することを指し，経済的責任は回収・処理・リサイクルの費用を負担することを指します。国際化によっていろいろな国の間を製品が移動することから，OECDは各国の基準に齟齬を来さないように，「拡大生産者責任マニュアル」を公表しています。

日本でも2000年代初頭に続々と対象ごとに個別に制定された**リサイクル法**に基づき回収，再資源化，再利用が行われています（レッスン4.6参照）。具体的な個別リサイクル法には，瓶・缶・包装紙・ペットボトルなどの分別回収や再資源化を促進する目的で作られた**容器包装リサイクル法**，エアコン・洗濯機・冷蔵庫・テレビなどの使用済み家庭用電化製品について製造業者・輸入業者に回収と再利用を義務化した**家電リサイクル法**，食品に関する**食品リサイクル法**，コンクリート資材や木材の再資源化を促進するための**建設リサイクル法**，そして使用済み自動車の解体時に排出される部品などについて製造業者・輸入業者の回収処理を義務化した**自動車リサイクル法**があります（**図6.15**）。

こうしたリサイクル法の制定に並行して，産業界でも廃棄物減量に取り組み，それなりの成果を上げています。各対象分野で再利用が進み，例えば，廃家電については，2011年度段階で再商品化率は，家庭用エアコン89%，ブラウン管式テレビ79%，液晶・プラズマ式テレビ83%，冷蔵庫・冷凍庫79%，洗濯機・衣類乾燥機87%であり，いずれも法定基準を上回っています（**図6.16**）。

また，自動車リサイクル法では，廃棄された自動車を粉砕し再利用資源を回収した後に残る，ガラス・ゴム・樹脂などの破片（破砕くず）のASR（自動車シュレッダーダスト＝破砕ごみ）やエアバッグなどのリサイクル率の目標数値が設定されました。ASRは水銀・鉛・カドミウムなどの重金属や有機溶剤等を含むため，1996年から**管理型処分場**に埋立て処分することが義務付けられました。同法の施行前後でリサイクル率が目標値を大幅に上回って改善し，何らかの形で製品に再利用されています（**図6.17**）。ASRは車重量の約20%の割合で発生し，埋立て最終処分の急減につながったのは，分別・減容固化技術や乾

容器包装リサイクル法	家電リサイクル法	食品リサイクル法	建設リサイクル法	自動車リサイクル法
2000 年完全施行・2006 年一部改正	2001 年完全施行	2001 年完全施行・2007 年一部改正	2002 年完全施行	2003 年完全施行・2005 年完全施行
容器包装の市町村による分別収集 容器の製造・容器包装の利用業者による再商品化	廃家電を小売店等が消費者より取引 製造業者等による再商品化	食品の製造・加工・販売業者が食品廃棄物等を再生利用等	工事の受注者が， ・建築物の分別解体等 ・建設廃材等の再資源化等	関係業者使用済自動車の引取，フロンの回収，解体，破砕。製造業者などがエアバック・シュレッダーダストの再資源化，フロンの破壊
ビン，PET ボトル，紙製・プラスチック製容器包装等	エアコン，冷蔵庫，冷凍庫，テレビ，洗濯機，衣類乾燥機	食品残さ	木材，コンクリート，アスファルト	自動車

図 6.15　さまざまなリサイクル法（個別物品の特性に応じた規制）

（出所）　環境省『環境白書』（平成 23 年版）

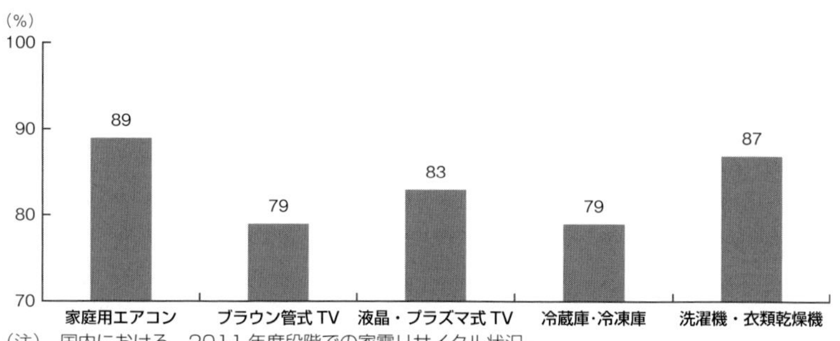

（注）　国内における，2011 年度段階での家電リサイクル状況。
（資料）　環境省

図 6.16　家電リサイクルの状況

（出所）（財）家電製品協会「家電メーカー各社による家電リサイクル実績の公表について」より。

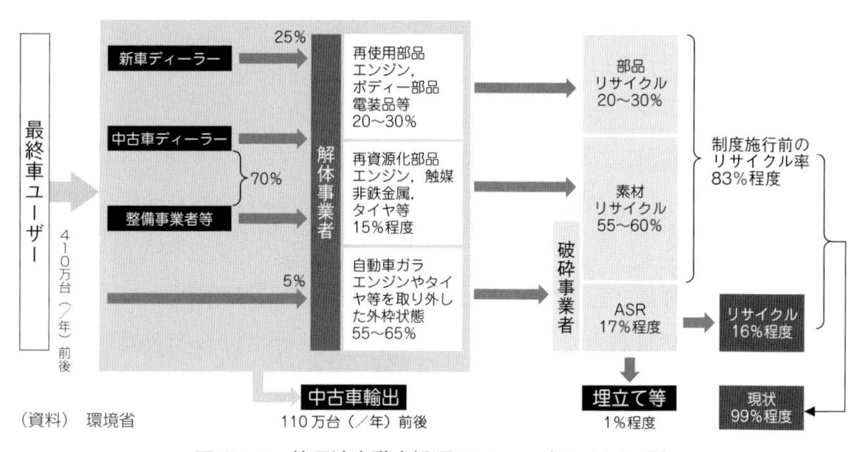

（資料）　環境省

図 6.17　使用済自動車処理のフロー（2012 年度）

（出所）　環境省『環境白書』（平成 26 年版）

留ガス化技術といった新技術が実用化されたことが大きかったといえます。

このような流れの結果，産業界全体で最終処分される廃棄物は，1990年と比べて10分の1程度まで激減しています。もっとも，過去の改善による達成水準が既に相当高くなっており，近年ではリユース，リサイクルする割合は頭打ち状態にあり，更なる改善はかなり困難な状況にあるといえます。最終処分される割合が下がっているのには，回収を義務付けた直接的な効果に加え，企業が**環境配慮型設計**を進めたことによる間接的な効果も含まれます。拡大生産者責任により，製品を回収して処理する責任を負わされる企業は，できるだけ負担を軽くすることを考えるのが道理です。その帰結として，**そもそも再利用，再資源化が容易な製品を設計する**ようになるわけです。自動車では，近年でも，素材リサイクル率が50%を超えるのに対して，部品リサイクル（再使用）率は30%程度に留まっていますが（**図6.17**），逆にいえば，部品リサイクル率がここまでの水準にあるのは，再利用を考えた設計のおかげでもあるのです。

また，電子・電気機器における特定有害物質の使用基準を定めたEUの**RoHS（ローズ）指令**（レッスン4.1参照）のように，ある地域でこうした基準が実施されると，当該地域外で販売する製品についても，企業は基準を満たす製品を設計するようになります。**企業の社会的責任**（CSR）意識もありますが，製品によっては，地域ごとに設計を変えるとコストが高くなるからです。結果として，環境にも優しく，リユース，リサイクルも容易な製品が増えることになります。

ごみ処理の有料化

一般廃棄物の排出量が2000年度をピークに減少に転じ（**図6.1**），それにはいくつかの理由があることをレッスン6.1で学びました。ここでは，それらに加えるべき減量対策として，**最も経済メカニズムに訴える対策**といってもよいごみ処理の有料化を取り上げます（レッスン6.4も参照）。一般廃棄物の30%以上を占める食品廃棄物の処理状況としては，事業系から出るごみの40%程度が再生利用されますが，68%を占める家庭（生活）系のほとんどは再生利用されずに焼却・埋立て処分されています。さらには，主に食品製造業から出る産業廃棄物に分類される食品廃棄物については，85%程度が再生利用され

◆ キーポイント6.2　DF方式とADF方式

廃棄物処理・リサイクルの際に，使用済み財を廃棄する消費者から，廃棄時点で処理費用を徴収するのが**DF（Disposal Fee）方式**。これに対して，将来発生するであろう廃棄物処理費用を，財の購入者からあらかじめ徴収するのが**前払廃棄料金徴収（ADF，Advanced Disposal Fee）方式**。DF方式では不法投棄を誘発するとして，近年はADF方式が採用される傾向にあります。ただし，ADF方式は一種の**デポジット・リファンド・システム**であり，中古品が流通する場合には，デポジットの支払い主体（＝新品の財の購入者）とリファンドの受取り主体（＝使用済み財の廃棄者）が異なり，過剰（早期）廃棄を促す可能性があります。

■コラム6.4　産業界の廃棄物減量の取組み■

日本経団連では，1997年から，廃棄物対策に関わる「環境自主行動計画」を策定し，毎年度フォローアップ調査を行い，産業界における取組みを推進してきました。当初は，廃棄物対策にとどまっていましたが，その後3R原則を踏まえ，2007年3月，**環境自主行動計画を「廃棄物対策編」から「循環型社会形成編」に改編**しました。同時に，従来掲げてきた産業界全体の目標（2010年度の産業廃棄物最終処分量を1990年度実績の75％減とする）が，02年度から4年連続前倒しで達成できたことから，同目標を「2010年度に1990年度実績の86％減とする」第2次目標に改定しました。

また，こうした産業界の自主的な取組みの透明性を高めるために，業種ごとの取組状況を毎年度フォローアップすることにしています。2009年度のフォローアップでは，08年度の産業界全体の産業廃棄物最終処分量は約644万トンであり，基準年である1990年度実績（約5,891万トン）の約89.1％減の水準であることを確認しました。すなわち，産業界全体の産業廃棄物最終処分量削減の第2次目標を，2年前倒しで達成したのでした。

クローズアップ6.2　リサイクル率の推移

一般廃棄物と産業廃棄物の**リサイクル率**は，全国のごみ処理のフローからマクロ的に計算可能です。それぞれ

一般廃棄物リサイクル率＝［直接資源化量＋中間処理後の再生利用量＋集団回収量］
÷［ごみの総処理量＋集団回収量］

産業廃棄物リサイクル率＝［直接再生利用量＋中間処理後再生利用量］
÷ 排出量

として求め，時系列的推移を示したのが**図6.18**になります（205頁）。

一般廃棄物のリサイクル率は，1990年度の5.3％からスタートし，以後最近時の20％近辺までほぼ一貫して上昇してきています。その背景として，1991年の廃棄物処理法の改正において，一般廃棄物の分別・再生などの考え方が法律の目的に位置付けられ，**市町村での分別収集の取組みが推進されたことや，95年に容器包装リサイクル法が制定されたこと**などが相まった影響が大きいといえます。

産業廃棄物のリサイクル率については，1990年度から96年度までは，横ばいからやや減少傾向でしたが，97年度以降，着実に上昇しています。1997年度以降，**排出事業者責任の強化，廃棄物処理施設設置手続の強化，不法投棄などの不適正処理に対する罰則の大幅な強化**などの法改正と，建設リサイクル法や自動車リサイクル法制定の影響があります。

ています。事業系の一般廃棄物や産業廃棄物については再生利用のルートが構築しやすいのに対して，家庭から出るごみにはそのようなルートが構築できていないことが原因といえます。したがって，家庭から出るごみが一般廃棄物全体の70％程度となっていることもあり（**図6.7**），**ごみの減量化のためには，家庭系のごみをどうやって減らすか**が重要になります。

そのために取られた政策が，**ごみ処理の有料化**です。具体的にはごみの排出について追加的に処理費用を徴収します。ごみを出しても出さなくても税金で処理費用が賄（まかな）われる場合には，人々はごみ処理の費用を意識しなくなるものです。ごみを排出する際に追加的に処理費用が徴収されると，人々はごみ処理の費用を意識するようになり，ごみを減らすことで追加的に課される費用負担を減らそうとして行動するようになります。

厚生省（現厚生労働省）が1992年に行った家庭ごみ有料化実態調査によると，ごみ処理有料化を実施している自治体は3,236市町村のうち35％にあたる1,134市町村でした。それが，市町村の**平成の大合併**を経た2013年11月段階では，**1,742市区町村のうち62％の1,081市区町村，人口割合で全人口の39％**の自治体に増加しました（後の**クローズアップ6.4**も参照）。有料化は，具体的には**ごみの排出量に応じて料金が異なる従量制**か，排出量に関係なく**一人当たりや世帯当たり等で料金が一定の定額制**に分けられますが，一般的には従量制有料化が多いといわれています（**図6.19**）。具体的な料金徴収方法には，指定ごみ袋価格として手数料を上乗せする方法，料金徴収の証紙としてシール等を販売する方法などがあります。海外では，指定の容器サイズや収集頻度で契約料金が異なる方法もあります。

有料化に踏み切った自治体では，**有料化直後に収集量の減少が見られるのが普通ですが，その後は横ばいまたは微増の自治体が多い**といわれています。しかし，有料化しなかった場合と比較して，全体としてはごみの減量は達成されているとの環境評価がなされています。例えば，東京都立川市は，2013年11月から指定ごみ袋の有料化を開始しましたが，同年12月14日の『朝日新聞』（東京都多摩版）によると，11月中のごみの減量は前月比24％を記録したとあります。ついでながら，この過程で小さいサイズのごみ袋が売り切れてしまうという行政側の準備上の不手際があり，新聞報道はむしろその顛末（てんまつ）を報じるも

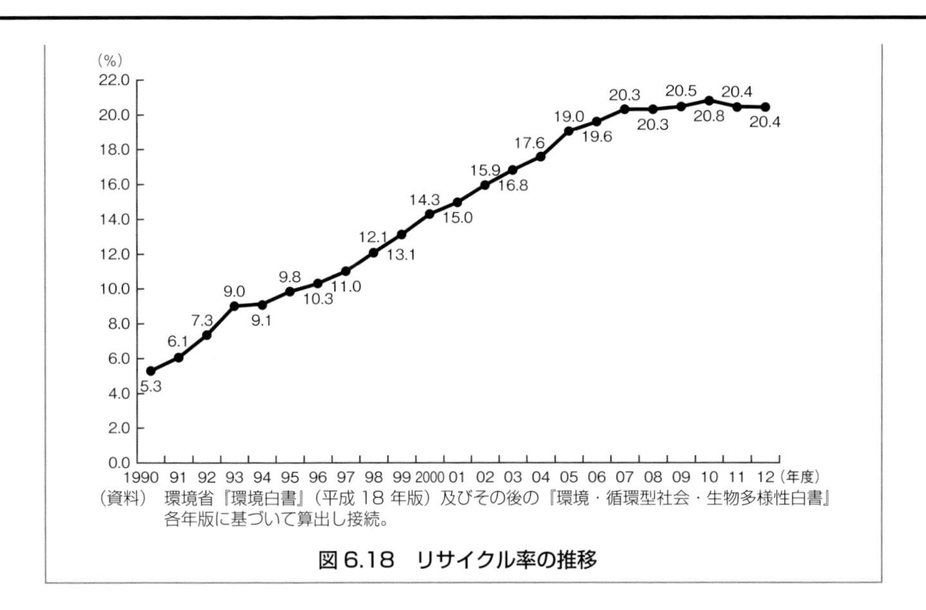

（資料） 環境省『環境白書』（平成 18 年版）及びその後の『環境・循環型社会・生物多様性白書』各年版に基づいて算出し接続。

図 6.18　リサイクル率の推移

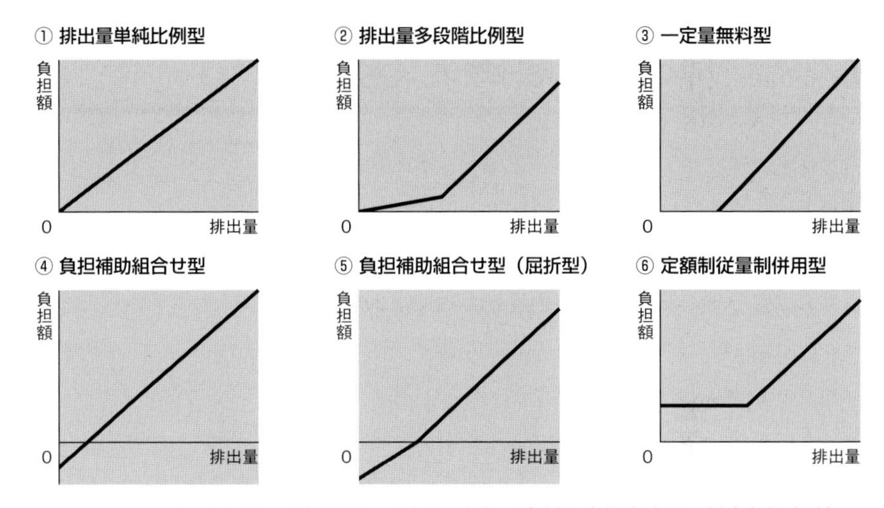

図 6.19　一般廃棄物処理有料化の手数料の分類（有料化実施自治体の料金負担方法）

（出所） 落合由紀子「家庭ごみ有料化による減量化への取り組み —— 全国 533 都市アンケートと自治体事例の紹介」ライフデザイン研究所，1996 年

上記の分類と名称は環境省の報告書などでも採用されているが，近年はほとんどの自治体で①の排出量単純比例型を採用しています。

のでした。ごみ袋は5リットル用から，10，20，40リットルの4サイズで，それぞれ10枚1組で1枚当たり10円から80円の単純な比例従量制となっており，少人数世帯などが小さいサイズの袋を好んだとの観測がなされています。単純比例従量制でなく，**大きなサイズほど割安にする**余地があるのかもしれません。ごみの総量を減らす目的とは相容れなくなりますが…（**図6.19**）。

ところで，ごみの有料化で何も問題が起こらないわけではありません。**処理費用を免れるための不法投棄や自家焼却の増加，ごみステーション（集積所）への不適正排出**などがしばしば指摘されます。これらは一部の非難されるべき悪徳行為と片付けることも可能ですが，より根本的な問題として，負担の必然性・公正性の観点があります。住民税などの税金は住民サービスのために徴税しているのに，有料化を導入するのは税の二重取りではないのかといった批判です。これに対しては，自治体が有料化の増収分を何に使うのかが問われるべきで，自治体による説得力のある説明が望まれるところです。

レッスン6.3 ごみと国際取引

これまで見てきたように，リサイクル法の施行やごみの有料化により，ごみは減少し，資源として再利用されるようになりました。駅や公園といった公共施設や大学・オフィスなどには，ごみを種類別に回収するごみ箱が設置されているのは良く見る当たり前の光景となり，ごみを分別する意識がずいぶんと高まったと感じられます。しかし，その裏で，回収した資源が余るという現象が発生するようになっています。

例えば古紙についてみると，古紙利用率と古紙回収率の差が，さまざまなごみ対策が行われるようになった2000年から顕著に広がるようになりました（**図6.20**）。それまでは古紙の回収業者が住宅地を巡回し，古新聞紙や古雑誌などと交換にトイレットペーパーなどが貰（もら）える，**ちり紙交換**が行われていました。景品交換を伴う回収を行っても，回収した古紙を製紙メーカーに販売すると利益が得られたわけです。しかし，**法律により古紙の回収が義務付けられたことから，回収される古紙の絶対量が増え，超過供給により国内での古紙の価**

クローズアップ6.3　海外のリサイクル状況

レッスン6.1の**表6.1**でOECD諸国のごみ排出の現状を比較しましたが，同表にはごみのリサイクル等の統計もあり，項目としてはリサイクル率，コンポスト率，焼却率，そして埋立率が示されています。同表での2003年の日本のリサイクル率が17%というのは，**図6.18**での同年の一般廃棄物のリサイクル率が13.1%であるのとは完全には一致しませんが，誤差範囲として，**国際比較の上では，日本のリサイクル率が必ずしも高くないこと**が理解されます。

国際的に**日本が特徴的なのは，焼却率が74%で突出して高い一方，埋立率が3%と低く**，同比率が10%以内のわずか6か国に入っています。焼却率が相対的に高いのはデンマーク（54%），スウェーデン，スイス（ともに50%）の3か国で，これら以外はすべて50%未満で平均も20%以下になっています。また，日本以外の埋立率は，70%を超える国が10か国と3分の1に達し，平均値も51%となっています。日本も東京都の埋立地だった夢の島のように，かつては埋立が中心だった時期もあり，各国も時期によって異なる可能性があります。その点は斟酌するとしても，日本の焼却による処理が高いことは特筆に値します。日本のごみ処理が焼却に高く依存していることは，産業廃棄物と合わせて考えるときに，より顕著になります。

なお，**表6.1**には**コンポスト**という日本では馴染（なじ）みのないごみ処理法もリストにあります。これは堆肥作りのようなもので，オーストリア，イタリア，スペインが30%以上で高い比率になっています。生ごみの処理としては日本でも普及していないわけではありませんが，多量の一般廃棄物全般にも有効な処理法なのかは判断しにくいものがあります。

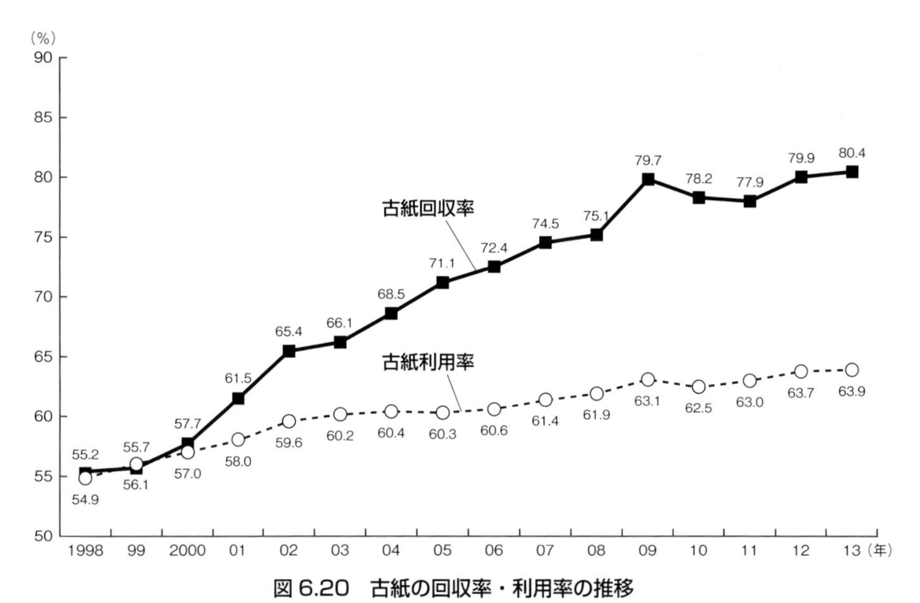

図6.20　古紙の回収率・利用率の推移
（出所）　古紙再生促進センター

格が下落し，ちり紙交換ビジネスは崩壊してしまいました。現在では，古紙回収業者が住宅街を巡回することはなくなり，古新聞紙などは，新聞配達業者ないし関連業者が責任を持って回収する状態になっています。

家庭から出る古紙以外の廃棄物にも，金属類や一部の家電製品など，昔は有料で買い取って貰えるモノがあり，廃品回収業者が各家庭を巡回していました。しかし，現在では，逆にお金を支払わないと回収して貰えなくなっています。そのモノ自体にはまだ利用価値があるのに，使わなくなったものを有償で引き取って貰うことを**逆有償**といいます。家庭としては，不用品となったモノの置き場所がなく，たとえ逆有償でも，引き取って貰わざるを得ないのです。逆有償で引き取られたモノは，その先どうなっているのでしょうか？　実は，その先は，海外に目を向けなければなりません。国内で再利用するには回収資源が多くなり過ぎたために，海外への輸出が行われているのです。

リサイクル資源の輸出・輸入

1990年代後半期以降，日本から中国をはじめとしたアジア地域への再生資源の輸出が大幅に増えています。これには，主要輸出先である中国の高度成長が牽引役となっていることが挙げられますが，日本国内の景気低迷による需要不足や，価格面で輸出のほうが有利となっている場合も少なくありません。

貿易統計（財務省）から輸出量の推移を見ると，古紙は2万トン（1990年）から493万トン（2012年）へ増加し，国内で回収された古紙の23%が輸出されています。同様に，同年間に，鉄くずは40万トンから859万トンへ増加し，17%が輸出されています。また，廃プラも4万トンから167万トンに増加し，同じく17%が輸出されましたが，ここ数年は頭打ちで推移しています（**図6.21**）。このような国際的な再生資源のやり取りのメリットは，**輸出国にとっては，国内で処理しきれない廃棄物の「最終処分」対策として，また余剰再生資源の発生による国内再生資源価格の暴落を防ぐ安全弁としての機能**があります。輸入国にとっては，安価な工業原料の入手先，あるいは環境負荷の高い天然資源の代替物を入手する手段としての働きがあります（**コラム6.5**）。

他方，デメリットは主に輸入側において発生します。海外からの再生資源の輸入が国内の再生資源回収と競合するために，国内の回収システムの発展が阻

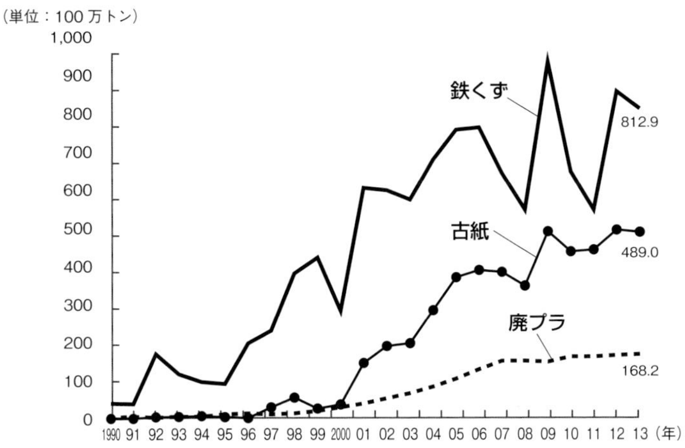

（注） 貿易統計の４桁分類で 39.15（プラスチックのくず），47.07（古紙），72.04（鉄鋼のくず及び鉄鋼の再溶解用のインゴット）に分類されるものをそれぞれ集計。
（資料） 財務省『貿易統計』

図 6.21　日本からのリサイクル資源輸出

■コラム 6.5　日本の廃棄物輸入■

廃棄物などのリサイクル資源は，輸出という形で一方的に日本から流出するばかりではなく，流入するものもあります。日本の非鉄金属製錬産業は，鉱物からの非鉄金属を取り出すだけでなく，スクラップをもとに，金や銀，レアメタルを取り出す技術を保有しており，他のアジア諸国に比べても比較優位があります（レッスン 7.1 の 233 頁，Q＆A にある小坂鉱山参照）。

表 6.2 は中国，タイ，インドネシア，フィリピン，香港，韓国，シンガポール，マレーシアの 8 か国を対象に，2003 年度の国連貿易統計を基に，各国から海外に輸出されている貴金属スクラップ等の輸出量と取引額についての調査結果をまとめたものです。この調査では，稀少金属は金スクラップと貴金属スクラップ，ベースメタル等は銅スクラップ，ベースメタル，廃電線，ニッケル，錫，鉛，亜鉛の各スクラップ，アルミ等は，非鉄混合スクラップとアルミスクラップを対象としています。この年の稀少金属，ベースメタル，アルミ等のスクラップの年間輸出量は，2,007 トンであり，そのうち日本に輸入された量は 431 トンであり，アジア全体の輸出量の 21.5% を占めました。取引額としては，

害されることがあります。また，再生可能資源ではなく，単なる廃棄物が不法に持ち込まれることも起こり得ます。海外からの大量の再生資源の輸入は，それを処理するための環境問題や，劣悪な労働環境による健康被害につながる可能性もあります。輸出国にとってのデメリットは，再生資源の処理システムを国際取引に依存する体制になっていた場合，相手国の需要が減少すると処理システムが破綻する危険があります。日本の場合，国内での回収資源の多くを輸出しているために，海外の需要が減少すると国内に回収資源があふれ，価格が低下するという問題を抱えています。原料や製品などの取引や流通を**動脈経済**とするならば，リサイクル資源の取引や流通はいわば**静脈経済**になります。グローバリゼーションのなかで国境を越えて生産拠点が移動し，次々と生産・消費される製品も変遷し，リサイクル資源の流れも変わってきています。**動脈経済でのグローバル化が，静脈経済の動向にも大きく影響する**のです。

レッスン6.4　ごみ行政と市民生活

既述のように，廃棄物処理法では，一般廃棄物の処理については市町村の固有事務とし，産業廃棄物については事業者に責任を負わせ，事務は国が管理し，それを都道府県や政令指定都市などに委任する制度になっています。ごみそのものは社会的に有害なものから無害なものまであり，まったくの無害でない限り社会的な意味で「外部不経済となる特性」を有していることになります。したがって，これを処理することは，近隣住民や地域社会にとって**マイナスを減らすのでプラスの公共サービス，すなわち公共財**と解釈することができます。

第3章のレッスン3.1で，公共財について学びました。市場メカニズムでは資源配分の効率性が達成されずに，**市場の失敗**が必至になります。これを回避するのは，公共セクターが公共財を供給するか（レッスン3.1），**ピグー税**などにより外部不経済の内部化をはかる必要があります（レッスン4.2)。ピグー税は個々の経済主体に働きかける方策であり，ごみ処理の有料化（レッスン6.2）や逆のごみ処理奨励金や環境配慮型設計助成金等の補助金が，具体的な政策手段となり得ます。地域社会全体としてのごみ処理を念頭に置くならば，公共財

日本の輸入額は499億円に達し，アジア全体の取引額1,591億円の31.4％になりました。取引単価については，アジアでの価格水準と比べて，日本へ輸出されている稀少金属は40.6％，ベースメタルは37.4％，アルミ等は14.5％割高になっていました。全体では46.0％の割高分だけ，日本の貴金属スクラップのリサイクル技術が高いことの証左ともいえるでしょう。

表6.2　貴金属スクラップの市場規模

		希少金属	ベース メタル等	アルミ等	合計
取引量（千t）	アジア	0.813	913.7	1092	2007
	日本	0.403	218	213	431
	シェア	49.6%	23.8%	19.5%	21.5%
取引額（億円）	アジア	142	737	712	1591
	日本	99	241	159	499
	シェア	69.7%	32.7%	22.3%	31.4%
取引単価（円/kg）	アジア	17466	81	65	79
	日本	24566	111	75	116
	単価比	140.6%	137.4%	114.5%	146.0%

（出所）経済産業省「循環型社会システム動向調査――アジア進出日系企業における廃棄物等の処理・リサイクルの実態に関する調査」（2006年）

■コラム6.6　ごみの分別とリサイクル■

リサイクルを通じたごみ減量化のために，ごみの分別収集が多くの自治体で行われるようになりました。それまでは一括して焼却ないし埋め立てられていたごみを，再資源化できるものとそうでないものに分別（ぶんべつ）することで，最終処分量を減らそうという対策です。しかし，分別収集が進んだ理由はそれだけではなく，自治体が抱える焼却施設の事情が関係しています。当時の焼却施設の炉は高温に耐えられず，プラスチック，ビニールなど石油由来のごみを同時に焼却すると，炉が高温になり過ぎて壊れてしまうという問題がありました。その結果，分別前のごみの焼却が思うに任せず，埋め立てられるごみが増えていたという事情があります。

近年は自治体の焼却施設も建て替えが行われ，高温での焼却にも耐えられるものに変わってきています。そうなると，ごみを燃やす際にプラスチックやビニールなどを助燃材として用いた方が，かえって重油などの化石燃料の節約につながります。また，不燃物として集められたごみについても，資源としてリサイクルできるものを分別した後は，ある程度破砕処理を行った後に可燃ごみと一緒に焼却炉でまとめて灰にしてしまう処理も推奨されることになります。処理設備次第で，適切な処理方法も変遷するため，環境に優しいごみ処理の方法も少しずつ変化しているのです。

としてのごみ処理サービスが問題となります。日本では，これを一般廃棄物の場合は市町村が，また産業廃棄物の場合は許可権者として都道府県や政令指定都市・中核市が担当しています。ごみ処理の実態については，既に概観しましたので，本レッスンでは地方公共団体ごとのごみ行政の特徴をみることにします。

ごみ有料化の実行自治体

既述のように，2013年11月段階で，家庭ごみを有料化している自治体は全国で62%に達しています。**クローズアップ6.4**で紹介されているように，地域ごとに有料化の実施状況が異なりますが，その他の特徴としては，概して人口が少なく人口密度が低い市区町村で有料化率が高く，逆に規模の大きい都市になると無料で留まっている自治体が多くなっています。これは，自治体ごとの財政状況やごみ収集費用事情に加え，人口規模の大きい都市部ほど地域社会への帰属意識が薄く，有料化により不法投棄が起こる可能性も影響しています。

やや古いデータですが，2005（平成17）年度版の『環境白書』で報告されている自治体に対するアンケート調査でも，家庭系ごみ有料化の目的としては，複数回答を含めて多い順に，「ごみの減量化」「住民意識の向上」「財政負担の軽減」「ごみ減量負担の公平」「資源ごみの回収促進」といった回答がみられます。粗大ごみや事業系ごみの有料化率は家庭系ごみに対するよりも高いのが普通で，事業系ごみの有料化目的も「事業者責任の徹底」「事業者における発生抑制」「財政負担の軽減」と，より**受益者負担**の考え方が浸透しています。

街路樹の落葉ごみ

近年，街路樹が大胆に剪定(せんてい)されたり，銀杏(いちょう)，桜，欅(けやき)，花水木(はなみずき)，プラタナス（鈴懸の木(すずかけ)），百合の木，唐楓(とうかえで)といった落葉樹から樟(くすのき)，馬刀葉椎(まてばしい)，白樫(しらかし)，山桃(やまもも)などの常緑樹の割合が増えた印象があります。20メートルを超える大木となった針葉樹の松類や欅並木など，街路樹は一挙に植え替えられるものではありませんが，そうした木々は強剪定によって，背丈を低くさせると同時に葉の部分を少なくするのです。こうした動きの主要な理由が，秋の落葉の量を減量するためといわれます。ごみ収集を有料化した自治体が増えたこともあって，

クローズアップ6.4　全国市区町村の有料化実施状況

東洋大学の山谷修作教授が定点的に実施し，HPでも公表している自治体へのアンケート調査「全国市区町村の家庭ごみ有料化実施状況」によると，全国市町村の家庭ごみ収集の有料化は着実に進んでいます。

図6.22の地図からは，有料化率が高い地域としては，北海道，東北，北陸の降雪地域，そして中国，四国，九州の西日本地方が挙げられます。鳥取県，島根県，佐賀県の3県では100%，高知県，福岡県，香川県，熊本県，長崎県，和歌山県が90%台で続いています。逆に低い方では，岩手県（3.0%），神奈川県（9.1%），埼玉県（15.9%）が突出し，東京都も37.1%と平均を下回っています。太平洋岸の都道府県の有料化率が相対的に低めにとどまっていますが，その理由が気候条件によるごみの収集費用の相違なのかは定かではありません。

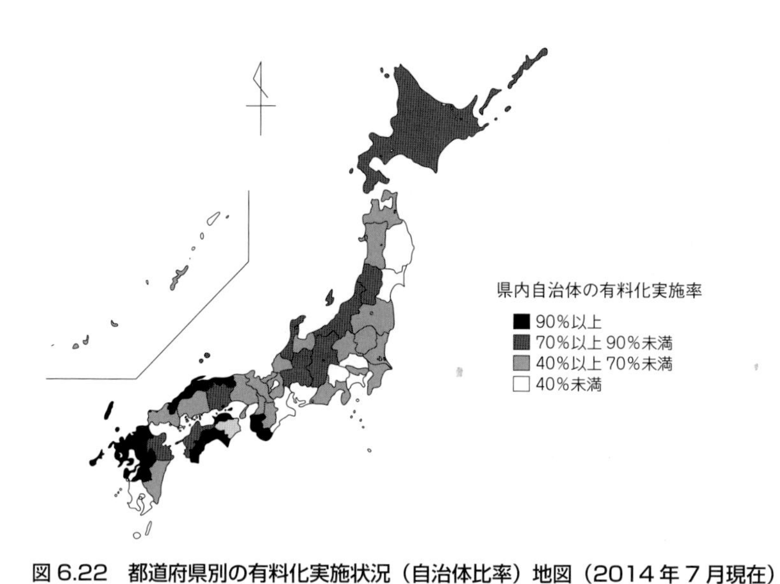

図6.22　都道府県別の有料化実施状況（自治体比率）地図（2014年7月現在）

（出所）東洋大学経済学部山谷修作教授の自治体アンケート調査「全国市区町村の有料化実施状況（2014年7月現在）」より転載。

住民が落ち葉を敬遠しだしたことが原因とか，予算の関係で3年に1度ぐらいの剪定なので，景観を損なうのは覚悟の上で3年分の強剪定を行うから，と説明されます。

1990年代後半にダイオキシン類の規制が始まり，廃棄物の野外焼却（いわゆる野焼き）が一部の例外を除き禁止となり，落ち葉の焚火が許されなくなったこともあります（焚火での焼き芋の楽しみもなくなりました）。

街路樹の落ち葉を善意で掃き集めたものを，有料の指定ごみ袋に入れて出さなくてはならないとすると，どうして自分が経費を負担しなければならないのか，という疑問を拭えなくなります。国道・県道は別として，一般の市町村道の街路樹の管理責任はその自治体にありますから，本来ならば管理者が落ち葉もきちんと管理するべきですが，落葉時期に管轄下のほぼ全域で同時発生する落ち葉処理は業者に発注するにしても，直ちに対応できるものではありません。いきおい，近隣住民にお願いするとか，あるいは，町内会や自治会の名の下のボランティア活動に頼るしかないのが現状なのでしょう。

街路樹の落ち葉問題に関連しては，住民の間でも「街路樹を全部切ってくれ」という意見もあれば，他方，「家の前の木は自分の木と思え」とか，そもそも「**落ち葉はごみではない**ので，自然に任せておけばよく，あえて掃き集める必要はない。そういう思いを皆で共有すれば，落ち葉問題はそもそも存在しない」，「落ち葉は森の栄養源であるように，落ち葉を焼却処分しないで，地上に栄養分として返してあげる――そんな循環の世界に戻るべきだ」等々，街路樹の落ち葉により積極的な意義を見出すべきとの意見もあります。

環境モデル都市の水俣市

次章のテーマである公害の水俣病で全国に知られるようになった熊本県の水俣市は，世界に類を見ない産業公害被害に苦しんだ経験を踏まえて，現在では**資源循環型社会**を目指す**環境モデル都市**になっています。環境モデル都市は，低炭素社会の実現に向けた取組みを行うモデル都市として，日本政府により2008年7月に82件の応募の中から選定された全国で6自治体（2013年4月段階では20自治体）のことをいいます。

水俣市は人口約27,000人の，中規模地方都市に当たります（2013年末現在）。

クローズアップ6.5　ごみの24種類分別収集（水俣方式）

水俣市では1993年から，全国に先駆けて，ごみの分別収集を行ってきました。現在では24種類の分別をステーション方式（約300か所）で行っています。その他，生ごみも堆肥化しており，毎日多くの行政担当者やまちづくり団体などが視察に訪れ，最近では教育旅行の一環として，全国各地から，修学旅行生が水俣を訪れるようになりました。

水俣病を教訓とした**環境復元行動及び環境美化活動を経てきた住民の協力やリサイクル推進委員会地区代表委員による分別指導**もあり，水俣市が他の市町村に誇れる**水俣方式**の分別収集が確立されています。また，「リサイクルまつり」の開催や出前講座などの取組みにより，身の回りのごみ処理について住民運動を積極的に啓発し，分別収集の徹底とごみの減量化に努めています。

水俣市役所は，1999年に環境マネジメントの国際規格であるISO14001を認証取得しました。また，市の環境への取り組みの監査評価を市民に行ってもらう市民監査制度を取り入れ，2003年にISO14001「自己適合宣言」の表明を行いました（レッスン1.6の**クローズアップ1.7**参照）。

表6.3　分別するごみ（2013年末現在）

生きびん（リターナブルびん）	容器包装プラスチック	雑誌・その他紙類	燃やすもの
雑びん（透明）	スチール缶	ダンボール	生ごみ
雑びん（水色）	アルミ缶	布類	破砕・埋立
雑びん（茶色）	なべ・釜類	粗大ごみ	電気コード類
雑びん（緑色）	ペットボトル	蛍光管・電球類	食用油
雑びん（黒色）	新聞・チラシ	乾電池類	小型家電

（出所）　水俣市役所HP

図6.23
水俣市のごみ分別収集
著者撮影（2008年9月）。
撮影時は22種類の分別。

水俣病により健康被害，環境破壊，そして地域コミュニティの荒廃を押し付けられた過去を教訓に，**市民と行政が一体となって水俣市を再生させる**ために，1992年に他の自治体に先駆け独自に「環境モデル都市づくり宣言」をしました。さらに，市民が積極的に環境問題に取組んでいる姿勢をアピールするために，翌年からごみ資源の20分別（近年は24分別）収集を開始しました（**クローズアップ6.5**）。ただ多種類に分別するだけではなく，PETボトルを始めとするすべての再生資源の品質レベルを高めることに努め，今では**みなまたブランド**として全国的に注目されるまでになりました。

水俣市の再生資源は，市内に約300か所ある**資源ごみステーション**で月1回，袋出しせずにそのままコンテナに排出し収集されます。水俣市は「資源ごみを出すまでは住民の責任」として，一貫して地域のことは地域内で解決してもらう姿勢をとっています。結果的に，共同作業が近所付合いの活性剤となり，水俣病によって崩壊したコミュニティの再生に役立ちました。一方，行政側は，排出時間や排出場所も住民に委ね，なるべく住民に負担のかからない方法を考えています。また，品目ごとに計量し，地区ごとに集計された資源の売却益は，助成金として還元しています。取組みを認知され，周りから評価を受けることにより市民の誇りとなり，さらなる意識向上につながってきています。このような実績などを踏まえ2008年に国の環境モデル都市に選ばれました。

レッスン6.5　ま と め

大量生産・大量消費は，経済成長の前提であり，また経済規模が拡大した当然の帰結でもあることから，ごみ問題は先進経済なり成熟経済にとっての不可避の経済問題といえます。本章では，身近な環境・資源問題としてのごみ問題の現状を概観し，単なるリサイクルに止まらず3R原則などの手法や，行政の取組みの具体例を挙げて，住民ないし市民との連携についてもみました。皆さんも，常套句（じょうとうく）をごみに当てはめて，「たかがごみ，されどごみ」といった感覚が理解できたのではないでしょうか。

キーワード一覧

循環型社会　最終処分場　一般廃棄物　公害国会　廃棄物処理法　産業廃棄物　事業系ごみ　迷惑施設　ごみ戦争　3R原則　リデュース　リユース　熱回収　リサイクル法　容器包装リサイクル法　拡大生産者責任　家電リサイクル法　リサイクル率　環境配慮型設計　ごみ処理の有料化　静脈経済　ごみ分別　水俣方式

▶考えてみよう

1. あなたの家から出るごみは，収集された後，どのような経路を経て，どこで処分されているか確かめてみましょう。分別されたごみの種類によって違うか否かも確かめましょう。
2. あなたは3R原則を意識して生活していますか。意識していなかった場合，意識して過ごしてから，3か月後にもう一度考えてみてください。
3. あなたの家のごみ処理は有料ですか，無料ですか？　有料の場合，何か不満がありますか?　無料の場合，何か得していると思いますか?
4. あなたの街のメイン通りの街路樹はどの樹種の木ですか？　落葉の掃除はどのようになされていますか？
5. あなたが旅行した外国なり，他府県なりで，自分の生活圏と対比してごみについて感じたことがありますか？　それはどういう思いでしたか?

▶参考文献

ごみ（廃棄物）をめぐる本は専門的・実務的なものが多く，一般読者向けは少ない。そんな中では，環境省の各年版の『環境白書・循環型社会白書』，

吉田文和『循環型社会』中公新書，2004年
坂田裕輔『ごみ問題と循環型社会』晃洋書房，2007年
環境省（監修），産業廃棄物処理事業振興財団（編）『誰でもわかる!!　日本の産業廃棄物（改訂5版）』大成出版社，2012年

がいいでしょう。

7

公害と環境破壊

本章では，公害や環境破壊の実例を取り上げます。日本は高度経済成長期に経済規模の拡大を優先し過ぎた代償として，四大公害病を始めとした産業公害を経験しました。また，全国に被害が拡散した食品汚染や薬害事件も少なからず発生しました。これらを踏まえて，企業倫理なり企業の社会的責任を問う仕組みを確立し，被害者にならずに，消費者なり市民としての生活を守ることを考えます。

レッスン

レッスン7.1　四大公害病

第1章の**コラム1.7**でも取り上げましたが，1956年熊本県水俣湾や八代海沿岸で発生した水俣病，64年新潟県阿賀野川流域で発生した新潟水俣病（第二水俣病），60年代から70年代前半に三重県四日市市で発生した四日市ぜんそく，20世紀初めから70年代前半にかけて富山県神通川（じんづうがわ，じんつうがわとも呼ばれる）流域で発生したイタイイタイ病，これら**4つの産業公害を四大公害病**といいます。これらは，明治維新後の富国強兵策や戦後の高度成長期に最優先された経済発展のために，自然環境や人々の健康を相対的に軽んじた結果として起こりました。

第3章で見た中国の貴嶼鎮の例のように，先進国での悲惨な公害被害を知らずに，あるいはうすうす承知の上でも，経済発展の成果に目が眩んでしまう場合が多いのです。公害の健康被害が数年単位で徐々に進むのに対して，目前の経済発展の直接的な果実を受ける誘惑に負けてしまうのです。

メチル水銀による水俣病

水俣病は，チッソ（旧新日本窒素肥料）株式会社水俣工場が垂れ流した工場排水に，毒性の強い**メチル水銀**が含まれており，それが原因で発症しました。チッソは国内で屈指の化学メーカーであり，それを中心企業として抱える水俣市は，熊本県でも有数の工業都市でした。市長をチッソの元工場長が務めることもあり，チッソの支払う税金が市の財源として重要でした。また，病院などの施設も工場付属のものを市民が利用するなど，**水俣市はチッソの企業城下町**でした（**クローズアップ7.1**）。

水俣病は，**有機水銀により主に中枢神経が障害される疾患**であり，チッソ工場のアセトアルデヒド生産工程で生成されたメチル水銀化合物が，水俣湾や八代海（不知火海）に排出され，これがプランクトン，小型魚介類，大型魚介類と**生物濃縮**（生態濃縮）によって高濃度に蓄積され，汚染された魚介類を人が長期間にわたり摂食したことで発生した公害病でした。アセトアルデヒドの生産は1932年に始まり，56年5月1日に水俣保健所にチッソ水俣工場附属病院

クローズアップ7.1　チッソ株式会社

チッソ株式会社は，水俣病訴訟の被告としてイメージダウンしたのも事実ですが，1906年の創業以来，事業面では常に日本の化学工業をリードしてきた会社といえます。日本初の変成硫安の工業化に始まり，合成硝酸や合成酢酸，塩化ビニール樹脂や高純度金属シリコンなどの企業化を次々実現してきました。しかし，売上の多くを患者補償に充て国や熊本県からの公費投入も行われたことから，2011年，「水俣病被害者の救済及び水俣病問題の解決に関する特別措置法」に基づいて，**JNC株式会社**を設立し，チッソが営んでいた機能材料分野，加工品分野および化学品分野の事業活動を継続する上で必要な有形・無形の事業財産をJNCに完全譲渡し，現在はJNCの持株会社として存続しています。

チッソとしては，JNCの収益を通じて，**水俣病の認定患者や被害者に対する補償を完遂する**覚悟でおり，JNCは「優れた技術で，社会の進歩に貢献する先端化学企業」をモットーに，エレクトロニクスの最先端技術である液晶材料や有機EL材料，ナノテクノロジーを応用した精密加工材料やES繊維・不織布など，独自の製品開発を行っています。

2013年3月末段階で，チッソ株式会社は資本金約78億円，従業員91名。JNC株式会社は，資本金311.5億円，従業員3,303名（チッソ連結）。本社は，2社とも東京都中央区大手町の同じビルにあり，同一人物が両社の社長に就任しています。なお，終戦直後の従業員は約8万人に達し，1960年段階でのチッソ水俣工場及びその下請企業の社員は，当時の水俣市の産業人口の約4分の1を占めていました。チッソの流れを汲む企業には，現在の旭化成，積水化学工業，積水ハウス，信越化学工業，センコー，日本ガスなどがあります。

■コラム7.1　写真家ユージン・スミスと水俣■

ウィリアム・ユージン・スミス（1918-78）はアメリカの写真家。第2次世界大戦中にサイパン，沖縄，硫黄島などに写真家として従軍し，その後も社会派というべき作品を多数発表。1971年にやはり写真家のアイリーン・美緒子・スミスと結婚し，その年から3年間水俣で暮らし，2人で水俣病の汚染の実態を写真に撮り，実際に座り込みなどにも参加するなど，世界にその悲劇を伝えました。最高傑作と評価の高い**Tomoko Uemura in Her Bath**（**入浴する智子と母**）の写真は，アメリカの写真雑誌『ライフ誌』に掲載され，水俣病の悲惨さや経済成長の代償の意味を全世界に周知させました。写真集としても刊行されましたが，1年差で訪れた智子（享年21歳）とユージン（同60歳）の死からほぼ20年後の1997年，遺族から「もう智子を休ませてあげたい，今後は印刷物への発表をさし控えてほしい」との意思表示がなされ，それを了承したアイリーンが作品の使用に対する権利を上村家に「お返し」することとした旨が報道されました。

から，「原因不明の中枢神経疾患」として5例の患者が水俣保健所に報告され，この日が**水俣病の公式確認**になりました（既に戦時中の42年頃から水俣病らしき症例が見られたとも，50年代に入って猫やカラスの「猫踊り病」が多発していたともいわれます）。

水俣病では，神経を侵され，感覚や運動に障害をきたし，人体に重篤な影響が生じます。生まれながらに運動障害や知能障害をもつ**胎児性水俣病**の子供も誕生し（**コラム7.1**），こうした健康被害には各種の救済対策が講じられましたが，原因の確定に時間がかかり，また，企業に公害対策の実行を求める法制度が未整備であったり，公害に関する補償の考えも確立していなかったために，的確な対応がなされるまでには長期間を要してしまいました（**クローズアップ7.2**）。その間，奇病・風土病とも伝染病とも誤解され，**患者が出た家族は近隣住民から疎外され，就職・結婚が断られるなどの差別**がありました。こうしたいわれのない差別や偏見は，被害者や家族を大変苦しめました。

水俣病の健康被害と同様に，汚染された八代海の漁業被害と蓄積した汚染の除去のための費用も膨大なものになりました。水俣湾への工場排水をめぐっては，チッソは大正時代から何度か漁業補償を行ってきました。水俣病発生後は，1959年に1億4,000万円，73年及び74年に合計39億3,200万円の補償金が，**水俣市を始めとする漁業協同組合や漁業商組合**（**クローズアップ3.4**参照）に対し支払われました。

さらに，漁場となる水俣湾の再生を期して，水銀濃度25ppm（parts per million，百万分率）以上の汚泥約150万m^3（メチル水銀含有量100トン）を処理するために，厚さ4mにもなるヘドロ層をある部分は浚渫（しゅんせつ）し，陸地に近い部分の58haを公園用の埋立地として造成しました。これには総事業費485億円を要し，実施費用の306億円をチッソが負担し，増進される公益に見合う費用を国，県が負担する形で，1974年にスタートし90年に終了しました（**図7.1**）。埋立地は，陸上競技場と野球場4面を擁する等の広域公園（**エコパーク水俣**）となり，隣接して水俣病資料館や水俣病情報センターも開設されています。舞台となった水俣湾は環境庁の調査によって安全が確認され，現在では国内でも有数の汚染の少ない海であり，普通に漁も行われています。

クローズアップ7.2　長引いた水俣病の原因解明

水俣病の原因物質の解明はなかなか進まず，当初は，有機水銀が疑われることはありませんでした。有機水銀含有量を測定する技術がなかったのと，そもそも加熱で蒸発してしまい検出不可能だったからです。しかし，既に**1957年には猫に魚介類を与えて水俣病の症状を発症させることに成功していた**熊本大学や厚生省食品衛生調査会が，59年7月，**原因物質は有機水銀**だと発表しました。また，同年10月には，水俣病発見者の細川一（1901–70）チッソ水俣工場附属病院長が，院内猫実験により，工場排水を投与した**猫400号**が水俣病を発症したことを確認し，工場責任者に報告しています（ただし，この時点ではメチル水銀は未抽出）。公式見解としてメチル水銀化合物と断定されたのは，1968年9月で，その遅れの大きな原因は，水銀中毒であることは確かだが，有機水銀のうちのメチル水銀が原因であるとの確証が得られなかったことによります。

別の有力な理由としては，チッソ水俣工場と同じ製法でアセトアルデヒドを製造していた工場が当時国内に7か所，海外に20か所以上あり，水銀を未処理で排出していた場所も他に存在したにも拘（かかわ）らず，**これほどの被害を引き起こしたのは水俣のみ**であり（新潟水俣病に関しては後述），かつ終戦後になってからという事実がありました。この事実が化学工業界の有機水銀起源説の反証として利用され，発生メカニズムの特定を遅らせることとなったのです。

有機水銀説に対して，チッソは「工場で使用しているのは無機水銀であり有機水銀とは無関係」と主張しました。これは当時，**無機水銀から有機水銀の発生機序が理論的に説明されていなかった**ことによります。チッソ工場の反応器の環境を再現することで，無機水銀がメチル水銀に変換されることが**実験的に証明された**のは，病気の発見から10年余り経過した1967年のことなのです。

チッソ水俣工場では，戦前からアセトアルデヒドの生産を行っていたにも拘らず，なぜ1950年過ぎから有機水銀中毒が発生したのかも，長期にわたってその原因が不明とされてきました。現在では，**生産量の急増ならびにチッソが1951年に行った生産方法の一部変更が関係した**と考えられています。生産工程の変更は，アセトアルデヒド合成反応器内の硫酸水銀触媒の活性維持のために助触媒として使用していた二酸化マンガンを硫化第二鉄に変更したことであり，これがそれまで以上のペースでメチル水銀を発生させてしまったのです。

図7.1　水俣湾・埋立地

（写真提供：水俣市立水俣病資料館）

画面中央下がエコパーク水俣です。画面中央奥にチッソ水俣工場があります。

水俣病の泥沼の11年間

水俣病は当初原因不明であったために，風土病ではないかとの風説が流れ，水俣近海産の魚介類の市場価値は大きく失われました。水俣の漁民たちは貧困に陥るとともに，獲（と）った汚染された魚介類を食糧としたために，被害が拡大することになりました。1958年9月，チッソ水俣工場は，**アセトアルデヒド酢酸製造設備の排水経路を，水俣湾百間（ひゃっけん）港から八代海に面した水俣川河口の八幡プール経由へ変更**しました。ヘドロが溜まり過ぎ，排水が困難になったためと発表されましたが，チッソ側に水俣病の原因が工場排水にあるとの認識があった証左ではないかともいわれます。

八幡プールでは汚水処理装置「サイクレーター」により廃液に沈殿処理を施したのですが，まったく効果がなく，排水中にはメチル水銀が含まれたままでした。当時は，廃棄物の処理手法として，しばしば廃棄物を拡散し薄める手法（**コラム3.8**参照）がとられましたが，この**排出口の変更により，水俣病患者は水俣湾周辺に留まらず，隣接する津奈木町（つなぎまち）や海流の下流部にあたる鹿児島県出水市（いずみし）と，八代海沿岸全体に拡大する**ことになりました。後にチッソの経営陣が刑事責任を問われた主因が，この排出口の変更による被害の拡大にあり，関係者からは「壮大なる人体実験」と目されていました。

当時から県レベルでは，漁獲停止，生活保障，チッソの操業停止などの対策が立てられましたが，原因がはっきりしないとの理由から国の協力が受けられず，実行されないまま徐々に後退していきました。1959年7月に，熊本大学医学部水俣病研究班が，水俣病の原因物質は有機水銀であると公表し，同年10月，通産省（現経済産業省）はチッソの排水が原因とは言えないとの立場を取りながらも，チッソに対してアセトアルデヒド製造工程排水の「水俣川河口への放出」を禁止しました。チッソは通産省の指示に従い，**排水経路を水俣川河口から水俣湾百間港に戻し，1968年まで排水を継続**しました。また，1959年10月には，チッソ水俣工場附属病院の細川院長は，工場排水を投与した猫が水俣病を発症した**猫400号実験**の結果を，工場責任者に報告しました。しかし，この実験結果は公表されませんでした（**クローズアップ7.3，7.6**）。

1959年11月には，厚生省（現厚生労働省）食品衛生調査会が**水俣病の原因は有機水銀化合物であると**厚生大臣に答申しました。この**有機水銀原因説**に対

■コラム7.2　水俣病患者の分布■

レッスン7.2で詳しく見るように，水俣病の補償を受けるためには患者に認定されることが要件となり，「公害健康被害の補償等に関する法律」に基づき，水俣病患者の認定が行われてきました。1991年12月末の段階では熊本県で1,767人，鹿児島で485人の合計2,252が認定されていました。このほか，自らが水俣病ではないかと疑い認定申請中の者が，熊本県で2,439人，鹿児島で292人に上りました（このうち約半数は過去に認定申請を棄却された者）。認定された水俣病患者に対するチッソからの補償金の支払い累計額は，1991年3月までで約908億円に上り，その後も毎年30億円を越える補償金の支払がなされました。

その後，**2013年12月末には認定患者数は，熊本県で1,785人，鹿児島で491人の合計2,276人**となっています（**図7.2**）。また，水俣病とは認定されないものの，水俣病発生当時，水俣湾周辺に住んで魚を食べ，水俣病にみられる症状（両手両足の感覚が鈍くなる症状やその他の神経症状）がある人に対しては，熊本県や鹿児島県から医療費などの支給が行われています。2010年5月から12年7月まで，水俣被害者の救済に関する特別措置法に基づき，全国で約6万5千人が申請をしました。

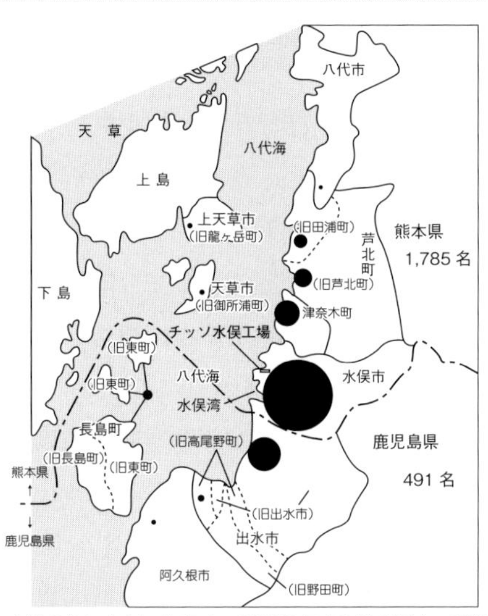

（注）●の大きさは，人数の多い少ないを表す。2013年12月末現在。新潟県認定患者702名。

図7.2　水俣病認定患者の発生分布

（出所）熊本県環境生活部水俣病保健課「はじめて学ぶ水俣病」

して，チッソや日本化学工業協会などは強硬に反論しました（**クローズアップ7.2**）。その背景には，有機水銀を原因と認めてしまうことで，チッソだけではなく他の化学工業の生産に影響がでることを恐れたことがあります。同年の12月には，チッソは水俣病患者・遺族らの団体と見舞金契約を結んで少額の見舞金を支払いましたが，会社は汚染や被害についての責任は認めず，将来水俣病の原因が工場排水であることが判明しても，新たな補償要求は受け入れないものとしました。被害者に支払われた金額は，死者30万円，成人10万円，未成人3万円という少額のものでした（**コラム7.2**）。

チッソは，1959年12月のサイクレーター設置の竣工式に，熊本県知事らを招待しました。見舞金契約とサイクレーターの設置により，水俣病問題は解決したとの認識が広まり，この時期には社会的関心は低下しました。**1968年，チッソはアセトアルデヒドの製造を止め，新しいメチル水銀の排出は止まりました**。しかし，水俣川河口に工場排水を流した11年間に，水俣病患者が八代海沿岸全体に広がったのでした。しかも，八代海沿岸の水俣病患者の多くは，公式の水俣病とは認定されずじまいなのが現状です（**図7.2**）。

新潟水俣病（第二水俣病）は防げなかったのか？

1965年1月，原因不明の疾患として新潟市内の医療機関から紹介されていた新潟大学医学部附属病院が，有機水銀中毒を疑い，同年4月から5月にかけてさらに数名の患者が発見されたことから，**1965年6月になって，新潟大学によって初めて有機水銀中毒患者の発生が正式に報告**されました。この段階で有機水銀中毒患者は7名で，このうち2人は既に死亡していました。

熊本水俣病の経験を踏まえて，新潟県は患者発生公表直後に有機水銀中毒研究本部を設置し，1965–67年までに阿賀野川下流地域の住民約6万9,000人を対象に，合計4次にわたり健康調査を実施しました。並行して1965年9月には，厚生省（現厚生労働省）に新潟水銀中毒事件特別研究班が組織され原因究明に当たり，66年3月に，新潟県東蒲原郡鹿瀬町（現同郡阿賀町）の昭和電工鹿瀬工場（現在はグループ会社の新潟昭和）で**アセトアルデヒドを生産中に生成され，未処理のまま阿賀野川に排出された有機水銀化合物が，川で獲れた魚介類の摂取を通じて人体に蓄積され発症したメチル水銀中毒**であると報告しまし

クローズアップ7.3　水俣病をめぐるいくつかのエピソード

チッソの労働組合

会社が水俣病発生の責任回避を図る中，チッソの労働組合も当初は，会社側の意向を受け入れて，労使一体となって会社擁護，生産優先の立場をとりました。賃下げを含む労使休戦協定の「安定賃金闘争」を機に1962年7月に分裂し，係長・主任・学卒者などを主体とする**新労組（第2組合）**が結成され，組合員3,450人中3割弱の992人が離脱しました。その後，会社寄りの新労組や地元商店街に対して，多数派の労組（第1組合）は水俣病問題に何も取り組んでこなかった姿勢を反省した**恥宣言**（1968年）を表明し，水俣病問題に積極的に取り組み，会社に責任を認めさせ被害者を支援する行動をとる路線に転向しました。

病院長と工場長

水俣病を初めて水俣保健所に報告した細川一チッソ水俣工場附属病院長は，1959年に工場排水を食べさせ続けた猫400号が，78日目に水俣病を発症したことを工場長に報告したものの，工場長から「今後の実験禁止」を言い渡されたことを，1970年の水俣病裁判で，当時肺癌で闘病中の身ながら臨床尋問で証言しました。細川氏はまた，1958年の排水口の水俣川への変更時にも，新患者を発生させることになり，人道上も許せないと反対したが，工場長が聞き入れなかったことも明らかにしました。細川氏は3か月後に69歳で永眠しました。

その工場長の西田栄一氏は，患者発生の翌年の1957年に就任しました。企業城下町で「西田天皇」と怖がられ，1958年の熊本大学の有機水銀説に反論し，チッソ本社からの熊本大学と協同して原因究明するようにとの要請も拒否しました。その他1970年に東京に異動となるまで，ときに本社の指示に反してまで患者側と対立しました。1976年に，在任期間58–64年の吉岡喜一元社長とともに元工場長として，業務上過失致死傷害罪で熊本地裁に起訴され，88年3月に**最高裁で有罪が確定**しました。晩年の西田氏はチッソと縁を切り，「全責任は自分にある」と自らを責め続け，戒名はもとより葬儀も出さず墓も作らせなかったといいます。

水俣病訴訟と皇室

2013年10月，天皇，皇后両陛下は「第33回全国豊かな海づくり大会」臨席のため熊本県を訪問され，水俣病の患者や家族と初めて面会されました。皇后美智子様の実妹が1959年から71年まで昭和電工の社長であった安西正夫氏の長男で84年に取締役（93年専務，95年子会社の社長）に就任した安西孝之氏の妻，また日本興業銀行から転じ1964年から71年までチッソの社長（後，会長，相談役）であった江頭豊氏が皇太子妃雅子様の母方の祖父，と水俣病と皇室には浅からぬ因縁があります。

た。熊本県の水俣病と同じ症状なことから，以後**新潟水俣病**ないし**第二水俣病**と呼ばれ，被害者は阿賀野川下流地域に多く現れました（**図7.3**）。

熊本水俣病と新潟水俣病の年表を比較すると，第二水俣病は，熊本水俣病に対しての政府の責任回避的対応によって惹起（じゃっき）されたも同然といえます。政府が，熊本水俣病の原因究明を徹底し，そして**昭和電工鹿瀬工場の操業停止措置をとっていたならば，第二水俣病は回避ないし少なくとも相当軽微に抑えられていたでしょう**。既にみたように，水俣病の真の原因については，1959年段階においては，チッソ社内の技術者を始め関係者の間では，いわば**共有されたマル秘情報**でした。それゆえ，外部の熊本大学等によりそれが証明されても，なかば覚悟の上でチッソは設備を稼働し続けたのでした。

一方，チッソで1964年12月に江頭豊新社長が就任し，社名をチッソと改名した翌月の65年1月に，**昭和電工はアセトアルデヒドの生産を停止，製造工程図は消却，プラントを撤去**してしまいました。**製造方法を電気化学方式から石油化学方式に転換**し，生産拠点を山口県徳山市に移転するとの会社表明があり，しかも**新潟水俣病患者が公式に発見される前**のタイミングでしたが，昭和電工が新潟水俣病の発生原因を認識し，不都合な事実を早々と隠蔽（いんぺい）する目的があったとも解釈される断行でした。

熊本と新潟の2つの水俣病には，明らかに独立でない要素があります（**コラム7.3**）。水俣病患者は，現在も後遺症に悩まされながら生活しており，公害の発生が人々の生活に不可逆的な影響を与えてしまうという教訓を示しています。これらの経験から，ようやく**環境問題における迅速な対応と，予防の重要性**が認識されるようになったといえるでしょう。

四日市ぜんそく

四日市ぜんそくは，主に三重県四日市市（塩浜地区）と南側に隣接する三重郡楠町（くすちょう）（現四日市市）で，高度経済成長期の1960年頃から社会問題化しました。**四日市コンビナート**から**排出された亜硫酸ガス（二酸化硫黄）などの硫黄酸化物が原因**であり，風下の地域の住民が喉の痛みや激しいぜんそくに襲われ，亡くなる人も出ました。四大公害の中では唯一の**大気汚染による産業公害**ですが，四日市の公害問題を大気汚染に限定してしまうのはミスリーディングであ

（注 1） 被害者の数には，「水俣病被害者の救済及び水俣病問題の解決に関する特別措置法」（受付期間 2010（平成 22）年 5 月 1 日～ 12（平成 24）年 7 月 31 日まで）に基づき新たに給付申請中の方の人数は含まれていません。
（注 2） 合併前の市町村名で表示。

図 7.3　新潟水俣病の被害者分布図

（出所） 新潟県『新潟水俣病のあらまし（平成 24 年度改訂）』

■コラム7.3　2つの水俣病を繋ぐ綾■

チッソがアセトアルデヒド製造設備の運転を停止したのは新社長が就任し，社名変更によりイメージチェンジを図った3年半後の1968年5月でした。この間，1967年6月に**新潟水俣病の患者が昭和電工を新潟地裁に告訴し，同年7月公害対策基本法**が成立しました。政府が公式に，**水俣病と工場廃水の因果関係を認める政府統一見解**を発表したのも1968年9月であり，最初に水俣病患者が見つかってから，既に12年が経っていました。チッソも昭和電工もアセトアルデヒドの生産を終了している段階になって，ようやく，厚生省が水俣病はチッソの排水に含まれていたメチル水銀化合物が原因であると発表し，科学技術庁は，新潟水俣病は昭和電工鹿瀬工場の排水に含まれていたメチル水銀が原因であると発表したのです。

熊本水俣病は，最初に病気が報告されてから，2年後にチッソが排水の排出先を変更した1958年，熊本県で対策が考えられ，猫による実験や熊本大学，厚生省が原因を有機水銀と指摘した59年，水俣病患者が増加し続け胎児性水俣病患者も確認された61年と，何度も被害の拡大を防ぐ機会はありました。しかし，それらを全て無視して**チッソが操業を続け，国も不作為，無為無策を通し続けた結果**，1965年の新潟水俣病へとつながってしまいました。昭和電工が証拠隠滅にも等しく，都合の悪い資料をすべて破棄してしまったのも，事件の全容解明を困難にしてしまいました。

り，工場排水で川や海の水が汚染され，四日市の海でとれた魚は油臭くて食べられないといった苦情等が寄せられていた事実も忘れてはなりません（第1章の**コラム1.5**も参照）。

レッスン7.2で詳しくみますが，**四日市公害裁判**が1967年から72年にかけて争われ，1972年7月の津地裁四日市支部の判決では，被告である第1コンビナート（塩浜地区）を構成する石原産業，中部電力，昭和四日市石油，三菱油化，三菱化成工業，三菱モンサント化成（旧三菱財閥系の化学企業3社は，現在は合併して三菱化学）の6社から排出される硫黄酸化物による大気汚染が原因とする原告の訴えが認められました。

ぜんそくを引き起こした有害物質の中で，最も悪影響を及ぼしたのは四日市コンビナートから年間13–14万トン排出された硫黄酸化物（SO_x）でした。原油は石炭と違い，クリーンなエネルギーとみられていましたが，気管や肺の障害や疾患を引き起こす硫黄酸化物を多く含んでおり，排出ガスは，**白いスモッグ**ともよばれました（レッスン7.3）。地域住民は経済発展を望んではいましたが，コンビナートの工場の稼働に伴い，大気汚染が深刻化し健康被害を訴える人が増えたのは想定外でした。

四日市市が1965年から公害患者に対する医療費負担制度をスタートさせる中，**患者数は1970年代初期には1,000人を超えました**（**図7.4**）。ぜんそくによっては子供の死者も出たため，学校の移転を求める訴えが地域住民から起こりました。市は，公害対策として工場と住宅地を分離するため，地域住民の集団移転も行いました。四日市公害裁判と前後して，官民あげての公害対策が講じられ，1976年度には二酸化硫黄の環境基準を達成しました（**図7.5**）。

四日市公害裁判後は，硫黄酸化物の総量規制などの対策が取られるようになり，現在では四日市市の二酸化硫黄濃度は正常化しています。

カドミウム中毒のイタイイタイ病

イタイイタイ病は，岐阜県吉城（よしき）郡（現飛騨（ひだ）市）神岡町にあった三井金属鉱業神岡鉱業所（**神岡鉱山**亜鉛精錬所）において，鉱山の製錬に伴う未処理鉱廃水に含まれて排出された金属**カドミウム**（Cd）が原因で，**富山県の神通川（じんずうがわ）下流域の河川や農地が広く汚染され，カドミウムを含んだ米や野菜，水などを摂取**

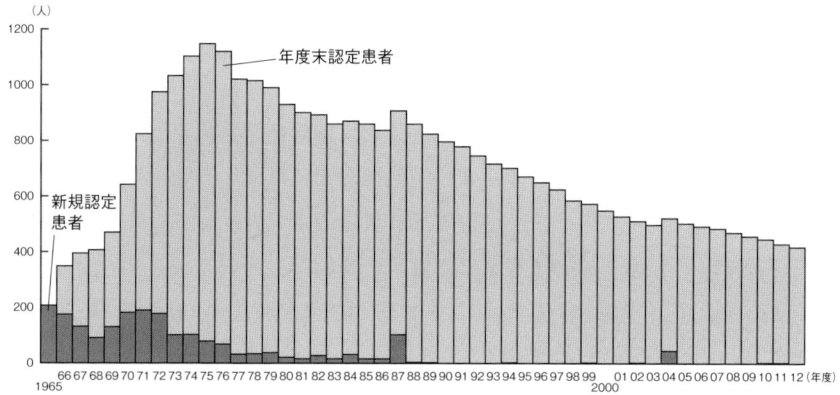

（注） 2004 年度からは，楠町との合併による増加分を含む。

図 7.4 四日市公害によるぜんそくの認定患者数の推移

（出所） 四日市市

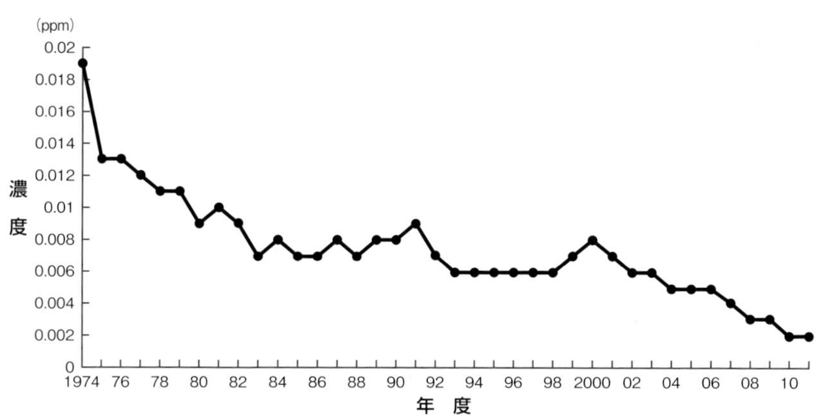

（注） 一般環境大気測定局の全局の平均値。三重県が定めた健康に過ごすために望ましい二酸化硫黄の濃度は，年平均値 0.017 ppm。

図 7.5 二酸化硫黄濃度の経年変化（年平均値）

（出所） 四日市市

した住民に発生した**公害病**です。患者が「痛い痛い」と泣き叫ぶことから**イタイイタイ病**と名付けられました。骨量が減少し寝たきりになり，くしゃみなどでも骨折するようになり，腎不全（尿路細管障害）も発症しました。当初原因不明であったために，風土病として差別の対象にもなりました。

神岡鉱山から産出する亜鉛鉱石は，不純物として1％程度のカドミウムを含んでいました。神岡鉱山では，既に江戸時代以前から銅銀鉛などを産出しており，明治維新になって経営主体が一旦明治政府に移りましたが，すぐに三井組に払い下げられ，三井組はやがて全鉱区を買占めました。日露戦争を契機に産出量が大幅に増加し，その後も太平洋戦争，戦後の高度経済成長期と増産が続き，この間大量の廃物が放出され，1886年の三井組による全山統一から1972年のイタイイタイ病裁判の判決までに，カドミウムの放出は850トンに達したと推定されています。

1920年，当時の上新川(かみにいかわ)郡農会長が農商務大臣と富山県知事に**神岡鉱業所の鉱毒除去の建議書を提出**したのが，神通川流域の鉱毒被害の表面化の始まりでした。その後も同様の要望が婦負(ねい)郡農会や富山県会からも出されたため，東京鉱務署の調査があり，神岡鉱業所に廃砕・廃水処理の改善が命じられました。また，富山県は補助金を出して，用水路幹線からの取水口に小沈殿池を設けさせ被害の軽減に努めましたが，戦時増産に伴い次第に埒(らち)が明かなくなりました。戦後の1948年になって，熊野村（現富山市婦中町(ふちゅうまち)）など3町4村の農家が結成した**神通川鉱毒対策協議会**が神岡鉱業所と交渉し，原因が解明されないままに，51年に関係市町村へ農業協力費を支払うことになりました。

1955年8月4日，熊野村の開業医萩野昇（1915–90）の患者を紹介する記事が富山新聞に掲載され，「この病気は神通川本流水系に発生し，患者は35歳から更年期にかけての女性が多く，腰肩膝などの鈍痛に始まり，やがて大腿や上腕部の神経痛のような痛みとなり，進行すると少しの動作でも骨折し，引き裂かれるような痛みを感じる」と紹介しました。萩野は，その後もイタイイタイ病の究明に努め，患者の骨や内臓および神岡鉱業所の廃水や川水からカドミウムが検出されたとの報告を踏まえて，1961年1月，萩野が中心となって**イタイイタイ病の原因はカドミウム**であると断言しました。

他方，1961年12月に富山県，63年6月に厚生省（現厚生労働省）及び文部

Q＆A　他の鉱山とイタイイタイ病

Q　イタイイタイ病は富山県だけではないと聞いたのですが，本当ですか？

A　神通川流域の他に，長崎県対馬厳原町（つしまいづはらまち）佐須地域（東邦亜鉛対州鉱山=1973年閉山）佐須川・椎根川水系域，石川県小松市梯川（かけはしがわ）流域（尾小屋鉱山=1971年閉山），兵庫県市川流域（生野銀山=1973年閉山），秋田県鹿角郡小坂町地域（小坂鉱山=1990年閉山），群馬県安中市地域（安中製錬所周辺）において，潜在的な腎臓障害を持つイタイイタイ病患者が少なからず確認されました（国は未認定）。

なお，小坂鉱山は閉山した後，2000年代に入って**都市鉱山**（家電ごみ等からの金属回収）が注目を浴びるようになると，120億円を投じてリサイクル施設を整備し，年間金（6トン），銀（400トン），銅のほかレアメタルを含む20種類以上の金属を再利用しています。

クローズアップ7.4　神岡鉱山とスーパー・カミオカンデ

神岡鉱山は，奈良時代養老年間720年ごろから採掘が始まり，江戸時代から銀山として本格的に採掘が始まりました。明治時代に三井組が零細な山師の持つ権利を買収していき，1886年に和佐保（わさほ）抗（現神岡中心部），89年に茂住（もずみ）抗を取得し，神岡鉱山すべての事業者になりました。多額の資本投下と近代的な技術を導入して大規模の採掘を行いましたが，イタイイタイ病の発生源としての責任をとり，2001年採掘を中止しました。

現在は，神岡鉱業茂住抗の坑内跡地地下1,000 mに，世界有数の精密物理実験サイトのカミオカンデ（1983年）と**スーパー・カミオカンデ**（1996年）として，東京大学宇宙線研究所のニュートリノ観測装置が建設されています。

カミオカンデは大統一理論の予言する**陽子崩壊**を間接的に実証するために，**ニュートリノ**（物質を構成する最小単位の粒子である12種類の素粒子のうちの電荷のない3種類の総称）を検出する目的で設置されたのですが，これはそれ以外の粒子は地下深くまで到達できないのに対して，ニュートリノは簡単に地下深くまで貫通する能力が高い性質を利用するためでした。**ニュートリノは超純水の中の電子とまれに衝突し光を発する**ことから，この光を検出することでニュートリノの存在を，したがって間接的に陽子崩壊を実証しようとしたのです。

結果的に，当初の目的は失敗に終わりましたが，1987年に世界で初めて，偶然，大マゼラン星雲でおきた**超新星爆発で生じたニュートリノ**を捕らえるのに成功しました。その後も，太陽ニュートリノの観測にも成功するなど，**ニュートリノ天体物理学**という新しい学問を生みました。この功績により，カミオカンデやスーパー・カミオカンデの建設に奔走し，研究を率いた**小柴昌俊**東大特別栄誉教授が，2002年**ノーベル物理学賞**を受賞しました。

KAMIOKANDEの名称は，Kamioka Nucleon Decay Experiment（**神岡核子崩壊実験**），あるいはKamioka Neutrino Detection Experiment（**神岡ニュートリノ検出実験**）の意味を持たせたものといわれています。

省（現文部科学省）が独自に原因究明に乗り出し，66年9月に合同会議を開き，確かにカドミウムが原因物質として濃厚であるが，栄養上の障害も考えられるとの**カドミウム＋α（アルファ）説**を発表しました。その後，富山県が住民に健康診断を行い，1967年3月に患者73人，要観察者150人を認定しました。厚生省も，1968年5月，「イタイイタイ病の本態はカドミウムの慢性中毒による骨軟化症であり，神通川上流の神岡鉱業所の事業活動が原因」と断定しました。これによって，イタイイタイ病は水俣病よりも先に，**公的に認定された公害病第1号**になりました。1970年2月，**健康被害救済法**（公害に係る健康被害の救済に関する特別措置法）が施行され，公害病患者96名が認定されました。2001年，東洋一を誇った神岡鉱山は，最終的に採掘停止になり，その後廃坑となった地中深くの空間は，意外な脚光を浴びることになりました（**クローズアップ7.4**）。

レッスン7.2　公害訴訟と患者補償

四大公害については，それぞれ訴訟が起こされました。原因企業が責任を認めないのに業（ごう）を煮やした患者が裁判所に提訴するパターンが共通で，しかも1960年代後半に集中しました。最初に提訴したのは，四大公害病の中では後発の新潟水俣病の患者であり，1967年6月のことでした（**表7.1**）。

新潟水俣病第１次訴訟と第２次訴訟

日本初の本格的な公害裁判となった**新潟水俣病第１次訴訟**は，「**新潟水俣病は昭和電工排水が原因であること**」及び「**熊本水俣病の原因が工場排水であることを知りながら工場排水を流しつづけた責任**」を争った**裁判**であり，1967年6月に患者3家族13人が新潟地裁に，昭和電工を相手取り4,450万円の慰謝料を請求し，提訴しました。被告の昭和電工は，「原因は新潟地震によって川に流出した農薬」と主張しましたが，すぐに事実無根であることが判明するものでした。4年後の1971年9月に判決があり，昭和電工に過失責任があるとして，原告勝訴となりました。これは，**公害による住民の健康被害の発生に対して，企業の過失責任を前提とする損害賠償を認めた画期的な判決**となりました。

表7.1　四大公害訴訟（第1次訴訟）の対比表

	水俣病	新潟水俣病 （第二水俣病）	イタイイタイ病	四日市ぜんそく
裁判提訴	1969年6月	1967年6月	1968年3月	1967年9月
被告 （原因企業）	チッソ	昭和電工	三井金属鉱業	石原産業，中部電力，昭和四日市石油，三菱油化，三菱化成工業，三菱モンサント化成
原告（被害者）人数[1]	138人	76人（第8陣まで，第1陣は13人）	33人	12人
請求金額	15億8,825万円	5億2,267万円	6,200万円（1審），1億5,120万円（控訴審）	2億58万円
判決賠償額	9億3,730万円	2億7,779万円	5,700万円（1審），1億4,820万円（控訴審）	8,821万円
根拠法規	民法709条（不法行為）	民法709条（不法行為）	鉱業法109条（無過失責任規定）	民法709条，719条（共同不法行為）
主な争点	被告の責任 （因果関係は被告企業が認めた）	因果関係と被告の故意または過失責任	因果関係の立証	共同不法行為の成立，故意または過失責任，因果関係
判決	1973年3月患者側全面勝訴， 被告の注意義務違反による過失責任	1971年9月患者側全面勝訴， 原因物質と汚染径路の情況証拠から因果関係認定， 人の生命身体の安全確保に対する企業の注意義務違反による過失責任	1972年7月患者側全面勝訴， 疫学的立証法で相当因果関係が存することを認定	1972年8月患者側全面勝訴， 被告6社の共同不法行為を認定， 立地上の過失と注意義務違反による過失責任
裁判所	熊本地裁	新潟地裁	富山地裁（一審）， 名古屋高裁金沢支部（控訴審）	津地裁四日市支部
その後の訴訟	第3次訴訟まで， その他訴訟が，熊本の他に大阪，東京，京都でも提訴ないし告訴	第4次訴訟まで	第7次訴訟まで	

（注1）　原告人数は判決時の人数。
（注2）　水俣病関連訴訟は，一般財団法人水俣病センター相思社のHPによると，2013年末現在，熊本水俣病関連で31争訟，新潟水俣病関連で6争訟が提訴ないし告訴されています。なお，争訟は訴訟よりも広い紛争解決手続きで，仮処分申請や違法確認等を含みます。

新潟水俣病第２次訴訟は，原告側完全勝訴の第1次訴訟の判決から11年後の1982年6月，新潟水俣病未認定患者94人（第8陣まででは234人）が国と昭和電工を相手取って慰謝料51億4,800万円を請求し新潟地裁に提訴したもので，「熊本水俣病の原因を知りながら昭和電工鹿瀬工場に排水規制等を行わなかった国の責任」と「水俣病の病像（どのような症状の患者を水俣病患者と認定するか)」等が争われました。1992年3月の第1陣判決では，提訴後認定された3人を除く91人中88人について**水俣病罹患**を認めましたが，**国の責任は否定**しました。原告全員と被告の昭和電工ともに控訴しました。

1996年2月，控訴後昭和電工と新潟水俣病第2次訴訟第1陣との間では東京高裁で，また第2陣～第8陣との間では新潟地裁で**和解が成立**しました。和解内容は，村山富市政権の連立与党3党（自民党，社会党，さきがけ）による政治決着を踏まえたもので，「被害者に一時金260万円が昭和電工から支払われ，医療費の自己負担分等が国や県から支給される」というものでした。

水俣病認定患者と補償

レッスン7.1で見たように，熊本水俣病の規模拡大や新潟水俣病の発生は防げた可能性がありましたが，それが叶わなかったからには，関係者にとっての残る責任は，**被害者の全面救済**にあります。しかし，国は，むしろ**水俣病の認定基準を厳しくした上で，被災地域の広範な住民の健康調査を実施せず**，熊本・新潟の被害者の救済に長い期間がかかる結果を招きました。水俣病は正式に国が公害と認めた後も，その補償を巡って長い間裁判が争われたのです。

その最大の原因としては，水俣病患者認定基準の問題があります。水俣病の認定は，1973年成立の**公害健康被害補償法**（公害健康被害の補償等に関する法律）により，国の認定基準に従い，国からの委託を受けた熊本県・鹿児島県（および新潟市）が行います。水俣病と認定されると，チッソから慰謝料（1,600–1,800万円），医療費（全額），年金（月額68,000–173,000円）が支給されます。しかし，実際にはチッソの支払い能力に問題が生じたため，国の「水俣病対策について」の閣議決定（1978年）を受けて，**熊本県が県債を発行して金融支援を行うこととなりました**。この支援は現在も継続しています。

それに先立つ1977年7月には，71年の環境庁（現環境省）事務次官の水俣病

◆ *キーポイント 7.1* 告訴，提訴，控訴，上告

裁判所がなす裁判には公開の法廷での口頭弁論を経る必要がある「判決」と，口頭弁論を経る必要のない「決定・命令」があります。第１審の裁判所に対して訴える際に，刑事事件の場合を**告訴**，民事事件の場合を**提訴**といいます。

第１審の判決に対して第２審裁判所に対して不服を申し立て，審査を求めることを**控訴**，そして**控訴審判決**に対して上級裁判所に不服を申し立て審査を求めることを**上告**といいます。

以上とは別に，**公訴**との用語がありますが，これは広義には公益を目的とした訴えをいい，狭義では**検察官による国家刑罰権の発動を求める訴え**をいいます。私人が自己の権利を主張して起こす**私訴**に対する概念で，**公訴を提起することを起訴**といいます。

■コラム 7.4 カドミウム土壌汚染と安全性の回復■

イタイイタイ病を招いたカドミウムによる土壌汚染は，富山県による検査（1971-74年）により，汚染面積は神通川左岸で1,480ha，右岸で1,648haの計3,128haとされました。**汚染田は神通川の扇状地にあり**，対策が必要とされた地域内の平均カドミウム濃度は表層土で1.12ppm，次層土で0.70ppmと深くなるにつれて濃度は低下しますが，**土壌中のカドミウム濃度と玄米中カドミウム濃度の間には相関関係が認められず**，土壌中のカドミウム含量が低くても高濃度の汚染米が出現しやすい傾向がありました。食品衛生法の基準であるカドミウム汚染米が，富山県の調査では230地点で検出され，当該水田では三**井金属鉱業の補償で作付けが停止**されてきました。また，カドミウム濃度が0.4ppm以上1.0ppm未満の米を準汚染米といい，すべての米を政府が買い上げ，時代により破砕し工業用糊の原料としたり，焼却処分，あるいは道路舗装材の一部としてきました。

土壌復元事業は1979年から始められ，県の施設や商業施設，住宅地などに転用された土地を除く863ヘクタールの農地で，土壌を入れ替える作業が地域ごとに順次進められました。汚染された土を水田の下深くに埋め込み，表面には山から運ばれた赤土を敷くという**客土工法**が採られました。カドミウムは土への吸着性が高いために，流れ出たり蒸発して農地の表面に出てくる恐れはなく，また汚染された土と表面の土との間には砂利の混じった土が敷かれ，農作物の根が汚染された土にまで達するのを防ぐ役割を果たすことから，**安全性に問題はなく，実際カドミウム濃度は大幅に基準値を下回り**，農作物は市場に出荷されるようになりました。

農家の農業離れ，農地転用の問題，そして工事費用の問題など難問が山積みとなり，工期が遅れ，しかも地域によるタイミングの違いはありましたが，2012年３月にはすべて完了しました。地域によっては，イタイイタイ病の記憶を風化させないためとして，農地復元を祝した記念碑が建てられています。

認定要件に関する通知に追加して，同企画調整局環境保健部長による通知「後天性水俣病の判断条件について」（**1977年判断条件**）が出され，「汚染地区の魚介類の摂取など**メチル水銀への曝露歴があって感覚障害が認められることに**加え，運動障害・平衡機能障害・求心性視野狭窄・中枢性の眼科または耳鼻科の症状などの一部が**組合わさって出現すること**」が認定の要件となりました。

環境庁は認定の際の基準をより具体化しただけと説明しましたが，患者側にとっては**それまでの認定基準よりも厳しくなり，結果的にその後認定を棄却された被害者が，国と原因企業を相手取って新たな裁判を起こす**契機となりました。認定されると慰謝料，医療費が支払われることから，チッソひいては県や国の負担の増加を避けるために水俣病の認定が厳しく行われた，との批判の種にもなった通知だったわけです（なお，通達とは異なり，通知には必ずしも従う義務はありません）。

1995年の村山富市内閣において，連立与党3党による政治決着を目指す解決案を提示し，原因の確認・企業への対応の遅れを首相として初めて陳謝した「水俣病問題の解決に当たっての内閣総理大臣談話」が閣議決定されました（ただし，国の法的責任には触れず）。一時金260万円を支払い，障害の程度に応じて医療手帳，保健手帳を交付して医療費などを支給する内容で，約1万2,700人が対象となりました。

この政治決着を受け入れずに，訴訟を継続したのが**水俣病関西訴訟**であり，それに対して，2001年には国・熊本県の責任を認める初の高裁判決が下り，チッソに対する除斥期間経過も撤回した判決でしたが，国・熊本県が最高裁へ上告しました。2004年の最高裁判決は，水俣病の被害拡大について十分な防止策を怠ったとして**国および熊本県の責任を認め，1977年判断条件も限定的に解釈すべきである**として，その症状の一部しか有しないものについてもチッソに600万円–850万円などの賠償支払を命じました。

この最高裁判決を受けて，熊本・新潟など4か所で，新たに未認定患者による民事訴訟が提起され，新たな申請者が急増することになり，政府は2010年4月，前年に成立した**水俣病被害者救済特別措置法**（水俣病被害者の救済及び水俣病問題の解決に関する特別措置法）の**救済措置の方針**を閣議決定し，一定の感覚障害を有する場合一時金210万円及び療養手当等を支給することを決め，

クローズアップ7.5　イタイイタイ病全面解決

2013年12月，イタイイタイ病を巡り，被害者団体「神通川流域カドミウム被害団体連絡協議会」（被団協）と原因企業の三井金属鉱業が被害者救済の合意書に調印し，三井金属鉱業は「過去の大きな被害は消しきれない。社として衷心より謝罪する」と初めて正式に謝罪しました。最初の患者が発生した兆候がある1910–20年代から100年の歳月を要し，1968年に公害病と認定されてからも50年目前，「全面解決」までの道のりはあまりに長かったといえます。

病気の前段症状と見なされながらも補償の対象から漏れてきたカドミウム腎症（尿路細管障害）の発症者に，三井金属が1人60万円の一時金を支払うことで歩み寄ったもので，該当者は1,000人近くとみられています。環境省による公式認定は，骨折を起こす骨の軟化に限り，腎臓障害は直ちに日常生活に支障は出ないとして救済の対象外としてきました。認定患者への賠償金の1,000万円とは大きな開きがあり，解決案の受け入れは被団協にとっては苦渋の決断であり，**被害者が高齢化する中での「存命中の救済」を求めて早期解決を優先した結果**といえましょう。具体的に全面解決に動き出したのは2009年に汚染土壌の復元に目途（めど）がついた頃で，被団協側から申し入れたといいます。

三井金属鉱業は，認定患者への賠償金支払いに加え，汚染地域の土壌改善などにも取り組んできました。汚染された農地の復元事業は2012年，ようやく全般的に終了したところで，33年の歳月と総額400億円の費用を要しました（**コラム7.4**）。一旦公害を引き起こすと，被害者救済や環境の回復に長い年月と多くの費用を要するのは，イタイイタイ病ばかりでなく四大公害病の**社会的費用**に共通する特徴といえます。また，環境省の患者認定基準のハードルが極めて高く，重症化し，骨軟化症にならないと患者認定されなかったために，**比較的軽症の人が置き去りにされる**結果となったのも，水俣病と同様でした。

1970年代には，長崎県9人，兵庫県5人，石川県2人など，各地の鉱山地域でイタイイタイ病の疑いがあるカドミウム汚染や腎臓障害が見つかりました（レッスン7.1）。しかし，いずれもイタイイタイ病としては相対的に軽度であったことと，鉱業業界団体が，カドミウム原因説を認めた旧厚生省見解の再検討を要望して巻き返しを図り，この動きが神通川流域の患者認定を鈍らせ，他地域の健康被害にも傍観を決めつけさせたとの指摘もあります。既にみてきたように，国を始めとした行政の対応が後手後手に回ったつけは大きく，「全面解決」にも100%安堵（あんど）するわけにはいかないとの声も聞こえてきます。

12年7月末を期限として申請を受け付け，6万5,151人が申請しました。

熊本水俣病についてのこの動きを受けて，**新潟水俣病をめぐっても熊本をベースに和解が成立**し，昭和電工が一時金として一人あたり210万円を支給し，さらに国や新潟県が「療養手当」を支給することなどが盛り込まれ，170人余りの未認定患者が応じました。和解によらず判決を求めて今後も訴訟を継続する被害者原告も残されていますが，公害の原点ともいうべき熊本水俣病とともに，新潟水俣病問題は幕引きに向けて一歩を踏み出したことになります。

水俣病の幕引き

以上みてきたように，**水俣病の患者補償については，多くは患者認定をしないまま，政治決着として一時金の支払いで解決**を図ってきました。しかし，被害者としては，水俣病であると認定して欲しく裁判を継続する人もおり，2013年4月に**最高裁が初めて水俣病患者の認定**を行いました。従来基準の**1977年判断条件**に抵触する感覚障害の人でも，「状況などを総合的に検討して認定できる」としたのです。それまで裁判所は，認定基準を緩和するように行政に求めてきましたが，水俣病の公式確認から57年目にして，**行政の不作為を直接的に裁判所が糺す**との判決が出たのです。

公害健康被害補償法に基づく認定患者は，2013年3月末時点で2,975人に過ぎず，政治決着を受け入れた人々と比べるとわずかな人数でしかありません。それほど行政の認定基準が厳しく実情と合わなかったとも解釈できるでしょう。最高裁により，行政が認めなくても裁判所が認定するとの判断がなされたことにより，今後の水俣病認定の流れが変わるのではと大いに期待されました。

2013年10月には，従来の基準に沿い熊本県が棄却していた患者の不服審査請求で，最高裁判決の趣旨に沿って国の**公害健康被害補償不服審査会**が「認定相当」との逆転裁決を出したことから，熊本県はこの患者に謝罪し患者に認定しました。しかし，環境省は「これは参考事例として受け止める」と重視せず，その後も，認定基準の改定までには至っておらず，同年12月には熊本県や新潟県の知事からの改定要求も打ち出されました。

水俣病は終幕の最後の段階に掛かっています。患者の多くも高齢であり，イタイイタイ病の全面解決（**クローズアップ7.5**）同様，被害者の納得のいく解

■コラム7.5　四日市ぜんそく訴訟の重い判決■

四日市ぜんそく訴訟は，磯津町在住の患者9人が塩浜第1コンビナート6社を相手取って，1967年9月に提訴して争われた公害訴訟です。公害であるのははっきりしていますが，医学的見地からはぜんそく性疾患は従来からも広く存在し，大気汚染以外の原因でも起こる非特異性疾患であること，また大気汚染の発生責任の点でも複数の排出者による複合したものであることなど，他の公害訴訟とは異なった特徴があります。訴訟でも，この**原因論（因果関係）と複数排出者による共同不法行為の成否**が大きな争点となりました。

裁判は津地裁四日市支部で行われ，1972年2月に結審し，提訴以来ほぼ丸5年後の同年8月に，「人間の生命・身体に危険のあることを知りうる汚染物質の排出については企業は経済性を度外視して，世界最高の技術・知識を動員して防止措置を講ずべきである」として，**原告側の完全勝訴の判決**が出ました（**表7.1**）。この重い判決を原告側，被告側ともに受け入れ，一連の四大公害訴訟で最初に原告側勝訴の確定判決となったのです。

クローズアップ7.6　公害裁判の狭間（はざま）で

- ■1969年，公害被害者全国大会開催。水俣病，イタイイタイ病，三池鉱山の一酸化炭素中毒，森永ヒ素ミルク中毒，カネミ油症などの被害者代表百数十人が集まる。
- ■1970年，大阪厚生年金会館で行われたチッソ株主総会に，白装束の患者（1次訴訟原告家族）らが，交渉を拒みつづけたチッソの社長に直接会うために，一株株主として参加。
- ■1975年，チッソ幹部が水俣病の「殺人，傷害罪」で告訴され，熊本地裁，福岡高裁で有罪。最高裁まで争った結果，88年2月チッソ元社長と元工場長の上告を棄却，業務上過失致死傷害罪で懲役2年・執行猶予3年の有罪判決。起訴以来32年。
- ■1989年，『週刊新潮』（2月16日号）に，「水俣病ニセ患者も30年」の記事の中で，胎児性患者・上村智子の母親（**コラム7.1**参照）の意見として，「私らが裁判に勝ったら，一任派の人たちも1,800万円もらいなすった。それはまだいいのやけど，お金が出たばっかりに，『自分もそげんとじゃ』と言う人の出てきたとです。それも，陰口叩いとった人に限って我も我もと申請ばするとです。」（一部のみ引用）と掲載。
- ■1990年，水俣病裁判の国側の責任者として，和解拒否の弁明を続けていた環境庁企画調整局長が自ら命を絶つ。

決が望まれます。

四大公害訴訟の教訓

イタイイタイ病訴訟（**クローズアップ7.5**，及び**コラム7.4**）と**四日市ぜんそく訴訟**（**コラム7.5**）を含めた四大公害訴訟は，水俣病の患者の認定問題は残されていますが，おおむね収束した感があります。四大公害病の経験から，日本は今や**世界有数の無公害優等国**になったといえましょう。早期に決着した四日市ぜんそくを始めとして，水俣病やイタイイタイ病の和解が達成された暁には，和解後の課題も検討する必要があります。公害病は，**被害者である患者と加害者の原因企業との間の関係ばかりでなく，患者と発病に至らなかった被害者との間の関係**，とりわけ**地域社会の一体感ないし共同体帰属意識**にヒビを入れます。水俣病やイタイイタイ病の被害者は，当初，原因不明の伝染性の奇病・風土病の罹患者と疑われ，周囲からの差別や中傷に精神的に苦しめられたのです。このヒビ割れを何とか修復し，地域を融和させ再生する必要があります。

水俣市で行政が主導して進められている被害者と市民が地域の再生に向けて話し合う試みは，「みんなが心を寄せ合う」との意味で**もやい直し**と呼ばれており，新潟水俣病問題に係る懇談会も，水俣病の教訓を踏まえた環境教育・人権教育に住民の参加を促すよう提言しています。**公害病の被害者とそうでない一般住民との間に生まれてしまった根深い相互不信感**（**クローズアップ7.6**参照）を，なんとか解消する努力が望まれます。公害の被災地の住民が地元から離れ，周辺の人口が減少したことも，地域社会にとっては大きなマイナスとなったでしょう。人口の回復策も真剣に講じるべきです。

次に，公害病の被害者なり被災者の特徴として，四大公害病が1950年代から60年代に集中したことから，被害者の平均年齢は70歳から80歳と，かなり高齢化が進んでいます。被害者も家族との生活の中で，介護されるばかりでなく，患者が患者を介護する必要がある場合も考えられ，介護保険なども含めて，公害病被害者に対する福祉サービスの充実は，行政にとっても緊急の課題となっています。

■コラム7.6　水銀に関する水俣条約■

高度経済成長の中で公害病を経験した日本として，その経験を世界に発信していかなければなりません。水俣病やイタイイタイ病は原因解明済みであり，誤った轍(てつ)を踏まないように，予防を働きかける義務があります。ところが，有機水銀やカドミウム，そして亜硫酸ガスによる環境汚染の問題は，地球規模で見ると，現在も進行しています。日本はどうすべきでしょうか？　警告だけ発信しても，発展途上国にとっては馬耳東風，上の空にしか聞いてくれないのが現実です。

日本は，もっと積極的に，**直接的規制**を働きかけるべきかもしれません。第4章のレッスン4.1でみたように，直接規制は即効性がありますが，経済メカニズムによるインセンティブを通じた誘導と比べると，必ずしも効果が持続しないかもしれません。しかし，緊急を要する場合には，他の選択肢に比べてはるかに勝るでしょう。日本がこの意味で国際貢献したものに，**水銀に関する水俣条約**があります。

2011年1月，千葉市で，水銀規制の国際条約の制定に向けた国連の「水銀に関する条約の制定に向けた政府間交渉委員会第2回会合（INC2）」が開かれ，130か国の政府関係者やNGOが参加しました。新潟水俣病の被害者が講演し，水銀による健康被害の防止を呼びかけました。水俣病の反省から，日本の水銀使用量は大幅に減少し，その分，行き場のない水銀が途上国などに年間100トン余り（ピーク時の2006年は250トン）も輸出されている現実も指摘されました。

INC2以降INC5までの交渉を経て，**水銀に関する水俣条約**（The Minamata Convention on Mercury）が，2013年10月に水俣市及び熊本市で開催された全権代表外交会合で採択・署名されました。水俣病と同じような被害を繰り返してはならないとの決意を込めて名付けられたもので，**国連環境計画**（UNEP）の政府間交渉委員会にて，日本が提案し全会一致で可決されたものです。

地球規模の水銀および水銀化合物による汚染や，それによって引き起こされる健康，および環境被害を防ぐため，国際的に水銀を管理することを目指し，水銀および水銀使用製品の製造と輸出入の規制，環境への排出規制などが盛り込まれました。水銀廃棄物管理に関する**バーゼル条約**（レッスン4.1参照）とは補完的なものになります。単に水俣条約とも呼ばれ，Minamataの名が冠されたことにより，国内での被害者を救済するとともに，地球規模で水銀による健康被害を防止することが日本にとっての責務になったといえましょう。

レッスン7.3　大域公害

ここまで見てきた四大公害は，地域に集中して発生する公害源があり，そこから地域住民に不利益がもたらされるといった**ローカル（局所的）な外部不経済問題**といえます。これに対して，より広い範囲に不利益が及ぶか，もしくは原因となる企業や経済活動が不特定多数で全国に散在する場合，公害としては異なった様相を呈し，これを**大域公害**と呼ぶことにします。本レッスンでは，大域公害として，主としてアスベスト公害を取り上げ，光化学スモッグ等についても言及します。

アスベスト公害

アスベスト（石綿（いしわた））は**天然の無機繊維状鉱物の総称**であり，その繊維は直径が200–300オングストローム（Å）（10Åが=1ナノメートル=10^{-9}m）と極めて細い中空のパイプ状構造をもっており，柔軟で織物を作ることができます。耐久性，耐熱性，耐薬品性，電気絶縁性，保温性などに優れ，糸状や布状に加工しやすく，しかも安価なので，**建材，船舶，パイプ，バルブ，自動車のブレーキなどに大量に使用**されてきました。1960年代に，アスベストによる肺癌（がん），並びに肺を取り囲む胸膜等の癌である**中皮腫**の発生が確認され，日本では75年に吹付けアスベストの使用が禁止されました。1987年に小中学校の建物でのアスベスト使用が社会問題になりましたが，根本的な対策は取られませんでした。1995年に発癌性の高い青石綿と茶石綿が輸入・製造禁止となり，2005年からは白石綿も同様に原則禁止となりました。

アスベスト被害は，公害というよりは**製造物責任法**の対象とすべきであり，アスベストを含む製品の製造企業に賠償させればよいという考えもあります。実際，製造企業も相応に負担はしてきましたが，それだけでは被害者への補償は十分なものにはなりません。そこで，水俣病やイタイイタイ病の場合と同様に，国が間に入った形での補償スキームが望まれました。現在の患者以上の被害者を生まないために，適切なアスベストの処分法も，検討されなければなりません。そうしたなかで，国は2つの対策を重視してきました。

クローズアップ7.7　アスベストと健康被害

アスベストによる健康被害は，**胸膜の中皮細胞の悪性腫瘍である中皮腫**となって現れます。中皮腫は，日本における死亡数が肺癌の100分の1程度と，どちらかと言えば珍しい病気でしたが，最近になってこの**中皮腫の患者数が急増**しています。中皮腫はアスベストに曝露（ばくろ）した（侵襲された）後に30–40年の潜伏期間を経て発症し，高度成長期から1980年代半ばまで大量のアスベストが輸入されたことから，2030年頃までは患者数が増加を続けるとみられており，**今後40年間に10万人の中皮腫死亡者が出る**との予測もあります（**図7.6**）。

アスベスト健康被害は，飛び散った繊維が人体に吸い込まれることが誘因になります。通常の日常生活においてはアスベストを吸引する可能性はほとんどなく，問題になるのは，過去にアスベストを扱う仕事に従事していたか（**職業曝露**），アスベストを扱う事業所周辺に居住していたか（**環境曝露**），あるいは常用解体作業者の衣類に着いたアスベストが家庭内に持ち込まれたか（**家族曝露**）のどれかと考えられます。中皮腫は，いったん発症すると進行が早く悪性度が高い病気です。多くの場合は初期段階から胸水がたまりますが，自覚症状はほとんどなく，胸痛，悪心（おしん）などの症状が現われた場合には，既に中程度に症状が進んでいる場合が多いといわれています。

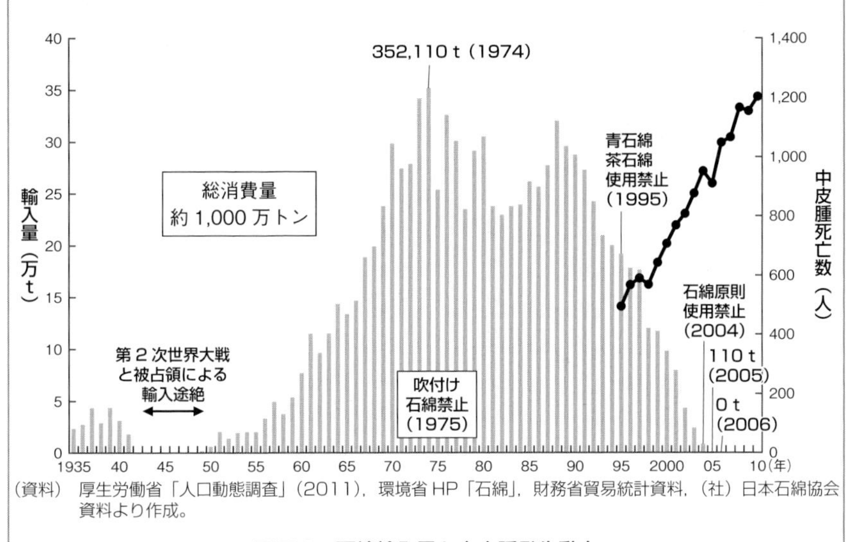

（資料）厚生労働省「人口動態調査」（2011），環境省HP「石綿」，財務省貿易統計資料，（社）日本石綿協会資料より作成。

図7.6　石綿輸入量と中皮腫発生動向

（出所）細川誉至雄「石綿（アスベスト）肺がん――認定基準と補償・救済の状況」北海道勤労者医療協会医学雑誌，33，1-12，2011年

第1は，被害者の救済として，申請期限が切れてしまった従業員や工場の近隣住民など，**労災補償の対象にならないすべての被害者とその遺族を救済**することであり，その目的をもって**アスベスト新法**（石綿による健康被害の救済に関する法律）を2006年2月に成立させました。具体的には，療養中の被害者，新法施行前に死亡した人の遺族，そして労災時効遺族に対して，それぞれ決められた補償金を支払う内容になっています。財源には，アスベスト関連企業と国や地方公共団体が創設する基金が充てられます（**図7.7**）。

なお，アスベストによる中皮腫の潜伏期が非常に長期間にわたるために，被害者に自覚症状が現れていない可能性があり，そのような潜在的な患者に早期の治療を施させるために，本人にアスベストの暴露があったことを知らしめる必要があります。そのために，国は**「石綿ばく露作業による労災認定等事業場一覧表」を2005年以来，追加して公表**してきており，随時，新聞広告欄などでも心当たりがないか注意を喚起しています。

第2のアスベスト対策としては，建造物に使われているアスベストの処理対策を徹底するために，2006年には**建築基準法や大気汚染防止法の改正**も行いました。国内に輸入された凡(およ)そ**1,000万トンのアスベストの9割以上が建材として使われており**，将来にわたって被害拡大を防ぐためには，劣化した吹付けアスベストの除去や解体・改築時の暴露防止の徹底が急務になっています。

アスベストによる健康被害については，国の責任を問う訴訟が起こされ，大阪泉南アスベスト訴訟について，最高裁は2014年10月に国の責任を認める判決を下しました。これを受け，国は他の同様な訴訟についても，今回の判決を踏まえた和解の途を探るとの厚生労働大臣談話を発表しました。なお判決では，アスベストによる健康被害を国が認識していた1958年から，工場内のアスベストを取り除く排気装置を義務付けた71年以前について，国に責任があるとしています。

光化学スモッグ

大気汚染現象の一種で，オゾンや硝酸過酸化アシルなどの**光化学オキシダント**が，煤煙(ばいえん)などとともにスモッグを作る現象を**光化学スモッグ**といいます。**光化学オキシダント**は，工場や自動車から排出される窒素酸化物や揮発性有機化

目的：石綿による健康被害の特殊性にかんがみ，石綿による健康被害に係る被害者等の迅速な救済を図る。
施行日：基金の創設　平成 18 年　2 月 10 日
救済給付・特別遺族給付金の支給　平成 18 年　3 月 27 日
事業者からの費用徴収　平成 19 年　4 月　1 日
医療費等の支給対象期間の拡大等　平成 20 年 12 月　1 日
指定疾病の追加（政令改正）　平成 22 年　7 月　1 日
※　制度全体について 5 年以内に見直し。

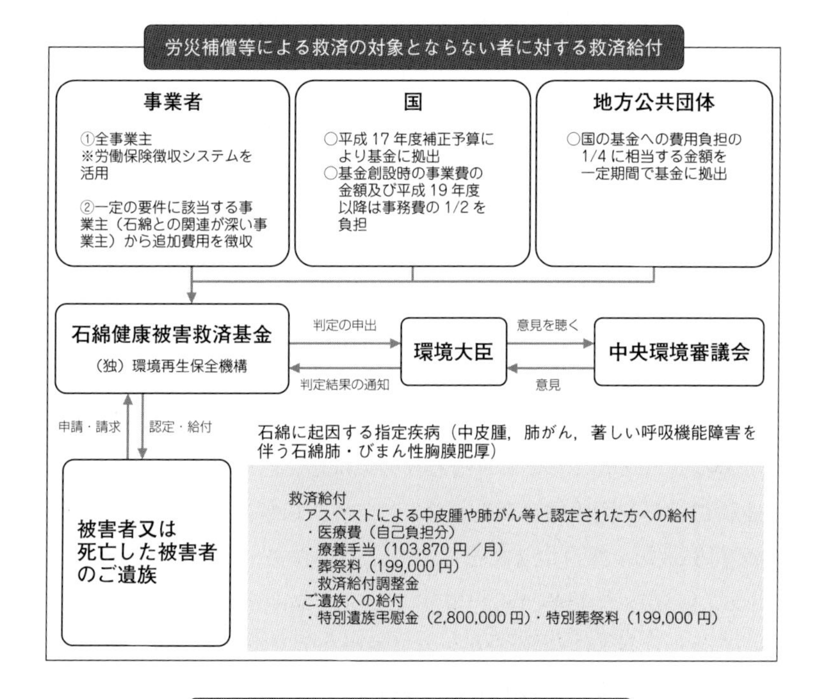

労災補償を受けずに死亡した労働者の遺族に対する救済措置

〔特別遺族給付金の支給〕
①対象者：指定疾病等により死亡した労働者（特別加入者を含む。）の遺族であって，時効により労災保険法に基づく遺族補償給付の支給を受ける権利が消滅したもの。
②給付額：特別遺族年金　原則 240 万円／年
※特別遺族年金の支給対象とならない遺族には一時金を支給する。
③財　源：労働保険特別会計労災勘定から負担する。

図 7.7　アスベスト新法（石綿による健康被害の救済に関する法律）の概要
（出所）　環境省 HP「大気環境・自動車対策」

合物を主体とする汚染物質が，燃焼すると同時に日光に含まれる紫外線照射を受けて**光化学反応**を起こして変質したもので，一連の反応を踏まえて光化学スモッグの名が付きました。日最高気温がおよそ25℃以上で日差しが強く，風の弱い夏の日に発生しやすい傾向があります。このような光化学スモッグは，深刻度なり重篤度は大分異なりますが，四日市ぜんそく様の公害が全国で発生したと考えると分かりやすいでしょう。

光化学スモッグ注意報は，1968年に制定された**大気汚染防止法**により都道府県知事等によって発令・解除されます。多くの都道府県では，光化学オキシダント濃度が0.12ppm以上になり，かつ，気象状況からその状態が継続すると認められるときに「注意報」(同様に，0.24ppm以上になれば「警報」が，0.40ppm以上になれば「重大緊急警報」)が発令されます。また，発令に合わせ，協力工場に対して窒素酸化物等の排出削減を要請したり，地域住民に対しては屋外での活動や不要不急の自動車の使用を控える等の協力を求めています。注意報等の伝達は防災無線放送で行いますが，テレホンサービスやメール配信，インターネットによる情報提供を行う自治体も多くなっています。

光化学スモッグが初めて発生したのは1940年代のアメリカ・カリフォルニア州のロサンゼルスだとされており，石炭の燃焼が原因でもっぱら冬の朝を中心に発生する**ロンドン型の黒いスモッグ**に対して，**ロサンゼルス型の白いスモッグ**と呼ばれました。四日市ぜんそくでも「白いスモッグ」の呼称が出ました(レッスン7.1)が，光化学反応の有無で大気汚染のメカニズムは異なります。日本での発例件数は1970年代をピークに減少しましたが，(郊外に比べ都市部ほど気温が高くなる)**ヒートアイランド現象**や中国からの大気汚染物質の流入などの影響により，近年も発生している大都市地域もあります(**コラム7.7**)。

レッスン7.4　食品汚染と薬害事件

本レッスンでは，食品汚染問題と薬害事件問題を取り上げます。アスベスト問題以上に，これらは公害問題というよりも部品に欠陥のある自動車のリコールのように，欠陥のある個別製品を**製造物責任法**(**PL法**)によって処理

■コラム7.7　光化学スモッグの足跡■

日本で光化学スモッグが初めて発生したとされるのは，**1970年7月18日に東京都の環七通りの近く**にある東京立正中・高校の生徒43名が，グランドで体育の授業中に**目に対する刺激・喉の痛みなどを訴えた事例**とされています。ただし，1965年頃に近畿や四国で，また1969-70年に関東で報告されていた農作物の斑点などの被害が，後に光化学スモッグによるものであったと判明しており，それ以前にも被害はあったと考えられています。

初報告以降1970年代には，堰を切ったかのように，光化学スモッグが多数報告されるようになりました。光化学スモッグ注意報等の発令延べ日数（＝都道府県ごとの地域数x日数の合計）は，1973年に300日を超えてピークに達し，その後減少し，80年前後には一時的に改善し100日以下となりました。しかし，その後は増減を繰り返すも漸増し，**2000年代に入って急激に減少に転じた**ことが分かります（**図7.8**）。

発令都道府県数の推移からは際立った特徴は見られませんが，2000年前後から，対馬などの離島や西日本，日本海側などで，中国起源の汚染物質が影響したと推定される光化学オキシダントの高濃度事例が発生して問題となっています。また，2002年には千葉県で国内で18年ぶり（千葉県内では28年ぶり）となる光化学スモッグ警報（注意報でなく）が発令されました。

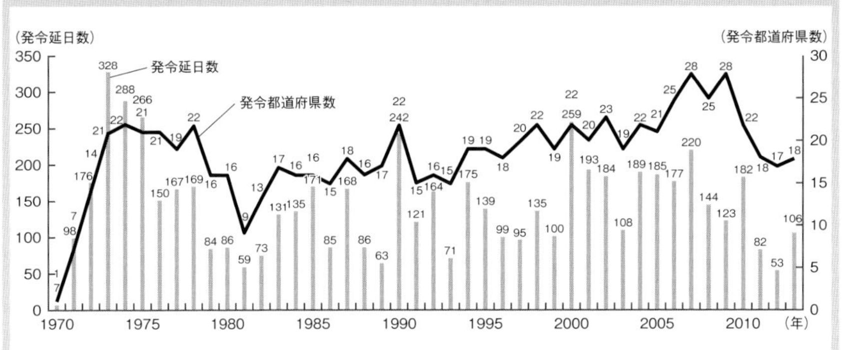

図7.8　光化学スモッグの発令延日数と発令都道府県数の推移

（出所）環境省「光化学オキシダント関連情報　各都道府県における光化学オキシダント注意報等発令日数の推移（昭和45年～平成22年）」，平成23年光化学大気汚染の概要，平成24年光化学大気汚染の概要，平成25年光化学大気汚染の概要より大和総研作成。

すればよいとの見方もあるところです。しかし，食品汚染問題も薬害事件問題も，**人の命に直結する可能性があり，しかも大量の被害者が生まれることから，自ずと深刻な社会問題になるという意味では，既に公害に分類される必要条件を満たしている**といえるでしょう。まず，食品汚染問題としては，代表的な2例である森永ヒ素ミルク事件とカネミ油症事件を取り上げます。

森永ヒ素ミルク事件

森永ヒ素ミルク事件は，1955年に森永乳業徳島工場が製造した缶入り粉ミルクにヒ素（砒素）が混入し，1万3,000名の乳児が**ヒ素中毒**になり，**130名以上が死亡した事件**です。当座は，厚生省（現厚生労働省）により後遺症の恐れはないとされたため，一時的な事件として扱われました。しかし，**14年後の1969年**になって，**公衆衛生学会で，森永ヒ素ミルク事件の被害者を追跡調査**した結果，14歳になっていた被害を受けた子供達に**脳性マヒ**や**知的発達障害などの重度障害**が発生している実態が報告され，にわかに社会問題化しました。

それまでにも刑事・民事訴訟が争われ，**1963年の徳島地裁での刑事判決では森永乳業側は無罪**となりました。しかし，1969年の追跡調査の結果を受け，裁判の差戻しが行われ，70年に森永側はミルク中のヒ素化合物が原因と認めました。これによって，1973年，徳島地裁は森永乳業の元製造課長に禁固3年の実刑判決を下しました。この時判明した事件の真相によると，乳製品の溶解度を高めるために，また安価であるという理由から工業用の第二燐酸ソーダ（Na_2HPO_4）を使用し，その中に不純物としてヒ素が含まれていたために，事件が起こってしまったのでした（**コラム7.8**）。

当時の森永乳業は，乳製品の売上では国内でトップシェアを占める企業でしたが，裁判の中で森永製品のボイコット（不買）運動が起こり，それが全国に波及したため売上が減少しました。このボイコットは被害者側が森永と交渉を行うための戦略として利用したもので，その後実際に話合いがもたれ，「**一生障害が残る食品公害による被害者の救済方法としては，一時的な賠償金の支払いではなく，恒久的な被害者の救済システムが必要**である」との考え方が，被害者，森永乳業，厚生省によってまとまり，1974年に被害者の救済事業を行う財団法人**ひかり協会**が立上げられました。

■コラム7.8　食の安全■

食品公害は国民が日常的に食べる食料品が汚染された状態にあり，それが長期間の健康を害する重篤な事件といえますが，より広い意味では日常的な**食の安全**が脅かされる事例に含まれます。やや古くなりますが，2003年に行われた内閣府の**食品安全委員会**による，470名の食品安全モニターへのアンケート調査「食の安全性に関する意識調査」の結果が**図7.9**として集計されています。

これによると，食品の安全性の観点からより不安を感じているもの（複数回答可）としては，農薬，輸入食品，添加物，汚染物質が60％以上を集めて上位4位に入っており，やや離れて遺伝子組換え食品や健康食品が続いています。放射線照射が30％弱で13位にあがっていますが，アンケートの実施が東日本大震災後であれば，放射能汚染といった項目が上位に入った可能性が高いでしょう。

森永ヒ素ミルク事件やカネミ油症事件は第4位の汚染物質に当たりますが，高度成長期と比べて日本の食の安全体制が格段に整ったことから，食品公害となるまでの汚染物質に対する危惧感は薄くなったものと考えられます。農薬に対しては，**無農薬食品**がもて囃（はや）されるのと表裏一体で，根が深い農薬不信を反映した結果でしょう。輸入食品としては，殺虫剤が混入した冷凍餃子中毒事件（2007-08年）や上海（しゃんはい）でのチキンナゲット用の使用期限切れ鶏肉事件（2014年），その他にも農薬類や抗生物質の混入と中国からの輸入食品に問題が発覚する事件が相次ぎました。

アンケートに直接ない回答項目として**食品偽装事件**があります。産地偽装，原材料偽装，メニュー偽装，消費期限・賞味期限偽装，事故米食用偽装，食べ残しの再提供，等々2000年代に入ってから問題になった事件は多く，大手食品メーカーや有名料理店を含めた食品提供者のモラルが問われました。

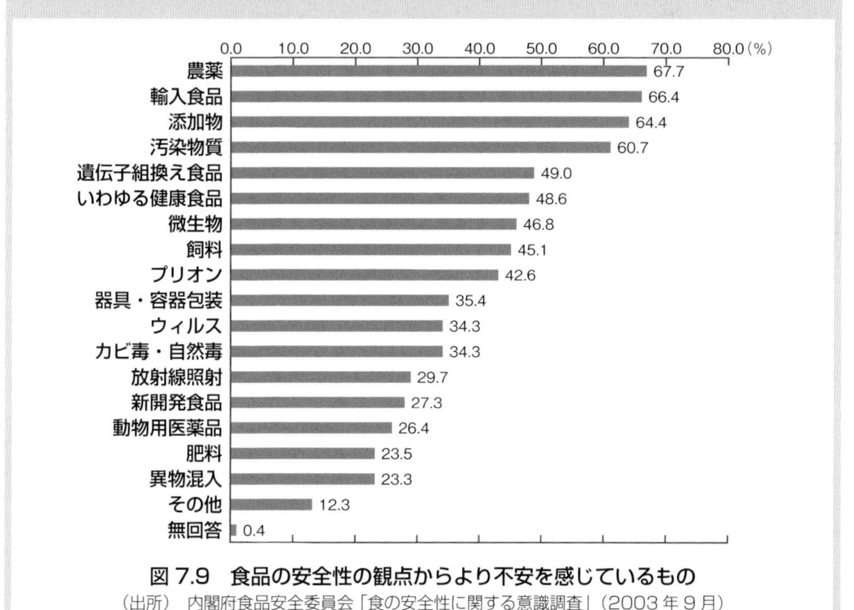

図7.9　食品の安全性の観点からより不安を感じているもの

（出所）　内閣府食品安全委員会「食の安全性に関する意識調査」（2003年9月）

森永ヒ素ミルク事件で重要なことは，**後遺症を負った人々が，長い間先天的な障害として扱われた**ことです。事件後，厚生省は被害実態の把握のための検診を行いましたが，大半の乳幼児が全快と診断されました。被害者の親たちは，成長に伴い障害が顕在化した子供を抱え補償も受けられず，社会の偏見に曝（さら）されることとなりました。この流れを変えたのが，大阪市の養護教諭や保健師ら約20人が被害者宅を訪問し，**聞取り調査の結果として，1969年の公衆衛生学会で行った報告**です。この調査により森永ヒ素ミルク事件は改めて社会の関心を呼び，損害賠償の民事訴訟も進展しました。仮に調査が行われなければ，被害者は救済されることなく，事件も風化してしまったでしょう。

カネミ油症事件とPCB，ダイオキシン

カネミ油症事件とは，1968年に**PCB**（ポリ塩化ビフェニル）などが混入した食用油を摂取した人々に健康障害が発生した，福岡県，長崎県を中心とした西日本一帯の大規模な**食品公害**（健康被害事件）をいいます。北九州市にある**カネミ倉庫**株式会社で作られた食用油（米糠油（こめぬかあぶら））の製造過程で，脱臭のために熱媒体として使用されていたPCBが**配管から漏れて混入し，加熱されて酸化しダイオキシンに変化して発生**しました。油を摂取した人々に，顔面などへの色素沈着や塩素挫瘡（ざそう）（皮膚のブツブツ）など肌の異常，頭痛，手足のしびれ，肝機能障害など，**「病気のデパート」と称された多種多様な症状**を引き起こし，妊娠中に摂取した患者からは，皮膚に色素が沈着した状態の赤ちゃんが生まれました。胎盤を通してだけでなく，母乳を通じて新生児の皮膚が黒くなったケースもあり社会に衝撃を与え，「黒い赤ちゃん」は事件の象徴となりました。

カネミ油症事件後，日本全国でおよそ1万4,000人が被害を訴えましたが，当初の皮膚症状中心の認定判断での認定患者数は制限され，2004年に新たにダイオキシンの一種の**PCDF**（ポリ塩化ジベンゾフラン）の血中濃度を検査項目に加えるなどして見直しがなされましたが，13年5月末現在でも累計認定患者数は2,210人に留まっています。認定基準の見直しは，2002年に，**カネミ油症の原因物質はPCBよりもPCDFの可能性が強い**との厚生労働大臣の判断が契機となったものであり，これは事件をめぐる訴訟の帰趨にも大きな影響を及ぼしました。

クローズアップ7.8　PCBとダイオキシン問題

カネミ油症事件でPCBとダイオキシンが広く社会に認知され，その後の規制強化へとつながることになりました。PCBもダイオキシンも分子量が大きな有機化合物で，毒性が強いのも規制が導入された経緯も似ていることから，ここではダイオキシンに焦点を当てます。ダイオキシン類は分解されにくい物質で，その**総排出量の約8–9割は，廃棄物焼却施設から排出されている**といわれます。また，**水田除草剤に使用されたPCPや土壌殺菌剤PCNBなどに不純物としてダイオキシン類が含まれていた**ことから，特定の農薬の使用により日本全国の汚染があったと推定されています。

日本でのダイオキシン汚染が確認され，その後ダイオキシンを含む**環境ホルモン**による自然界の攪乱作用などが過大に喧伝(けんでん)されたこともあり，急速に社会問題化しました。そうした危機感から，1999年に**ダイオキシン類対策特別措置法**が制定され，農薬のPCPなどの使用は禁止され，全国の汚染は目に見えて減少しだしました（**図7.10**）。焚火(たきび)や家庭用小型焼却炉等での低温度のゴミ焼却が制約されるようになったのは，1997年の**大気汚染防止法**や**廃棄物処理法**の改正に端を発していますが，このダイオキシン類対策特別措置法が施行され，廃棄物の焼却について焼却施設の構造・維持管理・処理基準などの強化が図られたことも大きいといえます（レッスン6.4参照）。

ダイオキシンに関しては，河川や港湾等の水質や**汚泥の底質汚染**もチェック対象となり，大阪府の神崎川や埼玉県古綾瀬川，東京都横十間川，富山県富岸運河，千葉県市原港，静岡県田子の浦，福岡県洞海湾などの汚泥で，過去に水質や底質で基準を超えるダイオキシン類が検出されています。

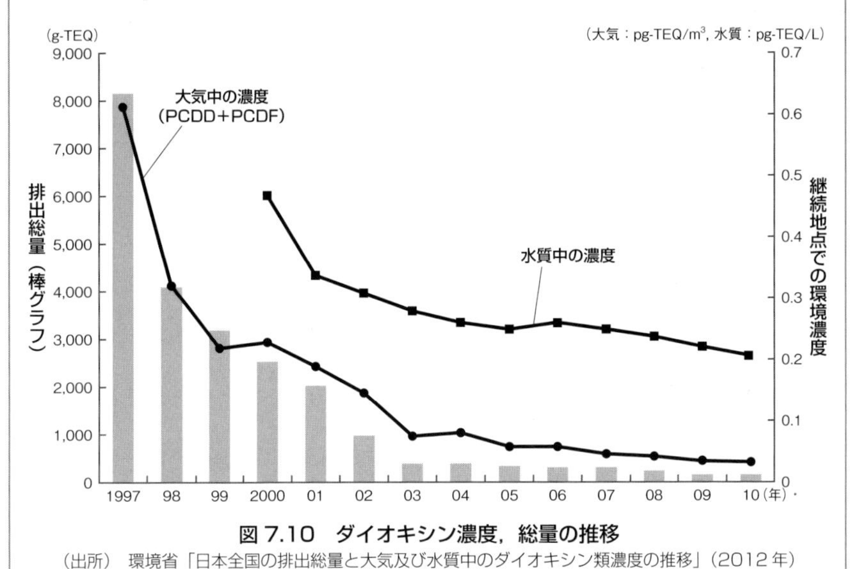

図7.10　ダイオキシン濃度，総量の推移

（出所）環境省「日本全国の排出総量と大気及び水質中のダイオキシン類濃度の推移」（2012年）

1970年，被害者らは**食用油を製造したカネミ倉庫，PCBを製造した鐘淵化学工業（現カネカ），国（北九州市を含む）の3者を相手取って，全国統一訴訟団**が福岡地裁小倉支部に第1陣原告729名を始め数回にわたり**賠償請求訴訟**を起こしました。その中で，控訴審で国に対する**国家賠償責任**が認められたために，約830人に総額27億円の仮払金が被告側から支払われました。しかし，最高裁まで争う中で，国の賠償責任に対して逆転敗訴の可能性が強まったために，1987年**部分的な和解が成立**し，被害者側は訴えを取り下げ，被害者らがカネカに責任がないことを認める代償として，カネカは自らの返還請求権を行使しないことになりました。しかし，被害者側には，国に対して仮払賠償金の返還義務が生じました。

ところが，ほとんどの被害者には既に返還すべき手持資金はなく，全国統一訴訟団の弁護士は**仮払金返還に関して約10年にわたり放置**したままにしました。時効が迫った国は債権管理のため法的手続きを開始し，多くの被害者が苦しんだ後，ようやく2007年6月の**仮払金返還債権免除特例法**の成立により，国がほぼすべての対象者に対して債権放棄し，何とか解決に漕ぎ着けました。

なお，当時の社長と工場長が業務上過失傷害容疑で刑事告訴され，社長は無罪，工場長は1審有罪，高裁への控訴は棄却，最高裁へ上告したのち取下げ，禁錮1年6月の実刑判決に服役しました。

和解終結後の新しい認定患者に対しては，カネミ倉庫は訴訟患者の和解条件と同等の取扱いをしていますが，カネカは，訴訟時の原告とは和解したが，その後の認定患者への責任は無いと主張しました。こうした中で，2012年8月，**カネミ油症患者施策推進法**（カネミ油症患者に関する施策の総合的な推進に関する法律）が成立し，国が年1回行う認定患者及び同居家族への健康調査に対する協力費名目で年間19万円を支給する，国はカネミ倉庫の経営支援として委託している備蓄米の保管量を増やし，代りにカネミ側が未払いの一時金（年5万円）を認定患者に支払うことなどで，当面の問題としては決着しました。

薬害事件と薬害訴訟

次に，薬害事件，薬害訴訟を取上げます。**薬害**は，広義には，医薬品の使用で引起こされた社会問題となるまでに規模が拡大した医学的に有害な出来事，

表7.2　日本の主な薬害事件

1948〜1949年
ジフテリア予防接種による健康被害　【被害者】924人（死亡83人）
（ワクチンにジフテリア毒素が残っていた。）

1953〜1970年
キノホルム製剤によるスモンの発生　【被害者】1万人以上

1958〜1975年
サリドマイドによる胎児の障害　【被害者】約1,000人

1959〜1975年
クロロキンによる網膜症
（マラリア治療薬による視力障害。）

1970年頃〜
陣痛促進剤の使用による被害
（薬の効き具合の個人差が大きいのにもかかわらず適切な使用方法が徹底されなかった。胎児の死亡，重度の脳性麻痺，母親の死亡などの被害がおこる。）

1973年頃
解熱剤による四頭筋短縮症　【被害者】約1万人
（乳幼児期に熱をさげる薬を筋肉注射されたため膝が曲がらないなどの障害が残る。）

〜1988年
血液製剤によるHIV（ヒト免疫不全ウィルス）感染
【被害者】1,400人以上
（主に血友病の患者が止血・出血予防の薬として試用していた非加熱血液製剤にHIVがふくまれていた。製薬会社が薬の危険性を知りながら販売を続け，国が感染防止の有効な対策を取らなかったことで被害が拡大した。）

〜1994年頃
血液製剤によるC型肝炎ウィルス感染　【被害者】約1万人（企業の推計）
（出産や手術の際に止血剤として使われた血液製剤にウィルスが入っていたため慢性肝炎や肝がんなどを発症。）

1989〜1993年
MMRワクチン接種による無菌性髄膜炎　【被害者】約1,800人
（はしか（M），おたふくかぜ（M），風しん（R）を予防するワクチンの接種により多くの子どもがウィルスにより脳の膜に炎症が起きる無菌性髄膜炎を発症。製薬会社は国に報告していない薬の作り方をしていた。国の監督が不十分であったことが指摘される。）

〜1997年頃
ヒト乾燥硬膜の使用によるプリオン感染症（クロイツフェルト・ヤコブ病）
【感染者】141人

（注）　時期は被害が発生したと考えられる主な時期等です。被害者数については諸説ある場合があります。
（出所）　厚生労働省「薬害を学ぼう」

とりわけ**不適切な医療行政の関与が疑われるもの**をいいます。医療訴訟などで行政の対応の遅れを糾弾する場合にしばしば命名されてきました。見過ごされた副作用により死傷者が多発した場合のほか，重大な薬物相互作用（飲合せ），ウイルスなど感染源の混入，あるいは医薬品の発売時点では未知の病原体による感染が後に判明するといったこともあります。倫理面からの手術手法の誤り（ロボトミーやドミノ肝移植）などによる**医療過誤事件**もありえますが，公害として社会問題になるまでの過誤は考えにくいのが現況です。

医薬品の開発に際して通常は十分な治験が行われ，その有効性・安全性が検証されます。また，副作用についての評価も万全を期す努力をしますが，治療を待ち望む患者への**ドラッグ・ラグ**（開発の遅れ）の不利益を回避するために，**非臨床試験（動物実験など）および治験のデータの範囲内で有効性・安全性が認められれば製造販売承認が下り**，より詳細な安全性情報は**市販後調査**と呼ばれる副作用データの蓄積によって評価されます。したがって，**医薬品が発売される時点では，その薬剤等の安全性はいわば仮免許の状態といえます。ここに薬害事件が起こり得る余地があるの**です。

患者にとっての利益と安全性の追求は，社会全体からみた場合に往々にしてトレード・オフの関係となり，**患者の利便性を担保しつつ安全性を追求するため**には，有害事象を確実に把握できる**報告システム**と，偶然を超えるレベルで有害事象が生じた場合に**早期警告するシステム**の構築が必要になります。行政に要請されるのは，素早い対応を含めた**リスク管理**になります。

表7.2は日本国内での主な薬害事件を，解説を付けた上で年表として掲げたものです。これらの中には特に社会問題化し，薬害訴訟が長期間続いたものもあります。また**表7.3**は，**サリドマイド**（妊婦の睡眠薬服用による奇形児出産），**スモン**（整腸剤キノホルムの副作用），**薬害エイズ**（血液凝固因子製剤のエイズウイルス汚染），**薬害ヤコブ**（ヒト乾燥硬膜のプリオン汚染），**薬害C型肝炎**（血液凝固因子製剤のC型肝炎ウイルス汚染），そして**薬害イレッサ**（肺癌治療薬の副作用）について，それぞれの薬品としての承認から措置までの経緯とその後の訴訟経緯をまとめたものです。

具体的な経緯は薬害事件によってまちまちですが，**表7.4**には**表7.3**から算出される①承認，②危険性予知・警告，③措置，④提訴，⑤最終決着，の月

表 7.3　薬害訴訟の帰趨

	①日本での承認	②危険性の予知・警告	③日本での措置時期	被害者数	④最初の提訴（告訴）	⑤最終決着
サリドマイド	1958年1月	1961年11月	1962年9月 （回収終了は1年後）	309人 （900人？）	1963年6月	1974年11月12日までに全国で和解
スモン （キノホルム）	1929年	1935年	1970年9月	11,127人	1971年5月	1979年9月15日和解
薬害エイズ （第Ⅷ因子）	1978年（承認）	1982年7月（CDC）	1985年7月	1,438人 （血友病）	1989年5月 1996年8月	1996年3月民事和解 2008年3月ミドリ十字の3被告人有罪，最高裁元厚生省官僚の上告棄却，有罪確定
薬害ヤコブ	1973年7月	1978年12月 1987年6月（米国）	1997年3月	135人	1996年11月	2002年3月第1審和解
薬害C型肝炎 （フィブリノーゲン）	1964年	1963年 （内藤論文）	1998年 （適応限定）	10,594人	2002年10月	2007年一部有罪認定，国・製薬会社無罪
薬害イレッサ	2002年7月	2001年 （治療で認知）	2002年12月（制限） 使用継続	787人死亡	2004年7月	2013年4月12日最高裁無罪

（出所）①・②・③については，片平洌彦「「薬害の歴史」からみた薬害防止策の基本とその具体策（第一報）」社会医学研究，第26巻第2号，2009年 p.130を参照。

表 7.4　薬害訴訟の時間の流れ

	①→②	②→③	③→④	④→⑤	①→⑤（合計）
サリドマイド	4	1	1	11	17
スモン （キノホルム）	6	35	1	9	51
薬害エイズ （第Ⅷ因子）	4	3	4	7	18
薬害ヤコブ	6	19	△1	6	29
薬害C型肝炎 （フィブリノーゲン）	△1	35	4	5	43
薬害イレッサ	△1	2	2	9	11

（注）数字は年数で，原則切り上げ，△1は1年未満。

■コラム7.9　薬害事件の刑事訴訟■

薬害事件の中でも被害者数が極端に多いとか，行政の怠慢が際立っている場合などには，刑事訴追もなされます。例えば薬害エイズでは，製薬会社ミドリ十字の歴代3社長の有罪及び元厚生官僚の業務上過失致死罪での有罪が確定しました。他にエイズ研究班の班長でもあった大学教授本人の患者に対する診療法が問われましたが，本人死亡により公訴棄却となりました。もっとも，薬害事件では，刑事罰が科されるのはむしろ例外であり，薬害C型肝炎事件や薬害イレッサ事件でも，刑事告訴は最終的には製薬会社も国も無罪となりました。

薬害事件で関係者がなかなか有罪とならないのは，既にみてきた四大公害訴訟（告訴のなかったイタイイタイ病と四日市ぜんそく公害は除く）や食品汚染公害とは異なる帰結といえます。

日の流れを年単位（原則切り上げ）で概観したものです。これによると，いくつかの共通の特徴が見出せます。

まず第1に，①承認から②危険性予知・警告までの期間は総じて短く，長くても5–6年の間には，被害者の発生やら内外の研究者からの警告がなされるなどの不都合の予兆が現れることです。第2に，危険性予知・警告から行政当局の対応である③措置までは，長期間の場合と短期間の場合が混在し，必ずしも過去の経験が迅速な対応となっているわけではなさそうです。第3に，③措置から民事訴訟の④提訴までの期間はそれほど月日を要せず，4年以内には被害者の原告団が結成されています。第4に，④提訴から⑤最終決着までですが，これには5–10年を要し，最高裁まで争う場合もありますが，その段階までに和解に至るのが多くなっています。和解には政治的決着となる場合も多く，その際には薬事法の改正や何らかの新法の立法がなされています。

レッスン7.5 公害防止投資

いままで見てきたように，日本は一通りの公害を経験してきました。恐らく考えられる公害のすべてに近い産業公害，大域公害，そして食品汚染や薬害事件の豪華なリストが，裏返すならば，そのまま日本経済の高度成長を支えたのです。大腸菌も住めないといわれた北九州市，典型7公害すべてが見られた大阪府西淀川区，ダイオキシンに汚染された製紙滓（かす）ヘドロで埋まった田子の浦港を抱える静岡県富士市と，いずれも地元では自虐的に**公害のデパート**と呼ばれた地域ですが，これらが同時期に自然発生的に鎮座した日本列島は，まさに**公害のオンパレード**だったわけです。しかし，これは1970年代までの日本の姿で，一通り問題になった後は，日本の公害は（少なくとも表面的には）姿を消し，**公害大国日本**の呼称から，いまや完了形の経験に富んだ**無公害優等国**ないし**公害脱却先進国**と評価されるようになりました。

日本は如何（いか）にしてこの転身に成功したのでしょうか？　夏から秋にかけて繰り返し日本列島を襲う台風が空を覆う大気汚染を吹き飛ばし，大雨により激流となった河川が底質ヘドロを押し流したのではなく，日本の公害は，**図7.11**

■コラム7.10　サリドマイドの復活■

サリドマイド（thalidomide）は，抗多発性骨髄腫薬の一般名で，日本では1958年に承認されました。安全な催眠鎮静薬や胃腸薬等として市販されましたが，しばしば妊婦が悪阻（つわり）薬として服用し**催奇形性（アザラシ肢症）**の新生児が生まれることがあったことから1962年に販売停止となり回収されましたが，**薬害サリドマイド禍**として社会不安を引き起こしました。かくして使用禁止となったサリドマイドですが，1998年には米国FDA（食品医薬品局）がハンセン病の治療薬として承認しました。その後も，エイズウイルスの増殖抑制，糖尿病性網膜症と黄斑変性症の予防，各種の癌に対する抗癌作用など，QOL（生活の質）の改善や延命への効果が期待されています。日本でも，申請のあった藤本製薬に厳重な管理体制を確立することを条件に，2008年，他に調剤のない**稀少疾病用医薬品**（orphan drug）としてサリドマイドの製造販売を再承認しました。しかし，妊婦の排除や飲み残しの徹底管理の費用も反映したためとして，販売は1錠6,570円の高価格となりました。同様の安全管理を行う英国の10倍程度になりますが，保険の適用対象にはなっています。

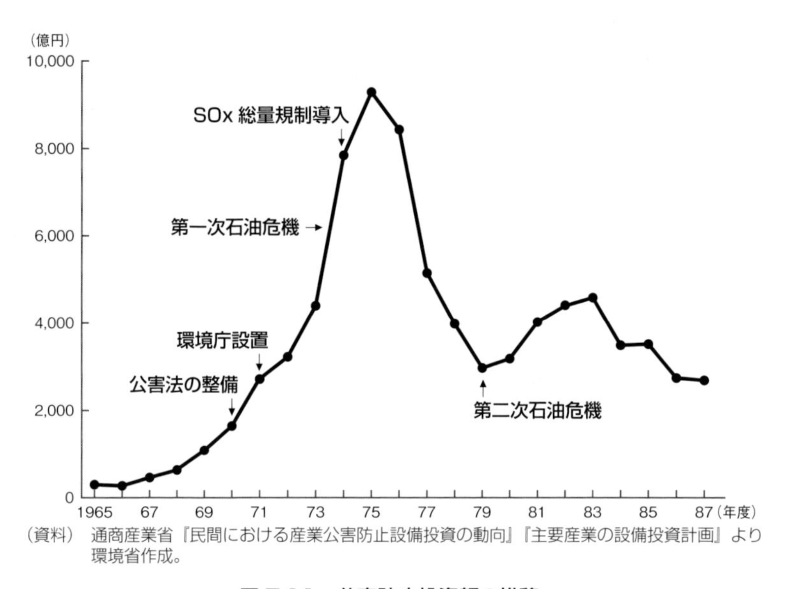

（資料）　通商産業省『民間における産業公害防止設備投資の動向』『主要産業の設備投資計画』より環境省作成。

図 7.11　公害防止投資額の推移

（出所）　環境省『環境白書』（平成 13 年版）

からも窺われるように，**1960年代後半から70年代前半にかけて集中して行われた公害防止投資**により，公害発生源の元を断ったことにより達成されたのでした。この時期及び直前の時期は，四大公害病や光化学スモッグを始めとして日本全体が公害に苦しめられていた**公害列島**華やかなりし頃ですが，投資額が蓄積されるのに応じて，さまざまな環境指標が改善を示すようになったのです。

公害と企業の社会的責任

公害を引き起こした原因企業となると，その企業の名声は地に落ちたものになり，業績低迷から倒産に至る場合もあり得ます。四大公害事件や食品汚染，薬害事件の原因企業の中には直接倒産した企業は見当たりませんが，会社名を変更したり，合併の対象となった企業はあります。企業は，自らの行為や行動について十分納得してもらえるように，**説明責任**を果たす必要があります。

近年では，企業の社会的責任の名の下で，公害問題や環境破壊に対する企業の真摯(しんし)な対応が望まれています。**企業の社会的責任**（**CSR**，Corporate Social Responsibility）とは，企業が単に利益を追求するだけでなく，企業の行為が社会に与える影響に関心を持ち，消費者，投資家，工場のある地域，社会全体といった**ステークホルダー**（利害関係者）に対して，責任を果たすことをいいます。利害関係者に対して適切な責任を果たさない場合は信頼を失い，商品の不買や，企業への資金供給の減少，地域，社会からのペナルティが課されるといった状況になり，企業の存続が困難になる可能性もあり，上場企業ならば株価は大きく下落するでしょう。

なお，企業の社会的責任の遂行状況を考慮して，投資家の投資判断がなされた場合に，それを**社会的責任投資**（**SRI**，Socially Responsible Investment）といいます。SRIによって企業に社会的責任を果たさせるインセンティブ（誘因）を提供することとなり，企業もますます社会的責任の遂行に努力することになるでしょう。投資の判断基準としては，雇用，福祉，人権，宗教の教義に合って行動をしているか等が注目されていますが，なかでも「環境にやさしい企業か？」に基づくSRIは，一般に**エコファンド**と呼ばれ人気を博しています。

クローズアップ7.9　日本のその他の公害事件

日本の公害問題としては，ここまで取り上げなかったものの，社会問題化したものは決して少なくはありません。以下では，説明なしで，それらをリストアップします。

ヒ素（砒素）をめぐるのが1971年**土呂久**（とろく）**砒素公害**（宮崎県高千穂町），1973年**松尾鉱山砒素公害**（宮崎県木城町（きじょうちょう）），及び2003年**神栖砒素事件**（茨城県神栖（かみす）市）の3件，大気汚染公害なりその訴訟が1960年代後半の**小中野喘息**（ぜんそく）（青森県八戸市），1975年**千葉川鉄公害訴訟**（千葉市），1978年**西淀川大気汚染訴訟**（大阪市西淀川区），1982年**川崎公害裁判**（川崎市），1983年**倉敷公害訴訟**（岡山県倉敷市），1988年**尼崎大気汚染公害訴訟**（兵庫県尼崎市），1989年**名古屋南部大気汚染公害訴訟**，1996年**東京大気汚染訴訟**の8件等があります。また，騒音公害としては，1974年**名古屋新幹線公害訴訟**や一連の米軍・自衛隊基地の**基地騒音公害訴訟**として，1975年石川県**小松基地**，1976年神奈川県**厚木基地**，1994年東京都**横田基地**（新訴訟），1982年沖縄県**嘉手納**（かでな）**基地**，2002年沖縄県**普天間**（ふてんま）**基地**を対象として裁判が展開されました。

その他の公害事件で特筆されるのは，2011年3月11日の**東日本大震災**の発生に続いた東京電力福島第一原子力発電所事故による**放射能汚染**ですが，これは確かに公害事件に含まれるべきですが，本書では第8章で学ぶエネルギー源としての原子力発電と合わせて整理することにします。

■コラム7.11　世界の公害■

多くの先進国でも，それぞれの経済発展の過程で公害問題を引き起こしてきました。ロンドンやロスアンゼルスでのスモッグについては光化学スモッグとの関連でも言及しましたが（**図1.10**，レッスン7.3も参照），スモッグはイギリスでは20世紀の初期からスコットランドのグラスゴーやエジンバラの工業都市，あるいはイングランドのバーミンガム，マンチェスター，リバプールといった主要都市でも，またアメリカではロスアンゼルス北西のカリフォルニア州サンホアキン・バレー，テキサス州ヒューストン，そしてニューヨークでも経験しました。ニューヨークでは1953年11月に170-260人，63年に200人，66年に169人がスモッグで命を落としたと推定されています。ほかの先進国でも多かれ少なかれ，工業都市では大気汚染を経験してきました。ドイツのルール工業地帯のエッセンやドルトムント，パリやローマも例外ではありません。

大気汚染以外では，アメリカでは，1960年代のボストン近郊の**ウォーバーン水道水汚染事件**があります。原子力事故による放射能汚染公害も少なくはなく，1957年英国北西部**ウィンズケール原子炉火災事故**，1979年米国ペンシルベニア州**スリーマイル島原子力発電所事故**，1986年旧ソ連ウクライナ共和国の**チェルノブイリ電子力発電所事故**等があります。

レッスン7.6　日本のその他公害と世界の公害・環境問題

日本では，四大公害病や食品汚染・薬害事件以外にも公害ないし公害に準じる事件が起こってきました。本レッスンでは，日本で最も古い公害事件である足尾鉱山鉱毒事件を取り上げ，**クローズアップ7.9**（261頁）ではその他の公害事件をリストアップしました。また，目を外に転じて，**コラム7.11**を皮切りに世界の公害・環境破壊問題を概観します。

足尾鉱山鉱毒事件

足尾鉱山鉱毒事件は，19世紀後半の明治時代初期から栃木県と群馬県にわたる渡良瀬（わたらせ）川周辺で起きた，古河鉱業（現古河機械金属）を原因企業とする公害事件です。**足尾銅山**の開発により排煙，鉱毒ガス（主成分は二酸化硫黄（いおう）），鉱毒水（主成分は銅イオンなどの金属イオン）などの有害物質が周辺環境に著しい外部不経済をもたらしたもので，渡良瀬川から取水する田園や，洪水後に足尾から流れた土砂が堆積した田園で，**稲が立ち枯れる被害が続出**しました。これに怒った農民らが数度にわたり蜂起（ほうき）し，このときの農民運動の中心人物が栃木の政治家の**田中正造**（1841–1913）でした。田中は，衆議院議員選挙当選6回で，足尾鉱毒事件について国会で質問し，東京市日比谷では（失敗に終わりましたが）明治天皇に直訴を試みました。東京市中は大騒ぎになり直訴状の内容は広く知れわたることになり，目的は達成されたのでした。

足尾鉱山の精錬所は1980年代まで稼働し続け，一時カドミウムが検出されたりもしました。2011年に発生した東北地方太平洋沖地震の影響で渡良瀬川下流から基準値を超える鉛が検出されるなど，21世紀となった現在でも影響が残っています。

発展途上国の公害・環境問題

発展途上国の環境問題は，大別するならば，**経済発展に伴う環境汚染と環境資源の適正管理の不備**の2つのタイプがあり，急速な経済開発や都市人口の増加に対して，都市基盤や公害防止施設・制度の整備が追いつかない現状があり

また，日本ではそれほど問題となっていない**フッ化水素**が，19世紀後半から欧米で重要な公害源とされていました。1855年，フランスやスイスとの国境が近いドイツ南西部のフライブルグの精錬工場が，フッ素の排出で付近の住民に障害を与え，ヨーロッパで最初の補償金を支払ったとされています。フッ素はその後，水道水のフッ素化でも問題になり，その是非を巡って十分な研究がなされないまま断行された地域が多いとの批判もあります。ヨーロッパでは，多くの国が国境を接しているために，1つの公害も国境を越境する公害や環境破壊になります。大気汚染や酸性雨は自明ですが，小さな河川の汚染もライン川やドナウ川の汚染となって，すぐにより下流の国に影響が及びます（第9章レッスン9.1も参照）。

■コラム7.12　クズネッツの逆U字曲線■

横軸に1人当たりGDPなどの経済活動水準の指標を取り，縦軸に環境汚染度などの環境指標を取ります。その平面に，先進国が過去にたどってきたデータをプロットするなり，さまざまな経済発展段階にある国々のデータを同時にプロットすると，**1人当たりのGDPが増加するにつれて，初めは環境汚染度が増大し，一定レベルに達した後，やがて低下に転ずる，逆U字型の曲線**を描くというものです。経済学者の**クズネッツ**（Simon Kuznets, 1901-85）が，縦軸に所得分布の不平等度を取った場合の経験則として指摘し，その後，別の社会指標にも応用され，縦軸に環境汚染度を取った**環境クズネッツ曲線**は，最も当て嵌（は）まりの良好な関係の1つとなっています（**図5.12**および**コラム9.5**参照）。

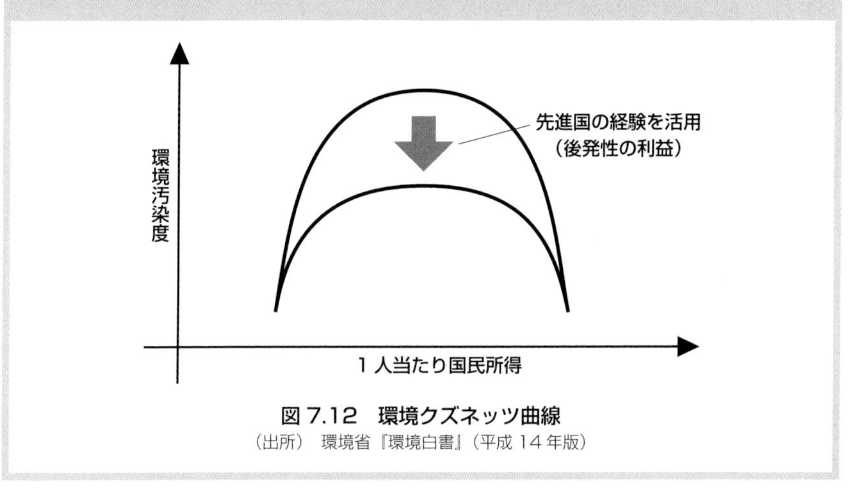

図7.12　環境クズネッツ曲線
（出所）　環境省『環境白書』（平成14年版）

ます。しかも，経済のグローバル化が進み，市場メカニズムの浸透の副作用というべき**市場の失敗**による**公害問題**や**環境への過剰負荷**が起こる一方で，資金，技術，人材，経験などが不足しており，自国の努力のみによる改善には限界がある段階といえます（レッスン3.7）。このため，多くの発展途上国では，日本を含めた先進諸国や国際機関などによる支援が不可欠となっています。

発展途上国も様々な経済発展の段階にあり，公害や環境破壊に対する認識には差があります。一般に，経済活動水準と環境には**環境クズネッツ曲線**（**クズネッツの逆U字曲線**）の関係があるといわれます（**コラム7.12**）。経済発展に伴い，初めは環境悪化が進むものの，しばらくすると環境改善に転じるというものです。所得レベルが向上するにつれ，当初は環境を犠牲にしてまでも成長を優先する結果環境汚染が進みますが，やがて環境規制の技術や制度が整い，人々が環境をより重視するようになることもあって，臨界点を超えると，経済活動が活発になっても（あるいは，なるからこそ）環境汚染が相対的に減少すると解釈されています。

環境クズネッツ曲線は経験則とはいえ，すべての国民経済がまったく同じ軌跡を辿る（辿らなければならない）わけではありません。**図7.12**の上側の逆U字曲線OAが先進国のデータから得られる経験則であるとして，環境汚染度がその下側の逆U字曲線OBで済むような軌跡を辿ることができないわけではありません（上側に終始してしまう可能性もあります）。本来，発展途上国の公害や環境破壊については，先進国が辿った轍（てつ）を踏まないように，国民に環境破壊がもたらす負の側面を周知徹底させ，啓蒙し環境教育を施す必要があります。

レッスン7.7　まとめ

本章では，日本が経験した公害や環境破壊を見てきました。日本経済は時に「公害のデパート」と称されるほどに，多くの公害や環境破壊に突き進み，被害者の山を築き，多くの人命も失いました。しかし，それらの犠牲の上に，環境先進国としての現在の日本を築き上げることに成功しました。もっとも，後遺症に苦しむ患者や補償交渉が進まない被害者も数多く，完全に過去のものに

クローズアップ7.10　主要都市の大気汚染

世界の環境汚染の程度を見るために，主要20都市の浮遊粉塵(ふんじん)，二酸化硫黄(いおう)（亜硫酸ガス），及び二酸化窒素の大気中の濃度（単位は $\mu g/m^3$）をプロットしたのが**図7.13**になります。データは1995年の測定値であり，都市によっては図中の当該棒グラフが立っていないものもありますが，これはゼロというわけではなく，信頼できるデータが得られていないことを意味します。WHO（世界保健機関）のガイドラインでは，空気汚染から公衆衛生を保護するためには，浮遊粉塵が120 $\mu g/m^3$，二酸化硫黄が125 $\mu g/m^3$（以上平均曝露時間24時間），二酸化窒素が200 $\mu g/m^3$（平均曝露時間1時間）を上回ることがないようにと定めています。

大気汚染は，先進国では概ね改善の方向に向かっていますが，発展途上国では悪化の傾向にあります。発展途上国の工業都市では，重油や石炭の燃焼に伴う煤塵(ばいじん)や硫黄酸化物による汚染がひどくなり，さらに，一般に交通網の整備が進んでいないこともあり，いくつかの大都市では自動車による浮遊粒子状物質や一酸化炭素などの汚染も深刻となっています。浮遊粉塵は，こうした経済環境を反映した値になっている可能性が高いといえましょう。これに対して，二酸化硫黄や二酸化窒素については，必ずしも浮遊粉塵と比例するわけではなく，指針値を上回るか下回るかも，経済発展段階よりも，それぞれの都市の置かれた産業構造や地理的状況次第の部分が大と考えられます。

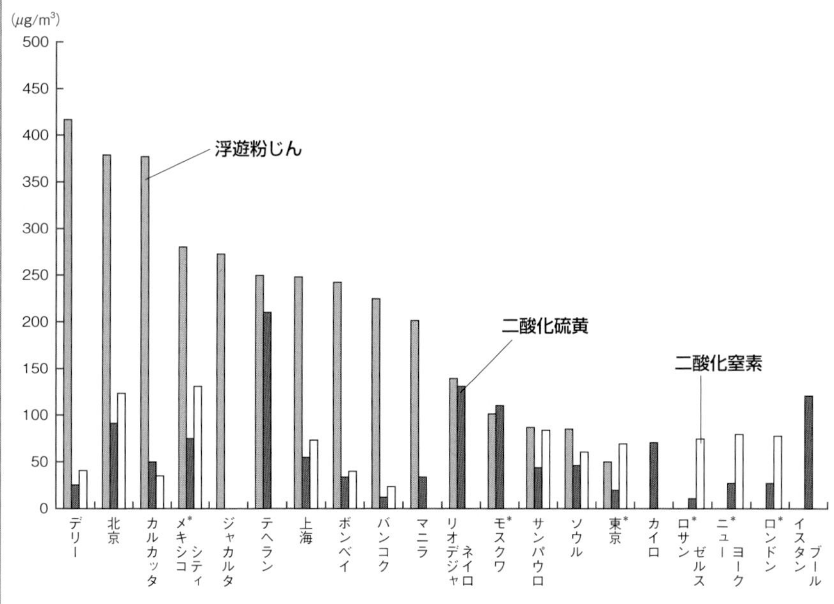

(注)　*印はOECD加盟国。
(資料)　World Bank, World Development Indicators 1998

図7.13　世界主要都市の大気汚染状況

(出所)　一般財団法人環境イノベーション情報機構「EICネット」HP

なったわけではありません。また，次章で取り上げる原発事故の放射能汚染といった，新たな公害問題も発生しました。

世界中の発展途上国は，日本が歩んだ公害・環境破壊を伴った工業化の轍を踏んでいます。これを何とか良い方向に持っていくように助言なり支援するのは，日本に課せられている責務といえましょう。

キーワード一覧

四大公害病　水俣病　有機水銀　生物濃縮　新潟水俣病　四日市ぜんそく　四日市コンビナート　イタイイタイ病　カドミウム　四大公害病訴訟　1977年判断条件　水銀に関する水俣条約　大域公害　アスベスト　中皮腫　製造物責任法（PL法）　光化学スモッグ　ヒートアイランド現象　森永ヒ素ミルク事件　カネミ油症事件　PCB　ダイオキシン　薬害　公害のデパート　企業の社会的責任　足尾鉱山鉱毒事件　環境クズネッツ曲線

▶考えてみよう

1. 四大公害病に共通な要因は何ですか？　なぜ，1950年代から60年代に顕在化したのでしょう？
2. 四大公害病訴訟は最終的にはどのような決着を見たでしょうか？　責任企業の責任は，どのように問われたでしょうか？
3. 餃子などへの農薬混入事件など，食の安全を脅かす事件は食品公害になると思いますか？
4. 四大公害訴訟や食品汚染事件と比べると，薬害事件で関係者が刑事罰に問われない（問われにくい）のはなぜだと思いますか？
5. 発展途上国はなぜ公害問題や環境破壊を放置するのでしょうか？　日本の公害の経験は，発展途上国にどのように伝えるのが良いのでしょうか？

▶参考文献

公害や食品汚染・薬害に関する書物は，原因追及のドキュメントや化学書から手記，回想録，裁判記録，写真集と幅広く出版されており，数も多い。中では

政野淳子『四大公害病』中公新書，2013年

原田正純『水俣病』岩波新書，1972年

医薬品医療機器レギュラトリーサイエンス財団（企画・編集）『知っておきたい薬害の教訓――再発防止を願う被害者からの声』薬事日報社，2012年

水俣病研究会（編）『水俣病事件資料集1926–1968（全2巻）』葦書房，1996年

が硬軟取り混ぜて役に立つでしょう。

8 エネルギーと環境

日本は石炭・石油などエネルギーのほとんどを海外からの輸入に頼っています。そのため，日本のエネルギー政策は，海外に依存するエネルギーのリスクを如何に減らし，国内の需要に応えるだけのエネルギーを，安価に，そして安定的に供給するかを政策目標としてきました。将来のエネルギー需給の見通し，化石燃料による地球温暖化，そしてエネルギー安全保障の問題もあり，再生可能エネルギーや原子力も含めて，不断の最適なエネルギー・ミックスの検証が望まれます。

レッスン

レッスン8.1　日本のエネルギー源

ギリシャ神話では，タイタン（巨人族，正しくは巨神族）のプロメテウスが主神ゼウスの命令に背きながらも，人類が幸せになると信じて火を与えたとされます。この人類に与えられたプロメテウスの創造物が，人類が初めてエネルギー源に接した端緒で，約50万年前のことと言われています。火の利用は，暖房，料理の加熱，土器・レンガ作りと漸次用途が広がり，人類が文明を発展させる牽引役となりました。

人類のエネルギー源

エネルギーは漠然とした概念ですが，通常は，**産業，運輸，家庭消費といった経済活動に必要な動力となるもの**であり，それをもたらすのが**エネルギー源**になります。主要なエネルギー源としては，歴史的には，働き手による人力に頼るのを主とした上で，補助的なエネルギー源として火力，畜力（牛馬），水力（水車），風力（帆船や風車）などを利用したと考えられます（**図8.1**）。ここに至るまでにも気が遠くなるほどの年数が流れたわけですが，エネルギー源をめぐっての大きな転機となったのが，1765年のイギリスでの**ワットの蒸気機関**の発明です。これによって**火力による安定的なエネルギーの供給**が可能となり，文字通り**産業革命**の原動力になったのです（**コラム1.1**）。

石炭は16世紀に入った頃から木炭に替わって利用されましたが，もっぱら暖房，料理，レンガ作りの熱エネルギー源としてであったのが，ワットの蒸気機関は**広く工場での動力源のほか，蒸気機関車や蒸気船**にも利用されました。従来の畜力や水力に比べて生産力は大幅に向上し，家庭の暖房用とも合わせて石炭の消費量は飛躍的に増大することとなり，イギリスでは**ロンドンのスモッグなど深刻な大気汚染**をもたらしたわけです（**コラム1.4**）。もちろん，イギリスで産業革命が起こったのには，ワットによる発明という偶然の要素もありますが，**イギリスが石炭の豊富な国**で，発明後に急成長した石炭需要に十分応えられたことも大きかったわけです。

その後は，石炭に替わる火力源や自動車の動力源としての**石油**，火力発電で

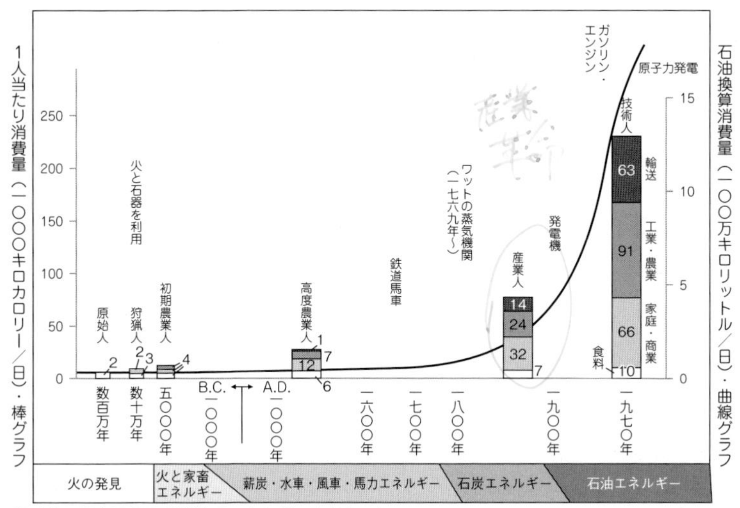

（資料） 総合研究開発機構「エネルギーを考える」

図 8.1　世界のエネルギー消費量の歴史的推移

（出所） 電気事業連合会「原子力・エネルギー図面集」

実線グラフは石油換算の世界のエネルギー消費100万バーレル/日。図中の典型的な生活パターンは次の通り；原始人（100万年前の東アフリカ。食料のみ），狩猟人（10万年前のヨーロッパ。暖房と料理に薪を燃やした），初期農業人（B.C.5000 年前の肥沃な三角州地帯．穀物を栽培し家畜のエネルギーを使用），高度農業人（1400 年前の北西ヨーロッパ。暖房用石炭・水力・風力を使い家畜を輸送に使用），産業人（1875年のイギリス。蒸気機関を使用），技術人（1970年のアメリカ。電力，内燃機関を使用。食料は家畜用を含む）。

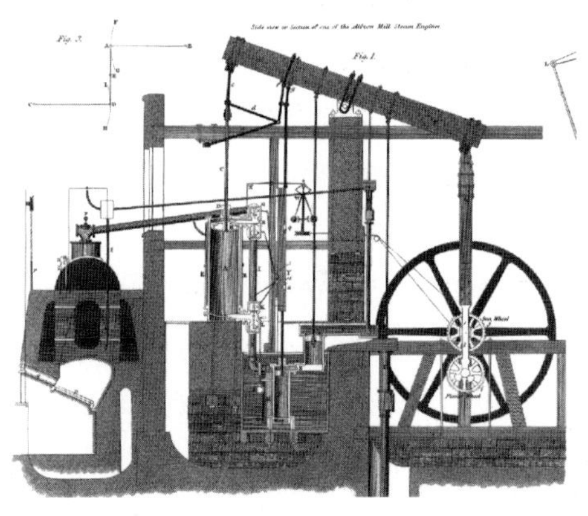

図 8.2　ワットの蒸気機関のイラスト図

（出所） The 1832 Edinburgh Encyclopaedia

ワット（James Watt, 1736–1819）が開発した蒸気機関は，炭鉱の水抜き機械や水門の開閉に利用された大がかりな固定の装置として製造されました。経済学の父アダム・スミスの取り持ちでスコットランドのグラスゴー大学で機械・器具類の修理・維持の仕事を得た際に，熱効率が芳しくないニューコメン（Thomas Newcomen, 1664–1729）の蒸気機関を見て，改良を思い立ったと言われています。

の**LNG**（Liquefied Natural Gas，液化天然ガス）が登場し，はたまた第2次世界大戦後には爆弾で威力を発揮した**原子力**の**平和利用**にも至ったのです。石油がエネルギー源となったのは，1859年に**アメリカで新しい石油採掘方式（綱式機械掘り）が開発され，大量生産が可能になったのが**契機となりました。さらに，19世紀末に自動車が発明され，20世紀に入ると大量生産された自動車のガソリン需要が急増しましたが，この段階ではアメリカの石油供給体制は既に整っていたのです。こうした石油の興隆は，第2次世界大戦を経た1950年代に，**中東やアフリカなどで相次いで大油田が発見**されたのが決定的契機となり，エネルギーの主役は石炭から石油へと，急激に転換されることになったのです。これをエネルギー革命，特に**流体革命**と呼びます。

大量に安く供給された石油は，交通機関，暖房，火力発電の燃料として，また石油化学製品の原料として，産油量も消費量も飛躍的に増大しました。1972年のローマクラブの『成長の限界』（**クローズアップ1.4**）では，枯渇性資源の代表としての石油の残存埋蔵量は約30年分と予測されましたが，その後消費量が増大したものの，新たに発見された大型の油田もあり，**可採埋蔵量は減少することなく推移し，現在ではむしろ延びて40–50年分**と査定されています。

第9章で詳しく見ますが，石炭や石油，LNGの**太古の動植物起源の枯渇性エネルギーである化石燃料**（fossil fuel）の燃焼がCO_2等の温暖化ガスを発生させることから，その発生がない**再生可能エネルギー**としての，太陽光，風力，砂糖黍（さとうきび）・木材など植物起源のバイオマス，地熱等による発電が注目され，政府の普及支援対象となる**新エネルギー**の中心となっています（**コラム8.1**）。

日本のエネルギー源

近代化以前の日本のエネルギー源は，人力の他には畜力（牛馬），水力（水車），風力（帆船）といったところでしょう。近代化前後からは石炭が蒸気機関車や蒸気船のエネルギー源となり，その後電力需要の急増に対して水力発電や石炭による火力発電が主役となりました。第2次世界大戦後は世界の流体革命に合わせて，石油，LNGによる火力発電の急激な増長や1970年に商業ベースの発電が始まった原子力の比率が漸次高まりました。そこに，2011年3月11日の東日本大震災の津波被害や東京電力の**福島第一原子力発電所**での炉心溶融

■コラム8.1　非化石エネルギー，再生可能エネルギー，新エネルギー■

エネルギー問題ではよく出てくる用語ですが，それぞれの違いを確認しておきましょう。

非化石エネルギーは，文字通り原油，石油ガス，可燃性天然ガス及び石炭といった化石燃料に由来しない燃料や熱，動力，電気を指します。**再生可能エネルギー**は，非化石エネルギーのうち，エネルギー源として再生され永続的に利用可能と認められ，なおかつ利用実効性があると認められるものを指します。原子力は永続性がないので含まれません。

新エネルギーは，再生可能エネルギーのうち，大規模水力，大規模地熱，海洋エネルギー以外の熱利用分野，発電分野で，普及のために支援が必要と考えられているものです。具体的には**太陽熱利用，バイオマス熱利用，温度差熱利用，雪氷冷熱利用，太陽光発電，風力発電，中小規模水力発電，地熱発電**となります。以前は「新」の部分が重視され廃棄物発電，天然ガスコージェネレーション，燃料電池も含まれていましたが，定義を再生可能エネルギー中心に整理した際に除外されました。新エネルギーは法律によって促進を図っており，さまざまな補助の対象となりやすいのですが，**大規模地熱，海洋エネルギーといった日本に豊富にあるエネルギーについては，新エネルギーの対象外**になっています。

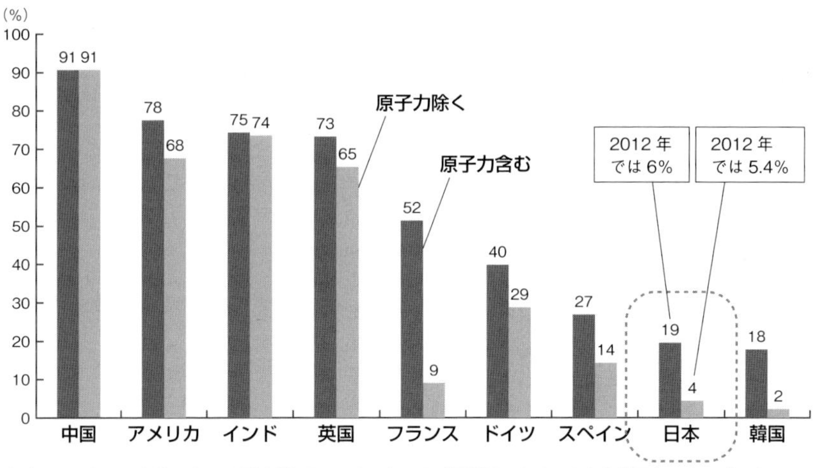

（注）原子力は一度購入すると長期間使用できること，及び再利用できることから純国産エネルギーとして扱われます。

図8.3　各国のエネルギー自給率（2010年）

（出所）資源エネルギー庁『エネルギー白書2013』

（メルトダウン）事故があり，定期点検に入ったまま再開休止となる等により，翌年にかけて全国の原子力発電所（原発）の操業がストップしました（いわゆる**短期の原発ゼロ**）。それでも，全国の電力需要には大きな変化がなかったことから，それを賄う上での日本のエネルギー構成に大きな変化がありました。

日本のエネルギー自給率は，東日本大震災前の2010年段階で僅か4%との数字があります（**図8.3**）。これは**原子力を輸入エネルギーと見るか，国産エネルギーと見做すか**によって異なり，4%と言うのは原子力（ウラン）を輸入に頼っているとして試算したものです。しかし，確かに最初のウランは輸入しますが，それは長期間使用するのと再利用できるという2点において，基本的に使い切りの火力発電等と異なります。そこで，原子力をすべて自給エネルギーと見做すと，自給率が19%に上昇します。それでも19%の自給率では相当低く，例えば，自給率が低いと危惧されている日本の食料自給率が約4割であるのと比べても，半分の水準に過ぎません。

図8.3からは，日本の自給率を下回るのはOECD諸国の中では韓国のみで，主要先進国の中では最も低くなっています。韓国は将来的に原発を増設する計画を持っており，原子力を含めた自給率では日本を上回るのは確実であることから，OECD諸国の中でも最下位になる可能性が高くなっています。なお，**図8.3**に追記した形で示してありますが，原発ゼロへの過渡期だった2012年段階では，日本の自給率は原子力を含めないと5.4%（含めて6%）となっており，エネルギー面で無理を強いられている日本経済の自給率の目安が5%から6%であることが理解されます。

こうした中で，自給率を高めるためにいずれは原子力依存度を高めるのか，新エネルギーの導入によって自給率を高めるのか，あるいはそれ以外の方法があるのか，といった問題についてはレッスン8.4と8.5で取り上げます。

1次・2次エネルギーと最終エネルギー消費

以上では，石炭，石油，電力等を同列に論じた面もあります。消費者にとっては，蒸気機関車であろうと電車であろうと，（スピードが異なるのは捨象すれば）動く分には関係ないので，石炭と電力を同列に扱っても違和感はないでしょう。しかし，これだと**エネルギーを重複して計算している**ことになり

クローズアップ8.1　主な化石燃料の輸入元

① 石油

原油は僅かながら国内で産出されるものの，99.6% は輸入に依存しています。主な輸入元は，細部は年によって変動するものの，2012 年には，サウジアラビア 30.4%，アラブ首長国連邦 22.1%，カタール 11.4%，クウェート 7.4%，イラン 4.8% となるなど，中東の国への依存度が高いものになっています（**図 8.4（a）**）。もともと中東依存度が高かったところに，1970 年代の石油ショック期に中国やインドネシアなどの輸入先を開拓して中東依存度は 7 割を割るまで低下しました。しかし，その後経済成長による自国消費が増加したアジア諸国からの輸入が減少し，中東依存度は 2000 年代には 9 割近くに戻しています（**図 8.4（b）**）。

また，日本は輸入元の国・地域に関わらず，**エネルギー安全保障**の観点からは，**日本企業が操業し日本向けに輸出する自主開発原油の比率を高める**方針をとっています。ただし，1985 年までに 30% を目指した目標は実現にほど遠く，90 年代後半に一時的に 15% に達しましたが，むしろ権益の喪失が相次ぎ，近年は 10% 程度で推移しています。目標達成にほど遠いのは，**開発コストの高い自主開発原油よりも低価格期に安い原油を多く買い，備蓄しておく方が有利だった**からです。しかし，2006 年には 30 年までに自主開発原油の割合を 40% に引き上げるとの目標が，再び政府によって提示されました。

なお，2013 年 3 月現在で，**国内の石油の備蓄は政府が 102 日分，民間が 83 日分の計 185 日分**になっています。国内生産は主に北海道と新潟県で行われ，年間産出量は 2 日程度の備蓄分になっています。

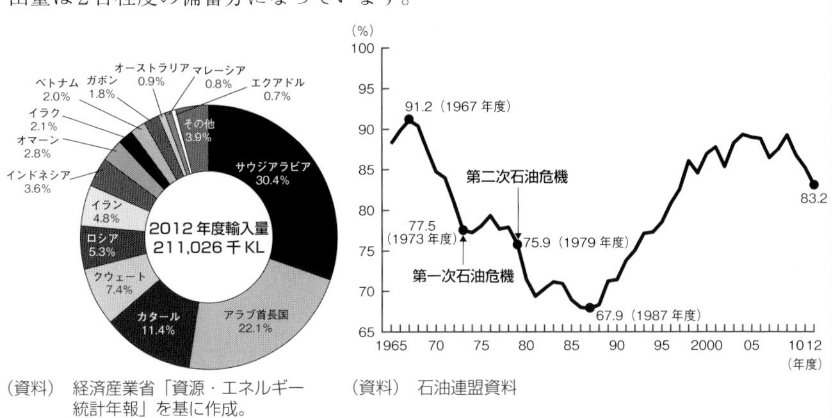

（資料）経済産業省「資源・エネルギー統計年報」を基に作成。

（a）日本の地域別原油輸入比率

（資料）石油連盟資料

（b）日本の原油輸入の中東依存度

図 8.4　日本の石油輸入の中東依存度

（出所）（a）資源エネルギー庁『エネルギー白書 2014』，（b）電気事業連合会『原子力・エネルギー図面集』

ます。国民経済計算（国民所得統計）において，最終財とその原材料ともなる中間財を同列に扱うと二重計算となることから，付加価値のみの合計をGDP（国内総生産）として集計しますが，それと同様の扱いが必要になります。

石炭，石油，天然ガス，ウランなど，**自然界から直接得ることができる加工前のエネルギー源を1次エネルギー**，1次エネルギーを使い方に応じて電気，ガス，ガソリン，コークスなどに**精製・加工したエネルギーを2次エネルギー**として区別します。その上で，1次エネルギーのまま使用されるエネルギーと2次エネルギーを加えて，1次エネルギーを2次エネルギーに変換・加工する際の転換ロスを除くと，**最終エネルギー消費**（最終的に消費されるエネルギー）となり，これがGDPと同列の重複のない概念となります（レッスン8.3）。

日本の1次エネルギー総供給について，1950年から2011年までの推移を見たのが**図8.5**です。いくつかの特徴が読み取れます。まず第1に，エネルギー総供給は高度成長期を通じて急激に増加しましたが，1973年の**第1次石油ショック**を契機に10年間ほどの踊り場を経験し，80年代後半期のバブル経済時代に増加基調に戻り，バブル経済崩壊後の90年代半ばからは再度踊り場にあります。**図8.5**では，図の最後の段階で減少していますが，これは2008年のリーマンショック後の世界同時不況による経済活動の停滞を反映したもので，その後景気は回復したことから，エネルギー総供給そのものは回復すると考えられます。しかしながら，同図の最終点の2011年には東日本大震災が起こりましたので，その影響は新しいデータによる確認が必要です。

第2に，エネルギー源別の特徴としては，以下の観察が可能です。まず，石炭は，一貫してほぼ直線トレンドを示していますが，これは増加率のペースは逓減したことを意味し，相対的なシェアも低下しました。**流体革命にもかかわらず石炭の絶対量が増え続けたのは，電力会社やエネルギー使用の多い鉄鋼メーカーなどが石油から石炭（ほとんどが輸入炭）への転換を進めた**ことによります。石油については，**第1次石油ショック後は一旦供給が減少したものの，その後回復し，1990年代以降はほぼ同じ水準で推移**しています。第1次石油ショック後に減少したのは，戦後初めてのマイナス成長を経験したほどの深刻な不況にもよりますが，より中長期的な観点からは，大幅な原油価格の上昇（後の**図8.9**参照）によって余儀なくされた，**省エネルギー技術の導入を図っ**

② 天然ガス

天然ガスはほぼ全量が輸入で，主な輸入元（2008年，重量ベース）はインドネシア20.5%，マレーシア19.6%，オーストラリア17.9%，カタール11.9%，ブルネイ9.0%などとなっています。

③ 新規開発の化石資源

化石燃料として近年注目を浴びているのに，シェールガスとメタンハイドレートがあります。**シェールガス**（shale gas）は従来採掘が困難だった頁岩（けつがん）（シェール）層に含まれる天然ガスで，2000年代に入って水圧破砕・水平坑井の技術が確立し，生産量が飛躍的に増加しシェールガスブームをもたらしました（レッスン8.4）。日本にもシェールガスがあるか否かは，埋蔵がはっきりと確認されていない段階です。

日本近傍の海域には，天然ガス換算で少なくとも国内消費量数十年分の**メタンハイドレート**（methane hydrate）の埋蔵が確認されています。これは，低温・高圧の条件下でメタンが水分子に取り囲まれた形になっている氷状の結晶で，メタンを取り出すと，石油や石炭に比べ燃焼時の二酸化炭素排出量がおよそ半分であるため，地球温暖化対策としても有効な新エネルギー源であるとされます。

表8.1　1次エネルギーと2次エネルギー

1次エネルギー		2次エネルギー
石　炭	→	石炭・コークス・練炭など
石　油	→	石油製品（ガソリン・灯油・軽油・重油など）
石炭・石油・天然ガス・LPガス・原子力・水力・地熱・風力・潮力など	→	電　気
LPガス	→	LPガス（プロパン・ブタン）
天然ガス・液化天然ガス・LPガスなど	→	都市ガス
自然界から直接得ることが可能		精製・加工したエネルギー

た**省エネ投資**が結実した面が強いでしょう。しかも，タイミング的には，レッスン7.5で見た**公害防止投資**とも合致し，結果的には一石二鳥効果もありました。さらに付記するならば，石油に過度に集中するリスクを低め，**エネルギー源の多様化を図る**との**エネルギー安全保障**を強化する意味合いもありました。

第3に，その石油に替わるエネルギー源としては，天然ガスと原子力が代替してきているのが見て取れ，石油ショック後の省エネの実態は，**エネルギー源の意味では石油からLNG（液化天然ガス）と原子力への代替**だったわけです。**図8.5**の最後の年が2011年ですが，原子力発電所事故後は，火力発電が原子力発電にとって代わって電力供給を支えているのが理解されます。

第4に，水力と再生可能エネルギーなどの**自然エネルギー**ですが，水力に関しては，1950年代には大きな役割を演じていたものの，高度成長が波に乗り出してからは相対的なウェイトを下げ続けています。ただし，**図8.5**でも明らかなように，1次エネルギーとしての水力の絶対量は維持されています。ダム建設の適地がなくなりつつある中で，建設済みのダムの発電容量は有効に利用する姿勢を反映したものといえます。もちろん，第1章でも見たように，川辺川ダムや八ッ場ダムの反対運動に象徴されるダムの見直しの動きもあり，新規のダム建設には慎重になってもいます（**クローズアップ1.2**）。再生可能エネルギーは量的にはごく僅かに留まっています。

次に，**図8.6**は，2012年での日本を含めた先進国G7と中国とロシアの1次エネルギー構成を比較したものです。図の最上部の世界平均では，石油(33.1%)，天然ガス（23.9%），石炭（29.9%），原子力（4.5%），水力（6.7%），そして再生可能エネルギー（1.9%）ですが，国によっては，この平均から大きく乖離しているのも稀ではありません。例えば，主要エネルギー源が**中国は石炭が7割近く，ロシアは天然ガスが5割強，フランスは原子力が4割，カナダは水力が4分の1**，といった具合です。日本は，**図8.6**が2012年のデータであることから，ほとんどの原発は停止しており原子力は0.9%となっています。この比率は，東日本大震災前の2010年には10%を超えており，その差額分が石油や天然ガスに代替したと想定するならば，（やや石油の依存度が高いものの）より世界平均に近いものになってきます。

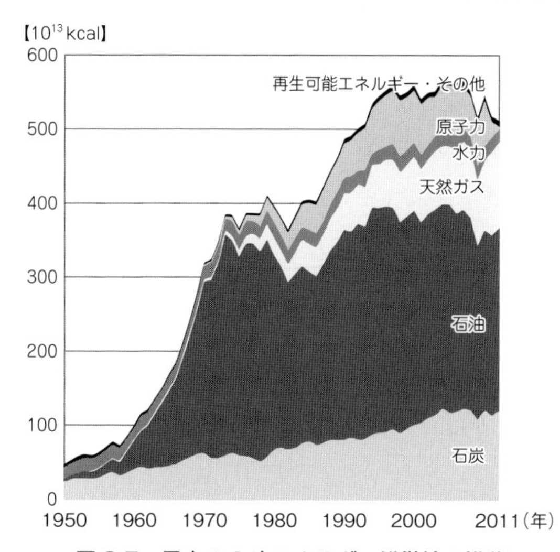

図 8.5　日本の 1 次エネルギー総供給の推移

（出所）　EDMC／エネルギー・経済統計要覧 2014 年版　全国地球温暖化防止活動推進センター（JCCCA）HP（http://JCCCA.org/）より。

日本の 1 次エネルギーとしては 1950 年代には国産が多くの割合を占めた石炭が 5 割を上回り，水力が 3 割，残りの 2 割弱が石油でした。その後高度成長期を経てエネルギーの使用総量が急増したことにより，21 世紀に入ると，絶対量がわずかに増加しただけの水力は 3% 台まで，効率で劣る石炭もまた 2 割前後にまで低下し，替わって石油が 5 割まで上昇し，天然ガスや原子力も割合を高めてきました。

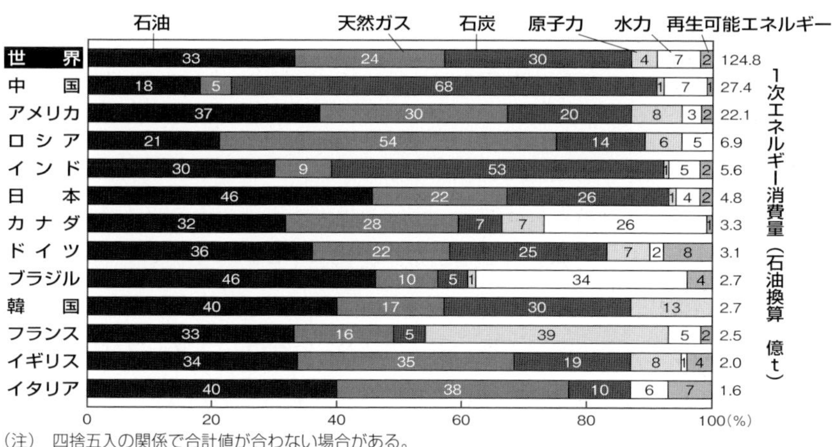

図 8.6　主な国の 1 次エネルギー構成（2012 年）

（出所）　電気事業連合会『原子力・エネルギー図面集』

レッスン8.2　2次エネルギーとしての電力

電力化率

本レッスンでは2次エネルギーとしての電力を取り上げます。まず，1次エネルギー総供給量の内，電力向けに投入されるエネルギーの比率を**電力化率**といいます。日本の電力化率は，1975年における約30％から2000年代の45％前後まで，ほぼ一貫して上昇してきました（**図8.7**の対象期間外ですが，1970年には約26％）。2000年までの20世紀中は，1次エネルギー総供給の伸びを上回る電力需要の伸びにより，21世紀に入ってからは高止まりする電力需要に対して，「失われた20年」の長期不況と軌を一にして停滞気味のエネルギー総供給の動きを反映したものです。

こうした長期動向は他の主要国の電力化率でもほぼ同様ですが，フランスでは他国と大きく様相が異なり，1980年代後半に電力化率が急上昇しました。この理由は，フランスでは，第1次石油ショックを契機に原子力発電の開発を加速させたことが大きかったと言えます。その結果，フランスの電力化率は，1980年の24％から2008年の47％まで上昇しています。原子力は電力化率の分母（第1次エネルギー総供給），分子（電力需要）双方に同時に含まれ，この部分の増大は定義によって電力化率を高めるのです。

電力需要の増大

歴史的には，第2次世界大戦前は，発電規模が小さかったこともあり電力市場は競争市場でした。しかし，戦争経済下において国の統制のもと一元化され，それが戦後**地域独占を認める形で9電力体制**（現在は沖縄電力を入れて**10電力体制**）として再編成されました（レッスン3.5や**クローズアップ3.7**を参照）。戦後の日本では，大家族主義の崩壊・核家族化，農村の過剰人口の都市圏への人口移動といった社会のうねりの中で，世帯数が増加し，必然的に耐久消費財の家庭電化製品（家電）が急速に普及しました。高度成長期初期（1950年代後半）には白黒テレビ・洗濯機・冷蔵庫の**三種の神器**が，また東京オリンピック後の**いざなぎ景気**（1965年10月から70年7月）の時期にはカラーテレ

■コラム8.2　電 気 事 業■

電気事業は電気事業法により定められており，2011年度においては，**一般電気事業**（不特定多数の需要に応じ電気を供給する事業で，10電力会社が一般電気事業者に該当），**卸電気事業**（一般電気事業者にその一般電気事業の用に供するための電気を供給する事業で，電源開発（株），日本原子力発電（株）の2社が該当），**特定電気事業**（限定された区域で特定の供給地点における需要に応じ電気を供給する事業で，六本木エネルギーサービス（株）等4社が該当），及び**特定規模電気事業**（経済産業省令で定める電気使用者の一定規模の需要に応ずる電気の供給を行う事業であって，一般電気事業者の電線路を介して行うもので，53社が該当），の4事業に分類されています。

これらとは別に，「電気事業」に該当しない電気の供給もあります。具体的には，**卸供給**（一般電気事業者に対するその一般電気事業の用に供するための電気の供給であって，経済産業省令で定めるもの）と**特定供給**（経済産業大臣の許可を得て，供給の相手方及び供給する場所ごとに供給する電気）として括られるもので，工場内や病院，放送局等での**自家発電**が該当します。ちなみに，近年では**産業用大口消費者の電力の3割程度が自家発電によって賄**（まかな）**われている**といわれ，中には7割，8割となる産業もあるといいます。

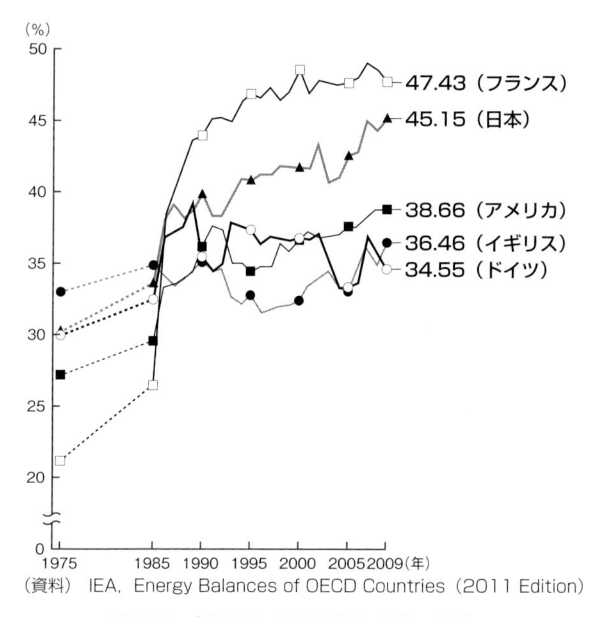

（資料） IEA，Energy Balances of OECD Countries（2011 Edition）

図 8.7　主要国における電力化率の推移

（出所） 電気事業連合会『電気事業の現状 2012』

ビ，クーラー，自動車の**新・三種の神器**（英語の頭文字から**3C**）が，各家庭の当面の目標となり，それを1つ1つ家庭内に備えることで「中流の中」として**一億総中流**を感じたのでした。

この時期，企業も新しい技術を導入し，生産設備増強の投資を行いました。それに伴い，急速に電力を始めとしたエネルギー需要が高まっていきます（**図8.8（b）**）。化学工業やアルミニウムなどの軽金属の生産にも大量の電気が必要でした。今から50年ほど前には，旺盛な電力需要に供給が追い付かず，全国津々浦々でしばしば停電が起こりました。例えば，関西地方では高度経済成長期を迎えると，その初期の段階から電力不足による停電が頻発し，その対応のため**関西電力は1956年に黒部ダムの建設に着工**したのでした（ダム水を使う発電所が黒部川第四発電所であることから**黒四**（くろよん）**ダム**ともいい，63年に完成）。高度成長期の日本は（今でもそうですが），製造業に安定したエネルギーを安く大量に供給するように，産業界から電力業界に強く求められたのです。

こうした1次エネルギーの動向に並行して，日本の電力エネルギーは**潜在的な供給を表す発電設備容量**の面でも**実際に実現した需要側の発電電力量**の面でも，ほぼ一貫して増加してきました（**図8.8**）。発電には，火力，原子力，そして水力や太陽光，風力などの再生可能エネルギーを利用した発電方法があり，経済性や変動する電力需要への対応の容易さなど，それぞれの特性があります。これらのうち，特定の発電方法に偏らず，それぞれの特性を活かしてバランス良く組み合わせ，安定した発電を達成することを**エネルギー・ミックス**といいます。一日のうちでも時間帯によって電力需要は変動し，それに対応するエネルギー・ミックスも変わります。ほとんどのエネルギー資源を輸入に頼る日本では，特に福島第一原発の事故を受け，将来の電力需要をどう確保していくのかは焦眉（しょうび）の問題といえます。

日本は電力需要の増加に伴い，1950年代から60年代にかけては水力と石炭火力を開発してきました。1970年代には石油火力が主要な発電方式となり，2度の石油ショックを契機として，原油価格高騰の影響を受けにくい体質に転換すべく，**脱石油・電源多様化**が進められました。そして1990年代以降はCO_2の排出抑制が，近年は安定供給・経済性・環境保全を同時に達成することが重要な課題となっています。電気事業者は，こうした経済や社会情勢の変化に対

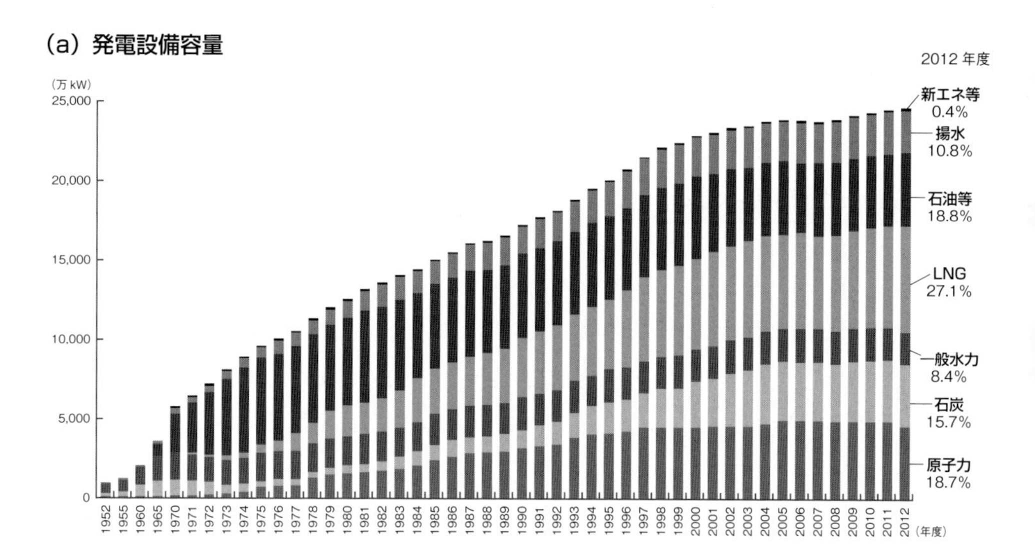

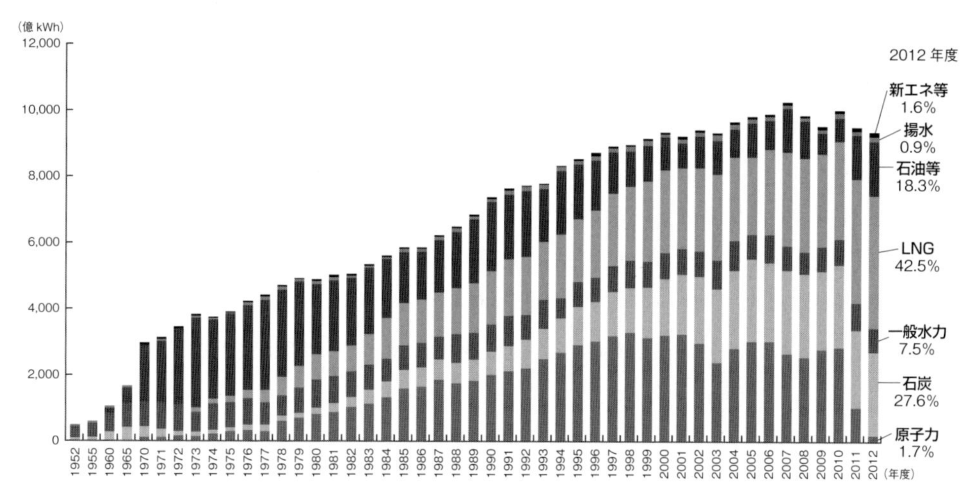

(注) 1971 年度までは 9 電力会社計，72 年度以降は沖縄電力を含めた 10 電力会社計。
(資料) 資源エネルギー庁「電源開発の概要」，「電力供給計画の概要」を基に作成。

図 8.8 発電設備容量と発電電力量の推移（一般電気事業用）

(出所) 資源エネルギー庁『エネルギー白書 2014』

応して発電設備を形成してきました。

発電法の変遷

戦後の経済復興の時期，日本は**傾斜生産方式**で鉄鋼と石炭産業に力を入れました。電力についても，**戦後当初の水力が主の水主火従から，1950 年代後半からは火力が主の火主水従になる**とともに，60 年代半ばからコストが安く輸送も簡単な石油火力が一気に増加しました（**コラム 8.3**）。1950 年代に水力から火力中心の発電にシフトしていく過程で，国内の発電設備の効率が海外のものに比べて 30% 以上も劣っていたために，積極的な石炭火力発電設備（新鋭火力）の輸入も行われました。**図 8.8（a）**で，1970 年までの 5 年間隔の圧縮された期間のデータで，石油と石炭の設備容量がともに増加しているのは，こうした事情によります。

しかし，1970 年代に起こった 2 回の石油ショックによる石油価格上昇（**図 8.9**）の影響もあり，脱石油化の動きが起こり，LNG と原子力の導入が本格化します。また，漸減していた石炭による発電も，1980 年代以降は安く高品質の海外の石炭を利用して徐々に復活することになります。石炭火力発電の環境対策が進歩し，脱石油を目標として発電効率の改善が追及され，高圧での発電により世界最高水準の効率化が実現され，近年は国内の発電コストは石炭が一番安くなっています。しかし，環境対策が進歩したとはいえ，他の電力源と比べて CO_2 排出量が多いことや石炭の焼却灰の処理といった問題が，石炭による火力発電の伸びに天井を設けている状況といえます。

図 8.8 の発電設備容量（**a**）と発電電力量（**b**）を比較すると理解されるように，石油による発電設備容量は 1970 年代以降ほとんど変化がないか微減を示していますが，発電電力量として使用された需要量は減少しており，とりわけ近年は原油価格の高騰もあり発電設備容量の割には使用されなかったことが分かります。実際，発電電力で見ると，1973 年の第 1 次石油ショック前には 7 割近くを占めていた石油火力の割合が，2010 年には 1 割以下にまで低下し，水力・火力・原子力等の各電源をバランス良く組み合わせたエネルギー・ミックスの構成となっています。

LNG のガス発電については，石油ショックの影響だけではなく，経済成長

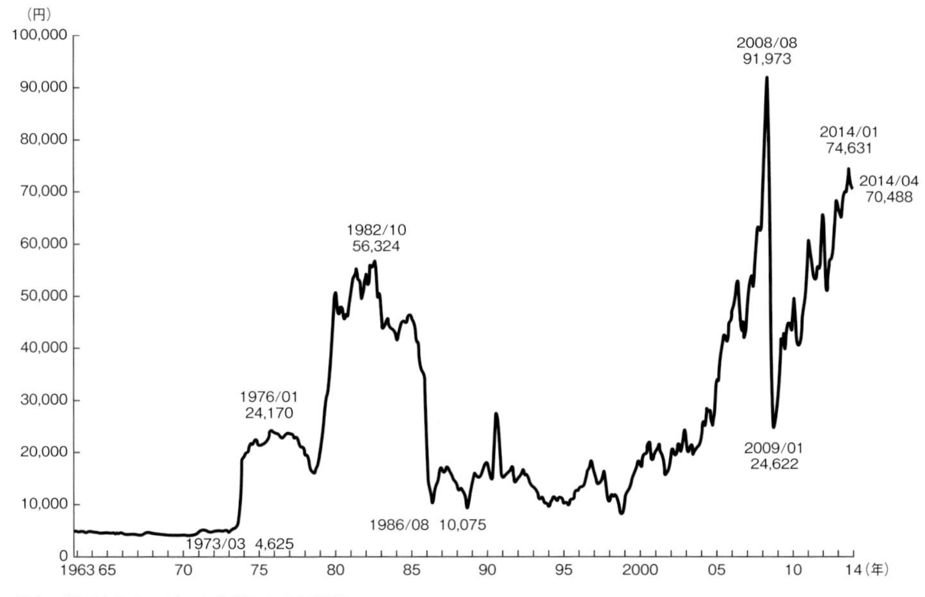

（注） 単位は 1 キロリットル当たりの円価格。
（資料） 財務省『貿易統計』

図 8.9 石油輸入価格の推移

■コラム 8.3 火力発電への移行■

火主水従の背景には，「電力王・電力の鬼」と呼ばれた松永安左エ門（1875-1971）が委員長として，私的に起案した 4 次に亘（わた）る**電力設備近代化計画**があります。例えば第 4 次計画では，水力発電は不十分であること，国内炭が量的にも経済的にも将来性がないこと，そのため原子力発電が本格化するまでは海外からの重油に依存しなければならないといった内容が述べられており，早い段階から国内炭の限界だけでなく原子力に着目していたことが分かります。政府（当時の電源開発審議会）の考え方も，1950 年代後半からは火力を中心としたものとなっていきましたが，国内の石炭産業を保護し石炭を利用することを中心に考えていました。

に伴い**硫黄酸化物**などによる**大気汚染**が**問題**となったことも導入を後押ししました。重油や石炭を使う火力発電が大気汚染の原因となっていたために，公害の少ない燃料としてLNGが考慮されたのです。1960年代後半当時は，LNGは原油に比べて30%ほど割高であり，海上輸送，国際取引も始まったばかりでしたが，70年に世界初のLNG火力発電所（南横浜火力1，2号機）が運用を開始しました。ガス発電についても単にボイラーを熱するのではなく，蒸気タービンよりも始動時間が短いガスタービンを用い，しかもその排気から熱を回収し二重に発電を行う**コンバインド・サイクル**などの技術の導入により，効率が改善しています。**石炭のガス化**といった手法も開発されています。

原子力発電

第2次世界大戦終戦間際に原子力爆弾が広島・長崎に落とされ，圧倒的パワーが認識された原子力ですが，その平和利用の促進と軍事転用の防止のために**IAEA**（国際原子力機関）が1957年に設立されました。米英において原発が建設され，日本では当初トリウムを用いた原発の開発も模索されましたが，早期導入のため米英の開発したウランを用いた原発を輸入する形での導入が行われました（**クローズアップ8.2**）。

1970年代までは，世界の風潮は，将来的に石油に替わって原子力発電が大幅に増加すると予測され，コスト削減や核廃棄物の処理システムの技術進歩も期待されました。しかし，1970年代に2桁だった原子力発電の成長率は，現在では1桁の下位まで低下しており，新設の原発は電力需要の急増が予測されるロシア，中国，インドを始めとした新興工業国に集中しています。**1979年のアメリカのスリーマイル島原発事故，86年のソ連（現ウクライナ）のチェルノブイリ発電所事故**と大きな事故が続いたのも，原発の新設を慎重にさせ，日本の福島原発事故はその流れに棹さし，ドイツ，ベルギー，スイスといった原発依存度が高い国も「脱原発」を決定し，77%の電力を原子力に頼るフランスも，2025年までに50%へ引き下げる「減原発」の方針を表しています。共和党のブッシュ政権下の2002年に，30基の原子炉を新設する**原子力ルネッサンス**が提唱されたアメリカでも，着工の目途は立っていないのが現状です。

ともあれ，原子力発電の将来予測が大幅に引き下げられたことは，世界にお

クローズアップ8.2　日本の原子力発電

原子力発電は一度稼働するとある程度の期間は原料を投入する必要がなく，安定的にエネルギー供給が可能になる利点があります。導入論議が交わされた当時，国民の間には安全性が確立された原子力は，多くの点で石炭や石油よりも魅力的ではないかという意識もありました。この評価をさらに増長したものとして，**高速増殖炉**の早期導入が原子力開発の前提となっていました。核分裂を起こすウラン235は天然ウランの0.7%程度しかなく，核分裂後に放出される中性子の速度を減速させるために普通の水を使う**軽水炉**では，天然ウランを濃縮する必要があります。しかし，高速増殖炉であれば異性体の**ウラン238をプルトニウムに転換しエネルギーとすることが可能**で，理論上ウラン資源の約60%をエネルギーとして使用することができるようになります。

かつて，ウランには枯渇の危惧があり，それまでには高速増殖炉も含めた**核燃料サイクル**の確立を目指しました。ここで核燃料サイクルと言うのは，**使用済み核燃料を再処理して高速増殖炉の燃料とすること**を前提にしたもので，その目論見の下で使用済み核燃料は蓄積されてきました（**図8.10**）。しかし，近年では，ウランの埋蔵量は2050年までは安泰と見積もられており，日本の高速増殖炉の導入計画も暗黙裡に2050年以降を睨（にら）んだものでした。ただし，現段階では，日本には**将来使う核燃料のための中間処理施設はあっても最終処理施設は存在しません**。中間処理施設が存在する青森県六ヶ所村も，最終処理施設については受け入れに反対している状況です。標準的な100万kWの原子力発電所は40年で使用済み燃料を1,000トン（それに伴い大まかにプルトニウムも8トン）排出します。2013年時点で日本の使用済み核燃料は海外で保管されている分も含めると2万5千トンに達し，2030年脱原発だとしても，さらにプラス1万トン程度が見込まれます。原子力発電に関しては稼働中の安全問題同様，蓄積されていく核廃棄物をどのように処理するかも喫緊の課題といえます。

2011年3月の東北地方太平洋沖地震による津波で東京電力福島第一原子力発電所の全電源が喪失，炉心溶融・建屋爆発等により大量の放射性物質放出を伴う**レベル7の原子力事故**が発生しました（レッスン8.5参照）。この事故および安全性不安の高まりによって定期点検後の再開が休止され，一時的に日本中の全部の原発が停止することにもなりました。

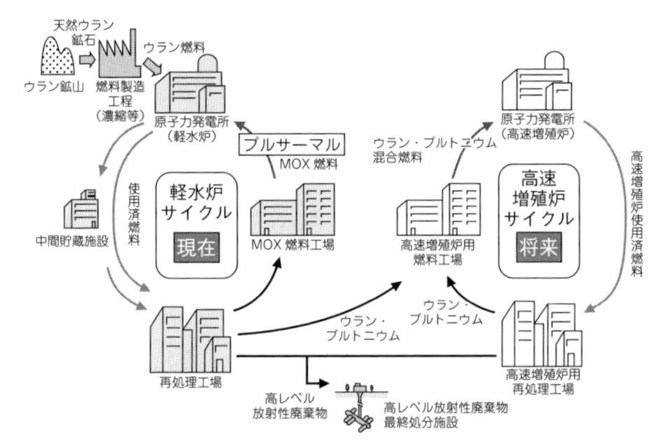

図8.10　核燃料サイクルのイメージ

（出所）資源エネルギー庁「原子力政策の現状について・なぜ，日本は核燃料サイクルを進めるのか？」（2009年）

いて，技術進歩のペースやコスト削減を大きく足踏みさせています。しかし，1次エネルギーの大部分を輸入に頼っている日本は，事情が異なります。政情が不安定な中東諸国からの石油依存度が高い日本では，エネルギー安全保障面から，特に**石炭から石油へのシフト，石炭においても国内生産から輸入炭へシフトする過程で，エネルギーの海外依存度が急速に高まりました**。9割にも達する石油の中東依存度（**図8.4**）を引き下げたい日本にとっては，原子力発電への期待が高かったのです。加えて，1990年代以降は，石油・石炭を始めとした化石燃料からのCO_2の排出削減面からの要請もありました（レッスン8.5及び第9章)。

日本の原子力開発は後発組であり，1963年10月に卸電気事業に特化した日本原子力発電（株）の動力試験炉，66年7月の同社の東海発電所1号機の商用運転が開始されました。燃料のウラン原産国は2004年時点ではオーストラリア33%，カナダ27%，ナミビア16%，ニジェール13%，アメリカ7%，10年にはカナダ，オーストラリア，カザフスタン，ニジェール，ナミビアの順となり，精製国（濃縮ウラン輸入元）は2010年時点でアメリカが7割以上を占め，次いでフランス，イギリスとなっています。年間発電総量に占める原子力の割合は，2010年度の時点で30.8%に上っていました。初期の原子炉は全てアメリカのメーカーによる受注・設計でしたが，その後国産化が進められ，第1次石油ショック直後の1975年にはアメリカ，ソ連，イギリスに次ぐ4番目の設備容量を有する原発国となりました。その後，原子力発電大国となったフランスに追い抜かれましたが，ソ連とイギリスは抜いて，東日本大震災の発災時には日本原子力研究開発機構の高速増殖炉「もんじゅ」も含めると，日本全国で55基の原子力発電用の原子炉が運転中ないし定期点検中でした。2014年4月段階では，廃止ないし解体中のもの10基，建設中が3基（他に着工準備中2基）あり，運転が可能な原子炉は49基となっています（**図8.11**，**図8.12**）。

レッスン8.3 最終エネルギー消費

本レッスンでは，1次エネルギーが2次エネルギーを経て，最終的にどのよ

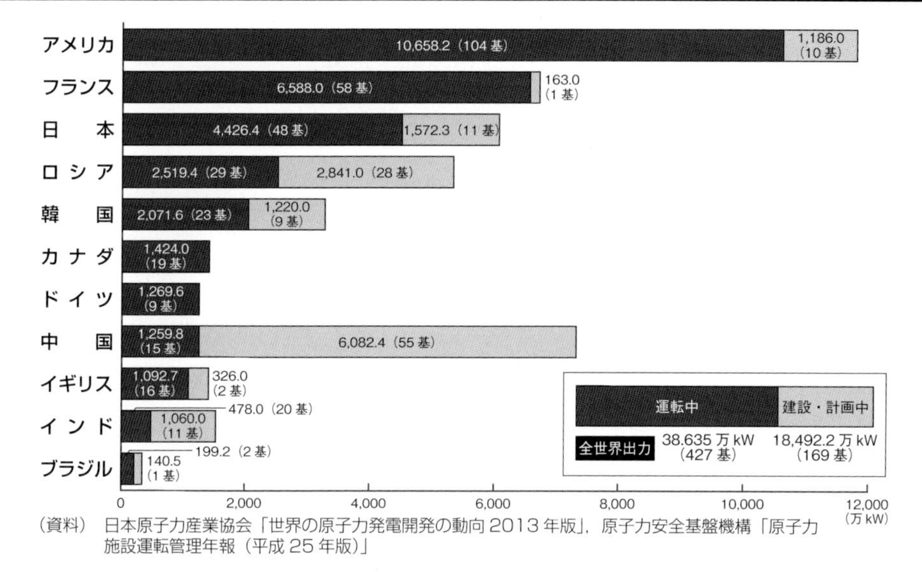

（資料）日本原子力産業協会「世界の原子力発電開発の動向 2013 年版」，原子力安全基盤機構「原子力施設運転管理年報（平成 25 年版）」

図 8.11　主要国の原子力発電設備（2013 年 1 月 1 日現在）

（出所）電気事業連合会『原子力・エネルギー図面集』

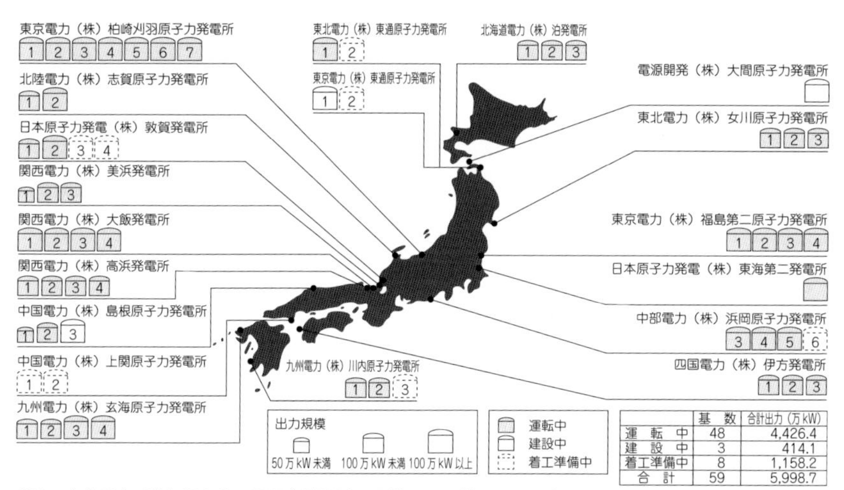

	基　数	合計出力（万 kW）
運　転　中	48	4,426.4
建　設　中	3	414.1
着工準備中	8	1,158.2
合　計	59	5,998.7

（注）東京電力（株）福島第一原子力発電所 1 号機～4 号機は 2012 年 4 月 19 日，5・6 号機は 2014 年 1 月 31 日で廃止。
中部電力（株）浜岡原子力発電所 1，2 号機は 2009 年 1 月 30 日で営業運転を終了し廃止措置中。
日本原子力発電（株）東海発電所は 1998 年 3 月 31 日で営業運転を終了し廃止措置中。
（資料）（独）原子力安全基盤機構「原子力施設運転管理年報」（平成 25 年版）他

図 8.12　日本の原子力発電所の運転・建設状況（商業用・2013 年度末現在）

（出所）電気事業連合会『原子力・エネルギー図面集』

うに使われるかを見ます。最終消費の観点からは，例えば使用する電力の1次エネルギー源が何であったかは無差別ですが，排出する温暖化ガスの多寡やエネルギー安全保障の観点からは，差違が生じます。

石油の用途と代替

図8.13は，最終エネルギー消費を産業部門（第1次産業，製造業，建設），家庭部門，業務部門（サービス業），及び運輸部門の4つの部門に分け，第1次石油ショックが起こった1973年を基準として，それぞれの動きを追ったものです。いくつかの特徴が見られます。1973年から2010年まで実質GDPが2.4倍増えましたが，家庭部門と運輸部門はほぼ同等の拡大を示したのに対して，産業部門は0.8倍，業務部門が2.8倍となっています。すなわち，製造業等の産業部門では省エネが進んだものの，サービス業が中心の業務部門では逆にエネルギー多消費型になっていることが理解されます。製造業が第1次石油ショック以降，如何（いか）に省エネに徹したかは**クローズアップ8.3**に，**(a)** 鉄鋼業，**(b)** セメント製造業，そして **(c)** ソーダ工業の例を挙げてあります。

次に，石油が最終的にどのように使われるかを見ておきましょう。**図8.14**は石油の最終的な消費先を，**輸送用，加熱・電気用，原料用の3用途別**にまとめ，それぞれの用途先を細分化したものになっています。これらの3用途のうちの2割弱を占める**原料用（20.6%）の部分は，2次エネルギーとして用いられるわけではなく**，原油からナフサを経て，プラスティック類を始め合成ゴム，アスファルト，化粧品や蛋白源など多くの化学製品を産み出します。2次エネルギーとしてエネルギー源となっているのは輸送用（44.0%）と加熱・電気用（35.6%）部分で，輸送用としてはガソリン・軽油・ジェット燃料として精製され，自動車（38.4%）や航空機（1.8%）等の燃料となっています。加熱・電気用としては，鉱工業の製造業やサービス業の業務部門の2次エネルギー源として，また家庭・オフィス等での暖房，給湯，照明などに使われます。

既述のように，**エネルギーの最終消費は，1次エネルギーから2次エネルギーに変換・加工する際の転換ロスを控除したものになりますが**（レッスン8.1），石油はそれ以前に，地中（あるいは沿岸沖）深くから原油を取り出すのに，多くの石油エネルギーが必要となります。しかし，日本の統計の石油は日

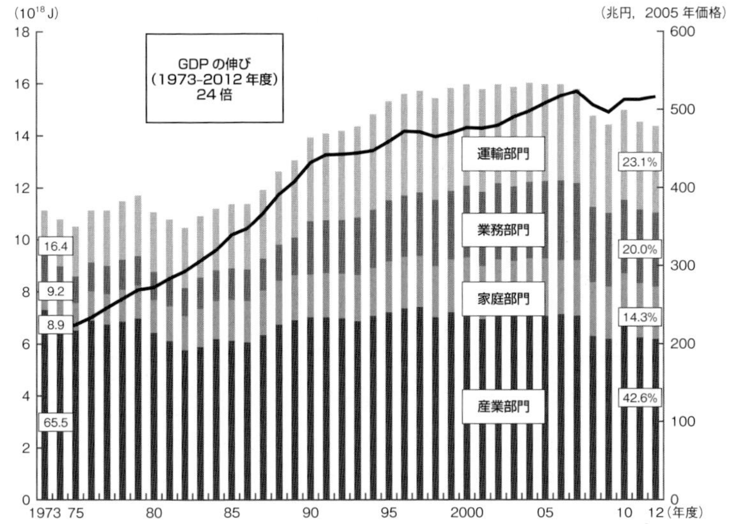

（注） J（ジュール）＝エネルギーの大きさを示す指標の 1 つで，1MJ=0.0258×10^{-3} 原油換算 kl。
（資料） 資源エネルギー庁「総合エネルギー統計」，内閣府「国民経済計算年報」，（財）日本エネルギー経済研究所「エネルギー・経済統計要覧」を基に作成。

図 8.13　最終エネルギー消費と実質 GDP の推移

（出所） 資源エネルギー庁『エネルギー白書 2014』

日本のエネルギー消費は，全体の約 4 割を産業部門が占めています。しかし，産業部門では石油ショックを契機に省エネルギー化が進められたことから，以降，エネルギー消費は横ばいとなっています。一方，運輸・業務・家庭部門では，ライフスタイルの変化や世帯数の増加等の影響により，1973 年の第 1 次石油ショック時と比べるとエネルギー消費が大幅に増えています。

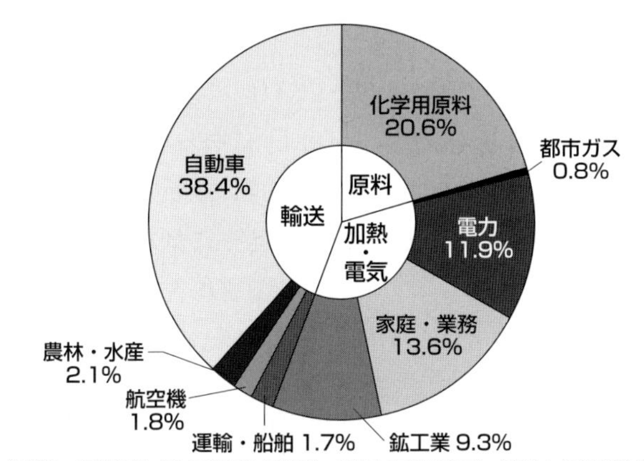

（資料） 石油連盟「今日の石油産業データ集」を基に作成。2011 年度の数値。

図 8.14　石油はどこに使われるか？

（出所） 資源エネルギー省『エネルギー白書 2014』

本に輸入された段階の石油（重油）が出発点となりますので，採掘に要したいわば死荷重のエネルギー分は対象外となっています。2次エネルギーとしての電力にとっては，石油以外の1次エネルギー源も多々ありますが，他の用途でも2次エネルギーの石油にとって代わるエネルギー源がある分野も少なくありません。例えば，運輸部門でのガソリンに替わるエネルギー源も，電気やバイオマス・エタノールを始めとして現実のものとなってきました。資源制約の中で，石油に替わるエネルギーの開発を本格化させる時期に来ています。

この際，電気自動車の例を挙げるまでもなく，石油の代替には電力の果たす役割が飛躍的に増加すると考えられます。代替策の検討には，発電時だけではなく，燃料調達から最終消費先までを見通した上での最適化を図る必要があります。**図8.6**では，2012年の日本の1次エネルギーの総供給に占める石油の割合は45.6%であることを見ましたが，1973年の第1次石油ショック時には77.4%を占めたこの比率が，40年かけてその水準まで下がったと受け止めるべきでしょう。今後は，やみくもに石油依存度を下げるのではなく，**エネルギーの安定供給やコストとの関連での効率性，そして次のレッスンで取り上げる環境保全（CO_2排出）等を考慮し，特定のエネルギー源に過度に依存しないエネルギー・ミックスを構築する**ことが望まれるでしょう。

エネルギー需要の長期見通し

今後のエネルギー需要についてはいくつかの長期予測があります。その際，例えば2050年のエネルギー需要がどのようになるか等の長期の需要予測は，大きく2つに分かれます。1つは，2050年までに，**新興工業国の益々の台頭があり世界需要は21世紀期初と比べて2倍近くになる**というもので，**IPCC**（気候変動に関する政府間パネル）の第三次評価報告書の排出シナリオに関する特別報告（SRES）や，ウィーンにある**IIASA**（国際応用システム分析研究所）と**WEC**（世界エネルギー会議）による1次エネルギー消費量の地域別見通しのスタンスになります（**図8.16**）。もう1つは，省エネ技術革新により大幅に必要エネルギーが低減するとの需要予測であり，その具体例として，**国立環境研究所の日本経済の長期予測**があります（**図8.17**）。

この予測では，最初に**2050年においてCO₂排出量を大幅に70%削減**しつ

クローズアップ8.3　石油ショックと日本の製造業

公害に対する非難や石油ショックの荒波を経験し，日本の製造業のエネルギー消費がどのように減少したかを確認しておきます。エネルギー多消費の鉄鋼とセメントでは，石油ショックを境に重油の使用量が激減し，化学（ソーダ工業）では1970年代前半から製法が変遷し，電力で測ったエネルギー効率が急速に上昇しています。この時期は大規模コンビナート化も進展し，石油ショックによるコスト上昇に対応するために，大規模な省エネ投資による効率改善が行われました。以下，多少詳しく見ておきましょう。

(a) 鉄鋼業では，重油消費量と重油が総エネルギー消費に占める比率を見ると，重油消費量は1973年をピークにどの用途においても減少し，80年を最後に高炉用はゼロとなりました。鉄鋼業の総エネルギー消費に占める重油の割合は，石油ショック前の平均10% の水準から1970年代を通じて急減し，80年以降は2% の水準で推移しています。

(b) セメント製造業についても，エネルギー源別の総エネルギー消費に占める割合を示してありますが，石油ショック前から漸次石炭から重油に転換していたものが，石油ショック後には再び石炭に転換したことが読み取れます。ただし，この石炭は輸入石炭であり，石油ショック前の国産石炭とは異なり，当然技術進歩を伴うものでした。

(c) ソーダ（曹達）工業は，塩を原料に化学製品を製造する工業であり，日本のソーダ工業は，塩水を電気分解して苛性ソーダ（水酸化ナトリウム，NaOH），塩素，水素を製造する「電解ソーダ工業」と，同じく塩を原料に，炭酸ガスやアンモニアガスを反応させてソーダ灰（Na_2CO_2）を製造する「ソーダ灰工業」から成立しています。**図 8.15 (c)** からは，製造方法が第1次石油ショックまでは水銀法，1976年からは隔膜法，イオン交換膜法と変遷し，それによって電力原単位（ソーダ単位生産量に対する必要電力量）が石油ショック後一貫して低下し効率性が上がっているのが分かります。

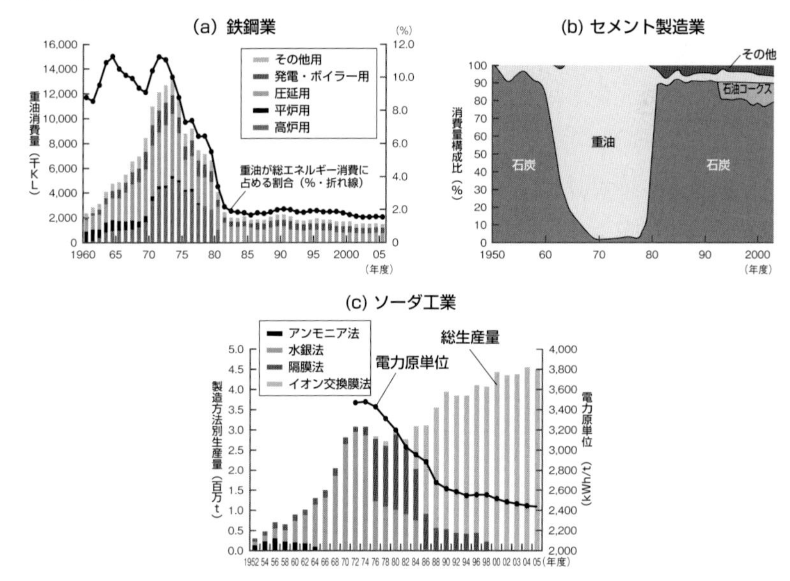

（資料）（a）日本鉄鋼連盟「鉄鋼統計要覧」，（b）（株）セメント協会，（c）日本ソーダ工業会

図 8.15　石油ショック後の3つの省エネ実例

（出所）資源エネルギー庁『エネルギー白書 2007』

つも人々が快適に暮らしている社会を描き，それを実現するために必要な対策を描き出す**バックキャスティング**で実現のための仕組みを導き出していきます。その際，2050年の日本経済の姿について，2つのシナリオを比較します。**シナリオAはより便利で快適な社会**をめざし，活力や成長志向が経済を牽引するとの前提で，1人当たりGDPは年率2%成長を達成していると想定します。新自由主義的な都市型社会で個人を尊重し，集中生産・リサイクル技術によるブレイクスルーを期待するシナリオです。これに対して**シナリオBは「足るを知る」ゆとり型**で，伝統や・文化的価値を尊び分散型・コミュニティ重視の社会となり，「もったいない」精神で地産地消，必要な分の生産・消費に徹し，1人当たりGDPは年率1%の成長を見越します。

こうしたシナリオを前提とした上で，2050年における1次エネルギー及び2次エネルギーを，2000年の実績値と比較して表示したのが**図8.17**です。それぞれのシナリオの細部には立ち入りませんが，集中型エネルギー利用のシナリオAも分散型エネルギー利用のシナリオBも，ともに達成可能な未来社会であることを確認します。その上で，当然ながら1次エネルギー消費量はシナリオBがシナリオAを下回っていますが，2次エネルギーの需要面では，ともに2000年比で40–45%の削減となり，2つのシナリオでそれほど大きな差がついているわけではありません。どちらのシナリオも，2050年の**CO_2排出量を70%削減する制約があるから**といえましょう。

レッスン8.4 再生可能エネルギー

原子力発電の安全神話が崩れ信頼性が失墜したことから，太陽光，風力，地熱などの再生可能エネルギー（新エネルギー）やシェールガスなど新たに発見されたエネルギー源の注目が高まっています（**コラム8.1**）。とりわけ，化石燃料の価格高騰とその枯渇性・有限性への対策として，また地球温暖化への対策としても，再生可能性エネルギーへの期待が高まっています。

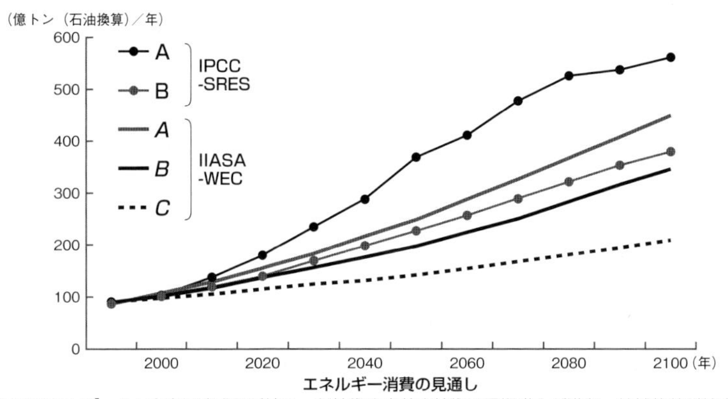

【IPCC-SRES】 A：高度経済成長が続き，新技術や高効率技術は早期導入が進む。地域格差が縮小するケース，
B：中庸なケース
【IIASA-WEC】 *A*：高成長ケース，*B*：中庸ケース，*C*：エコロジー投資ケース

図 8.16　世界のエネルギー消費の将来展望

（出所）　経済産業省「技術戦略マップ（エネルギー分野）――超長期エネルギー技術ビジョン」（2005 年 10 月）

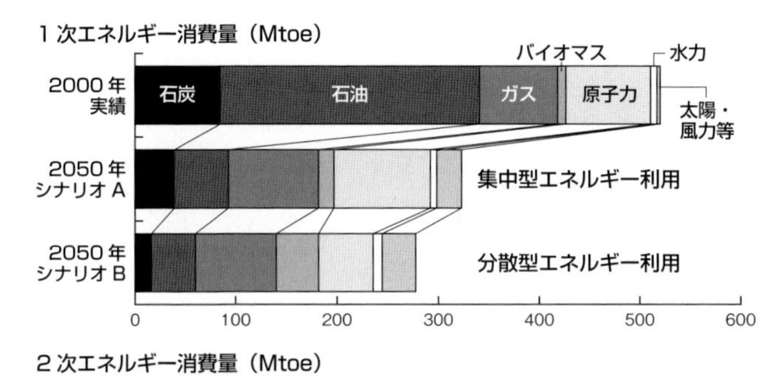

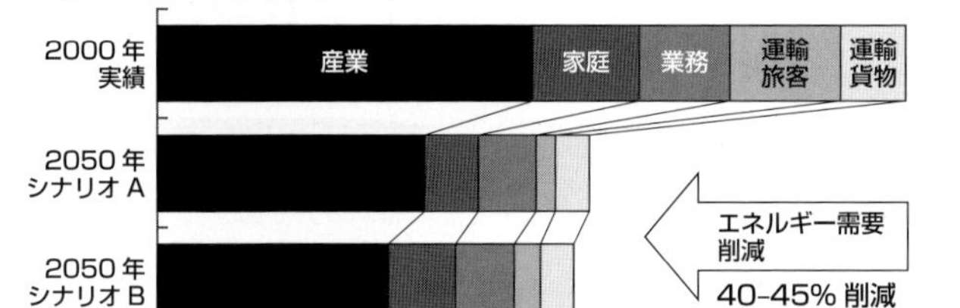

図 8.17　（エネルギー）需要と供給の対策で 70%削減は可能

（出所）　国立環境研究所「環境儀 NO.36　日本低炭素社会シナリオ研究――2050 年温室効果ガス 70%削減への道筋」（2010 年 4 月）

低炭素社会の実現には，エネルギー需要側でのさまざまな技術・施策の導入だけではなく，エネルギー供給側での再生可能エネルギーなどの低炭素エネルギー供給の拡大が重要となります。

メリット財としての再生可能エネルギー

図8.18に再生可能エネルギーそれぞれの発電コストを示してありますが，発電コストが高い順に，太陽光，バイオマス，地熱，大規模風力，水力，LNG火力，原子力となっています。太陽光は毎時1キロワット当たり38.3円と試算されており，LNG火力の10.7円と比べると4倍近くとなっており，発電コスト面では割高になっています。割高度は落ちますが，バイオマス，地熱，風力も同様であり，市場メカニズムに委ねた場合には，利益を上げられる態勢にはなく，実際過去には必ずしも普及してこなかったわけです。

これは市場メカニズムでは解決できない一種の**市場の失敗**（レッスン3.4）ともいえましょう。それは**再生可能エネルギー**に**公共財**的な**要素**があるからで，具体的には**コスト面での割高性を越えたメリットがあるという意味でメリット財**（第3章**クローズアップ3.2**）に値するからです。具体的には，次のレッスンで見る**地球温暖化対策（CO_2排出抑制）**なり，**原発ゼロの代替エネルギーとしての役割**が期待されているわけです。

再生可能エネルギーが，他のエネルギー源と比べて割安であれば自然に普及しますが，現実には**図8.18**で確認される如く，既存のエネルギー源に比べ割高です。長期的には採算が取れるとしても，設置段階の費用が高くては設置が抑制され，普及が進まないことになります。この場合，何らかの公的介入が望まれ，具体的には補助金による直接的な助成なり，**市場を創生することによる「市場の失敗」の是正**が考えられます。

そこで，ドイツなど諸外国の例にならって導入されたのが，発電量のうち自家消費後に残った分を**固定価格で買い取る余剰買取制度**や，**発電量全てを一旦固定価格で買い取る全量買取制度**といった**固定価格買取制度**（Feed-in Tariff ないしFeed-in Law）です（**図2.10**参照）。これらでは，標準的な家計の電力使用量を基準に，電力会社への売電によって10年から20年程度で設置費用が回収できるように買取価格を設定します。設置が遅れるほど買取価格を下げることによって，早めの導入を促すといった方法も取られます。最初に「再生可能エネルギーの固定価格買取制度」が導入された2012年7月には，例えば太陽光発電では，毎時1キロワット当たり42円での20年間保証（10kw未満は10年間）でしたが，14年度は消費税税抜きで32円まで引き下げられました。

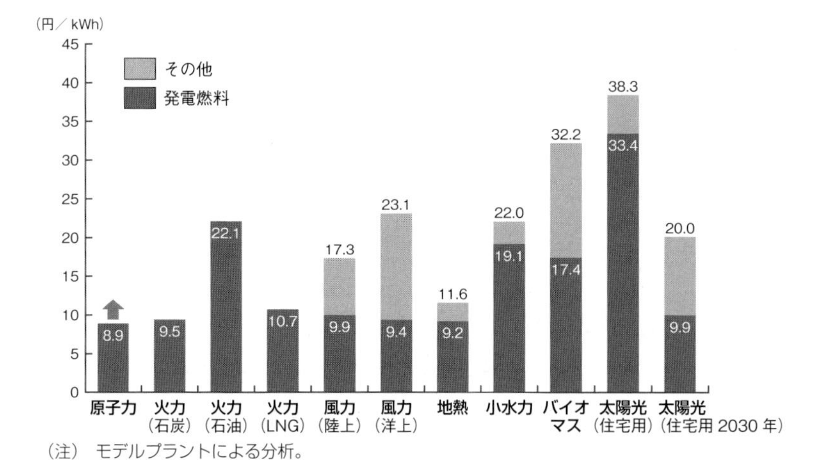

図 8.18 各エネルギー源の発電コスト（2010 年の下限と上限）

（出所） コスト等検証委員会（エネルギー・環境会議）「コスト等検証委員会報告書」（2011 年 12 月）を基に作成。

原子力については事故リスク対応費用，政策経費なども考慮されていますが，あくまでも福島の事故の損害を 5.8 兆円と見積もった場合の下限値であり，前提が変われば上昇します。太陽光は量産効果や技術進歩により将来のコストの低下が見込まれています。太陽光以外の発電については，火力では燃料費などの上昇により将来のコストアップが見込まれます。風力，地熱，小水力，バイオマスではほぼ現行水準のコストと予想されています。

◆ *キーポイント 8.1* 再生可能エネルギー

再生可能エネルギーとしては，**太陽光，風力，地熱，波力・潮力，流水・潮汐，バイオマス**（建築廃材・生ごみ等の廃棄物系と資源作物・間伐材等の未利用バイオマス）等があり，通常のダムによる水力発電（揚水発電）も入ります。対義語は有限の**枯渇性エネルギー**のことで，化石燃料（石炭，石油，天然ガス，オイルサンド，シェールガス，メタンハイドレート等）やウラン等の地下資源を利用するものが該当します。

クローズアップ 8.4 ドイツの例に見る固定価格買取制度のリスク

ドイツは2000年に再生可能エネルギー法を導入し,世界最大の太陽電池メーカーであるQ-Cells AGがあったこともあり，当初は順調に再生可能エネルギーが導入されていくかと予想されました。しかし，中国産の安価な太陽光発電が大量に輸入され，太陽光発電機器の価格が2009年から11年の間に1/3に低下し，Q-Cells AGは中国産との競争に敗れて12年4月に破産しました。中国と台湾のシェアは2008年には30%でしたが，11年には74%を占め，トップ5社のうち4社が中国企業でした。

ドイツは太陽光発電を始めとした固定価格買取全体で2011年で136億ユーロ（1兆3,600億円程度）の財政支出があり，これは**1世帯当たりでは月に千円，電気料金の1割以上**に当たります。この半分は太陽光発電が占めていますが，総発電量に占める割合は3%程度しかありません。2000年時点に比べて電気料金は上昇傾向にあり，家庭用は2倍近く上昇しました。太陽光のバックアップのために石炭による火力発電所を増設しており，稼働率も低く効率が悪いためCO_2が減らない状態で推移しています。**再生可能エネルギーを導入した結果，CO_2排出が減らない**という本末転倒な状況が続いているわけです。

電力会社は，割高な固定価格買取の分を発電費用に含め，電力価格に上乗せします。この場合，再生可能エネルギーが普及するほど電力価格が上がるという逆説的な状況になります。一般に再生可能エネルギーを選択導入する家計は，（環境コンシャスという面もありますが）相対的に裕福と考えられますので，所得の低い人達のお金で，所得の高い人たちが再生可能エネルギーを使用すると解釈可能で，社会的な公平性の面からは問題があるとも言えます。

再生可能エネルギーの問題点

期待が高まる再生可能エネルギーですが，その普及にはいくつかの問題があります。**クローズアップ 8.4** として取り上げた逆説的な問題は別としても，まず，小口でなく一定の規模の発電施設だとすると，どこに設置するのかという現実的な問題があります。仮に標準的な原発1基分を家庭用の太陽光や風力で賄おうとすると，広大な土地が必要になります。その地域に合った再生可能エネルギーを見出すのも，それぞれのエネルギー源の普及にとっての重要な課題になるわけです（**コラム 8.4**）。

太陽光発電については，日本は個別住宅の屋根に設置する場合が多いのですが，ドイツを始めとした欧米諸国では工場や商業施設の屋根に設置する場合が多く，またスペインでは電力事業として地上に大規模なパネルを設置しています（**図 8.20**）。日本でも大型ソーラーパネルの設置件数が増えてはいますが，まだまだ設置場所の制約があります。また，太陽光発電システムの重さもあり，日本ではある程度築後年数の経っている家屋だと，建築構造上の問題が起こることがあります。

風力については，羽に十分な風を当てるために発電設備の間隔を広くとらなければなりません。1つの風車の風下にもう1つ風車を設置しても，十分な距離をおかないと風況が乱れるため，効率が大きく低下します。最低でも風の向き（卓越風向）に対しては横に風車の直径（D）の3倍程度，縦に10倍程度空ける必要がある（3D×10D）と言われており，直径 50m の風車の場合は 150m×500m に1基設置することになります。また，鳥などが風車にぶつかるバードストライクや風車の回転から出る低周波騒音公害や振動による健康被害も，近隣住民から問題視されています。

ドイツに限らず，EUの多くの国で固定価格買取制度による再生エネルギーの導入が試みられましたが，太陽光発電についてはバブルが発生し，買取価格の引き下げ，導入量の制限などの制度変更が相次ぎました。理由としては，買取価格が高額に設定されたため参入が急増したこと，設置に要する期間が屋根型で2か月，陸上型のメガソーラーで1年と短く導入が殺到したこと，導入状況，コスト状況，全体の電力価格への影響などを随時モニタリングできず制度が柔軟に対応できなかったこと等があげられます。

日本の固定価格買取制度についても，当初の買取価格が高く設定されたために申請が殺到し，意外な落とし穴が待っていました。ドイツと比べても，買取価格が2倍近い水準に設定され，ドイツ以上に大量の中国製品が輸入される可能性が高く，家庭用だけでなく**メガソーラー**（大規模な太陽光発電）の導入も図られました。北海道にメガソーラーの申請が殺到し，送電線などの受け入れ能力を超えてしまい申請制限が検討されたほどですが，買取価格が下げられる前に権利を確保しようと申請だけを行い，実際には建築が行われないといった問題も発生しました。また，性善説に基づいて申請を受け入れていたケースも多く，申請が受理されたことを利用して原野商法（実際には価値の無い土地をだまして売りつける）まがいに利用される例もありました。そのため2014年4月以降は，認定後6か月を経てもなお発電に至らない場合には，認定が失効することになりました。

また，固定価格買取制度の導入が，企業の生産計画に悪影響を与える可能性もあります。太陽光発電は他の発電に比べて割高であり，技術的にも汎用の結晶シリコンを用いているため，**その生産により産業内に大幅な技術進歩がもたらされるとのマーシャルの外部効果は期待できない状況**です。制度導入により国内産業が太陽光発電システムを増産した場合，競争力の低い汎用の結晶シリコンの増産に投資を行うことになり，将来的にマイナスの影響が発生するリスクもあります。

■コラム8.4　都道府県別の再生可能エネルギーの割合■

千葉大学倉阪研究室と環境エネルギー政策研究所（ISEP）の共同研究「永続地帯研究会」では，2007年から毎年，地域特性に応じて，太陽光や風力，小水力，地熱，バイオマスなど，さまざまな再生可能エネルギーを活用した実績を指標として，日本国内の地域別の自然エネルギー供給の現状と推移を明らかにしています。

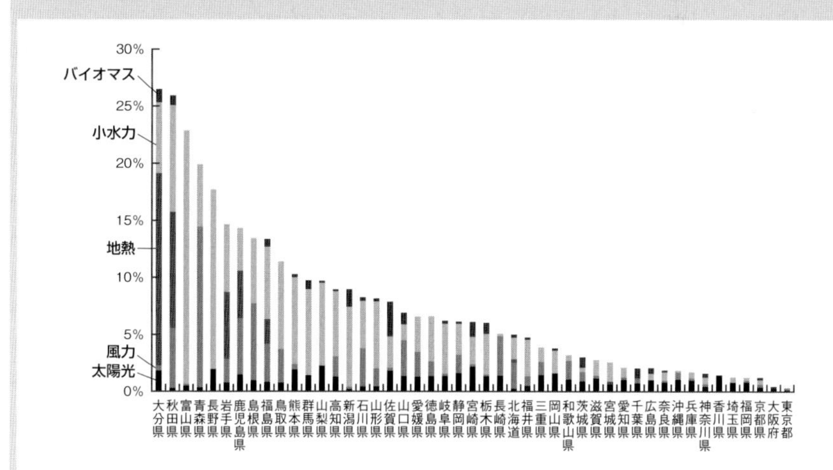

図 8.19　都道府県別の再生可能エネルギーの供給割合

（出所）永続地帯研究会『永続地帯 2013 年版報告書』

地熱発電については，日本は火山国であることから地熱発電の導入ポテンシャルは大きく，また太陽光の普及が難しい北海道，東北や北陸に多くのポテンシャルが存在しています。しかし，1999年の八丈島地熱発電所以降は新たな建設が行われていません。この背景としては，地下を調査し適切な土地を探さなければならないために，開発に要する期間が15–20年と長く，調査や建設の際には多くの井戸を掘る必要があり，建設までのコストが高くなることがあげられます。また，有望な地域が国立公園の中に位置したり，温泉地域の近くに存在しているために，温泉を経営している旅館などの説得や国立公園の外までパイプを引いて発電するといった対策が必要になります。

再生可能エネルギーと系統安定問題

再生可能エネルギー普及の大きな問題点としては，**系統安定**の問題があげられます。これは電力供給システム全体として電力の需要に合わせて，安定した電力供給を如何に行うかという問題です。**電力の供給（発電）は，常に需要に見合うように出力を調整し，周波数，電圧を安定させています**。供給が需要に追い付かないと，周波数が下がるか電圧が不安定になり，その結果として**発電所が停止し，一斉に大規模停電**が起こる可能性があります。2011年の東日本大震災後に，東京電力管内で**計画停電**が行われたのは，一部の地域を切り離し強制的に需要を減らすことで，供給不足になるのを防ぐために行われました。

地熱以外の再生可能エネルギーは，時々刻々とその出力が変化します。太陽光であれば昼と夜，晴れと曇りで，また風力であれば風の強さ等の風況で出力が変わります。このため，電力系統全体からみると**再生可能エネルギーの増加は電気の供給を不安定化**させます。再生可能エネルギーが少ないうちは問題がなくとも，導入量が多くなってくると再生可能エネルギーの電力供給の変化に対応するためのシステムを考えなければなりません。具体的には，出力の調整の容易な火力発電を再生可能エネルギーに見合っただけ導入するか，蓄電池の大量導入，スマートグリッドを導入して再生可能エネルギーの発電や供給側ではなく需要側を調整する方法が考えられます。ここで**スマートグリッド**（smart grid）とは通信・制御機能を付加した電力網であり，家庭やオフィスでも自動検針を行う**スマートメーター**（smart meter）を設置することで，通信・制御

都道府県ごとに特徴があり，大分県では地熱発電が大きな割合を占めています。水資源の豊富な富山県では小水力発電が多く，秋田県では地熱発電や小水力発電に加えて風力発電が盛んです。一方，東京都や大阪府など大都市では，エネルギーを大量に消費しているため，太陽光発電や太陽熱利用がある程度進んでいるにもかかわらず，自然エネルギー供給の割合が1％以下と非常に小さいことが特徴です。

なお，この調査からは，全国の52の市町村において自然エネルギー供給の割合が100％を超えていることが分かりました。そうした地域では，すでに設置されている地熱発電，小水力発電や風力発電で生まれた電力を，地域外にも供給しています。

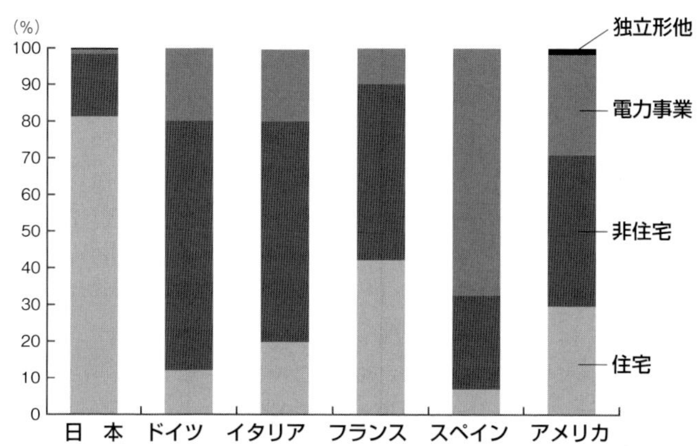

（注）出力ベースで比較。住宅用については主として住宅の屋根に設置する小規模なもの，非住宅用については主として工場や商業施設の屋根等に設置する中規模な物，電力事業については主として地上に設置する大規模な物。独立系については系統に接続しない自家消費用の設備。
（資料）IEA や各国業界団体等の資料を基に資源総合システム調べ。

図 8.20　太陽光発電の設置形態（2010 年）

（出所）資源エネルギー庁資料「我が国の再生可能エネルギーの現状」（2012 年 3 月）

◆ *キーポイント 8.2*　HEMS，BEMS，FEMS，CEMS

電力使用量の見える化や電力利用効率化のための機器制御，再生可能エネルギーや蓄電器の制御等のエネルギー管理システムを **EMS**（Energy Management System）と呼びます。対象が家庭であればHEMS（ヘムス，Home EMS），商用ビル向けであればBEMS（ベムス，Building EMS），工場向けであればFEMS（フェムス，Factory EMS），広く地域内のエネルギーを監理するシステムであればCEMS（セムス，Cluster/Community EMS）と呼ばれます。

機能を活用して停電防止や送電調整のほか多様な電力契約の実現や人件費削減等を可能とします。

再生可能エネルギーは今後のエネルギー政策を考える上で重要ですが，ただ導入すれば問題が解決するわけではないことも理解することが大切です。

シェールガスの採掘

再生可能エネルギーでなくとも，化石燃料の中でも発電コストが極端に安価ならば，新しいエネルギー源としてその需要が増えます。**シェールガス**がその好例です。アメリカではシェールガスの採掘により，エネルギー輸入国から余った石炭などのエネルギー輸出国への転換が起こっています。さらに，シェールガスは2020年にアメリカの天然ガス生産量の40％程度になり，天然ガスの純輸出国にも転ずるでしょう。中国のシェールガスの資源量はアメリカを上回り世界一ですが，国内での天然ガス需要の大幅な拡大が見込まれるため，シェールガスは当分の間は自国消費に留まるとみられます。

日本にとっては，原油価格にリンクしたLNG輸入価格が高く，シェールガスを輸入することでLNGコストを低減できるのではと期待されています（**クローズアップ8.1**，**コラム8.5**）。

レッスン8.5　温暖化ガス，原発とエネルギー基本計画

エネルギー消費と CO_2 排出

地球温暖化問題は21世紀の人類が抱える最大の懸念対象ですが，その原因の最たるものが**化石燃料の燃焼によって排出される CO_2（二酸化炭素）なりメタン等の温暖化ガス**なわけです。地球温暖化の環境問題全般については次の第9章で扱うことから，本レッスンでは最適なエネルギー・ミックスを考える際のチェック事項としての，エネルギー源からの CO_2 の排出問題を見ていきます。

電力のエネルギー源となる化石燃料の中でも，CO_2 排出量が多いのは，**石炭火力，石油火力，LNG火力（汽力），コンバインド（複合）LNG火力の順に**なっています（**図8.21**）。再生可能エネルギーの CO_2 排出量は，発電そのも

■コラム8.5　シェールガスの問題点■

日本にとってみると，天然ガスをLNGとして輸入する際の液化コストと輸送コストを考慮すると，アメリカのシェールガスによる費用低減効果は限られており，むしろエネルギー安全保障面が重要との評価もあります。また，シェールガスは化学物質を含んだ大量の水を地下に注入することから，地下水の汚染など採掘現場周辺の地域での環境汚染をもたらす報告も多数に上っています。生産の拡大に伴う価格低下により利益率が低下し，大手でも当初の計画通りの利益が出ない企業が出てきています。そのため，シェールガスブームも一時的なバブルであり，継続的な事業としての見通しに疑問の声を上げる人も出てきています。

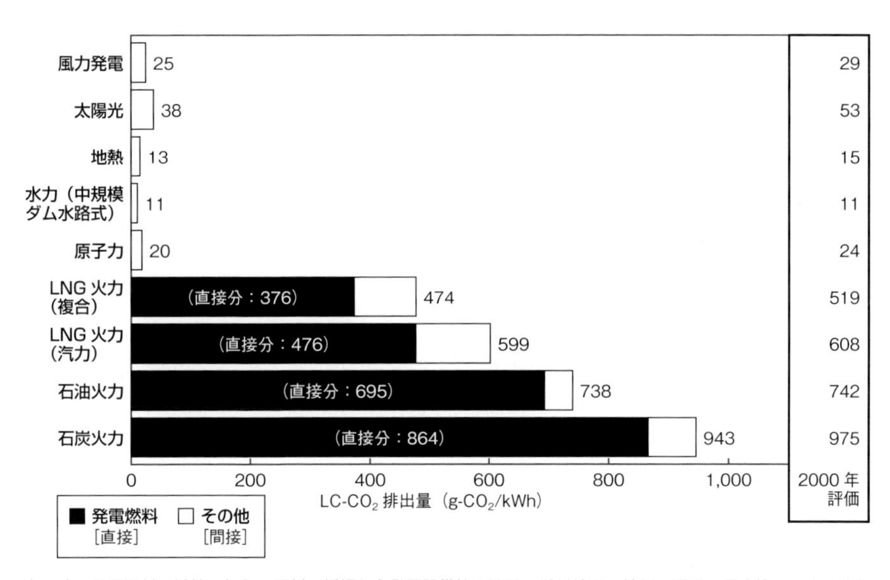

（注1）　発電燃料の燃焼に加え，原料の採掘から発電設備等の建設・燃料輸送・精製・運用・保守等のために消費される全てのエネルギーを対象として CO_2 排出量を算出。

（注2）　原子力については，使用済燃料再処理，プルサーマル利用，高レベル放射性廃棄物処分等を含めて算出。

図8.21　発電方式別の二酸化炭素排出量（2009年）

（出所）（財）電力中央研究所「日本の発電技術のライフサイクル CO_2 排出量評価——2009年に得られたデータを用いた再推計」（2010年）

のからは排出量はゼロですが，それぞれの設備の製造時や維持・運用時に多少のCO_2排出を伴っています。ただし，太陽光発電では無視できない排出量に相当しますが，その他では実質的には問題外といえます。

これらの数字をベースにするならば，CO_2排出量を減らす目標からは，潜在的には，再生可能エネルギーは十分原子力発電に取って代われるわけです。もっとも，**図8.17**で見たように，再生エネルギー源ごとの発電コストの問題もあり，両者を合わせて最良のエネルギー・ミックスが求められるべきでしょう。また，安定した再生エネルギーの供給体制を確立するのには，それなりの年月が必要なことも念頭に入れておく必要があります。

福島第一原子力発電所事故

2011年3月11日の東日本大震災では，東京電力の福島第一原発で原子炉溶融事故が発生しました。近隣住民の避難が行われ，放射能汚染などによる実際の被害，風評による被害などが発生し，原子力発電に対する信頼が失墜してしまいました。地震そのものによる原子炉の倒壊でなく，地震直後に押し寄せた大津波による**全電源喪失**が原因になっています。

地震が多い日本では，原発の耐震安全性を確保するために，各種の対策を実施しています。活断層を避けるのはもとより，地震による揺れが大きく増幅される表層地盤上ではなく，地盤を掘り下げて，十分な支持性能を持った岩盤上に建設します。原発の主要な設備は，徹底した地質調査や過去に発生した地震の調査などから考えられる最大の地震に耐えられるよう設計されています。地震に対しては，感震器が揺れを感知すると，原子炉を安全に自動停止する仕組みになっています。しかしながら，想定を上回る津波による全電源喪失は盲点になっていました。

原子力発電は地球温暖化問題においてはCO_2を排出しない発電システムとして理解されており，温暖化対策の中心を担うエネルギー源として建設推進方針であったために，計画の見直しも検討されています。2009年9月の国連気候変動首脳会合において，政権交代で首相となった鳩山由紀夫首相が，**日本の目標として温暖化ガスの1990年比25%削減**（2005年比では30%削減に相当）の演説を行った際に念頭にあったのは，原子力発電の比率を50%以上にする

◆ キーポイント 8.3　東日本大震災

2011 年 3 月 11 日に勃発した**東日本大震災**は，近年に例のない自然災害となりました（レッスン 10.5）。1,000 年に 1 度レベルといわれるマグニチュード 9.0 の**東北地方太平洋沖地震**，および直後に東北・関東太平洋沿岸に広範に押し寄せた大津波によって，判明した死者不明者が 2014 年 9 月現在で 21,707 人（死者 19,074 人，行方不明者 2,633 人）。

全電源喪失となった東京電力の福島第 1 原子力発電所事故によっては，多くの人々が長期に亘（わた）る罹災生活を余儀なくされています。復興庁の調べでは，震災後 3 年経った 2014 年 9 月 11 日時点での東日本大震災に伴う全国の避難者数は 24 万 3,040 人。仮設住宅や民間賃貸住宅への避難者が 22 万 6,387 人，親族や知人宅が 1 万 6,141 人，病院などが 512 人。居住していた県以外に避難した人は，福島県 4 万 6,645 人，宮城県 6,925 人，岩手県 1,451 人に上ります。

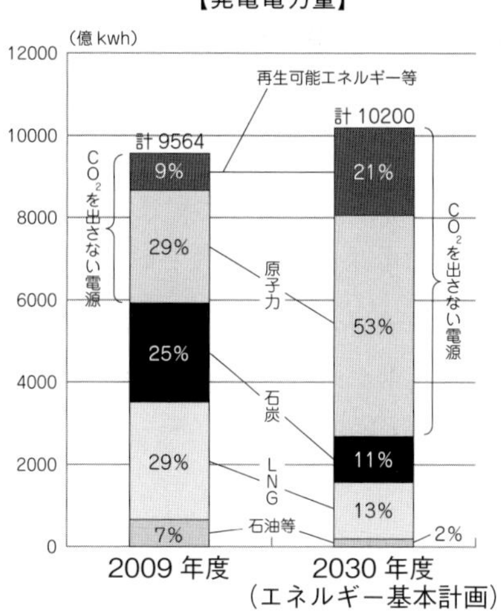

図 8.22　2030 年のエネルギー供給見通し

（出所）　経済産業省「現行のエネルギー基本計画（2010 年 6 月閣議決定）の概要」

東日本大震災が起こる前の 2010 年 6 月に策定された第 3 次エネルギー基本計画で想定された 2030 年のエネルギー供給見通し。

シナリオがベースにあったのでした（**図 8.22**，レッスン 9.3）。

これからのエネルギー政策

政府は，民主党政権下の 2012 年 7 月に，それまでの**「原子力を基幹電源とするエネルギー選択」から，「原発依存度を可能な限り減らす」エネルギー選択へと方針転換を発表しました。**その際，**原発依存度だけでなく化石燃料依存度も低下させ，再生可能エネルギーと省エネの推進を促進するためグリーン化を推進する**としました。2012 年 7 月段階で出された 2030 年のエネルギー構成には，いくつかのシナリオがありますが，原子力発電の割合をゼロから 20% 前後までの範囲で想定しています。どのシナリオでも，基本的には，原子力発電の割合に応じて再生可能エネルギーが原子力に取って代わる構想になっています。ただし，再生可能エネルギーの 30% 以上の導入については，既にみてきた課題もあり，その実現妥当性に疑問の声も上がっています。

2014 年 4 月に安倍晋三政権が閣議決定した第 4 次**エネルギー基本計画**では，**原子力発電を昼夜を問わず安定的に稼働できるベースロード電源**と位置付けると同時に，再生可能エネルギーについては「現時点では安定供給面，コスト面でさまざまな課題が存在する」ものの，「温室効果ガスを排出せず，国内で生産可能」との利点にも触れ，「エネルギー安全保障にも寄与できる有望かつ多様で，重要な低炭素の国産エネルギー源」と位置付けています（**図 8.23**）。

政権再交代後の政府は，原子力については依存度を減らすとしつつも，「脱原発」の姿勢（**長期の原発ゼロ**）は取っていません。東日本大震災後の日本の経常収支が赤字に転じましたが，その最も大きな直接的原因は，停止した原子力発電に替わるべく火力発電用の化石燃料の輸入が増加したためといえます。すぐには再生可能エネルギーを採算の取れる形で導入することは困難であり，「安全の確認できた原子力」は稼働させるのが現実的な選択肢とするのが，エネルギー・ミックスの観点からは賢明でしょう。ただし，**原子力発電は使用済み核燃料処理という大きな課題**を抱えています。原発を廃炉にした場合にも，放射能に汚染された廃棄物が出ることになり，その処理も適切になされる必要があります。

◆ キーポイント 8.4　エネルギー基本計画

2002年に成立したエネルギー政策基本法の中で新たに定められた計画であるが，日本では1965年以来数年おきに，長期エネルギー需給見通しが策定されてきており，将来のエネルギー供給と需要の量及び構造についての基本的な方針となっていました。エネルギー政策基本法では，**エネルギーの安定供給の確保と環境への適合を市場原理に優先する**と定めています。

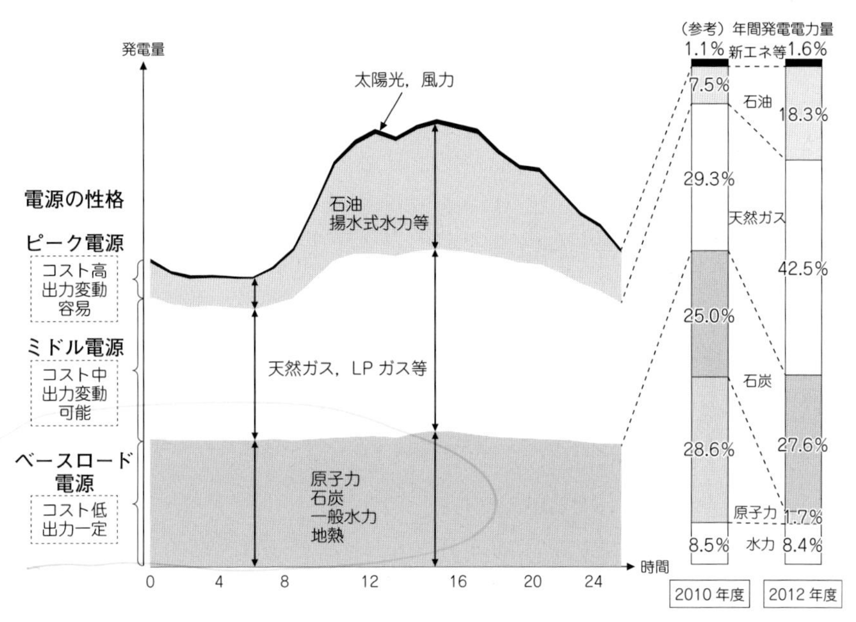

ベースロード電源：発電コストが低廉で，昼夜を問わず安定的に稼働できる電源
ミドル電源：発電コストがベースロード電源に次いで安く，電力需要の変動に応じた出力変動が可能な電源
ピーク電源：発電コストは高いが電力需要の変動に応じた出力変動が容易な電源

図 8.23　電力需要に対応した電源構成

（出所）　経済産業省「エネルギー基本計画について」（2014 年 4 月）

公表された A4 全 78 頁の基本計画に付された唯一の図表。

レッスン8.6　まとめ

日本のエネルギー政策は，海外に依存するエネルギーのリスクを如何に減らし，国内の需要に応えるだけのエネルギーを，安価に，そして安定的に供給するかに思いを致し，現在の姿に辿り着いたのでした。日本は今後人口減少が続くと予測されています。技術進歩や生産性の上昇によってGDPの成長は続く可能性が高いですが，人口減少社会において，今後もエネルギー需要が増加すると想定するのが妥当なのかには，疑問の見方もあります。将来のエネルギー需給の見通し，化石燃料による地球温暖化，そしてエネルギー安全保障の問題もあり，不断の最適なエネルギー・ミックスの検証が望まれます。

キーワード一覧

ワットの蒸気機関　流体革命　化石燃料　再生可能エネルギー　新エネルギー　福島第一原子力発電所　原発ゼロ　１次エネルギー　２次エネルギー　最終エネルギー消費　石油ショック　省エネ投資　エネルギー安全保障　電力化率　９電力体制　発電設備容量　エネルギー・ミックス　メリット財　固定価格買取制度　系統安定　スマートグリッド　シェールガス　全電源喪失　エネルギー基本計画　ベースロード電源

▶考えてみよう

1. 家庭用の交流電気は流れ方が１秒間に何回も変わります。これを周波数（Hz,ヘルツ）といい，明治時代に輸入した発電機によって，東日本ではドイツの50ヘルツ，西日本ではアメリカの60ヘルツになりました。この違いによって，現在どのような不便が生じていますか？　調べてみてください。
2. ９電力体制（10電力体制）の特徴をまとめてください。電力自由化，発送電分離といったことの内容も調べてみましょう。
3. 再生可能エネルギーにメリット財の公共性があるとして，外部性もありますか？
4. あなたの住んでいる地域からみて，一番近い原発はどれですか？　直線距離でどのくらい離れていますか？　あなたは原発についてどのように考えますか？
5. 福島第一原発事故による放射能汚染は，公害だと思いますか？　除染費用は誰が負担すべきだと思いますか？

▶参 考 文 献

エネルギー，特に再生可能エネルギーを扱った本は多く，太陽光発電や小規模水力発電など，個人で発電を行う際のガイドブック的なものもあります。エネルギー問題全般については，経済産業省資源エネルギー庁の各年版の『エネルギー白書』，及び

　小池康郎『エネルギーと環境問題』文研出版，2012年

がいいでしょう。原子力発電をめぐっては，2014年２月の東京都知事選は二者択一に誘導されない都民の冷静な判断となりましたが，根強く賛否両論があります。例えば，

　吉岡斉『新版 原子力の社会史——その日本的展開』朝日選書，2011年
　池田信夫『原発「危険神話」の崩壊』PHP新書，2012年
　小出裕章『図解 原発のウソ』扶桑社，2012年
　藤沢数希『「反原発」の不都合な真実』新潮新書，2012年
　金子勝『原発は火力より高い』岩波ブックレット，2013年

を，皆さんの判断の手引きにしてください。

地球環境問題と持続可能性

近年，局所的な集中豪雨（ゲリラ豪雨）や竜巻，あるいは猛暑，暖冬などの異常気象現象が（異常ではなくなるほどに）増え，地球温暖化問題への関心が高まっています。本章では地球温暖化に代表される地球環境問題について考察します。とりわけ，地球温暖化のメカニズムと現状，地球温暖化対策への国際的な取組み，そして日本の対応について学び，世界の国々の持続的発展について考えます。2008-12 年度を約束期間とした京都議定書は国際公約となり，東日本大震災後の事故により全面停止した原子力発電の下でも，日本は CO_2 削減目標を達成しました。その経験から，何を学んだでしょうか。

レッスン

レッスン9.1　地球環境問題

地球環境問題とは，文字通り地球全体を巻き込む環境問題ですが，具体的には2種類に分類できます。1つは，**環境がらみの被害，影響が一国内にとどまらず，国境を越え，ひいては地球規模にまで広がる問題**です。もう1つは，発展途上国における環境問題なのですが，先進国も含めた取組み，とりわけ**先進国の政府開発援助を射程に入れた環境問題**になります。この2つの条件のいずれか，または両方の条件を満たす問題が地球環境問題とされています。

現在，このような観点から問題となっているのは，**表9.1**にリストアップした9つの地球環境問題です。9つの問題のうち，④の有害廃棄物の越境移動と⑨の発展途上国の公害問題の2つが，後者の分類の地球環境問題であり，残りの7つの問題が前者のオーソドックスな地球環境問題になります。もちろん，これらで網羅しているわけではなく，地理上の未確定環境問題（どこの国の領土や領海でもない南極や公海上の環境問題），既存の枠組みの想定外の新たな環境問題（複数国に跨（またが）る原子力事故による放射能汚染問題や大きな隕石の落下による広範囲の環境破壊問題）も，地球環境問題の候補といえます。

酸性雨，砂漠化，生物多様性

レッスン9.2以降に詳しく検討する地球温暖化問題以外で，地球レベルの環境問題として日常生活にも関連し重要度が高まっているものに，酸性雨，砂漠化，そして生物多様性があげられます。**表9.1**では，それぞれ②酸性雨，⑦砂漠化問題，⑧野生生物種減少問題，に括（くく）られる地球環境問題になります。このうち，酸性雨と砂漠化は，第1章で多少なり言及したことから，それぞれ**コラム9.1**と**クローズアップ9.1**で追記するにとどめ，ここでは生物多様性問題について考えることにします。

生物多様性（biodiversity）は端的には，あらゆる起源を持つ生物種や生態系の多様性のことであり，この**多様さは，生物や生態系が人間社会や経済活動の中で効率的に機能する上で極めて重要**なものになります。この中には食料，木材や繊維，医薬品，遺伝子資源，土地生産力，治山・治水，レクリェーション

表 9.1　地球環境問題のいろいろ

① **気候変動（地球温暖化）**
石炭・石油等の化石燃料により，二酸化炭素（CO_2）など温室効果ガスの大気中濃度が上昇し，地域規模の気温上昇，ひいては気候変動を生じる問題。

② **酸性雨**
大気中に放出された硫黄酸化物，窒素酸化物等により酸性化した雨が，森林の破壊・魚介類の死滅，文化財・建造物への被害をもたらす問題。

③ **オゾン層破壊問題**
冷媒，洗浄剤，噴射剤等に利用される CFC（クロロフルオロカーボン）等のフロン類が成層圏まで上昇し，オゾン層を破壊する問題。

④ **有害廃棄物の越境移動**
有害廃棄物の越境移動の国際的枠組みとしてのバーゼル条約が 1993 年に発効。日本でも，特定有害廃棄物等の輸出入等が規制対象に。

⑤ **海洋汚染問題**
船舶事故等に伴う油等の流失，河川・海洋からの重金属等の有害物質の流出，廃棄物の海洋投棄等による海洋汚染等の問題。

⑥ **森林破壊問題**
焼畑移動耕地による過度の火入れ，農牧地への転用，不適切な森林伐採等により，世界で毎年 1,700 万 ha の熱帯林等が減少しつつある問題。

⑦ **砂漠化問題**
乾燥地において干ばつのほか，過放牧，過耕地，薪炭材の採取等の人為的要因が加わり，世界で毎年 600 万 ha の砂漠化が進行している問題。

⑧ **野生生物種減少問題**
150 万種とも 5,000 万種ともされる野生生物種が，開発行為等による生息環境の破壊，人間による乱獲等により急速に絶滅しつつある問題。

⑨ **発展途上国の公害問題**
経済活動の活発化により深刻化してきている発展途上国の公害問題に，先進国も絡んで，経済成長と環境保全の調和をいかにして図るか。

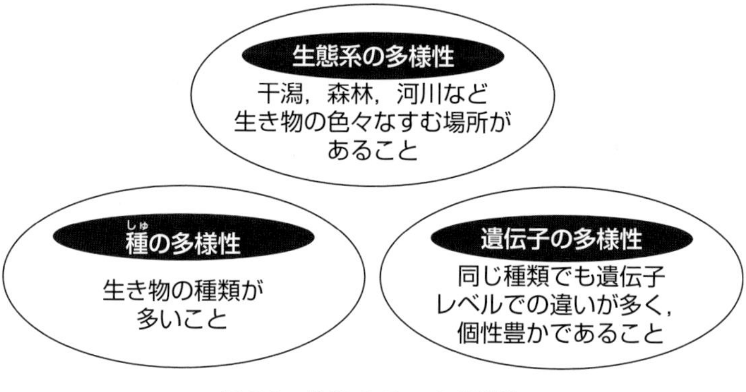

生態系の多様性
干潟，森林，河川など
生き物の色々なすむ場所が
あること

種（しゅ）の多様性
生き物の種類が
多いこと

遺伝子の多様性
同じ種類でも遺伝子
レベルでの違いが多く，
個性豊かであること

図 9.1　生物の 3 つの多様性
（出所）　倉敷市環境リサイクル局環境政策課 HP

機能（バードウォッチング，渓流釣り，昆虫採集，ガーデニング）などの**生態系サービス**を含みます。

1992年の地球環境サミットで提案され，95年に締結された**生物多様性条約**（**CBD**，Convention on Biological Diversity）では，**遺伝子，種**（species），**生態系**（ecosystem）**の3つのレベルでの多様性**を保全すべきだとしています（**図9.1**）。言い換えると，3つのレベルには相互補完関係があり，その上で初めて生物多様性全体の意味が問われます。**遺伝子の多様性**は同じ種でも遺伝子レベルの違いが多く残されており個性豊かであること，**種の多様性**はともかく生き物の種類が多いこと，そして**生態系の多様性**は多くの種類の多くの生き物が同時に住む場所が多くあることをいいます。

地球上では，恐竜が絶滅した6,600万年前を含めて，**過去5回生物の大量絶滅が起こった**ことが分かっており，それぞれの絶滅期には全体の80%くらいの種が絶滅したといわれています。ただし，各絶滅期は数百万年続いたこともあり，**絶滅スピードは年に10から100種程度**であり，普通に**自然現象で種が絶滅するのは，多くても年に5種程度**と見積もられてきました。しかし，**近年の絶滅スピードは尋常でなく，1日あたり100種以上が絶滅**しており，そのペースがあまりに速いといえます。このままの速度で絶滅が進めば，人類の手によって，6回目の大絶滅時代を迎えることになってしまいます。

絶滅危惧種のレッドデータブックについては，第1章，**クローズアップ1.6**で触れました。そもそも地球上にはどれくらいの生物の種が存在するかですが，一説では，**地球上で過去に絶滅した種は5億から50億であり，現在の生存種は3,000万種程度**と言われています。現存種を少なく見積もって1,750万種としても，実際に種として記載されているのが175万種なので，認知されていない種が10倍弱はいるわけです（**表9.2**）。しかし，別の見方では，過去からの全生物種を5億種，現存種を1,000万種だとしても，低く見積もってかつて生きた種の98%は絶滅してしまったことになり，その体（てい）でいえば，**あらゆる種は絶滅する運命にある**といっても過言ではないでしょう。化石や冷凍標本のあるアンモナイトやマンモス，ネアンデルタール人，日本オオカミ，日本生まれの鴇（とき），等々然りですべて絶滅してしまいました。

生物多様性が保全され続けた場合のメリットとしては，おおまかには3つの

表 9.2　既知の動植物種の数

全生物 174万種	
昆虫	970,000
植物	270,000
原生植物	80,000
菌	70,000
脊椎動物	45,000
細菌	>4,000
その他動物	300,000

昆虫 97万種	
甲虫	350,000
チョウ	160,000
ハチ	150,000
ハエ	125,000
カメムシ	112,000
バッタ	20,000
アザミウマ	5,000
その他	50,000

植物 27万種	
被子植物	235,000
裸子植物	620
シダ植物	10,000
コケ植物	20,000
その他	約4,000

（資料）　国立科学博物館筑波実験植物園HP

■コラム 9.1　越境する酸性雨■

酸性雨（acid rain）は工場，自動車などから排出される大気汚染物質の二酸化硫黄（SO_2）と窒素酸化物（NO_x）が，大気中で反応を起こし，雨に溶け込むことにより生成されます。**酸性雨中の酸性の物質は，主として硫酸（H_2SO_4）と硝酸（HNO_3）**です。日本では，環境省が国内の酸性雨調査を行っており，pH5.6以下を示す雨が酸性雨と認定されます。2003年度の調査によると，年間平均pHの最低値が4.40，最高値は5.04であり，ほぼ国内全体に酸性雨が降っていました。

欧州及び北米においては，1950年代にまず湖沼から魚が消え，釣り人達の間で話題となりました。1970年代の中頃から，旧西ドイツの代表的な森林地帯である**黒い森**（シュヴァルツヴァルト）をはじめ，マツやモミなどの樹木の立ち枯れが各所で観察されるようになり，酸性雨（**緑のペスト**）が原因であることがはっきりしました（第1章のレッスン1.1と**図 1.2** 参照）。

酸性雨はそれなりの期間が経つと，コンクリートや大理石の床をも溶かしてしまい，欧州の歴史的遺産となるロンドンのウェストミンスター寺院，ドイツのケルン大聖堂，イタリアのミラノ大聖堂，等々でも**建造物は黒く変色し，屋外の彫刻や銅像，銅の屋根は錆**（さ）**びたり溶け出したりし**，いずれも膨大な補修費用が掛かっています。

酸性雨問題は，大気汚染問題全般がそうであるように，被害が越境して広がり国際問題化します。国境を接している国々の間は自明ですが，ヨーロッパで顕在化したようにいくつかの国々を飛び越えたり，中国から日本のように海を隔てている場合にも，汚染物質は発生源から遠く離れた地域にまで飛来し被害をもたらすのです。そこで欧州や北米では，1983年発効の**長距離越境大気汚染条約**により，酸性雨等の越境大気汚染の防止対策を義務付けるとともに，酸性雨等の被害影響の状況の監視・評価，原因物質の排出削減対策などを定めています。

日本は，第7章で見た通り，1960-70年代に公害問題が非常に大きな社会問題化し，その後多くの工場，発電所が大気汚染対策に取組み，（石灰などを加えることによりSO_2を煙突外に出さない）脱硫処理などの公害防止投資を行った（レッスン7.5）ことから，日本国内の工場の**排煙脱硫施設設置率**は世界一で推移しています。乗用車やトラック・バスに対する排気ガス処理対策も行われており（**コラム 4.1**），近年開発されたハイブリッド車はNO_x放出量を更に少なくしています。

価値があるといえます。まず第1は，生物の持つ**経済価値**であり，食料などとしての生物資源，木材供給源としての熱帯林，将来の医薬品等に結実する可能性を秘める動植物，組換え対象ともなる遺伝子資源などが挙げられます。それぞれの持つ**経済財としての稀少性**が，生物多様性の保全目的としては直観的で理解しやすいといえます。

第2は，人間の**日常生活を支える価値**，すなわち生存環境の維持機能としての**生態系の価値**です。光合成によって二酸化炭素（CO_2）を酸素に変える緑地帯，気候変動や自然災害の緩衝材役の熱帯・温帯・寒帯それぞれの森林，持続的な食物連鎖の均衡を生む動植物群，水質を浄化する干潟などのことで，これらは典型的な**再生可能な資源**ですが，一旦管理を誤って絶滅させてしまうか機能不全状態に陥らさせてしまうと，永遠に再生不能になります。第3は，直接的には金銭評価できないながらも，**生物が人類の文化を育んだ文化的・歴史的価値**であり，具体的には文学，芸術，歴史・自然観，教育などでの貢献です。

地球環境サミット

1991年に旧ソ連が崩壊し，第2次世界大戦後に築き上げられた**資本主義諸国と社会主義諸国の対立構造**であった**東西冷戦**が終結し，地球全体の経済活動の**グローバル化**が始まりました。このタイミングと軌を一にして，地球規模での環境問題に取り組む気運が急速に花開きました。

1992年6月，ブラジルのリオ・デジャネイロで，国際連合（国連）の主催による第1回**地球環境サミット**（環境と開発に関する国連会議，UNCED）が開催されました。1972年にストックホルムで開催された**国連人間環境会議**の20周年を機に，初めての地球環境問題の首脳レベルでの国際会議として開催されたもので，**人類共通の課題である地球環境の保全と持続可能な開発の実現のための具体的な方策**が話し合われました。この会議には100余か国からの元首または首相を含め172か国が参加しました。また，産業団体，市民団体，NGO（非政府組織）や企業，地方公共団体からも多数が参加し，多様な催しにのべ4万人を超える人々が集う国連史上最大規模の会議となり，世界的に大きな影響を及ぼしました。

この会議で，持続可能な開発に向けた地球規模での新たなパートナーシップ

クローズアップ9.1　進む砂漠化

植生に覆(おお)われた土地が不毛地になっていく現象が**砂漠化**であり，乾燥帯の移動など気候の変化による**自然現象としての砂漠化**（アフリカのサハラ砂漠）もありますが，**近年の砂漠化の多くは人類活動によって引き起こされたもの**といえます。現在砂漠化の影響を受けている（砂漠になりそうな）土地の面積は約36億ヘクタールで，地球上の全陸地の約4分の1に，影響を受けている人口は約9億人で世界の人口の約6分の1に上ります（**図9.2**）。

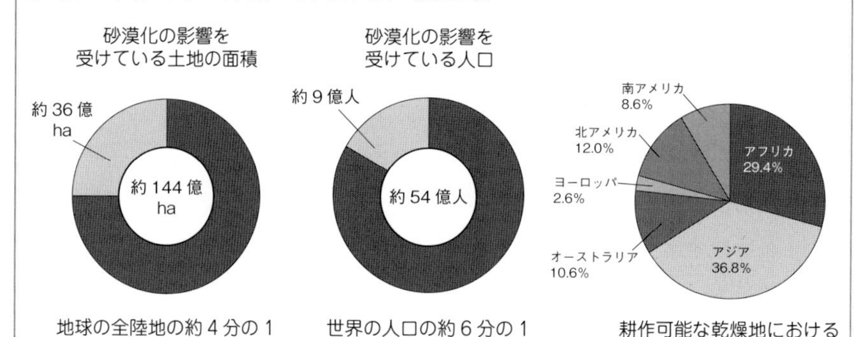

（資料）UNEP, Desertification Control Bulletin（1991）

図9.2　砂漠化の現状

（出所）環境省『環境白書』（平成18年版）

アジアとアフリカでは，耕作可能な乾燥地のうちの砂漠化地域の割合はともに3割前後に達し，中国では砂漠化が首都の北京にまで及び，サハラ砂漠では毎年150万ヘクタールもの勢いで砂漠化が進んでいると推定されています。砂漠化の過程は地域によってそれぞれ異なりますが，主なものとして**①土壌流出，②塩害（塩性化），③飛砂・流砂の3つの原因**が挙げられます。

第1の**土壌流出による砂漠化**は，有機物などの養分を含み農作物が育つことのできる土壌が，雨や洪水などにより流出し惹起(じゃっき)されるもので，インドや中東，黄土高原（**クローズアップ1.1**）などが例になります。第2の塩性化すなわち**塩害による砂漠化**は，**土壌中における塩類濃度が上昇し，植物が育成できなくなって**惹起されます。塩類は外部から灌漑(かんがい)などの客水でもたらされる場合と，表面の水の蒸散に伴い深部から上ってくる場合とがありますが，いずれも土壌表層に塩類が滞留（**塩類集積**）します。塩類集積が進行した地面は硬化し農作業にも困難をきたすため，しばしば耕作や放牧，土地利用そのものが放棄されてしまいます。第3の，**飛砂・流砂による砂漠化**は，周辺の砂丘から砂漠ではない地域に砂が流れ込み，表土を覆って砂漠の一部としてしまうものです。

もちろん，実際の砂漠化には複数の要因が関与します。中東のメソポタミア（現在のイラク）は，肥沃な土地で農業が始められた文明の発生地ですが，過度な農業活動と河の上流の森林の伐採によって，上流に降った雨が一気に河に流れ込んで洪水となり，下流の表土を流し去り砂漠化させました。また，灌漑によって表土の塩性化を招き，さらには上流からアルカリ性の土砂が流れ込み，植物の成育には向かなくなりました。同様のプロセスは他の文明の発生地であるエジプトやインダス河流域（パキスタン）でも起きました。

近年の農耕地帯では，しばしば**土壌の維持や再生の限度（すなわち，持続可能性）を超えた農地開発が行われ，非可逆的に砂漠化を招いた**例が少なくありません。中国における大躍進政策の失敗，旧ソ連の自然改造計画によるアラル海環境悪化，南アメリカ，オセアニアなどの熱帯雨林における焼畑農業，サハラ砂漠における焚(た)き木のための灌木(かんぼく)の大規模伐採，等々が挙げられます。

の構築に向けた**リオ宣言**（環境と開発に関するリオ・デジャネイロ宣言）や宣言の諸原則を実施するための**アジェンダ21**，そして**森林に関する原則声明**が合意されました。また，別途協議が続けられていた**気候変動枠組条約**と**生物多様性条約**への署名も開始されました。

地球環境サミットは，10年後の2002年には南アフリカの**ヨハネスブルグ地球サミット**（持続可能な開発に関する世界首脳会議）として，また2012年の3回目は，第1回目のフォローアップ会合として，再びリオ・デジャネイロで**リオ+20**（国連持続可能な開発会議）として開催されました。

地球環境関連条約

第1回地球サミット前から，地球環境問題について，実際にいくつかの分野で国際間の取り決めが話し合われ，国際条約が締結されていました。**表9.3**には，1985年以降締結されている主な**地球環境関連条約**及びそれらの条約の要点を示してあります。気候変動枠組条約以外の注目される条約としては，採択日の早い順に，**南極条約**（1959年），**ラムサール条約**（1971年，**クローズアップ1.3**），野生動植物の国際間移動を規制する**ワシントン条約**（1973年），**バーゼル条約**（1989年，**コラム4.2**），**生物多様性条約**（1992年），**砂漠化対処条約**（1994年），等があります。

気候変動枠組条約の前段としては，**オゾン層保護ウィーン条約**（1985年）及び**モントリオール議定書**（1987年）が採択され，一定の種類のCFC（クロロフルオロカーボン）等のフロン類及びハロンの生産量等の段階的な削減を行うことが合意され，その後，予測を超えてオゾン層の破壊が進んだために，1990年から99年までに5次に亘るモントリオール議定書の改定を行い，CFC等の生産全廃までの規制スケジュールを早めたり，新たに規制物質を追加する等，規制が強化されてきました。

こうしたフロン類などの排出規制の効果で，2006年になって，**破壊が進んでいたオゾン層が1997年を境に回復傾向にある**との研究報告が発表されました。オゾン量の増加のうちの約半分は成層圏上部（地表から11マイル以上）で観察されたのですが，オゾン量の変化には，太陽黒点の周期や季節要因，成層圏内の風向きなど様々な要因が考えられるものの，この成層圏上部のオゾン

表9.3　地球環境関連条約一覧

条約名	採択日	発効日	我が国署名	我が国批准	締約国数	条約の要点
気候変動枠組条約	1992年 5/9	1994年 3/21	1992年 6/13	1993年 5/28（受諾）	195+EU (2014.3現在)	大気中の温室効果ガス濃度の安定化を究極的な目的とし，全ての締約国に温室効果ガスの排出及び除去に関する目録作成等の義務を課す枠組条約。
京都議定書	1997年 12/11	2005年 2/16	1998年 4/28	2002年 6/4（受諾）	191+EU (2014.3現在)	先進国・市場経済移行国が二酸化炭素などの排出を2008-12年（第1約束期間）に90年の水準に比し，5%（我が国は6%）削減すること等を定める議定書。（日本は第2約束期間2013-20年には参加していない）
生物多様性条約	1992年 5/22	1993年 12/29	1992年 6/13 （リオ時間）	1993年 5/28（受諾）	192+EU (2012.07現在)	生物の多様性の保全，その構成要素の持続可能な利用及び遺伝資源の利用から生ずる利益の公正かつ衡平な配分を目的とする条約。
カルタヘナ議定書	2000年 1/29	2003年 9/11		2003年 11/21(加入)	163+EU (2012.1現在)	遺伝子組み換え生物による生物多様性の保全及び持続可能な利用への悪影響を防止するための輸出入の手続き等について定める。
オゾン層保護 ウィーン条約	1985年 3/22	1988年 9/22		1988年 9/30（加入）	196+EU (2012.1現在)	オゾン層保護のための国際的な協力を謳った枠組条約。
モントリオール議定書	1987年 9/16	1989年 1/1	採択時署名	1988年 9/30（受諾）	196+EU (2012.7現在)	オゾン層破壊物質を特定し，その消費・生産等を規制する議定書。
バーゼル条約	1989年 3/22	1992年 5/5		1993年 9/17（加入）	177+EU (2011.11現在)	有害廃棄物の越境移動及びその処分の規制について国際的な枠組を作ること並びに環境を保護することを目的とする条約。
ロッテルダム条約 (PIC条約)	1998年 9/10	2004年 2/24	1999年 8/31	2004年 6/15（受諾）	148+EU (2012.6現在)	有害化学物質等の国際取引において，相手国の輸入意思に従うと共に，情報交換を行い，化学物質の適正な管理を促進することを目的とする条約。
砂漠化対処条約	1994年 6/17	1996年 12/26	1994年 10/14	1998年 9/11（受諾）	194+EU (2012.6現在)	深刻な干ばつまたは砂漠化に直面する国（特にアフリカの国）による国家行動計画の作成・実施，また，取組を先進締約国が支援すること等について定める条約。
ワシントン条約	1973年 3/3	1975年 7/1	1973年 4/30	1980年 8/6（受諾）	175 (2012.6現在)	野生動植物の種の国際取引を規制することによって，絶滅のおそれのある種の保存を図ることを目的とする条約。
ラムサール条約	1971年 2/2	1975年 12/21		1980年 6/17（加入）	162 (2012.6現在)	特に水鳥の生息地として国際的に重要な湿地及びその動植物の保全を促進することを目的とする条約。
南極条約	1959年 12/1	1961年 6/23	1959年 12/1 （原署名国）	1960年 8/4（批准）	50 (2012.6現在)	南極地域の平和的利用，科学的調査の自由と国際協力の批准，領土権主張の凍結，査察制度を規定する条約。
環境保護に関する南極条約議定書	1991年 10/4	1998年 1/14	1992年 9/29	1997年 12/15(受諾)	49 (2012.6現在)	鉱物資源活動の禁止，環境影響評価，動植物の保護，廃棄物の処分・管理，海洋汚染の防止，地区の保護・管理等により南極の環境及び生態系を包括的に保護することを目的とする議定書。
ストックホルム条約	2001年 5/22	2004年 5/17		2002年 8/30（加入）	176+EU (2012.6現在)	残留性有機汚染物質（PCB，DDT，ダイオキシン等）の製造，使用及び輸出入の原則禁止，非意図的な放出の放出源の特定，廃棄物の適正な管理等につき規定する条約。
2006年の国際熱帯木材協定	2006年 1/27	2011年 12/7	2007年 2/16	2007年 8/21（受諾）	61+EU (2012.7現在)	熱帯林の持続可能な経営及び熱帯木材貿易の発展を促進するため，生産国と消費国との間の協議・協力の枠組み。本協定により国際熱帯木材機関（ITTO）が設置。
ロンドン議定書（1972年の廃棄物その他の物の投棄による海洋汚染の防止に関する条約の1996年の議定書）	1996年 11/17	2006年 3/24		2007年 10/2（加入）	42 (2012.06現在)	海洋汚染の防止に関するロンドン条約（1972年）の規制内容を更に強化することを目的とするもので，海洋投棄を原則全面禁止するとともに，投棄可能な一部例外についても，投棄許可に関する厳しい規制を課す。
NOWPAP※ （北西太平洋地域海計画）	1994年 9/14				日，韓，中，露	日本海及び黄海の海洋環境の保全を目的とする地域行動計画。我が国が協力して情報管理システムの設立等のプロジェクトを実施。
EANET※ （東アジア酸性雨モニタリングネットワーク）	2002年 1/1				日，韓，中，露 インドネシア，マレーシア，モンゴル，フィリピン，タイ，ベトナム，カンボジア，ラオス，ミャンマー	東アジア各国において共通の方法による酸性雨モニタリングの実施，及びそのネットワーク化を図るもの。

※　国際約束に基づく行動ではない。
（出所）　外務省「地球環境関連条約・国際機関等一覧（平成24年7月）」を基に作成。

量の増加は，ほぼ完全にフロンガスなどの排出規制の効果によるものだというのが報告の趣旨になっています。地球環境問題の悪化報告が続く中で，モントリオール議定書以来の規制の効果が現れ出したということは，環境問題での国際協調にとっては大変な励みとなるニュースといえましょう。

レッスン9.2　地球温暖化と気候変動枠組条約

現在人類が直面している最大の環境問題は，地球温暖化とそれによる気候変動への悪影響懸念といえます。しかし，問題の所在に関しての現状判断や将来見通し，そして効果的な対応策の策定に至るまで，不確実性が蔓延（まんえん）し，先進国と発展途上国の間での利害対立もある中での国際協調は，決して一筋縄で合意に達し，直ちに実行に移せるというものではありません。

地球温暖化の検証

地球は太陽の光からエネルギーを得ています。これにより暖められた地表からは，宇宙空間にエネルギーが赤外線として放出されますが，その際に雲や大気中の**温室効果ガス**（**GHG**，GreenHouse Gas）がエネルギーを吸収し，地球の平均気温が14℃ほどに保たれます。これが**温室効果**ですが，もし大気中のGHGがないならば，平均気温は（ほぼ人間が暮らしていける最低温度の華氏0度に対応する）−19℃程度になると考えられています。逆もまた真で，GHGが増え過ぎると地球規模で気温が上昇し，それによって**海面上昇，降水分布の変化等を生じ，生態系，社会経済，生活環境への影響が及ぶ**と懸念されています。

代表的なGHGには**二酸化炭素**（**CO_2**），**メタン**，亜酸化窒素（一酸化二窒素），フロンガスなどがあります。この中で一番影響が大きいのはCO_2で，人間が原因で発生しているCO_2に換算した**GHGの総量の77%**を占めています。CO_2は人間の経済活動から大量に発生しますが，なかでも**石炭・石油の化石燃料の使用によるCO_2はGHG総量の57%**を占めます。また，森林破壊などは自然界のCO_2の吸収を減少させるため，大気中のCO_2を増加させることになります。メタンも影響が大きく，CO_2換算でGHG総量の14%を占めています。

Q & A　天然痘ウィルスの保存

Q　人類は天然痘ウィルスの撲滅に成功したとのニュースが流れましたが，その保存問題があるとも聞きました。有害な病原ウィルスをなぜ保存するのですか？

A　確かに，ジェンナーの**種痘**で知られる天然痘（痘瘡（とうそう），疱瘡（ほうそう）ともいう）ウィルスは，人類が根絶に成功した最初の病原体で，現在自然界には存在しません。天然痘ウィルスは感染力が非常に強く，**20世紀の間に天然痘によって少なくとも3億人が死亡した**と推定されています。1980年5月8日に，世界保健機構（WHO）によって撲滅宣言が出されましたが，その後もアメリカとロシアの専門施設に現存しています。米ロが強く保存を主張するのは，秘密裏に保持している国が生物化学兵器に天然痘ウィルスを用いる懸念があるからとされます。また，ワクチン，抗ウィルス薬，診断テストなどの開発のための保存を主張する科学者もいます。ウィルスは生物の最小単位の細胞を持たず，他の生物を利用しないと増殖できないことから，生物の要件を欠くとの見方もありますが，生物種の多様性の観点からの保存もあり得ましょう。

Q　ウィルスなんて肉眼に見えないものなのでしょうから，その辺にいても分からないのではないですか。**なぜ，撲滅したと言い切れるのですか？**

A　実は天然痘ウィルスは人間にしか感染しません。また，このウィルスは外界では長くて2日しか生きられません。感染者がいなくなったので，もう行き場がなく，自然界では絶滅したのです。米ロの保存は特別な培養によります。

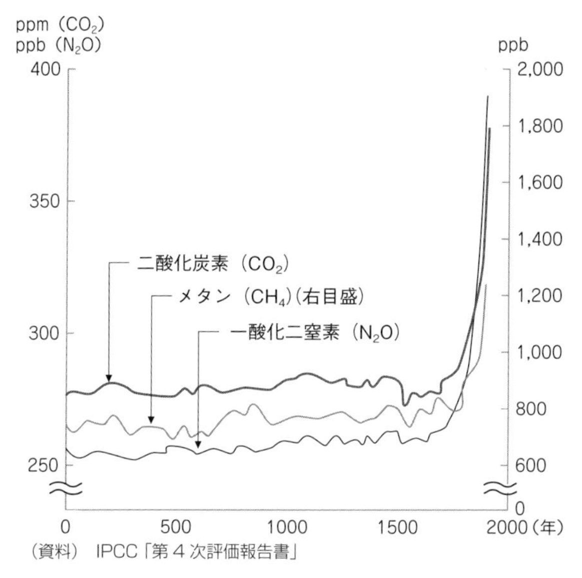

図 9.3　主な温室効果ガスの大気中の濃度の変化
（出所）　農林水産省『食料・農業・農村白書』（平成22年度）

メタンは湿地，沼，水田などでの植物の腐敗，家畜の呼吸や糞などから発生します。残りの亜酸化窒素は農業活動に伴って，またフロンガスはエアゾール噴霧剤・溶剤・冷却剤として，最終的に大気中に放出されます。

このようなGHGは，人類の歴史を通じて安定的に推移してきたと考えられていますが，**産業革命以降の化石燃料利用量の増大，森林伐採，大規模な農業，牧畜などの影響で急速に増加**しています（**図9.3**）。そして，問題は，それに伴い地球の気温が上昇していることです。温度計が使われるようになったのは1850年頃からですが，それ以降，世界の平均気温の上昇が観測されているのです（**図9.4**）。ちなみに，日本については，記録を開始した1898年（明治31年）以降，**100年で1.15℃程度のペースで平均気温が上昇**しています（**図9.5**）。

なお，このペースは，対応する期間での世界平均の上昇ペースの100年で0.74℃よりも高いペースとなっています。また，日本付近の海域別の年平均海面水温は，2012年までの約100年間で，100年あたり0.63–1.72℃の割合（全海域平均で1.08℃）で上昇しましたが，これらの上昇ペースも世界全体の年平均海面水温の上昇ペースの0.51℃のほぼ2倍の値となっています。

地球温暖化の将来シナリオ

本レッスンでも見てきたように，確かに温室効果ガスの増加と世界の平均気温の上昇がともにトレンドとして観測されており，しかもタイミングもほとんど一致しています。しかし，両者の間の因果関係が「科学的に証明」されたわけではなく，GHGの増加が温暖化をもたらすことについて，長らく懐疑的な見方も根強くありました。しかし，現在までに「科学的研究」が随分と蓄積されました。

それを先導するのが**IPCC（気候変動に関する政府間パネル）**であり，1990年の第1次から，95年，2001年，07年，13年の**5次にわたって評価報告書を公にし，そのたびにより精度を高めた分析手法によって，GHGの地球温暖化への関与を提示**してきました。IPCCの設立経緯は後に触れますが，IPCCが示す地球温暖化の将来シナリオは，「政治的に中立な立場」での，その段階での最高の英知を集めた将来予測となっているはずのものであり，**地球温暖化問題の切迫度やGHGの有効な削減策**を示すものとして，各国の政策立案時や気

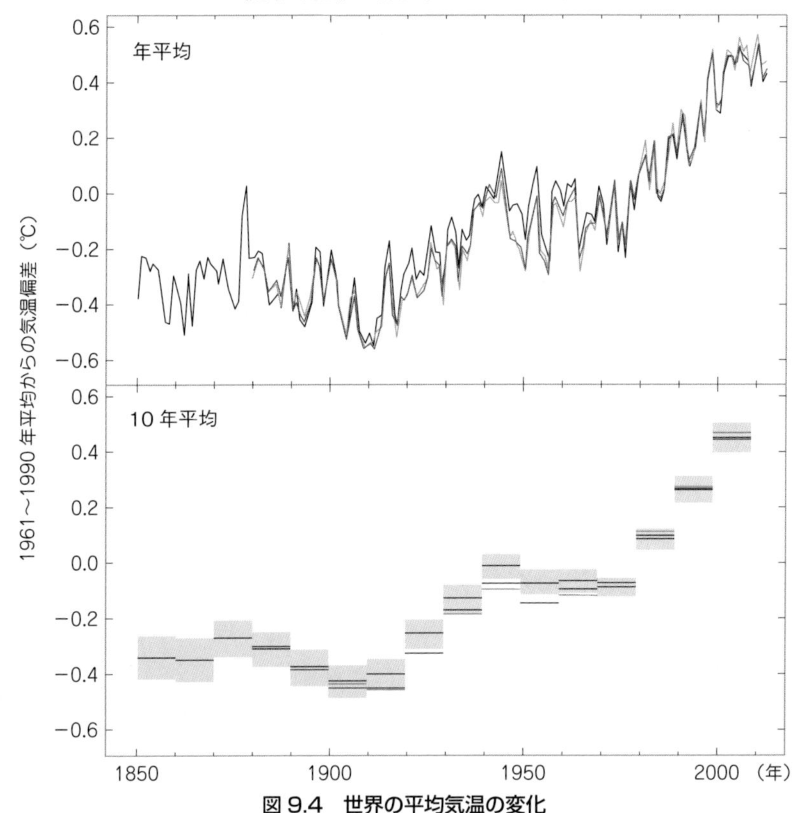

図 9.4　世界の平均気温の変化

（出所）「IPCC 第 5 次評価報告書第 1 作業部会報告書　政策決定者向け要約」
2013−2014，気象庁訳

平均気温の上昇によっては，**暴風雨，台風等の気候変化，海面上昇による沿岸・河川の洪水，地滑り，熱波による死亡，伝染病の増加**などの人類への直接的な影響の他，**森林分布の変化，生物の生育域の変化等**，生態系への影響を通じた間接的な影響も懸念されています。これらは，基本的には人間全体にとってはマイナスとなる外部不経済をもたらすことになりますが，個別経済主体にとってはプラスの外部経済となる例もあるでしょう。

なお，世界の気温については複数のデータが存在し，本図は以下の 3 つのデータにより描かれています。①イギリス気象庁のハドレー気候予測研究センター（Hadley Centre for Climate Prediction and Research）とイギリスのイースト・アングリア大学の気候研究ユニット（CRU，Climatic Research Unit）の HadCRUT，②アメリカ航空宇宙局（NASA）のゴダード宇宙科学研究所（GISS，Goddard Institute for Space Studies）のデータ，③米国海洋大気庁気候データセンター（NCDC，National Climate Data Center）の The Merged Land-Ocean Surface Temperature Analysis（MLOST）のデータです。

年平均は長期のデータが取れる HadCRUT については，1850 年からグラフが描かれています。10 年平均については HadCRUT のデータは上下に陰影をつけることで他のデータと区別しており，陰影の真中の棒が HadCRUT の値となります。この 30 年ほどについては 3 種類のデータにはほとんど違いがありません。

候変動枠組交渉での重要な基礎資料になっています。さらには，2006年にイギリス政府のために経済学者ニコラス・スターン卿（Nicholas Stern，1946–）によってまとめられた**スターン報告**（Stern Review）が，温暖化対策の損得，その方法や行うべき時期，目標などに対して経済学の手法で評価し，**「早期かつ強力な対策」を勧告**するものであったのが流れに棹差す役割を演じました。

もっとも，IPCCの将来シナリオは複数併記になっており，今後取られる対策によって，最悪なケースから楽観的なケースまでのシナリオに分かれます。2013年9月の**第５次評価報告書**では，**20世紀中頃から気候システムが温暖化していることは明らか**だとした上で，気候変動を抑えるためには，**温室効果ガス排出量の大幅かつ持続的な削減が必要**だと提言しています。同時に，気候システムの温暖化は，**人類の産業活動などによって引き起こされた可能性が「極めて高い」と分析**し，その確率を第4次評価報告書の「90%以上」から「95%以上」に引上げた形になっています。

世界の温室効果ガス濃度は年々上昇しており，**世界気象機関**（WMO）によると，2011年の世界平均のCO_2平均濃度は390.9ppm（ピーピーエムは容積比で100万分の1）と**産業革命以降40%増加し，最近10年は年平均2.0ppmの割合で増えています**。CO_2以外の温室効果ガス濃度も増加しており，特にメタンの2011年の平均濃度は1.8ppmと産業革命以降154%の増加となっています。

IPCCが想定する将来シナリオとしては，今後，温室効果ガス排出抑制がなされない場合は，温室効果ガス濃度は**2025年に約2倍，21世紀末には4倍に増加し，これによる気温上昇は，21世紀末には最大4.8度上昇する**と予測しています。また，温室効果ガスの大気中濃度の安定化には，**二酸化炭素排出量は60–80%，メタンは15–20%の削減が必要**とし，さらに，気温上昇に伴い，**21世紀末には海面は最大82cm上昇する**と予測しています。

気候変動枠組条約の目的と締約国

気候変動枠組条約（**コラム9.2**）締結の究極の目的は，**大気中の温室効果ガスの濃度を安定化させる**ことにあり，とりわけ安定化させる目標は，「気候系に対して危険な人為的干渉を及ぼすこととならない」水準であり，そのような水準は**生態系が気候変動に自然に適応し，食糧の生産が脅かされず，かつ，経済**

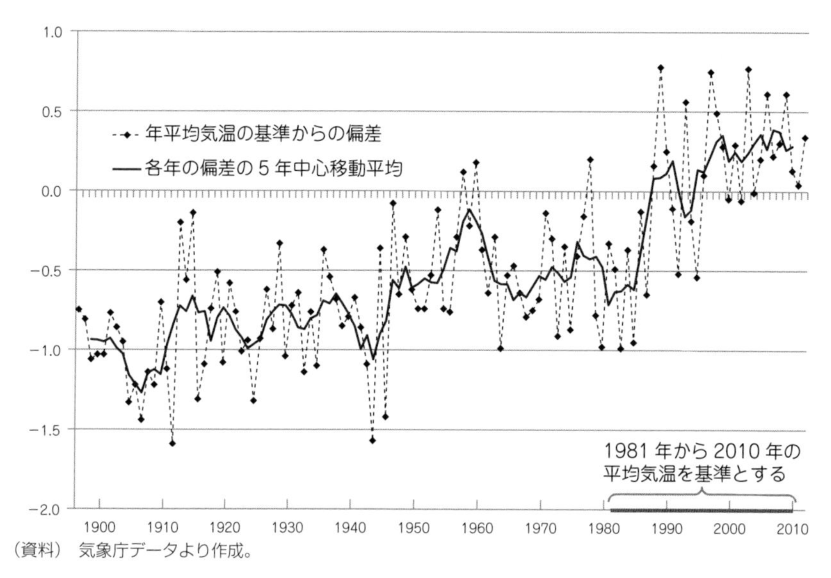

(資料) 気象庁データより作成。

図 9.5 日本の平均気温の推移（1898-2013年）

Q & A 平均気温1℃の上昇

Q 平均気温が1℃上昇するといっても，たかが1度でしょう。そんなに大騒ぎすることですか？

A 世界中の気温観測地点での単純平均が地球全体の平均気温です。北半球が夏のときに南半球は冬，日本が暖冬の時にヨーロッパは厳冬，アフリカが旱魃(かんばつ)で酷暑のときにアジアでは大雨で冷夏といった具合に，ある年のある地域の気温がある程度上下しても，地球全体では相殺し合い，平均値は安定的に推移してきました。それが1度上がったとすれば，特定の地域の平均気温が3度から5度上がったくらいの，際立った気候変動なのです。

Q うーん，まだ直感的に理解できません。体温が38度か39度かで大きな違いだし，風呂の温度が42度か43度も大きな違いだけれども，外気の10度と11度，あるいは33度と34度の違いは，誰もそんなに大きな違いがあるとは思わないのではないかしらね。

A そこが平均気温の綾ですね。平均気温で1度高くなれば，1年間では365度分高くなるので，それがどこかに割り当てられて，気温が高い日がなければなりません。そう思うと，随分高くなる日があると思いません？

開発が持続可能な態様で進行する期間内に達成されるべきであるとしています。また，条文には「環境上，社会上及び経済上最も効果的なものになること」，「特に気候変動の悪影響を受けやすい開発途上国，経済が化石燃料に特に依存している国の持続的な経済成長，開発への配慮」などが盛り込まれています。

条約の締約国は附属書I国（先進国および経済移行国），附属書II国（OECD加盟国），及び発展途上国に分類されています。**附属書I国は附属書II国に旧ソ連や東欧諸国の体制移行国を加えた38か国と欧州委員会（EU）**で，残りの締約国は新興工業国や発展途上国になります。この分類は，個別締約国の負担なり義務を決定する際に重要になりますが，そうした割当問題以外では，原則としてすべての締約国は同じ1票をもつ対等の国になります。

レッスン9.3 京都議定書――目標達成と教訓

1994年3月には気候変動枠組条約が発効し，翌年以降**締約国会議**（**COP**, Conference of the Parties）が毎年開催されることとなりました。第1回締約国会議（COP1）はベルリンで開催され，2000年以降の温室効果ガスの抑制対策の妥当性について議論され，1997年12月に京都で開催された**COP3**の**温暖化防止京都会議**において，**京都議定書**が採択されるに至ったのです。なお締約国会議は，1995年のCOP1以来，COP2，COP3と毎年数字が増え，2014年がCOP20になっています。

世界のCO_2排出量

図9.6は，世界の主な国のCO_2排出量の推移を**（a）1971年から2010年までの実績**と，**（b）今後2050年までの見通し**，として示したものです。全体の排出量は増加基調ですが，その内訳としては，最も貢献しているのは（a）では一番下の「その他」の国々とすぐ上の中国であり，日本，アメリカ，フランス，ドイツ，イギリスなどには取立てた変化の兆しは見られません。「その他」の国々の中には，中国を除くBRICS諸国などの新興工業国が入っており，これらの国々でのCO_2排出が急増しているのが理解されます。（b）の今後の見通しで

■コラム9.2　気候変動枠組条約■

気候変動枠組条約に関する最初の取組みは，1972年にスウェーデンのストックホルムで開催された国連人間環境会議まで遡（さかのぼ）ります。この会議は，世界114か国が参加し，採択された**人間環境宣言**を受けて，後に環境問題を専門的に取扱う機関としての**国連環境計画**（**UNEP**，United Nations Environment Program)」が創設されました。1972年は，ローマクラブが成長の限界を発表し，地球規模の環境や資源問題に対する関心が高まった年でもあります（**クローズアップ1.4**）。

1984年に，賢人会議として，当時のノルウェー首相のブルントラント（Gro Harlem Brundtland，1939-）が委員長の「環境と開発に関する世界委員会，通称**ブルントラント委員会**」が設立され，87年に公表した報告書「**Our Common Future**（地球の未来を守るために)」で，中心的理念として**持続可能な開発**（sustainable development）を提示しました。ブルントラント委員会の報告書は，1987年末の国連総会決議で支持され，今後いかにして「持続可能な開発」の理念の具体化を図るかが，各国政府や国際機関の課題とされました。

その後も地球温暖化に関する国際的な取組みの萌芽的会合がいくつか開催される中で，**世界気象機関**と**UNEP**は，地球温暖化問題について世界各国の専門家による取組みを進めていく場として1988年に**IPCC**（Intergovernmental Panel on Climate Change）を設立し，「科学的知見」，「環境的・社会経済的影響」，及び「対策ストラテジー」の３つの作業部会を設けました（既述の第５次評価報告書は，「科学的知見」担当の第１作業部会がまとめたもの)。IPCCの取組みと並行しては，次々と温暖化問題に関連した国際会議が開催されました。

この時期には，**オゾン層の破壊に対するモントリオール議定書**の締約国会議も進捗をみましたが，温暖化問題に関しても，具体的規制措置に関する国際的合意に向けての協議が本格化し，1990年のIPCC第４回会合では第１次評価の結果が報告され，同年開催のジュネーブでの第２回世界気候会議では，地球温暖化防止に合意した閣僚宣言が出され，国連内に，気候変動枠組条約交渉会議が設立されました。以来，６回の交渉会議が開催され，1992年５月，第５回気候変動枠組条約交渉会議再開会合で**気候変動枠組条約**が採択されました。そして，その署名が開始されたのが，1992年６月のリオ・デジャネイロでの地球環境サミットなのです。

◆ *キーポイント9.1*　国際条約の受諾

受諾（acceptance）とは，国家が条約に正式に拘束されることへの同意を表明する方法の一つです。伝統的国際法においては，条約当事国となる最終的な意思表示として，**署名**（署名だけでよいとする条約の場合)，**批准**，**加入**，**公文書の交換**などの手続きがありましたが，第２次世界大戦後に新たに条約の受諾と**承認**が考案され，慣行として確立されています。

も同様であり，2050年段階では，アメリカを含めた付属書I国（京都議定書を採択した先進国と体制移行国）のシェアは33%なのに対して，中国を含めた新興工業国や発展途上国のシェアが67%と急速に高まる見込みです。**経済成長率が高いのと，CO_2 排出抑制技術面で相対的に遅れた技術に頼っていることが原**因であり，今後20–30年の間は大きな変化は起こらないだろうと考えられます。

図9.7は，横軸に1人当たりGDP，縦軸に1人当たりCO_2の排出量をとり，取上げたいくつかの国々において，これらがどのような歴史を辿って現在に至ったのかをプロットしたものです。図の左側，すなわち1人当たりGDPが低い範囲では，成長に伴って右上りの関係が認められ，1人当たりCO_2の排出が増加します。しかし，図の右半分の方では，日本を除いたアメリカ，ドイツ，スウェーデンについては右下がりの関係が見られ，1人当たりGDPが増えるにつれて，1人当たりCO_2の排出が減少するフェイズにあることが窺（うかが）われます。

図9.7の縦軸は環境にとっては優しくない指標であり，レッスン7.6の**コラム7.12**で取り上げた，**環境クズネッツ曲線**あるいは**クズネッツの逆U字曲線**の例になっています。これは各国別よりも，複数の国々をプールして，全体の実現点を合せた関係として捉えるとより理解しやすいでしょう。しかし，日本のデータは，右半分でなぜ右下りにならず，微増なりほぼ水平になっているのでしょうか？　1つの回答は，縦軸の水準がほぼアメリカの半分程度であり，スウェーデンよりは高いものの，十分低い水準にあることです。すなわち，水平にとどまっているのは，**1人当たりCO_2排出量の先進国での下限近くに達し**ている可能性です。別の可能性は，技術のブレークスルーは非連続的に起こるのであって，電気自動車や水素自動車が普及する今後に1人当たりCO_2排出量が大幅に低下するが，現在はその前段階にあるとするものです。

京都議定書と京都メカニズム

京都議定書は，1997年12月に京都市で開かれた**地球温暖化防止京都会議**（**COP3**）において，気候変動枠組条約の具体的な内容を決めるために締結されました。正式名称は，気候変動に関する国際連合枠組条約の京都議定書（**Kyoto Protocol** to the United Nations Framework Convention on Climate Change）といいます。京都議定書では，GHGのうち**二酸化炭素**，**メタン**，**亜**

(a) 1971-2010 年の実績

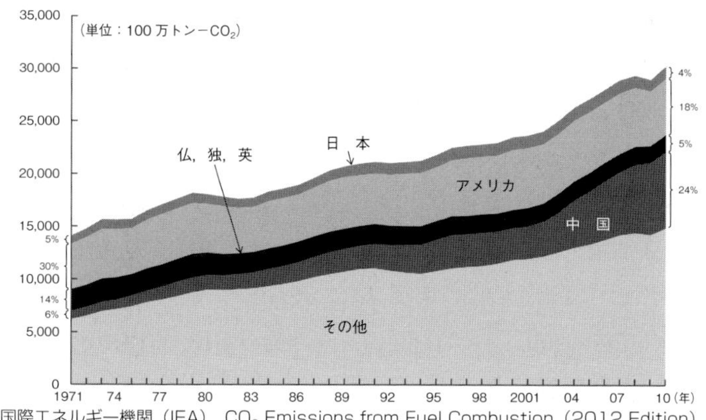

(資料) 国際エネルギー機関（IEA), CO_2 Emissions from Fuel Combustion（2012 Edition）

(b) 2050 年までの見通し

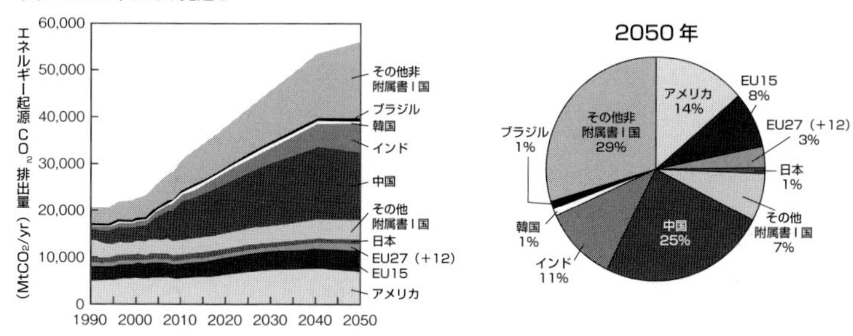

図 9.6　主な国の CO_2 排出量

(出所) (公財) 地球環境産業技術研究機構「RITE 世界の CO_2・GHG 排出見通し 2011 について（平成 23 年 8 月 15 日)」

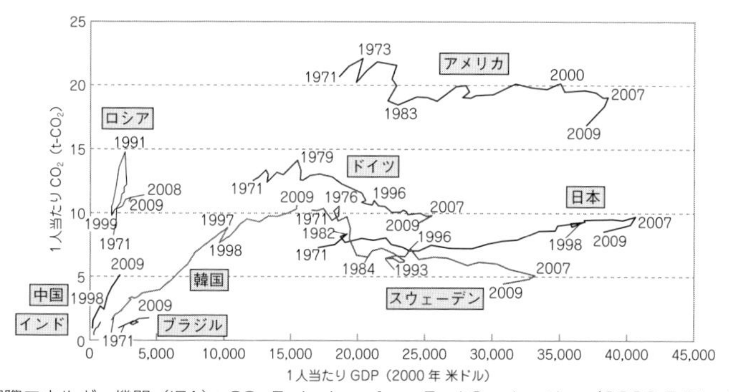

(資料) 国際エネルギー機関（IEA), CO_2 Emissions from Fuel Combustion（2009 Edition）

図 9.7　経済成長と CO_2 排出量の変遷（1971-2009 年）

(出所) 環境省『環境白書』(2012 年版)

酸化窒素など6種類について，各国の1990年を基準とした削減目標値を定め，2008–12年の約束期間内の平均で達成することが求められ，各国の削減目標は1990年比で，日本＝6%，アメリカ＝7%，EU＝8%，カナダ＝6%，ロシア＝0%，ニュージーランド＝0%，ノルウェー＝－1%，豪州＝－8%，等と合意されました（マイナスの削減率は増加容認）。全体を合算すると，5.2%の削減になる計算でした。

同時に，京都議定書で合意したGHG削減目標の達成を容易にするための補助的手法として，柔軟性措置の**京都メカニズム**も導入されました。具体的には，**排出権取引**（**ET**，Emissions Trading），地域内のGHG排出の総量が目標を達成すればよい**共同実施**（**JI**，Joint Implementation），及び**クリーン開発メカニズム**（**CDM**，Clean Development Mechanism）です（**クローズアップ9.2**）。

また，京都メカニズムとは別に，**植林や森林経営などの森林整備による吸収源活動**もカウントされることになりました。これに認められる森林は，1990年以降に人為活動が行われた森林で，過去50年来森林がなかった土地への「新規植林」，90年時点で森林でなかった土地への「再植林」，そして持続可能な方法で森林の多様な機能を十分に発揮するための一連の作業を施した「森林経営」によるものがあります。新たな森林造成の可能性が限られている日本では，「森林経営」による吸収量が大宗を占めました。

ところで，京都議定書には，約束期間内に目標を達成できず割当総量を超過した場合は，締結した**付属書Ⅰ国には罰則規定が適用される**ことになっていました。それは，①超過した排出量の1.3倍を次期約束期間の排出枠から差引く（**超過分以上の削減のペナルティ**），②次期約束期間における順守確保のための行動計画を策定する，③次期において国際排出権取引を認めない（国内のみで削減），とするものでした。これらは法的拘束力を持つものではありませんが，次期に一層厳しい排出枠となるために，各国は排出権の取引などを通じて当該約束期間の目標を達成する必要に迫られました。

京都議定書の約束期間は2008年から12年までのため，13年以降をどうするかが07年のバリ島（インドネシア）で開かれたCOP13で議題となり，09年の**COP15で京都議定書以降（ポスト京都）についての合意を出す**ことになりましたが，京都議定書の抱える問題点を解決できないまま，13–20年の第2約束

クローズアップ9.2　京都メカニズム

京都議定書では，枠組条約の附属書Ｉ国（OECD諸国および市場経済移行諸国）を対象として，他国での温室効果ガスの排出量削減を自国での削減に換算できる，**京都メカニズム**と呼ばれる柔軟性措置が導入されました。具体的には，3つの仕組みがあります。

① 排出権取引

先進国の間で，二酸化炭素排出枠の獲得・取引を行う仕組みのこと。二酸化炭素1トン分の**1t-CO_2単位の炭素クレジット**を取引する制度で，京都議定書での割当量単位のほか，後述のERU，CER，また吸収源活動による吸収量も取引されます。排出権取引の仕組みは第4章のレッスン4.4で学びましたが，CO_2排出権を巡っては，各国の温暖化ガス排出削減目標を達成するため，**各国の温暖化ガスを排出する主体（産業や企業）が，無償もしくは有償で，その国の温暖化ガス総排出量の制限の中で排出権を割当てられ**，それを国内もしくは国際的な市場を通じて取引する制度となっています。京都議定書が発効することによって正式な制度となりましたが，排出権取引自体は京都メカニズムの枠外でも，EU，イギリス，シカゴなどの取引市場において既に導入済みでした。

② 共同実施

先進国が共同でプロジェクトを推進し，その結果生じる排出削減量（または吸収増大量）を，プロジェクト参加国間で分け合う制度。排出削減量に応じて**ERU**（Emission Reduction Unit）としてクレジットが発行され，先進国は排出枠として活用が可能です。

③ クリーン開発メカニズム

共同実施が先進国同士なのに対して，先進国と発展途上国（非附属書Ｉ国）の間でのプロジェクトに係るのが**クリーン開発メカニズム**（CDM）になります。排出削減量（または吸収増大量）に基づいてCER（Certified Emission Reduction）がクレジットとして発行され，排出枠として活用可能になります。CDMについては，**実施する国とされる国間の合意，国連によるプロジェクトの承認，第三者機関による認証，国連によるCERの発行**という手続きが必要です。先進国は削減分を目標達成に活用でき，発展途上国も投資と技術移転の機会となることから，歓迎する誘因となります。ただし，**CDMは商業ベースのプロジェクトには適用されない**ため，日本のようにCO_2排出削減技術を有する国が，その技術を輸出することだけではCERを取得することができません。商業的な利益を上げられるプロジェクトは，あえてCDMの対象とする必要はないという考え方によるものです。

期間に入りました。これには日本は参加しておらず，2014年現在，全ての国を対象とした21年以降の新しい枠組みは合意には至っていません。京都議定書で削減義務を負った付属書 I 国の世界のCO_2排出に占める割合は28%しかなく，20%を占めるアメリカが離脱し，21%の中国，及びこれから発展してくる途上国が削減義務を負わない問題点もありました。ポスト京都ではそういった課題の解決が求められています（**クローズアップ9.2**）。

京都議定書の目標設定と国際間公平性

日本は2013年度以降の議定書の第2約束期間には参加しなかったために，目標が未達でも事実上の罰則の効果は働きません。しかし，欧州連合（EU）とともに国際社会で温暖化対策を引っ張った日本が未達となれば，国際的な論議を呼ぶ恐れもあります。もっとも，逆に，京都議定書の各国の削減目標については，日本だけが実質的な負担をしたとの批判もありました。

その根拠の1つは，**ホットエアー**（温室効果ガス排出権の余剰分）の存在です。京都議定書の発効には批准国数の決まりに加えて，排出削減量の合計についての制約もあり，アメリカが離脱してしまったために，なかなか発効しませんでした。発効したのは採択から8年後の2005年で，前年にロシアが批准したことによります。この際に，参加を促すためもあって，ロシアと東欧諸国については排出枠に余裕をもたせたことから，結果として他国へ販売可能なホットエアーが生じたのです。ある国がホットエアーを融通してもらって削減目標を達成したとしても，制約の緩い国から厳しい国に排出量が移動するだけで，先進国全体の排出削減にはならず，京都議定書の抜け道になったのです（Hot Airの原義は熱気だが，空手形という意味もあります）。

第2は，これまでの排出削減努力が国により異なる点です。日本は石油ショックなどへの対応により早くから省エネ技術を導入していたことから，CO_2の抑制も進んでいました。**図9.9**（335頁）を見ると，GDP当たりのCO_2削減量は1980年代後半以降ほぼ横ばいで推移しており，前期の10年間（71–81年）に1年当たり2.9%の削減が行われましたが，後期の10年（97–07年）では1年当たり0.5%しか減っていません。一方，他の国を見ると，前後どちらの10年間も同じ程度のCO_2の減少となっています。

■コラム9.3　日本は京都議定書の設定をクリアできたか■

日本では，環境問題の優等生という自負もあり，**地球温暖化問題において世界を主導するとの意気込み**から，2008年7月に福田康夫政権下のG8北海道洞爺湖サミットにおいて，「2050年までに世界全体の排出量の少なくとも50%削減という目標を，国連気候変動枠組条約の全ての締約国と共有し，同条約の下での交渉において検討し，採択することを求める」との**洞爺湖サミット首脳宣言**を演出しました。また，2009年6月には麻生太郎政権下で，COP15に向けて（日本にとって不利なベースの1990年比でなく）05年比15%削減との高い目標を，他国に先駆けて提示しました。2009年夏に民主党への政権交代が実現した際には，内閣発足直後の鳩山由紀夫首相が9月に行われた国連気候変動首脳会合において，**日本の目標として2020年までに温室効果ガスを1990年比25%削減**（2005年比では30%削減に相当）するとの演説を行うという，スタンドプレイ的な無鉄砲さもありました。

京都議定書が設定した目標を，日本は結局達成できたでしょうか？　日本は2008-12年度の5年間の温暖化ガスの平均排出量について，1900年度比6%減らすことを国際社会に約束しましたが，そのために家庭や産業部門から出る**CO_2排出量を基準年の12.61億トンと比べて，年平均で11.85億トン，5年間で59億2,500万トンに抑えれば**，森林の吸収源活動分や京都メカニズムによって海外から取得する排出枠の分を加えなくても目標を達成できました。2013年4月段階での内閣に設置された**地球温暖化推進本部による速報値に基づく達成状況の報告によると**，2008-12年度の5年間の平均排出量は12.79億トンとなり，**基準年比は1.4%の増加ということになりました**。自助努力だけでは足りないこの分は，森林吸収と排出枠の取得で賄う必要がありました。

森林による吸収は年間約0.48億トン，官民合せた京都メカニズムによる**クレジットの総契約量の1か年分の0.74億トン（政府の2,000万トンと民間の5,500万トン）**を加えた1.22億トンを差引くと，**総排出量は11.57億トンとなり基準年比8.2%減となり，京都議定書の目標を達成する**ことになります。2011年3月の東日本大震災時の東京電力福島第1原発の事故を契機に，全国の原子力発電所が停止し，代わりに液化天然ガス（LNG）などを原料とする火力発電に大きく依存する事態が続き，一時は目標達成が危ぶまれましたが，最後は差し切る鞭が入ったことになります。

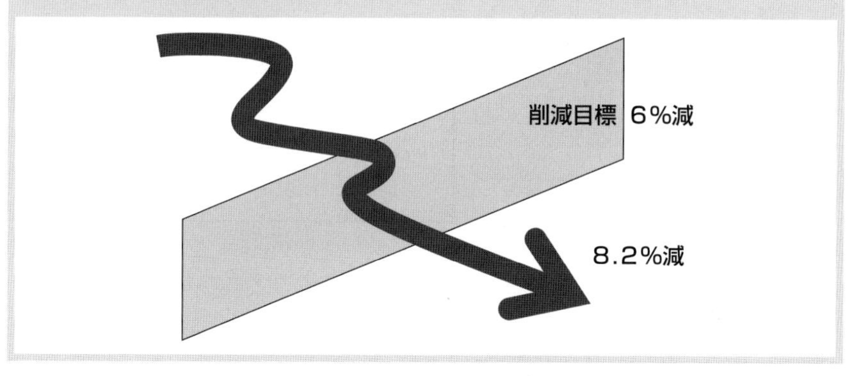

京都議定書では基準年が1990年のために，日本のように早くに省エネ投資を行い，早くにCO_2排出削減を行った国には，相対的に達成が厳しい内容となっています。さらに，EUでは共同実施メカニズムを盾(たて)に，EU地域全体での削減目標達成を目指そうとしています。EU内には1990年段階ではCO_2排出削減とは無縁で，むしろ体制移行国として古い設備でCO_2を大量に排出していた国が含まれており，1990年を基準としてEU全体でCO_2削減を行うことは，日本よりもはるかに容易になります。こうしたアドバンテッジを利用して，EU諸国は，CO_2削減をビジネスチャンスの好機と捉え，その面からもCO_2削減に積極的な姿勢を示しています。

このように，ホットエアーの存在と各国の現在に至るまでの削減努力が異なることが，京都議定書の削減目標について，日本以外の国が負担を免れているとの批判となっているのです。

ポスト京都

2009年12月，デンマークでCOP15が開催されましたが，（約190か国中たった5か国の全体会合での反対により）ポスト京都の枠組みについては合意に至りませんでした。翌年のメキシコでのCOP16で，ようやく持ち越した「コペンハーゲン合意」と京都議定書延長議論の継続（日本とロシアは明確に反対表明）とともに，**カンクン合意**として結実しました。カンクン合意は，G8北海道洞爺湖サミットの首脳宣言を踏まえたもので，2050年までの長期での温暖化ガス排出の半減や途上国への資金援助が盛り込まれていますが，具体的な削減目標は明記されませんでした。

それでも注目すべき点は，GHG排出削減目標が，**各国が取組みをUNFCCC（国連気候変動枠組条約）事務局に提出し登録するボトムアップの「自主目標設定型」**となっていることで，京都議定書型の全体としての目標を基に国毎に排出総量を割当てるトップダウン型の目標設定方法ではなくなったことです。さらには，京都議定書では削減義務がなかった**発展途上国も緩和行動を実施**し，行動内容の一部または全部を条約事務局に提出することになりました。

設定した自主目標は国際的な検証（**MRV**）を受けますが，これはMeasurement, Reporting, Verificationの頭文字をとったもので，測定，報告，検証を意味しま

■コラム9.4　カンクン合意の効果■

カンクン（コペンハーゲン）合意には，京都議定書と比べると，アメリカと中国が参加していますが，それには目標設定を京都議定書型にしないことが前提となっており，全体としての効果には疑問が残る形になっています。しかし，京都議定書採択時からカンクン合意時までに，各国の排出シェアは大きく変化しました。1997年には，京都議定書の削減義務国のCO_2排出シェアが58%（アメリカの脱落後は34%）であったものが，2009年には28%（アメリカを含めると48%）と大きく下落し，代わりに中国とその他新興工業国のウエイトが高まりました。**カンクン合意の賛同国のシェアは85%に達します（図9.8）。**

2013年のCOP19では，すべての気候変動枠組条約の締約国が，20年以降の自主的な目標を，15年3月までに提示することを決めました。2014年のCOP20で，具体的な目標提示の有り方を詰めることになっていますが，**日本は13年11月に「2020年までに05年比3.8%削減」とする新目標を公表しました。**2009年の鳩山由紀夫首相による「1990年比25%（2005年比では30%）削減」目標と比べると大きく後退していますが，現実性のある目標設定といえます。また，COP20に向けては，日本の発言力を高めるために，戦略的に削減幅を引上げる可能性も残しています。

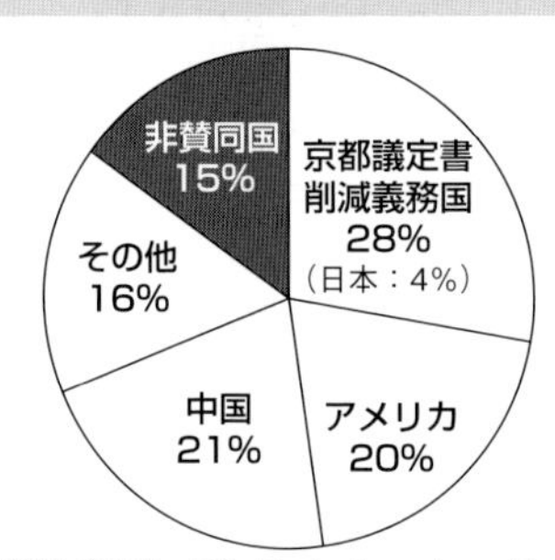

（資料）　国際エネルギー機関（IEA），CO_2 Emissions from Fuel Combustion（2009）

図9.8　カンクン（コペンハーゲン）合意賛同国の排出シェア

■コラム9.5　環境と開発のトレード・オフ■

環境と開発，あるいは環境と経済成長の間には，一国の長期間のデータや多くの国々のクロスセクション・データを集めると，**環境クズネッツ曲線（クズネッツの逆U字曲線）**の関係があるのを学びました。このうちの逆U字の左側の領域，すなわち経済成長の初期から中頃までの段階に注目すると，環境と経済成長の間にはトレード・オフの関係が認められることになります（**コラム7.12**や**図9.9**参照）。実際，世界中の発展途上国を念頭に置くならば，**国民の経済的生活水準を高めるために開発を進めるのを一番の国家目標に設定した場合には，目標を達成する代償としての環境悪化はほぼ必然のもの**であり，それを国も国民もある程度は織り込み済みといっても過言ではないでしょう。これが，高度成長期の日本の経験のように，悪化する環境が公害等の国内に限定した環境破壊であったならば，国際的な会議での議題に上がることはなかったでしょう。

しかしながら，旧ソ連などの社会主義国家の崩壊，冷戦の終焉，アメリカ型資本主義のグローバル化，世界中での市場経済の浸透，等々が急速に進んだ1990年代以降は，**環境悪化は一国内に止まらず，そのまま世界中の環境問題，すなわち地球環境問題に連なることになったのです。**過去3回の地球環境サミットは言うに及ばず，気候変動枠組条約の締約国が200か国に迫り，ほとんど国連加盟国数に匹敵するまでになっているのは，地球環境問題の多くが国連の場で行われていることを斟酌しても，特筆に値するといえましょう。

す。先進国は，削減目標の達成状況について報告し，信頼性の向上のために国際的な評価プロセスに従い，発展途上国は国際的な支援を受けずに行った独自の削減行動か支援を受けたかによって別々のMRVを受けますが，これらによって，**各国の排出削減行動の透明性・正確性が確保される**と期待されます。

レッスン9.4　日本の温暖化事情と対応

このレッスンでは，日本国内での温暖化対策について見ていきます。出発点として，GDPを1単位（2000年価格での米ドル換算）作る際にCO_2をどれくらい排出するかの比率である**CO_2排出原単位**を，日本と世界で比較しましょう（**図9.9**，**図9.10**）。日本のCO_2排出原単位は世界平均の3分の1程度に過ぎず，フランスとともにCO_2排出原単位が最も低い国の1つになっています。フランスは発電においてCO_2を排出しない原子力の比率が約80%となっており，その限りでCO_2排出原単位を相当低減させ，また先進国は一般に産業構造においてやはりCO_2排出が少ない非製造業比率が高いことから，CO_2排出原単位が低くなります。**図9.10**からは，インド，中国，ロシアといった新興工業国と先進国のとの間のCO_2排出原単位の違いがはっきり分かります。ただし，BRICS諸国のなかでブラジルが例外的に世界平均を下回っているのは，ブラジルではサトウキビから生産される燃料用エタノールが化石燃料の代替エネルギーとして使用されており，**バイオエネルギー**はCO_2を排出しない約束になっていることが大といえます。

部門別のCO_2排出量

CO_2排出量を部門別に捉えると，産業部門（農林水産業，鉱業，建設業，製造業）が最も大きなシェアを占め，次いで運輸部門（航空，自動車・鉄道，船舶），業務その他部門（商業・サービス・事務所等），家庭部門，エネルギー転換部門（発電所等），工業プロセス（製造過程の反応），廃棄物等（焼却）と続きます（**図9.11**）。2012年段階では，産業部門が4億トンで全排出量の3分の1を占め，家庭部門までが，年間2億トン以上のCO_2排出があります。2012年

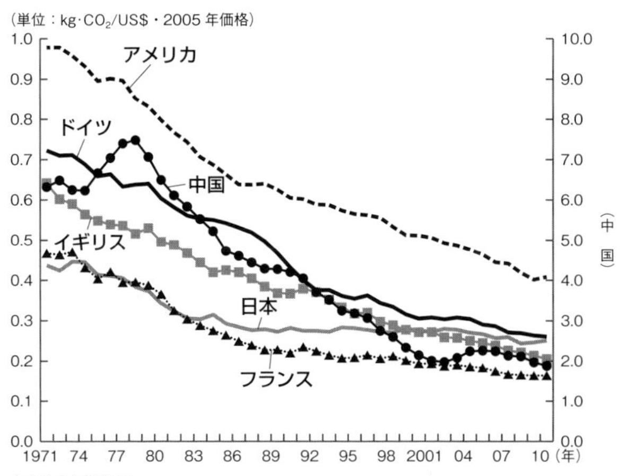

年率の減少率

	日　本	アメリカ	フランス	ド イ ツ	イギリス
71～81 年	2.9	2.4	3.6	2.1	2.7
00～10 年	1.0	2.2	1.6	1.6	2.8
90～10 年	0.6	1.9	1.4	2.5	2.9

（注）2005 年の為替レートで各国の GDP をドルに換算して比較したもの。基準年の為替レートにより各国の位置が変化する。中国は数値が他国と大きく異なることから，右目盛り減少率をプラスで表している。減少率は為替の影響を受けない。

（資料）国際エネルギー機関（IEA），CO_2 Emissions from Fuel Combustion（2012 Edition）

図 9.9　GDP 当たりの CO_2 排出量と減少率

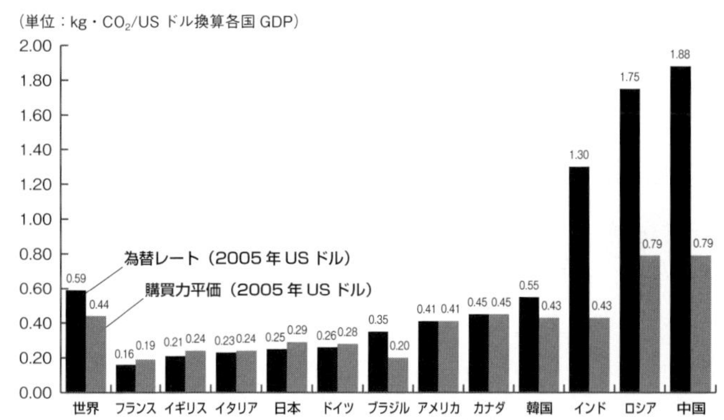

（注）2005 年の為替レートで各国の GDP をドルに換算して比較したもの。為替レートの動きにより値は変化する。

（資料）国際エネルギー機関（IEA），CO_2 Emissions from Fuel Combustion（2012 Edition）

図 9.10　CO_2 排出原単位の国際比較

度の温室効果ガスの総排出量は，CO_2換算で13億4,300万トンであり，京都議定書の基準年である1990年度の総排出量12億6,100万トンと比べると6.5%上回っていました。

部門別に排出量の推移をみると，産業部門や運輸部門ではゆるやかに減少傾向にあるのですが，業務その他部門と家庭部門ではCO_2排出量は増加傾向にあり，総体としては産業部門等の削減効果を打ち消してしまっています（**図9.11**）。なお，産業部門等で2007年度から08年度にかけてCO_2排出量の減少がみられますが，これはリーマン・ショックの発生によって景気が悪化したのが大きく，その後の景気回復に伴って増加に転じています。

運輸部門のCO_2排出量は，2001年を天井として微減トレンドにあります。これには，景気要因もありますが，もっぱら**燃費の向上**，**交通対策**，**モーダルシフト**（**modal shift**）の3つの要因が関係しています。自動車の燃費については，日本は他の国の自動車よりも燃費の良い車を開発しており，ハイブリット車，電気自動車などの次世代自動車が普及すると，さらに改善するでしょう。信号機などの道路インフラの整備，ナビゲーションシステムなどによる渋滞情報の提示や，燃費計による走行時の燃費情報の提供といった**ITS**（Intelligent Transport System）技術の活用，エコドライブの普及促進，そして公共交通機関の利用促進やトラックによる幹線貨物輸送の鉄道・海運への転換といったモーダルシフトにより，今後のCO_2削減にはますます期待がかかります。

業務その他部門，家庭部門のCO_2排出は増加していますが，この背景には，原発の稼働率が大きく影響しています。特に福島の原発事故による原発の停止により同じ電力消費でもCO_2をたくさん出すようになったことが大きな要因です。業務その他部門で排出量が増加傾向にある原因には，事務所や小売店等の延床面積が増加し空調・照明設備が増加したこと，オフィスのOA化やICT化の進展による電力消費の増加もありました。家庭部門における増加についても，世帯数増加（特に単身世帯）や家庭用機器の大型化と多様化によって，電力消費が増加したことも原因といえます。

しかし，家庭部門については世帯当たりのエネルギー消費の面からも捉えると，主な**欧米諸国と比べて消費総額が日本は一番少なくなっています**。欧米諸国と比べて最も大きく内容が異なるのは暖房の割合で，日本は大幅に少なく

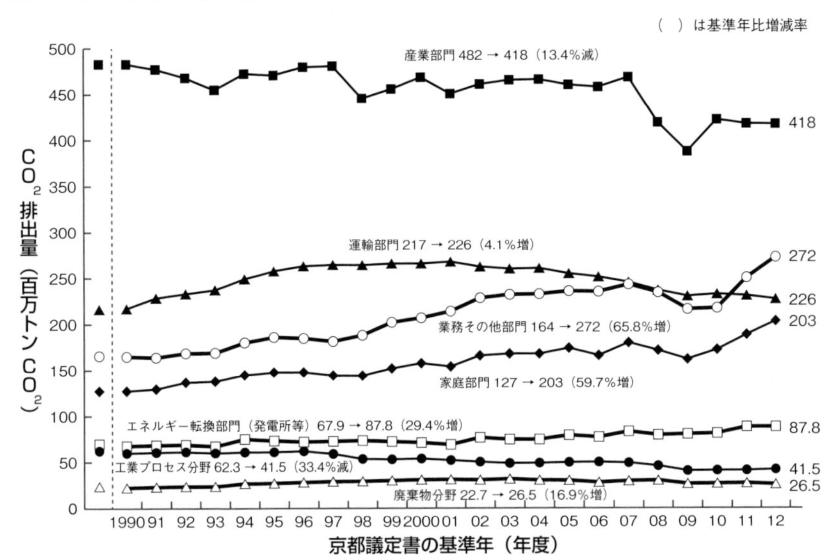

（資料） 国立環境研究所温室効果ガスインベントリオフィスのデータを基に作成。

図 9.11 CO_2 の部門別排出量の推移

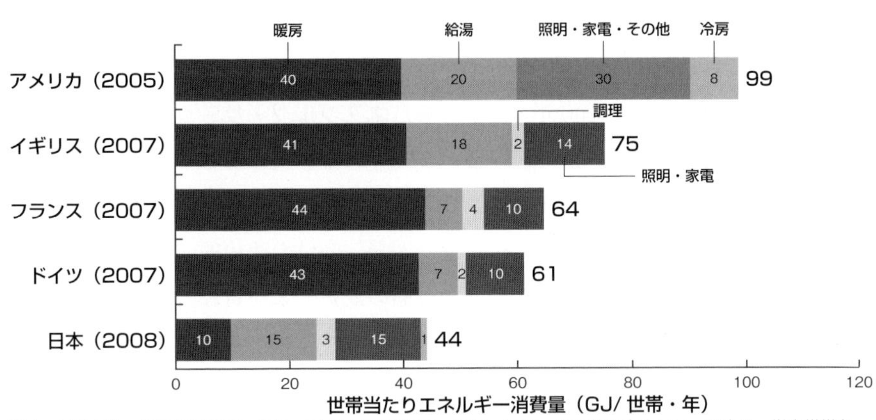

（注） 括弧内は，各国の最新データ年。アメリカの調理は，照明・家電・その他に含まれる。日本は，単身世帯を除く2人以上の世帯。日本の調理は暖房給油以外ガスLPG分であり，調理用電力は含まれない。欧州諸国の冷房データは含まれていない。
（資料） 住環境計画研究所（各国の統計データに基づき作成）。2010年9月。

図 9.12 家庭における用途別エネルギー消費

（出所） 国土交通省「住宅・建築物の省エネルギー施策について」

なっています（**図9.12**）。この理由は，日本の住宅の省エネ化が進んでおり，1980年以前の住宅での生活に係る年間のエネルギーをCO_2排出量に換算して100とすると，80年の省エネ基準型の住宅で60，92年の新省エネ基準型の住宅で50，そして99年の次世代省エネ基準の住宅では37と，6割以上のCO_2排出量の改善をみました。洗濯や乾燥などの生活習慣の違いも，欧米より低い家庭のエネルギー消費やCO_2排出の違いに現れています。

レッスン9.5　地球環境と持続可能な開発

レッスン9.1でみたように，1992年の第1回地球環境サミットでは多くの地球環境問題が話し合われましたが，一貫して通奏低音として流れていたのは，環境問題と経済開発の調和であり，持続可能な開発を達成するという問題意識でした。ブルントラント委員会が打ち出した**sustainable development**（**持続可能な開発**，あるいは**持続可能な経済発展**）は，**将来の世代の欲求を満たしつつ，現在の世代の欲求も満足させるような開発**のことをいいます。この概念は，**環境と開発を互いに反するものではなく共存し得るもの**として捉（とら）え，環境保全を考慮した節度ある開発が重要であるという考えに立つものです。

2002年の第2回地球環境サミット（**ヨハネスブルグ・サミット**）では，**持続可能性**（sustainability）の概念は公式な会議名にも冠されるまでに格上げされ，成果文書としても，**ヨハネスブルグ宣言**と**ヨハネスブルグ実施計画**が採択されました。前者は，各国首脳の持続可能な開発に向けた政治的文書であり，後者は**貧困撲滅，持続可能でない生産消費形態の変更，天然資源の保護と管理，持続可能な開発を実現するための実施手段，制度的枠組みといった持続可能な開発を進めるための各国の指針となる包括的文書**になっています。同サミットには，世界の政府代表や国際機関の代表，産業界やNGO等2万人以上が参加し，21世紀を飾るに相応しい地球環境問題を考える大規模な会議となりました。

世代間の利害調整と持続可能性

持続可能な開発は「将来の世代の欲求を満たしつつ，現在の世代の欲求も満

クローズアップ9.3　カーボン・リーゲージ問題

ある国がCO_2を減らすために行動しても，それが他の国のCO_2を増やすことに繋(つな)がることを，**カーボン・リーケージ**（**炭素の漏れ**）と呼んでいます。日本の場合は他の国よりも省エネが進んでいるために，**日本が大きくCO_2を削減すると，それが巡り巡ってかえって世界のCO_2を増やす**という皮肉な結果になる可能性があります。この炭素の漏れ問題の根本は，京都議定書の温暖化ガス排出削減対策がそうであったように，**どこの国の排出削減になるかは，生産する際にCO_2が発生したとする生産地主義**に立っていることにあります。

経済学的には，カーボン・リーケージが起こるのは，日本の生産活動が海外に移る直接的な生産代替による場合と，もう1つのチャネルは日本の生産活動が低下することにより，原材料となる石油などのエネルギー価格が下がり，それが海外での生産活動の増産効果をもたらし，CO_2排出量も増加させる効果によります。生産地主義では，ある国でCO_2を出さないようにしても，消費者が他の国からモノを買ってしまうために，CO_2を減らすのは難しくなります。モノを消費した人は効用を得ますから，消費者が自分の消費分で排出されたCO_2を負担するとどうなるでしょうか。これは**消費地主義**の考え方ですが，この場合，消費者は省エネの進んでいないCO_2を多く出している国の製品を買えば高いコストを支払わなければならないことから，消費者は可能な限りCO_2を出さない国の安い製品を買うようになります。また，中長期的には，企業や国も製品を売るために，CO_2を出さないような技術を取り入れようとしますので，世界的に省エネが進むことになります。さらに，**生産地主義の場合には逃げ道の無いように多くの国が参加しないといけません**が，**消費地主義の場合には，省エネの進んだ国がCO_2削減政策を行えば**，その国に輸出する発展途上国も含めて，必然的にCO_2削減のための対策を行うことになります。国際的な政治の駆引きの問題もありますが，**生産地主義を消費地主義に転換**できるならば，炭素の漏れ問題にはより効果の高い対策が行えるようになります。

次に，異なる状況設定になりますが，財・サービスの生産に伴う外部不経済によって環境汚染が引き起こされるとして，いまある国の社会的厚生は，財・サービスの消費が多いほど高まる一方で，環境汚染によっては厚生が低下するとします。与えられた世界価格の下で貿易を行う小国（small country）では，**ピグー税として環境税を課す場合には，生産地主義でなく消費地主義で計算した社会的限界費用に相当する環境税を課すのが，その国の社会的厚生を最大にすることが**，理論的に示されています（**クローズアップ9.5**）。

足させるような開発」の条件を満たすものでなければなりませんが，これと密接な関係にあるのが**世代間の公平性**の問題といえます。他方，新古典派成長理論の枠組みでの**最適成長経路**（**optimal growth path**）を拡張した，有限の枯渇性資源や環境問題が制約となる経済での持続的成長経路を求める場合には，「将来世代に亙(わた)る効用（厚生）の割引現在価値」を最大化する**功利主義的アプローチ**が議論されます。**功利主義的アプローチは，資源配分の効率性に重点を置いたもので，世代間の公平性の問題を直視して前面に押し出すものではありません**（レッスン2.3参照）。しかし，社会的割引率が正であることを前提とすると，功利主義的なアプローチでは将来世代の効用が現世代の効用と比べて低くなります。このような社会的選択を，当然のごとく行うべきでしょうか？　何か，代替案はないのでしょうか？　こうした問いに答える形で登場するのが，マックスミン原理の下での最適成長経路です。

ここで，**マックスミン**（**max-min**）**原理**とは，最小値の中の最大値を選ぶ原理をいいます。具体的には，異なるスキームiの下での世代tの効用を$U^i(t)$で表すとして，各スキームにおいて世代間の比較で最も小さくなる世代の効用を$\min U^i(t)$とし，次にスキーム間の比較で最小の効用水準が最大になる値を$U^* = \max \{\min U^i(t)\}$とします。この原理は，所得分布などでの**ロールズの公平性基準**（**クローズアップ9.4**）を世代間の効用の比較に適用したものですが，結果的には（そうなるのに障害がなければ）すべての世代の効用が等しくなるスキームが選ばれることになります。世代間の効用に差がある場合には効用水準の高い方を下げることで効用の最も低い世代の状態を改善できることから，**マックスミン原理は$U(t)=U^*$と効用水準一定**（**constant utility**）**の経路の中で最も効用水準の高い経路を選択する**ことになるのです。

マックスミン原理の下での成長経路を踏まえると，世代間公平性として最も留意すべきなのは，「時間が経つにつれて登場する世代の効用が減少しないこと」になります。実はこの基準こそが，持続可能な開発に対する最も一般的な経済学的解釈といえるのです。枯渇性資源と環境問題は，1972年のローマクラブの『成長の限界』では，宇宙船地球号にとっては同種の問題として，地球全体がゼロ成長経済へ向かうべしとの提言の根拠とされました（**クローズアップ1.4**）。しかしながら，実は，枯渇性資源の場合と環境問題の場合とで

クローズアップ9.4　ロールズの公平性基準

アメリカの哲学者のロールズ（John Rawls, 1921–2002）は，1971年に著した著書『正義論（A Theory of Justice)』において，**功利主義に取って代わるべき実質的な社会正義原理を，公平性・公正性（fairness）の観点から体系的に展開し**，規範的正義論の復権をもたらしました。ロールズは，各人が自分が置かれている状況については**無知のヴェール**に覆（おお）われている**原初状態**（original position）を出発点として，自分がその一員となる新しい公平な社会について契約を結ぶとの仮想的な**社会契約説**を想定すると，誰もが2つの原理に同意するはずだとします。

第1の原理は，「各人は，基本的自由に対する平等の権利を持つべきである」という**平等な自由の原理**であり，この**基本的自由**（良心，信教，言論，集会などの自由）は，他の人々の同様な自由と両立しうる限りにおいて，最大限広範囲の自由でなければならないとします。第2の原理は，**社会的・経済的不平等を容認する２つの条件**を規定するものであり，1つは「不平等は，あるとするならば公正な機会の均等という条件のもとで，すべての人に開かれている職務や地位に付随するものでしかない」とする**機会均等原理**，もう1つが「**最も不利な状況にある人々の利益の最大化のための社会的・経済的不平等が正当化される**」とする**格差原理**として知られています。第2の原理は，より端的には「機会均等原理と格差原理が同時に満たされない限り，社会的・経済的不平等はあってはならない」ということになります。

ロールズは，これらの原理を主張しながら，**功利主義とリバタリアニズムに異議**を唱えます。功利主義に対しては，全体の幸福の最大化を求めることによって，社会全体をあたかも一人の人間であるかのように扱い，一人ひとりの区別を重んじていないとして反対します。原初状態にある人々は，自らの生存可能性がいつか他者のより大きな善の犠牲になるかもしれないという危険を避けるため，全員にある程度の基本的自由を与え，その自由を優先することに固執するはずとして，功利主義を退けるのです。

功利主義者が一人ひとりの個性を重んじないのに対し，いわばリベラリズムの原型に近い**リバタリアン**（自由至上主義者）は運の恣意性を認めないという点で間違っていると主張します。リバタリアンは，市場経済による分配の結果なら何でも正しいとし，**権力によるあらゆる再分配の試みに反対**します。ロールズは，才能，財産，そして努力でさえ，ある人は多く持ち，ある人は少ししか持たないという中での分配のあり方は，道徳的観点からは恣意的であり運次第でどうにでもなってしまうとして退けます。**運に基づいて人生の善なるものを分配するのは，正義を行うことにはならないとするからです。**

は，外部性があるかないかで大きな違いがあります。**枯渇性資源問題には外部性が関与しないことから，功利主義的アプローチに基づいて市場メカニズムに委ねた成長経路は，中央集権的な計画経済の最適成長経路と一致しパレート効率的なものになります**。しかし，この際の世代間の効用の経路は，将来世代の効用を割引くのが一般的なことから，将来世代の生存時の効用は現世代の効用よりも小さくなります。環境問題の場合には，将来世代はより不利な状況に直面せざるを得ないと考えられますが，こうした世代間の不公平性を回避するのがマックスミン原理の下での最適成長経路になるのです。

しかし，マックスミン原理の下では確かに世代間の効用は公平化（均等化）しますが，大別して3つの不都合な問題も孕（はら）んでいます。第1は，そもそもある水準以上の効用水準を維持する経路が技術的に不可能な可能性であり，定常状態自体が存在しないケースです。第2の問題は，初期状態がすべてを決してしまう場合，すなわち効用が最低となる世代が初期世代となる場合であり，この際には先行き経済発展の余地が十分あったとしてもマックスミン原理がそれを排除してしまいます。第3は，第2と逆に，効用の最低水準が経済が行きつく先の定常状態で制約される場合であり，この場合には，経済は資源配分の観点ではパレート非効率的になります。

実は，ロールズ自身もマックスミン原理の世代間分配問題への適用には消極的でした。ただし，ロールズの念頭にあったのは，経済発展が阻害される第2の場合についてであり，「**もともと世代間公平性を問題とするのは将来世代が現世代の犠牲になる懸念があるとき**であり，現世代が将来世代のために自らの効用を犠牲にしているからといって，それを不公平であるとは言わない。」との前提があります。時間は一方向にしか流れないからです。この意味で，既述のように，世代間公平性として具体的に要求されるのが，「時間が経つにつれて世代効用が減少しないこと」になるのです。

ここでは詳しい理論的な分析は省略せざるをえませんが，将来世代が現世代の犠牲となりやすい枯渇性資源や環境問題を対象としてマックスミン原理を採用した場合に，ロールズの懸念が払拭されるのではとの期待が湧き上がりますが，結果は藪蛇（やぶへび）的に上の第3の問題が浮上してしまいます。ただし，これは理論的な可能性の議論でありごく例外的だと割り切るならば，第2の問題に対し

■コラム9.6　カーボン・オフセット制度■

カーボン・オフセット（carbon offset）は，市民，企業，NPO/NGO，自治体，政府等の社会の構成員が，①自らのCO_2に代表される温室効果ガスの排出量を認識し，②主体的にこれを削減する努力をするとともに，③削減が困難な部分の排出量を把握し，④他の場所で実現したCO_2排出削減・吸収量等（クレジット）の購入，または**他の場所で排出削減・吸収を実現するプロジェクトや活動の実施等により，③の排出量の全部または一部を埋合わせ，相殺（オフセット）することを言います。**

これをさらに深化させて，とりわけ事業者の事業活動等から排出されるCO_2排出総量の全部を他の場所での排出削減・吸収量でオフセットする取組みを，**カーボン・ニュートラル**なものになっている，といった言い回しをしています。もし，排出量よりも他の場所での排出削減・吸収量が多くなるときには，**カーボン・ポジティブ**になります。

地球温暖化に問題意識を持ち，生活や事業活動から排出されるCO_2を削減したい社会の構成員に対して，利用するさまざまな商品やサービスからのCO_2排出量の情報を提供し，いわば商品やサービスの「見える化」を図ることは，CO_2排出削減行動を強く後押しすることになります。また，人々の地球温暖化に対する問題意識の高まりに呼応してCO_2排出削減に取組む姿勢が，企業や商品のブランド価値を高める時代になってきました。

このような状況の下，カーボン・オフセット付き商品サービスを提供することにより，自社ブランドのイメージを向上させることも狙って，**海外から買取ったCO_2排出権を国に寄付し，カーボン・オフセットを行う企業が増加中**です。また，類似の仕組みである**グリーン電力証書制度**についても，契約電力量が近年急激に増加しているところです。カーボン・オフセットについては，行政においても，例えば環境省において，その普及を後押しすることによってCO_2排出削減・吸収に貢献するとともに，民間資金を国内の山村地域に還流して地域活性化を図ることを目的に，**オフセット・クレジット（J-VER）制度**の運営などが行われています。

これは，**国内排出削減・吸収プロジェクトにより実現された温室効果ガス排出削減・吸収量をオフセット・クレジット（J-VER）として認証する制度**であり，J-VER（Verified Emission Reduction）は，カーボン・オフセットに用いられるクレジットについて，確実な排出削減・吸収があること等の一定の基準を満たしていることを認証するものになっています。本制度の活用によって，これまで海外に投資されていた資金が国内の温室効果ガス排出削減・吸収活動に還流することとなるため，地球温暖化対策と雇用・経済対策を一体的に推進することができる**グリーン・ニューディール促進策**の１つとしても期待されています。

ては，期待通りロールズの懸念が払拭され，世代間の公平性が維持されうることが確認されます。なお，第1の懸念に対しても，これは維持する効用を誤らない限り（換言すると，分不相応に高い効用を維持しようとしない限り）基本的には問題は生じません。

持続的成長とハートウィック・ルール

世代間の効用が一定になる（少なくても時間とともに減少することがない）のが持続可能な開発であるとして，そのために必要な最小限の条件とは何だろうか？　もちろん，さまざまな状況設定の違い（モデルの違い）で違った解答があり得ますが，1つの共通理解としてハートウィック（John Hartwick, 1944–）による**ハートウィック・ルール**があります。これは枯渇性資源の制約の下で一定の消費水準を維持することで考えられたものですが，環境問題にも適応可能です。

枯渇性資源に対するハートウィック・ルールは，通常の資源配分に関する効率性の条件（レッスン2.3の**パレート最適性**）に加えて，「各時点において，社会は枯渇性資源の利用にかかる競争的な使用料相当額分だけ再生産可能資本の蓄積を行う」というルールを課します。すなわち，**パレート最適な経路の中で，消費水準を維持するための条件**がハートウィック・ルールといえます。枯渇性資源に対して，消費水準を維持し続けるためには，生産能力自体を維持していく必要があり，そのために，枯渇性資源の減少分を投資によって人工資本を蓄積し生産能力を補わなければならないのです。これがハートウィック・ルールのエッセンスになります。

ハートウィック・ルールを環境問題の場合に拡張解釈するには，まずは環境問題には通常外部性が関係しますから（レッスン3.3），ピグー税などの政策手段により，外部性を「内部化」して資源配分の効率性を担保します。その上で，**環境悪化による直接的・間接的効果による社会的効用の減少分を，経済成長による消費増で補償して行く**ことになります。経済成長がある限り，環境資本が常に一定の水準に保たれる必要はなく，ある程度の環境悪化も許容されることになるでしょう。経済成長によって技術進歩や環境浄化投資に資源を割ける余裕が出てくる可能性もあります。

■コラム9.7　次善策としての持続可能な開発■

もしも，市場メカニズムが完全に機能し，最適成長経路が分権的な市場機構の下で達成可能ならば，声をそろえて持続可能な開発を主張する必要はありません。さまざまな障害のために最適な成長経路が選択できず，持続可能な開発さえも達成できない恐れがあるからこそ，それをスローガンにする意味があります。この意味で，**環境問題に対する次善の対策**として持続可能な開発を意義付けることができるでしょう。

この際，ハートウィック・ルールの趣旨を敷衍(ふえん)して，金科玉条的な環境維持政策には拘(こだわ)らない方針があり得ます。他方，環境を形成する自然資本を**環境資本**と呼ぶとして，**個別の環境資本をそれぞれ残すことが持続可能な発展を達成するのに重要である**とする考え方なり，それを標榜(ひょうぼう)する特定のNPOなどの運動方針もあります。その根拠としては，2つ上げられます。

1つは**代替可能性**の問題があり，環境資本を人工資本で補うことはできないとするものです。確かに，オゾン層や熱帯林などの環境資本の機能を人工資本で代替するのは困難と考えられ，そうならばハートウィック・ルールを環境資本に適用する上で大きな障害となります。もう1つは**世代内公平性**の問題です。発展途上国の多くの人々にとっては，農地や森林などの環境資本そのものが生産と生活の基盤であることが多く，環境資本に代って人工資本を将来世代に残そうとすると，将来世代は平均的には一定の社会厚生を保障されるとしても，発展途上国の現在世代の一部の人々は生活の糧を奪われ厚生が悪化します。

以上の2つの問題を考慮すると，環境資本を人工資本で代替せずに個別の環境資本を遺産として残すべきという主張にも理があり得ます。環境資本の自浄能力を前提として汚染排出フローを一定に保ち，結果として環境資本を一定に保つことは可能でしょう。そのための最も単純で明快な方法として，現在の生産水準を維持することが考えられ，下村治博士やローマクラブが提案した，経済学的には“naive”な**ゼロ成長論**に連なることになります（レッスン1.4）。

Q＆A　ハートウィック・ルールと社会的共通資本

Q　マックスミン原理なりconstant utility基準とハートウィック・ルールの関係，また環境資本と社会的共通資本の関係はどう理解したらいいのですか？

A　ハートウィック・ルールそのものは人工資本と代替可能な枯渇性資源について導入された考え方ですが，これを環境資本（自然資本）に当てはめても，マックスミン原理なりconstant utility基準と矛盾しない持続可能な経済・社会のシナリオを，それなりに描くことができます。ただし，専門的知見と職業的倫理観による管理・運営を重視する社会的共通資本の観点からは，人工資本との代替可能性そのものが疑われ，環境資本へのハートウィック・ルールの適用には相応の留保条件が付けられるでしょう。

ただし，環境悪化が致命的になる場合には，そのようなゆとりは許されない可能性もあります。最悪のシナリオを回避するためには，環境の機能を正しく評価することが何よりも肝要であり，環境破壊・汚染による外部不経済効果を市場価格に正しく反映させることができれば（すなわち**内部化に成功**すれば），経済は最適経路を辿ることが可能です。しかし，外部不経済効果が空間的・時間的な広がりをもつ場合には，環境機能を正しく評価するのは，現実問題としては著しく困難な相談事でしょう。将来世代の割引の是非も古くから議論されてきた問題ですが，**割引率の大小によって，地球温暖化などの地球環境問題の対処策に大きなインパクトが及ぶ**ことから，慎重性が要求される論点ではあります（第5章レッスン5.2参照）。

レッスン9.6 まとめ

本章では，地球環境問題を取上げ，日本が単独で直面する国内の公害や環境破壊問題との違いに留意し，どのような問題が生じ，どのように対処すべきかをみました。とりわけ，近年の異常気象の原因ともいわれる地球温暖化問題に焦点を当て，地球温暖化のメカニズムと現状，地球温暖化対策への国際的な取組みと手法，日本の現状と対応について学びました。

日本が主導国の1つだった2008–12年度を約束期間とした京都議定書の削減目標は，東日本大震災後の事故により全面停止した原子力発電の下でも，達成して幕を閉じました。単純な約束期間延長に強く反対した日本は，京都議定書に代わる新たな温暖化ガス削減取組みに向けて，何よりも有効な目標設定がなされるよう提言すべきでしょう。

クローズアップ9.5　開放経済の最適環境税

いま2財について貿易を行う小国（非貿易財があっても結論は同様）を考えたときに，その国の厚生を最大化する環境税としての最適ピグー税θが，閉鎖経済の際にはそうであるように，

$$\theta=\mathrm{MSC}(Q_1, Q_2) \quad (1)$$

の水準に設定されるとして，一定の仮定の下ですが，開放経済下では

$$\theta^*=\mathrm{MSC}(C_1, C_2) \quad (2)$$

の水準にすべきだというのが**消費地主義に立った最適消費税**になります。ここで，第1財，第2財について，Qは生産量，Cは消費量を表し，$\mathrm{MSC}(Q_1, Q_2)$ は第1財と第2財の生産量がQ_1，Q_2のときに国内で発生する外部不経済部分（**限界的社会費用**，Marginal Social Cost）を示します。

開放経済では，第1財を輸入し，第2財を輸出するものとします。輸出量をEとし，第1財の価格をニューメレール（基準）とした相対価格をPとすれば，貿易収支の均衡を前提として

$$C_1=Q_1+PE$$

$$C_2=Q_2-E$$

となります。すなわち，貿易が行われている限りにおいて，生産と消費は乖離し，(1) と (2) の環境税の水準が異なることになります。

開放経済下での (2) の意味は，閉鎖経済下での (1) がそうであるように，最適なピグー税は外部不経済を発生させる生産構造にストレートに対応させた水準ではなく，貿易後の消費構造に対応して（その分をあたかも国内で生産した際に発生する架空の外部不経済に対する）最適ピグー税にすべきだとの結論を意味します。**クローズアップ9.3**では，生産地主義と消費地主義の違いを整理しましたが，ここでは，モデル分析によると**この国の厚生を最大化するのは消費地主義の方**だと主張しています。具体的に生産構造ベースと消費構造ベースでの環境税率がどれだけ異なるかは，モデルの細部の構造にも依存します。一例として，輸出財である第2財が相対的に環境を悪化させやすい環境負荷財（極端な場合は，第2財のみが環境を悪化させる）としましょう。

この第2財が（貿易開始前の価格が世界価格よりも安い）輸出財だとしますと，貿易を開始することによって価格が上がり，生産は増え，（第1財の消費が増える分に見合って）国内消費は減少します。すなわち，MSCは逓増すると考えますので，**生産量が消費量よりも大きいので，貿易開始によって，消費地主義による最適環境税 θ^*の方が生産地主義による θ よりも小さくなります**。すなわち，ある程度の環境悪化は覚悟の上で環境負荷財の生産増によって輸出を図り，それによって貿易の利益を享受するのが得策であり，そのために環境税を引き下げるのが望ましくなるのです。

もっとも，第1財が輸出財で第2財は輸入財とすると，結論は逆転します。この場合は，貿易開始によって第2財の価格は低下しますから，生産は減少し，消費は増加することから$\theta^*>\theta$となり，消費地主義の場合の環境税が生産地主義の場合よりも高くなります。

さらに，消費地主義と生産地主義の問題の他に，そもそもこの国は貿易をした方が良いのか，閉鎖経済に留まるのが良いのかという問題もあります。一般に，貿易開始による利益は2次的（second order）なのに対して，環境問題による資源配分効果は1次的（first order）になることから，**開国が却って国の厚生を下げてしまうことも十分あり得る**ことになります。

キーワード一覧

地球環境問題　生物多様性　地球環境サミット　国連人間環境会議　温室効果ガス　IPCC　COP　京都議定書　国連環境計画　ブルントラント委員会　持続可能な開発　気候変動枠組条約　京都メカニズム　吸収源活動　ホットエアー　CO_2排出原単位　カーボン・リーケージ　生産地主義　消費地主義　功利主義的アプローチ　マックスミン原理　ロールズの公平性基準　カーボン・オフセット制度　オフセット・クレジット　ハートウィック・ルール　限界的社会費用

▶考えてみよう

1. 地球環境問題として，あなたが一番連想するのはどのような問題ですか？
2. 地球温暖化が人類や地球上の生物に及ぼす影響を挙げてください。プラスのものはありますか？　それは誰（どの国）にとってですか？
3. 世界の環境問題に対する日本の貢献を調べましょう。京都議定書や水俣条約の他に，日本の名前が冠した用語はありますか？
4. 持続可能な開発なり持続可能な経済発展は，将来世代から感謝されるでしょうか？　感謝される，感謝されない，どちらにせよ理由を考えてみてください。
5. ハートウィック・ルールは持続可能な開発の十分条件ですか，必要条件ですか，関係ありませんか？　ロールズの公平性基準なりマックスミン原理はどうでしょうか？

▶参考文献

地球環境問題をテーマとした文献は，今や相当な数に上っています。古くなった文献も含めて，時代とともに，温暖化の認識がどう変わったかを確かめるのもよいでしょう。

宇沢弘文『地球温暖化を考える』岩波新書，1995年

村沢義久『手にとるように地球温暖化がわかる本』かんき出版，2008年

一方井誠治『低炭素化時代の日本の選択――環境経済政策と企業経営』岩波書店，2008年

宇沢弘文・細田裕子（編）『地球温暖化と経済発展――持続可能な成長を考える』東京大学出版会，2009年

地球温暖化には懐疑的な見解もあります。例えば，

渡辺正『「地球温暖化」神話――終わりの始まり』丸善出版，2012年

10 環境に優しく生きる

本章では日々の生活の中での環境という視点で，いくつかの残された問題を取り上げます。ここでの環境はもっぱら自然そのものが対象で，緑，景観，里山，国立公園，世界遺産，自然災害など，直接的・間接的に人々の幸福感に影響を及ぼすことを学びます。

レッスン

レッスン 10.1 生活の一部となる環境

住み心地のアメニティ

現代の生活は便利さ，多様さ，快適さ，あるいはスピードある展開や時間の節約といった生活の質が問われます。そのうちの快適環境に連なる用語として**アメニティ**（amenity）があります。直接的には「住み心地のよさ」を意味する概念ですが，単に直接的な居住性だけでなく，「快適さ，楽に暮らすために必要なものが整い，整備されていること」，「生活を便利で，楽しくするもの」，「恩恵・特典を追加しうるもの」として用いられ，広義にはそれをもたらす**設備ないし環境（自然環境・社会環境）**を意味するようになりました。

もともとは，19世紀後半以来イギリスにおいて形成されてきた**都市計画や環境行政の中心的思想**として位置付けられ，時代時代で開発計画が進められたり法制化されたりと，さまざまな形で具現化されてきました。古くは1848年の公衆衛生法や都市環境改善のための法制化，19世紀末の**田園都市論**，20世紀初めに制定され日本の都市公園施策にも影響を及ぼした**オープンスペース法**（1906年），**市民活動中心の歴史的建造物や大自然ランドスケープの保護・保全を図るナショナルトラスト法**（1907年），第2次世界大戦後のグリーンベルトや職・住・レクリエーション機能を整備する新都市建設法（1946年），シビックアメニティ法（1967年）等があり，特にアメニティの視点からの樹木，自然保全，建造物の保存を図る**都市・田園アメニティ法**（1974年）が，都市と農村との整合を図った都市整備の指針となりました。

日本では，アメニティは建物や街並みなどの都市のあり方や，美しい景色，静けさ，気候といった自然環境，地域の歴史的背景などの文化面など，**生活に潤いと安らぎをもたらす身の回りの生活環境全般の快適さ**を示す用語として使われます。高度成長期の日本では，経済成長を優先した開発が行われた結果，第7章で見たような公害や環境破壊が進み，地域やコミュニティによっては全体としてのアメニティはかえって低下するといった事態も起こりました。公害の社会問題化が峠を越えた1977年に，OECD環境委員会から「日本は数多くの公害防除の戦いを勝ち取ったが，**環境の質を高める戦いではまだ勝利を収め**

◆ キーポイント 10.1　アメニティグッズ

もともとのアメニティの意味が転じて，宿泊施設（ホテル，旅館，その他）で用意される宿泊客専用の客室設備をアメニティと総称。特に，石鹸，シャンプー，歯磨きセットなどの使い捨て備品を指すことが多く，バスルーム用の小物類であることから**バスアメニティ**とか**アメニティグッズ**と呼ばれます。飛行機や寝台列車内の小物類も同様。さらには，アメニティを冠した商品が例えば「アメニティマンション○○」と固有名詞的に使用され建設されています。

■コラム 10.1　ロハス■

エコロジーやエコと類似の用語にグリーンがあり（**キーポイント 10.2**），その他にもLOHASとか**スローライフ**，**オーガニック（無農薬）ライフ**があります。このうちの**LOHAS**（ロハス，ローハス）は英語のLifestyles Of Health And Sustainabilityから来ており，健康と持続可能性やそれらを重視する生活様式を表します。健康や環境問題に関心の高い人々のライフスタイルを，商業活動に結びつけるために生み出されたマーケティング用語から派生してポピュラーになりました。一般的には，健康や癒し・環境やエコに関連した商品やサービスを総称しており，それらに興味を持つ人を**ロハスピープル**と呼んでいます。

ロハスは1990年代の後半にアメリカのコロラド州で生まれた新しいビジネス・コンセプトで，日本では2004年後半からマスメディアに頻繁に登場するようになりました。雑誌「ソトコト」（アフリカの言葉で木の下や木陰を意味する）を発行する（株）トド・プレスと三井物産が商標登録していますが，2006年5月，他社から商標使用料を取るのを止めると宣言し，現在はロハスの用語は自由に使用することが可能になっています。現在のロハスには，持続可能な経済，健康的なライフスタイル，代替医療，自己開発，エコなライフスタイルの5大マーケットがあります。

（出所）日本大学工学部ＨＰ

日本大学工学部ではロハスの工学をテーマに『ロハスの家』研究プロジェクトを進めており，2009年1月に工学部キャンパスに『ロハスの家 1 号』が設置されました。外部電力や石油などを一切使わず，再生可能な太陽光と地中熱，そして風のエネルギーだけで冷暖房を可能にするための装置やシステムを取り入れています。真夏に 27℃，真冬に 23℃の室温が得られています。

ていない」との指摘を受け，アメニティ（快適環境）はその後の環境行政上の重要課題として強く認識されるようになりました。

環境庁（現環境省）は1984年度に，全国の都道府県・政令指定都市におけるアメニティ・タウン計画策定へ補助を始めました。ここで**アメニティ・タウン**とは，自然や施設，歴史等環境を構成する要素がバランスよく存在し，地域の住民が健康で文化的な生活を営むための快適な環境が備えられている街をいいます。また，1990年度には，アメニティを意識した街づくりに対して，「アメニティあふれるまちづくり優良地方公共団体表彰」の制度を設けました。2003年度からの7年間は，**持続可能な社会の構築，地域における循環と共生面での快適環境づくり**を強調するために「循環・共生・参加街づくり表彰」に模様替えし，地域独自の自然・歴史資源を活用しながら，地方公共団体・住民・企業等と連携して快適環境づくりに取り組むことを推奨しました。

環境省としては，合わせて20回の表彰は，地域に根ざした活動を一層推進する上での励みとしてもらい，他地域の取組みに役立つ模範を広く示すことを目的としました。プロジェクトの重点が，シンプルなアメニティ志向から，循環・共生・参加を通じた持続可能な社会の構築に移ったのは，時代の流れを反映し，**快適環境の享受だけでなく，環境の持続可能性に自らがよりコミットするのが時代の要請になった**からといえましょう。

エコロジーからエコへ

上でみたように，アメニティは広い意味で使われます。それよりも狭いものの，環境がらみの用語で，より身近に用いられるのがエコロジーやエコです。

エコロジー（ecology）とは，もともとは生物学の一分野の生態学を指しますが，広義には**生態学的な知見を反映する文化的・社会的・経済的な思想や活動の一部または全部を指す**用語として使われます。例えば，「環境に配慮した」が売りもののファッションや商品デザインなどから，「地球に優しい」と称する企業活動，市民活動，自然保護運動や最先端技術，「自然に帰れ」をモットーとした現代文明否定論まで，きわめて広範囲にエコロジーが使われます。**エコ**（eco）はエコロジーの省略形ですが，和製英語の接頭語として，いろいろな単語と接合します（**キーポイント10.2**）。

■コラム10.2　環境ラベル■

アメニティグッズから始まり，ロハスやオーガニックと環境に配慮された製品やサービスは日増しに増加しています。これらの製品は環境に優しいものであることを自ら示すために，一目で分かるマークを表示するのが期待されます。自動販売機でのジュース缶がアルミ缶か鉄の缶かを示すマークは早くからありましたが，同様のマークがさまざまな環境に配慮する形で工夫されています。これらを総称して**環境ラベル**といい，環境負荷の少ない物品等の選択的な購入を効果的に促すことに成功しています。

一方で，環境ラベルは「多すぎて分からない」との声もあり，次々と生まれる環境ラベルに消費者が追いついていけないという実態も垣間見えます。日本では，環境省が，各種環境ラベルを紹介した**環境ラベル等データベース**を運用しているほか，環境ラベルの表示方法の考え方の統一や信頼性の確保のため，環境表示ガイドラインを取りまとめています。

これには，2000年に**循環型社会形成推進基本法**の個別法として**グリーン購入法**（国等による環境物品等の調達の推進等に関する法律）が制定されたのが大きいといえます。この法律では，国等の公的機関が率先して環境物品等（環境負荷低減に資する製品・サービス）の調達を推進するとともに，環境物品等に関する適切な情報提供を促進することにより，環境に優しい**グリーンコンシューマー**の養成や需要の転換を図り，持続的発展が可能な社会の構築を推進することを目指しています。なおグリーン購入法は，地方公共団体，事業者及び国民の責務などについても定めています。

●エコマーク
生産から廃棄までのライフサイクル全体を通して環境保全に資する商品を認証するラベル（公益財団法人日本環境協会）。

●エコリーフ環境ラベル
ライフサイクルアセスメント（LCA）手法を用いて製品の環境情報を定量的に表示するラベル（一般社団法人産業環境管理協会）。

●カーボンフットプリントマーク
商品・サービスのライフサイクルの各過程で排出された「温室効果ガスの量」をCO_2量に換算して表示するラベル（一般社団法人産業環境管理協会）。

●エコレールマーク
流通過程において，環境にやさしい貨物鉄道を利用して運ばれている商品や積極的に取り組んでいる企業に付与されるラベル（公益財団法人鉄道貨物協会）。

●レインフォレスト・アライアンス認証
熱帯雨林の持続的管理を目指し，自然保護や農園生活向上の基準を満たす農園を認証するラベル（レインフォレスト・アライアンス）。

●PETボトルリサイクル推奨マーク
PETボトルリサイクル品を使用した商品につけられるラベル（PETボトルリサイクル推進協議会）。

図10.1　環境ラベルの例
（出所）環境省『環境白書』（平成25年版）を基に作成。

◆ *キーポイント10.2*　エコとグリーン

エコと同じように使われる環境関連の接頭語としてグリーンがあります。グリーンは緑の色ですが，植物を連想させ，環境に優しいという意味が含まれます。グリーングッズ（観葉植物）などエコグッズとは異なる本来の意味を持つものもありますが，**グリーンコンシューマー**やグリーンエネルギーなど，エココンシューマーやエコエネルギーとほとんど同じ意味に使われます。環境負荷ができるだけ小さいものを優先して購入する**グリーン購入**，それを推進する**グリーン購入法**（2000年制定）も認知されてきました。

1962年に出版された海洋生物学者**レイチェル・カーソン**（Rachel Carson, 1907–64）の『**沈黙の春**（Silent Spring）』が，**DDTの脅威を警告**し大きな反響を呼び（**コラム10.3**），エコロジーが環境全般に関係すると理解されだしました。現在では，DDTなどの人工的な化学物質の脅威を取り除くという意味だけでなく，**地球環境に優しいとされるさまざまな活動を対象に，包括的にエコロジーもしくは省略してエコと呼ぶ**ようになったといえます。

そのエコがつく**エコシティ**（環境都市）や多少規模の小さい**エコタウン**は，一般論としては**低炭素や資源循環，環境負荷の低減等の面で配慮した都市**をいい，段階的に3つ特徴を持ちます。1つ目は，再生可能エネルギーや省エネルギーの技術の活用だけでなく，**ゼロエミッション**を目指すなど施設の配置や機能の工夫を伴う（レッスン6.1），**ハード・ソフト両面での環境配慮型の都市**であることです。2つ目は，**地域内で多くの機能が完結できることで**，工業団地やニュータウンのような居住地単体の機能だけでなく，住宅，商業，産業，公共施設等の機能のバランスの取れた街となり，**地産地消型の社会**が実現できます。3つ目は，新しく都市を造成する場合には，最適なシステムの追求ができることです。新興国などでは往々にしてこうしたエコシティが可能で，特に中国では**生態城**と呼ばれる自己完結型の新都市が各地で計画されています。

既存の都市をエコシティにする場合には，**環境シティ**，**福祉シティ**，**コンパクトシティの共通集合部分**としてエコシティが位置付けられます。それぞれの単独要素は，順に「**環境にやさしくて，公害がなく，景観が美しい**」，「**福祉に配慮して，人々が住みやすい環境を整えた**」，「**便利で経済的に効率的な職住近接のふれあいのある**」都市として特徴付けられ，これらすべてを同時に併せ持つのがエコシティになります。

基本的人権としての環境権

日照権，眺望権，静穏権，あるいは景観など環境がらみの権利が，日本国憲法の下で当然認められるものか否かは議論のあるところでした。このうち**日照権**は，住民の日照を守る切実な要求と運動の中から認められるようになった経緯があり，現在では憲法25条が保障する「健康で文化的な最低限の生活を営む」ための**基本的人権**の1つと考えられています。

■コラム10.3　DDTの盛衰■

DDTはDichloro-Diphenyl-Trichloroethane（ジクロロジフェニルトリクロロエタン）の略であり，有機塩素系の殺虫剤・農薬です。終戦直後に進駐軍によってシラミやマラリア蚊の防除のため，人の頭部を始め部屋の中，庭や田んぼなど日本中にまかれたことや，『沈黙の春』以降の化学物質論争で常に主役であったことから，殺虫剤と言えばDDTというぐらい知名度が高いといえます。非常に安価に大量生産が出来る上に少量で効果があり，爆発的に広まりました。日本では1971年5月に農薬登録が失効し販売されなくなりましたが，いまでも主として中国やインドで製造され，発展途上国で使われています。

DDTは分解されにくいため，長期間にわたり土壌や水循環に残留し，食物連鎖を通じて人間の体内にも取り込まれ，神経毒として作用することがあります。一時は**発癌性が高いとされ，アメリカの野生ワニなどで環境ホルモン作用**も疑われ，**世界各国で全面的に使用が禁止**されました。しかし，経済的にも工業的にも発展途上の国々ではDDTに代わる殺虫剤を調達するのは困難であり，DDT散布によって一旦は激減したマラリア患者がDDT禁止以降は再び激増しました。例えばスリランカでは1948年から62年までDDTの定期散布を行ない，それまで年間250万を数えたマラリア患者の数を31人にまで激減させることに成功しましたが，DDT禁止後には僅か5年で年間250万に逆戻りしました。

DDTを禁止した結果，多数のマラリア被害者とDDTよりも危険な農薬による多くの被害が発展途上国で発生し，カーソンを非難する声もあります。逆に，既にカーソンが『沈黙の春』で述べている通り，DDTに対する耐性を獲得したマラリア蚊も多数報告されており，DDTの散布が万能でないことも分かってきています。

クローズアップ10.1　国立マンション景観論争

東京都の多摩地区にある国立（くにたち）市は，関東大震災後に開発された分譲住宅地として，戦後は近隣の米軍基地からの影響を避けた文教都市として栄え，中央線国立駅から一橋大学の東西キャンパスを貫いて南に伸びる大学通りの景観は，桜や銀杏の街路樹とともに長年市民に親しまれてきました。1989年に商業地の容積率を緩和したことから高層建築の計画が次々と浮上したために，98年に**都市景観形成条例**を制定し，**建築物の形状・色彩などを市と事前協議**するよう定めました。1999年4月の市長選で，景観保護を訴える上原公子新市長が誕生。3か月後の同年7月に，不動産会社の明和地所が大学通りの一角に高層マンション建設を計画し，事前協議を申し出ました。直ちにマンション建設反対運動が起こり，国立市も当初の景観を損なわないようにとの行政指導から，同年11月には，具体的な地区計画案を策定し公告縦覧を始めました。これに対して，計画を多少縮小した明和地所は，2000年1月**東京都から建築確認を取り，根切り工事に着手**しました。

2000年1月末，**臨時市議会で地区計画の条例化が可決され**，翌日施行されました（議決の際に条例反対派議員を排除したとして，後に訴訟①の提訴へ）。建設着手後は，建設の差止を求める訴訟②，③が起こされましたが，結局，2001年12月に14階建，高さ44mのマンションが完成し，翌年から分譲が始まりました。②，③の裁判は住民の入居後まで続きましたが，最終的にマンションは適法として確定（条例が有効なため既存不適格とな

基本的人権には，思想・信教の自由などの自由権や財産権，参政権など自然法的な発想から付与されるべきものがあり，次いで経済成長により生活が豊かになったことにより付与されるようになった生存権，教育を受ける権利，労働基本権，社会保障の権利などの**社会権**が加わりました。「良好な環境の中で生活を営む権利」あるいは「健康で快適な環境の回復・保全を求める権利」としての**環境権**は，これらに加えられる新しい基本的権利とされており，**交通権（移動の自由），人格権（プライバシーの保護），肖像権，自己決定権，知る権利などと同様の新しい基本的権利（第三世代の人権）**に分類されます。

現行の憲法に明記されているわけではないこれらの権利が，どうやって保障されるのかですが，これに対する回答として有力なのは，まず**憲法13条で保障される「幸福追求の権利」の1つ**と見なす考えを適用することです。別の根拠は，公害や環境破壊の場合のように生命にかかわるような環境権の場合には，文字通りの生存権に訴えることになります。環境権の例としての日照権としては，具体的には**建築基準法**では隣地の採光や通風などに支障を来さないように建築物の各部分の高さを規制しています。規制にはいくつか種類がありますが，日照権の確保において特に重要なのは**北側斜線制限と日影規制**（冬至の日の日影状況で規制）**であり，建築物の高さを含めた形状を制限**していることです。

環境権の中で最も論議のあるのは景観を巡る問題といえます。**クローズアップ10.1**では，東京都国立市でのマンション建設を巡る景観論争の顛末（てんまつ）をまとめてありますが，この中での訴訟の1つの④**反対住民の事業者への建築物撤去請求訴訟**の2002年12月での第1審の東京地方裁判所の判決が，**国立市の景観には景観利益が存在する**ことを認めるものでした。この判決は，2004年10月の第2審の東京高等裁判所では取り消され，06年3月，最高裁判決で確定しました。しかし，最高裁判決は景観利益そのものを否定したわけではなく，判決の中で，**「近隣住民が良好な景観の保護を受ける権利」は法的保護に値する**と認めたのでした。

この景観利益に関する最高裁判決は，2009年10月の広島地方裁判所の広島県福山市の鞆（とも）の浦の埋立架橋計画に対して，景観保護を唱えて反対する住民を支持し公共工事を差し止めた判決でも，景観利益の存在が言及されることになったのです（レッスン1.2）。ただし景観利益は法的権利として確立していな

る)。ただし，以上の経緯から，地区計画条例制定時の①**市議会議決の無効確認訴訟**（一審での提訴棄却が確定）の他に，**行政，住民，マンション事業者らの間に月日を追って合計6個の訴訟**（**広義の国立マンション訴訟**）**が提起**されました。

② （住民→明和地所）**建築禁止の仮処分申立**

反対住民のマンションの建築禁止の仮処分申立は，2000年6月東京地裁八王子支部に却下され，抗告したものの，同年12月に東京高裁でも却下され確定。同時に，**法的強制力の無い決定理由部分で，建築は違法との判断**。ただし，仮処分自体は却下されたため，明和地所側が最高裁へ特別抗告するのは能(あたわ)ず。

③ （住民→東京都）**東京都に撤去命令を求める行政訴訟**

反対住民が，東京都に対して撤去命令（高さ20mを超える違法部分の除却命令）を出すよう**行政訴訟**を提起。2001年12月，東京地裁が地区計画条例施行時の根切り工事は建物の工事中とは見なせず，建物は違法建築と判断するも，翌年6月の東京高裁の判決では，すでに着工していたと解釈し，地裁判決を取り消す。最高裁への上告は不受理で，2005年6月に控訴審判決が確定。

④ （住民→明和地所）**反対住民の事業者への建築物撤去請求訴訟**

反対運動を行う住民らが，明和地所に対して，高さ20mを超える部分（7階以上）は違法であるとして，撤去を求める**民事訴訟**を提訴（**狭義の国立マンション訴訟**)。2002年12月，東京地裁は，(法令上の違反はないが) **国立市の景観には景観利益が存在する**として，違法部分の撤去を認める判決。しかし，2004年10月，東京高裁は，第一審判決を取消し，06年3月，最高裁判決で確定。

⑤ （明和地所→国立市）**事業者の国立市への損害賠償訴訟**

明和地所が，国立市に対し，営業を妨害された等として損害賠償と地区計画条例の無効を求めた訴訟を提起し，2004年2月，東京地裁では，条例は有効，市長の発言（市議会で「違法建築」と発言など）が営業妨害にあたるとして，損害賠償4億円の支払いを命ずる判決。2005年9月，控訴審の東京高裁では，条例は有効，営業妨害にあたるが，事業者側の強引な手法にも問題ありとして，損害賠償を大幅に減額した2,500万円の請求を認める判

図 10.2　築後12年で大規模修繕中のマンション，大学通りを北に見る
著者撮影（2014年春）。

いとする法学上の学説もあり，どちらかというと現段階では有力のようです。

レッスン 10.2　生活と緑

環境に優しく生きる上で重要なのは，やはり緑の量です。しかも，緑で重要なのは森林といえましょう。国土面積に占める森林面積を**森林率**といいます。一般に日本の森林率は66%（**図 10.3**）で，先進国の OECD 諸国の中ではフィンランドの73%，スウェーデンの69% に次ぐ第3位の高さになります。森林率の世界の平均は約31% であることから，**日本は世界有数の森林国**といえます。さらに，**図 10.3** で森林に農用地を加えた**日本の「緑地」は，ほぼ80% にも達します**。第9章で見たCO_2の排出面でも，**吸収源活動の排出減がこの森林によってもたらされている**のでした（レッスン 9.3）。

里山と鎮守の森

「この連休は都会の喧騒から逃れて，田舎に帰り，里山で孫と昆虫採集をしようと思っている。」「いいわね。私の生家もせせらぎが聞こえ，庭の桃の木には四十雀（しじゅうから）やメジロが飛んできて，近くの鎮守の森には樟（くすのき）の巨樹が生えていたわ。」「昔は梅のころには鶯（うぐいす）の初鳴きがあり，毎年春には燕（つばめ）が渡ってきて田植えの頃には雲雀（ひばり）もそうだが，子育てに精出していたもんだ。」

といった会話の念頭にあるのは，高々40–50年ぐらい昔のことです。その頃は，日本中でこのような光景が見られたのです。今のエコロジー（エコ）やスローライフは，この頃の生活に郷愁を感じている場合が多いといえます。確かに，都会では望むすべもありませんが，しかし全く不可能なわけではありません。大都市圏でも，ちょっと郊外に出かけると，里山（さとやま）が残っています。

里山は文字通り「里にある山」で，奥山や深山（みやま）と対になる空間であり，農耕文化と深く関わります。昔話で，「おじいさんは山に柴（しば）刈りに出かけ，おばあさんは川に洗濯に行く」際の柴刈りは，里山で焚（た）き木（ぎ）となる雑木を集めることを言います。里山で柴刈りをし，炭を焼き，落葉を集めて肥料にし，山菜を採るというように，**生活に必要な範囲で様々な形で繰り返し人間が利用してきた空**

決。市議会の不承認により国立市は上告しなかったものの，市の補助参加人（周辺住民）が2006年1月に上告および上告受理申立をしたが，2008年3月，上告が棄却され，二審判決が確定。

補助参加人による上告により遅延損害金が増額し，しかも上告に際して当時の上原市長が補助参加人から委任状を集めた事実が明らかになり，国立市は，補正予算を計上して，2008年3月に，マンション事業者に損害賠償金及び遅延損害金として3,123万9,726円を支払う（明和地所は同額を国立市に寄付）。

⑥（住民→国立市）**住民から国立市への住民訴訟**

住民4名から，上原公子元市長の不法行為によって国立市が明和地所に対して賠償金を支払ったことについて，国立市は元市長に請求する必要があるとの住民訴訟が起こされ，2010年12月，東京地裁は国立市に元市長への損害賠償請求を命じる判決。これに対して，上原市政を承継した当時の市長が控訴。しかし，選挙時から上原元市長への損害賠償請求を表明していた新市長が当選し，2011年5月に国立市は控訴を取り下げ，判決が確定。

⑦（国立市→上原元市長）**国立市から上原元市長への損害賠償訴訟**

上原公子元市長は損害賠償の支払いを拒否したため，2011年12月国立市は上記判決に基づき上原公子元市長に対して3,123万円の支払いを求めて東京地裁に提訴。その後，2013年12月，国立市議会が賠償請求権の放棄を議決，東京地裁も14年9月に国立市の請求を棄却する判決を下す。

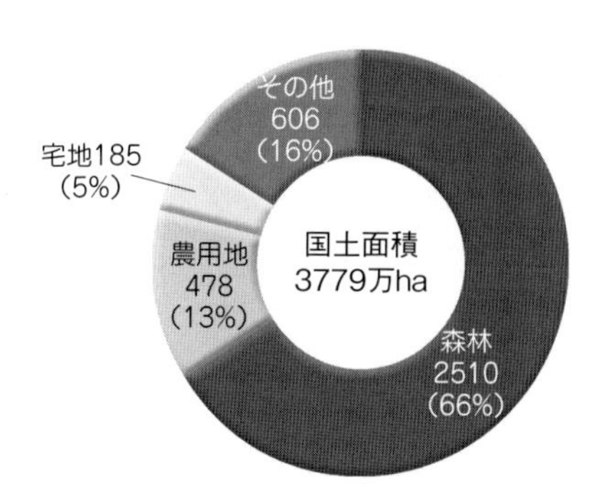

（注） 1．国土面積は2005年10月1日現在の数値。（単位：万ha）
2．計の不一致は四捨五入による。
（資料） 国土交通省「平成19年版　土地の動向に関する年次報告」，森林・林業統計要覧（2011）

図10.3　日本の国土に占める森林面積

（出所） 林野庁『森林・林業白書』（平成23年度）

間が里山で，身近な自然そのものといえます。最近は人と自然が何らかの関わりを持つ山や川，ため池，田，畑，草地，屋敷林なども含めた広い範囲を「里山」と呼んでいます（瀬戸内海地方など，海に近い地域では里海（さとうみ）もあります）。

人々が薪や柴などから生活のエネルギーを得たり，住宅用の木材を近隣の山から切り出していた時代には，里山は森林資源の供給地として重要な位置を占めていました。しかし，そのような形での里山は経済性の面からも廃（すた）れてしまい，高度成長期に宅地として開発されるか，開発に取り残されたところは放置・破壊されてしまいました。産業廃棄物の不法投棄場となり荒廃してしまったところもあります。

様々な植物がどれくらい生えているかは植生に現れます。生態学者の**宮脇昭**横浜国立大学名誉教授は，「日本の常緑広葉樹を主とする**照葉樹林帯には土地本来の森は残っておらず，人間が手を入れて人工的で画一的な一樹種の森にしてしまった**。その土地本来の潜在植生は，鎮守の森を調べればわかる」との持論を展開しています。**鎮守の森**は，里山と同地域にある鎮守神（ちんじゅがみ）ないし**村の氏神（うじがみ）**を祭る一帯で，確かに照葉樹林になっているものが多くあります。

照葉樹林と針葉樹林

いわゆる森林をみると，赤道付近の熱帯の多雨地帯では，常緑広葉樹林が中心となり熱帯雨林（ジャングル）となります。日本のような温帯では，**冬の寒さが厳しい地域では樹木は落葉によって凌（しの）がざるをえませんが**，最寒月の平均気温が5℃ 以上ある地域では，葉を落とさない常緑広葉樹林が成立します。冬も葉を維持し続ける分，葉は小振りで厚くなります。このような**温帯常緑広葉樹林**は，夏期に多雨の暖温帯では**表皮細胞がツルツルとして光って見える葉が特徴の照葉樹林**になります。元来は中国南西部から日本列島にかけて広く分布し，概ねフォッサマグナ（中央地溝帯）以西の西日本の山地帯以下，関東地方南部の低地・低山帯，北陸地方・東日本の低地，東北地方の海岸部（特に日本海側）は，本来この種の森林に覆われていたと推測されています（**図 10.4**）。

照葉樹林の特徴として，スギ林等の針葉樹林よりも**酸性雨に強い**こと，林内の湿度が高く，落葉期が集中しないため**山火事に耐性がある**こと，針葉樹などと比べ比較的根が深いため**水源涵養林**として**適性が高い**などの利点をあげるこ

図 10.4　日本の森林分布図

（出所）吉岡邦二『植物地理学』共立出版，1973 年

■コラム 10.4　照葉樹林の特徴■

照葉樹林の樹種として重要なものはブナ科の椎，樫類の常緑樹であり，他に高木層を構成する常緑樹としては，クスノキ科の樟，椨の木，鹿子の木，モチノキ科の黐の木，黒鉄黐，多羅葉，ツバキ科の椿，山茶花，木斛，モクレン科の招霊木，ヤマモモ科の山桃，ユズリハ科の譲葉，シキミ科の樒，スイカズラ科の珊瑚樹，ホルトノキ科のホルトノキ，等があります。裸子植物であるマツ科の樅や栂，マキ科の犬槇，イチイ科の榧等もあり，その他，多くの落葉広葉樹も含む多様な樹木が出現します。ただし，高木層の種数は同じ温帯に分布する落葉樹林よりも多く，またこれらの樹木は樹冠が傘のように丸く盛り上がるのが特徴になっています。

杉や檜，落葉松や松などの針葉樹林は人間が材木を求めて人工的に造林したもので，人が手を入れ続けなければ維持することはできない存在です。宮脇教授によると，**その土地本来の森であれば，火事や地震などの自然災害にも耐えられる**能力を持つが，人工的な森では耐えられない。人工的な森は元に戻すのが一番であり，そのためには200 年間は森に人間が変な手を加えないことが何よりで，200 年で元に戻るとされます。

とができます。実際，森への降水が流域幹川に流れ出すスピードは針葉樹林に比べ緩慢であり，照葉樹林を後背林として持つ河水が濁ることも少なく，魚つき林として**河口付近の漁獲確保にも欠かせない存在**になっています。照葉樹林は，伐採など**人為的撹乱をすると落葉広葉樹林に遷移**しやすく，開発や杉，檜(ひのき)などの代替え植林によって，その大部分が失われ人工の針葉樹林に姿を変えてしまいました。30年以上前の調査でも，日本の照葉樹林群落の4分の3は鎮守の森として残っているものだったといいます。

日本の人工林と天然林の割合（残りはその他）は，1966年段階で32%と62%であり，86年には41%と54%，2007年に41%と53%と，近年ではほぼ安定化しています（**図10.5**）。レッスン10.4で見るように，2月ごろから春先に人工林の主流である杉の木から飛び散る杉花粉によるアレルギー症が，今や国民病にまでなっています。国民も漸次アレルギー症に慣れた生活を送れるようになるでしょうが，徹底した杉森林の管理も必要です。この際，宮脇名誉教授が各地で実践しているように，土地本来の潜在自然植生の樹木群を中心に，その**森を構成している多数の種類の樹種を混ぜて植樹する混植・密植型植樹**をベースとする運動が広がり，人工林の自然林への回帰が進むことが望まれましょう。

レッスン10.3　日本の国立公園・国定公園

日本の国立公園

日本の象徴ともなる自然環境の多くは，国立公園や国定公園として名勝指定されており，どちらも**自然公園法**によって保護されています。国立公園と国定公園の違いは，**国が定めた自然公園で国の予算で管理・保護しているのが国立公園**なのに対し，国立公園以外のすぐれた風景の場所を（予算を含めて）**国の委託を受けて都道府県が管理・保護しているのが国定公園**になっています。

世界最初の国立公園は，1872年に指定されたアメリカのアイダホ州，モンタナ州，ワイオミング州にまたがる**イエローストーン国立公園**（Yellowstone National Park）であり，これら3州が準州であったために，連邦政府が管理することになったといわれています。アメリカには現在59の国立公園と6,624

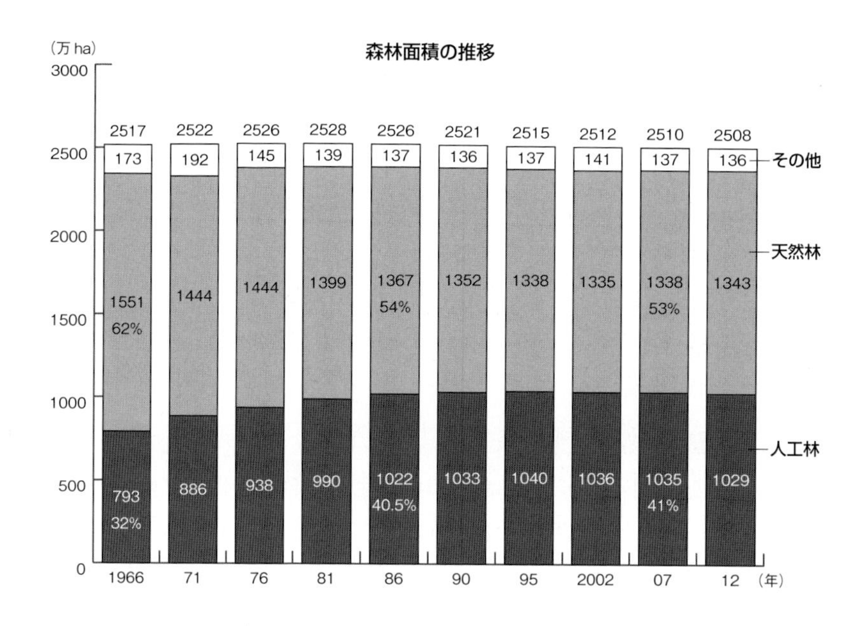

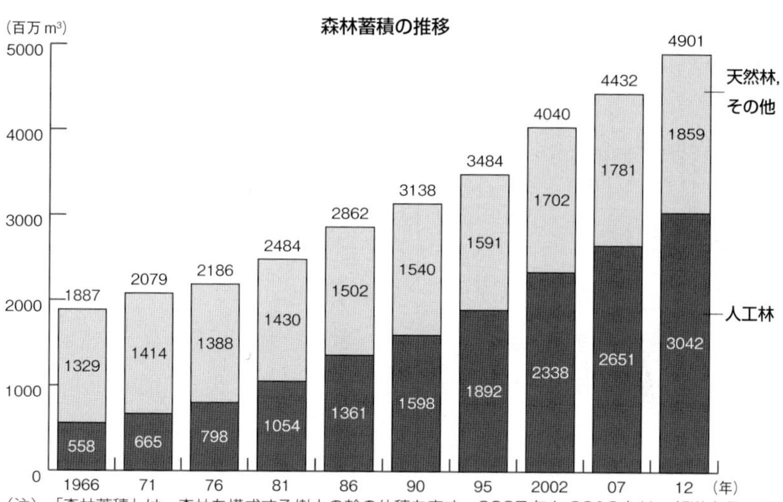

（注）「森林蓄積」は，森林を構成する樹木の幹の体積を表す。2007 年と 2012 年は，都道府県において収穫表の見直し等精度向上（高齢級人工林の蓄積の見直し等）を図っているため，単純に比較できない。

図 10.5　日本の森林面積と森林蓄積の推移

（出所）林野庁 HP「森林資源の現況（平成 24 年 3 月 31 日現在）」

(2011年現在）の州立公園が設置されています（例えばナイアガラの滝の一帯は世界的に有名な景勝地でありながら，国立公園ではなくニューヨーク州立公園)。ヨーロッパで最初の国立公園は1909年にスウェーデンで設立され，ヨーロッパ全体で359（2010年現在）の国立公園があります。

日本では1931年に自然公園法の前身である国立公園法が施行され，34年3月瀬戸内海国立公園，雲仙国立公園，霧島国立公園の3か所が最初の指定を受けました。指定範囲の増減があったり名称変更があったりしたものもありますが，2014年4月現在，国立公園は31か所（国定公園は56か所）設置されています（**図10.6**)。国立公園の面積の約60％は国有地から成ります。

国立公園・国定公園の区分

日本の国立公園・国定公園の保護区分は，大きく分けて保護が緩い順に次の4つがあります。第1は**普通地域**で，制限は最小限に止まりますが，基準を超える工作物の建築，広告の表示，土石の採取，地形の変更などには届出が必要となります。第2は**特別地域**で，風致の維持に重要な地域が指定され，指定動植物の採取や損傷，建物の色の塗り替え，自動車や船の乗り入れなどに許可が必要になります。本来の生息地でない動物を放すこと，本来の生育地でない植物を植栽したり，その種子をまくことにも許可が必要になります。

第3が**特別保護地区**で，全ての動植物の捕獲・採取（落葉や枯れ枝も含む)・損傷をすること，植物を植栽したりその種子をまくこと，動物を放つこと（家畜の放牧を含む)，たき火をすることなどに許可が必要となります。盗掘を防ぐため，植生などのマップの公開を禁止される場合や立ち入りが一部禁止される場合もあります。最後の第4が，**海域公園地区**であり，自然景観の優れた場所で，指定動植物の採取，地形変更，汚水の排出などに許可が必要となります。

国立公園や国定公園は自然公園法に基づき環境省が整備を進め，公園内に公園利用拠点である集団施設地区を指定し，環境に配慮したハイキングコースや自然遊歩道，自然観察など利用客の便宜を図るビジターセンター，エコミュージアムセンター，キャンプ場，国民休暇村などが整備されています。**公園内の特別保護地区が往々にして最も人気のある景勝地であることも珍しいことでは**

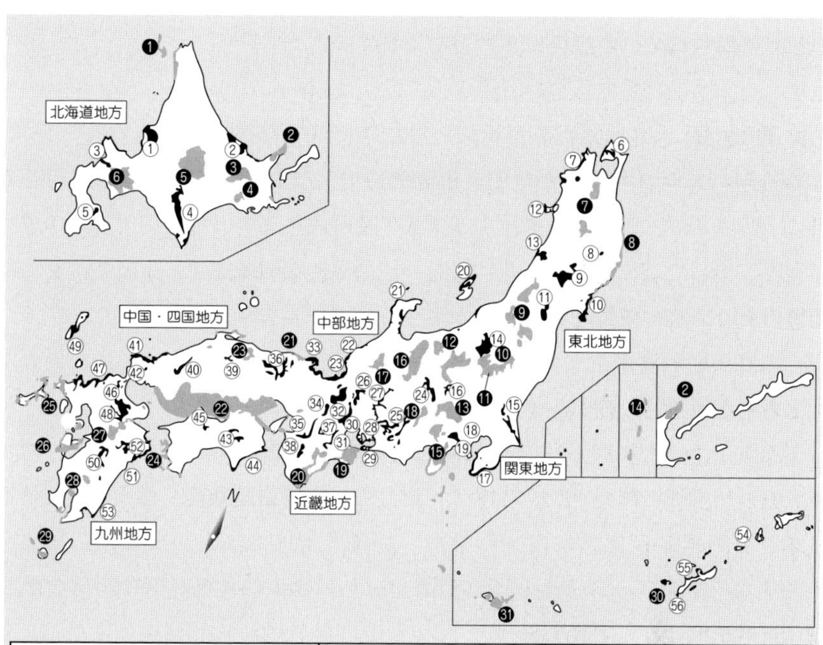

国立公園		国定公園		
1 利尻礼文サロベツ	20 吉野熊野	1 暑寒別天売焼尻	20 佐渡弥彦米山	39 比婆道後帝釈
2 知床	21 山陰海岸	2 網走	21 能登半島	40 西中国山地
3 阿寒	22 瀬戸内海	3 ニセコ積丹小樽海岸	22 越前加賀海岸	41 北長門海岸
4 釧路湿原	23 大山隠岐	4 日高山脈襟裳	23 若狭湾	42 秋吉台
5 大雪山	24 足摺宇和海	5 大沼	24 八ヶ岳中信高原	43 剣山
6 支笏洞爺	25 西海	6 下北半島	25 天竜奥三河	44 室戸阿南海岸
7 十和田八幡平	26 雲仙天草	7 津軽	26 揖斐関ヶ原養老	45 石鎚
8 陸中海岸	27 阿蘇くじゅう	8 早池峰	27 飛騨木曽川	46 北九州
9 磐梯朝日	28 霧島錦江湾	9 栗駒	28 愛知高原	47 玄海
10 日光	29 屋久島	10 南三陸金華山	29 三河湾	48 耶馬日田英彦山
11 尾瀬	30 慶良間諸島	11 蔵王	30 鈴鹿	49 壱岐対馬
12 上信越高原	31 西表石垣	12 男鹿	31 室生赤目青山	50 九州中央山地
13 秩父多摩甲斐		13 鳥海	32 琵琶湖	51 日豊海岸
14 小笠原		14 越後三山只見	33 丹後天橋立大江山	52 祖母傾
15 富士箱根伊豆		15 水郷筑波	34 明治の森箕面	53 日南海岸
16 中部山岳		16 妙義荒船佐久高原	35 金剛生駒紀泉	54 奄美群島
17 白山		17 南房総	36 氷ノ山後山那岐山	55 沖縄海岸
18 南アルプス		18 明治の森高尾	37 大和青垣	56 沖縄戦跡
19 伊勢志摩		19 丹沢大山	38 高野龍神	

図 10.6　日本の国立公園・国定公園

（出所）環境省『環境白書』（平成 26 年版）

なく，公園の保護と利用の調整が行われています。国立公園・国定公園を観光資源とし，隣接する公園地区外の温泉地などに宿泊施設などを整備し，観光地として整備されている場合が多いといえます。

世界遺産

1960年，エジプト政府がナイル川流域にアスワン・ハイ・ダムを建設した際に，ユネスコ主導により水没するヌビア遺跡内のアブ・シンベル神殿の移築が実現しました。これがきっかけとなり，国際的な組織運営によって，歴史的価値のある遺跡や建築物等を開発から守る機運が生まれました。また，アメリカで国立公園制度が生まれてから100周年に当たる1972年をめどに，優れた自然を護る国際的な枠組み構想が進められました。

これら2つの流れが1972年の国連人間環境会議で合流し，同年11月，ユネスコのパリ本部で開催されたユネスコ総会で，**世界遺産条約**（世界の文化遺産および自然遺産の保護に関する条約）が満場一致で成立しました。1978年，アメリカのイエローストーン国立公園やエクアドルのガラパゴス諸島など12件（自然遺産4，文化遺産8）が，第1号の世界遺産リスト登録を果たしました。日本は，先進国では最後の1992年に世界遺産条約を批准し125番目の締約国となりました。日本の参加が他の国と比べて遅れたのは，国内での態勢が未整備だったためともされますが，世界遺産基金の分担金拠出などに関する議論が決着しなかったためとも指摘されています。

世界遺産は，顕著な普遍的価値をもつ**文化遺産**（建築物や遺跡など），**自然遺産**（地形や生物多様性，景観美などを備える地域など），**複合遺産**（文化と自然の両方を兼ね備えるもの）の3種類に分類されます。また，文化遺産は**文化的景観**や**産業遺産**などに分けられるなど，非公式に使われている分類もあります。平和の希求や人種差別の撤廃などを訴える物件も文化遺産に登録されており，これらは時に**負の世界遺産**と呼ばれ，原爆ドーム（日本），アウシュヴィッツ＝ビルケナウ強制収容所（ポーランド），奴隷貿易の拠点であったゴレ島（セネガル），マンデラ大統領が幽閉された島ロベン島（南アフリカ共和国），ビキニ環礁の核実験場（マーシャル諸島共和国）等が該当します。

なお，世界遺産はあくまでも移動が不可能な不動産やそれに準ずる物件が対

クローズアップ10.2　世界遺産登録基準

① 人類の創造的才能を表現する傑作。
② ある期間を通じてまたはある文化圏において建築，技術，記念碑的芸術，都市計画，景観デザインの発展に関し，人類の価値の重要な交流を示すもの。
③ 現存するまたは消滅した文化的伝統または文明の，唯一のまたは少なくとも稀な証拠。
④ 人類の歴史上重要な時代を例証する建築様式，建築物群，技術の集積または景観の優れた例。
⑤ ある文化（または複数の文化）を代表する伝統的集落，あるいは陸上ないし海上利用の際立った例。もしくは特に不可逆的な変化の中で存続が危ぶまれている人と環境の関わりあいの際立った例。
⑥ 顕著で普遍的な意義を有する出来事，現存する伝統，思想，信仰または芸術的，文学的作品と，直接にまたは明白に関連するもの。
⑦ ひときわすぐれた自然美及び美的な重要性をもつ最高の自然現象または地域を含むもの。
⑧ 地球の歴史上の主要な段階を示す顕著な見本であるもの。これには，生物の記録，地形の発達における重要な地学的進行過程，重要な地形的特性，自然地理的特性などが含まれる。
⑨ 陸上，淡水，沿岸および海洋生態系と動植物群集の進化と発達において，進行しつつある重要な生態学的，生物学的プロセスを示す顕著な見本であるもの。
⑩ 生物多様性の本来的保全にとって，もっとも重要かつ意義深い自然生息地を含んでいるもの。これには科学上または保全上の観点から，すぐれて普遍的価値を持つ絶滅の恐れのある種の生息地などが含まれる。

象となっており，**無形文化遺産**は世界遺産条約の対象にはなりません。寺院が世界遺産になっている場合でも，中に安置されている仏像などの美術品（動産）は，通常は世界遺産登録対象とはなりません（ただし，奈良の東大寺大仏のように移動が困難と認められる場合には，世界遺産登録対象となっている場合があります）。世界遺産に登録されるためには，**世界遺産登録基準（クローズアップ10.2）**を少なくとも1つは満たし，その**顕著な普遍的価値（OUV,** Outstanding Universal Value）を証明できる**「完全性」と「真正性」**を備えていると**世界遺産委員会**から判断される必要があります。また登録された後，将来にわたって継承していくために，推薦時点で国内法等によってすでに保護や管理の枠組みが策定されていることも必要になります。原爆ドームの世界遺産推薦に先立ち，文化財保護法が改正されて原爆ドームの史跡指定が行われたのは，そうした事情があったからです。

世界遺産登録の意義

2014年の世界遺産委員会終了時点で，**世界遺産は1007件登録されており，その内訳は文化遺産779件，自然遺産197件，複合遺産31件**（このうち後世に残すことが難しくなっているか，その強い懸念が存在する**危機遺産**が44件）になっています。文化遺産の登録数が圧倒的に多く，**地域的には文化遺産の約半数を占めるヨーロッパに偏っています**。イタリア（50件），中国（47件），スペイン（44件），フランス・ドイツ（各39件）など非常に多く登録されている国々がある一方で，世界遺産条約締約の190か国中，**1件も登録されていない国が**30か国あります。

世界遺産の登録数に上限は設けられていませんが，無制限に増えるわけではないと考えられています。特に，1回の委員会での審議数には上限が設けられており，各国が推薦できるのが各国1件（2013年までは2件）と制限され，世界の総登録数は落ち着いてきた感があります。**日本の世界遺産は，文化遺産が14件，自然遺産が4件，合計18件と世界で13番目**になっており，具体的な登録遺産は登録順の番号とともに**図10.7**の地図に示してあります。

世界遺産に登録されると，周辺地域の観光産業に多大な影響を及ぼします。例えば，1995年に文化遺産に登録された白川郷・五箇山の合掌造り集落では，

（注）地図中の白抜きの丸数字は文化遺産，それ以外の丸数字は自然遺産。

図 10.7　日本の世界遺産（2014 年 6 月現在）
（出所）外務省 HP「我が国の世界遺産一覧表記載物件」

クローズアップ 10.3　世界遺産暫定リスト

世界遺産暫定リストとは，5年から10年以内に世界遺産へ推薦される予定の，いわば世界遺産候補物件の一覧表です。各国政府はまず，世界遺産登録基準を考慮して選んだ候補物件の一覧をユネスコに提出し，推薦準備が整った物件の本推薦を経て，文化遺産候補は**ICOMOS**（国際記念物遺跡会議），自然遺産候補は**IUCN**（国際自然保護連合）それぞれの専門機関による評価後，**世界遺産委員会にて審議**されます。なお，世界遺産に本推薦される物件は，暫定リストに記載されていなければなりません。

日本の推薦候補としての暫定リストの選別は，それまでの政府（文化庁）主導から，2006年度と07年度には自治体から公募する方針を打ち出しました。公募制の導入は，候補物件を増やす目的とともに，メディアや観光業界の世界遺産ブーム待望論により，全国

登録後に観光客数が激増しました。白川郷の場合，登録直前の数年間には毎年60万人台で推移していた観光客数が，21世紀初めの数年間は140–150万人台まで増加しました。中には，世界遺産の公共性を曲解した一部観光客が，住民の日常生活を無遠慮に覗き込むなどのトラブルも発生したといいます。

逆に，世界遺産に登録されることで観光客を呼び込もうとする動きのあることも指摘されています。2006年度と07年度に文化庁が新しい世界遺産候補の公募を行った際には，それぞれ24件と32件の応募が寄せられるなど，大きな関心を集めた経緯がありました（**クローズアップ10.3**参照）。しかし，ほんらい世界遺産の登録は保全が目的であり，観光上の開発が制限されている地域もあります。例えばオーストラリアの南東沖1,400キロにある無人島のマッコーリー島はペンギンやアザラシの繁殖地として有名で，1997年に自然遺産として登録を受けましたが，一般観光客の立ち入りは固く禁止されています。

文化遺産の中でも，1988年に登録された東方正教の修道院群からなるアトス山（ギリシャ）では，宗教上の理由から女性の入山を一切認めない女人禁制が守られています。日本でも和歌山県の高野山（こうやさん）がかつて女人禁制でしたが，世界遺産に登録されるはるか以前，1872年（明治5年）に太政官布告をもって高野山女人禁制廃止命が下りました（実際に居住が認められたのは明治39年）。仮に，2004年の世界文化遺産登録時に女人禁制だったとしたならば，高野山はアトス山のように女人禁制を維持できたでしょうか？　世界遺産登録と太政官布告のどちらがより重みがあるか，興味深い思考実験になるでしょう。

世界遺産と持続可能な観光戦略

世界遺産はすべからく観光客から遠ざかるべきでしょうか？　マッコーリー島やアトス山とは異なり，貧困にあえぐ国などでは観光を活性化させることで雇用を創出することが，結果的に世界遺産を守ることに繋がる場合もあります。こうした問題から，2001年の世界遺産委員会では，「**世界遺産を守る持続可能な観光計画**」の**作成**が行われました。

世界遺産登録の本来の趣旨は世界遺産の保全ですが，世界遺産登録は一般的には地元に大きな観光収入をもたらします。地元からすれば，観光収入は多ければ多いほど歓迎しますから，登録されたが故の世界遺産に対する観光の弊害

各地で名所史跡や自然景観などの世界遺産への登録による地域経済社会の活性化を目指した運動が活発となったことが影響しています。2006年度には，全国26県から24件，07年度には，新たに12道府県から13件の提案が寄せられ，それぞれ潜在的候補として脚光を浴びました。

2013年段階で暫定リストに載っている世界遺産候補は，平泉の文化遺産拡張申請と自然遺産の奄美・琉球の他に文化遺産として，北海道・北東北の縄文遺跡群，佐渡鉱山の遺産群，国立西洋美術館本館，**武家の古都・鎌倉**，彦根城，飛鳥・藤原の宮都と関連資産群，**百舌鳥・古市古墳群**，宗像・沖ノ島と関連遺産群，**長崎の教会群とキリスト教関連遺産**，**明治日本の産業革命遺産**の11件になります。今後，これらの間での競争も繰り広げられることになります。

■コラム10.5　世界遺産類似遺産■

無形文化遺産（Intangible Cultural Heritage）

2003年のユネスコ総会で採択された**無形文化遺産保護条約**に基づいて，世界各地の歴史や風習に根づいた伝統文化を保護する目的で登録する無形文化。人びとの慣習・描写・表現・知識及び技術並びにそれらに関連する器具，物品，加工品及び文化的空間が対象。各条約締約国から提出される個別提案案件を危機一覧表（緊急に保護する必要がある無形文化遺産の一覧表）と代表一覧表（人類の無形文化遺産の代表的な一覧表）に記載される。日本からは2013年12月に和食（日本人の伝統的な食文化）が新たに登録され，能楽，人形浄瑠璃文楽，歌舞伎，雅楽，小千谷縮・越後上布（新潟県），石州半紙（島根県），日立風流物（茨城県），京都祇園祭の山鉾行事（京都府）など合計22件の登録無形文化遺産がある（2014年12月現在）。

世界記憶遺産（Memory of the World）

ユネスコが主催する事業で，危機に瀕した文書，絵画，楽譜，映画など世界各国で保管されている歴史的に貴重な史料を登録・保護し，後世に伝えることを目的としている。1992年にスタートし，ユネスコの国際諮問委員会が2年に1度，審査を行う。登録された史料はデジタルデータにして保存され，広く一般に公開される。長らく日本からは推薦が無かったが，2010年山本作兵衛の筑豊の炭鉱画が日本初の記憶遺産として登録された。その後，いずれも国宝である「御堂関白記」と「慶長遣欧使節関係資料」の登録も決定。

機械遺産（Mechanical Engineering Heritage）

日本機械学会の創立110周年を記念して，2007年6月にスタートした事業で，歴史に残る機械技術関連遺産を大切に保存し，文化的遺産として次世代に伝えることを目的に，**日本国内の機械技術面で歴史的意義のある機械遺産**を認定している。初回の2007年度は25件，その後は年5-7件ペースで認定。代表的な機械遺産には，旅客機YS11，札幌時計台の時計装置，ウォシュレットG（温水洗浄便座）などがある。

が各地で起こっています。観光収入が世界遺産の修復・保存に役立つことは確かですが，観光客の増加そのものが世界遺産の魅力を低下させ，逆説的ですが世界遺産登録が観光客の衰退を招く恐れもあります。また，管理が不適切な場合は，観光客の増加が世界遺産に大きなダメージを負わせ，世界遺産自体の破壊につながる場合も考えられます。

中国は，世界遺産登録数でスペイン，イタリアに次いで世界第3位ですが，各地の世界遺産で，観光客の増加による破壊が進んでいるといわれています。年間1,000万人が訪れる万里の長城では，特に首都の北京から近い八達嶺ではゴミが散乱し，壁には外国語の名前やコメントも含めて落書きで埋め尽くされています。また，八達嶺地区では，土産物店や飲食店，駐車場などが次々と作られ乱開発気味になっています。こうした事情は他の多くの世界遺産が抱える管理面での問題になっています。落書きについては，観光客にとってはさほどの罪悪感はなく気軽な想い出作りといった行為ですが，それが何百人何千人と重なると，世界遺産側は大きなダメージを負ってしまうのです（**コラム10.6**）。

レッスン10.4　環境と幸福

環境が生活と大いに関わることを見てきましたが，本レッスンでは，より直截的に，幸福の量的指標としての「幸福度」にどのくらいインパクトを及ぼすかを考えます。先ず，レッスン10.2で学んだ森の変遷がスギ花粉症をもたらし，それが国民病といわれるまでの広まりをもって，国民の幸福感を下げる顛末となっていることをみます。

スギ花粉症の出現と急拡大

スギ花粉によるアレルギー症は，戦前は全く見られなかったといわれています。1976年に突然出現し，次の大飛散年である79年と82年には社会問題にまで発展しました。一般に杉は，樹齢30年前後から大量に花粉を飛散させるようになります。戦後復興のために伐採されつくした全国の森林を，治山・治水などの目的もあって再建しようと杉が植樹されたのは1950年代が始まりで，

■コラム10.6　世界遺産の落書き■

2008年には，ある公立女子短大の女子学生6名が，研修旅行で訪れたイタリア・フィレンツェにある世界遺産のサンタ・マリア・デル・フィオーレ大聖堂の大理石の壁に，油性マジックで落書きをしていたのが明らかになりました。大学名も落書きに入っていたこともあり特定化され，インターネット上での指摘からあっという間に画像付きで広まりました。その後，学長と学生代表らが現地を訪れ，大聖堂側に謝罪したことがニュースになりました。学生は謝意と大聖堂の保全のため計600ユーロを寄付し，通常なら受け取らない大聖堂側も今回は修復費に充てたということで，大聖堂の事務局長は「謝罪訪問という勇気ある行動に感銘を受けた。寄付金で落書きを消した個所に，学校名入りのタグ（銘板）を作りたい」との意向を示したといいます。

イタリアの世界遺産サンタ・マリア・デル・フィオーレ大聖堂（フィレンツェ）
（写真提供：時事通信フォト）

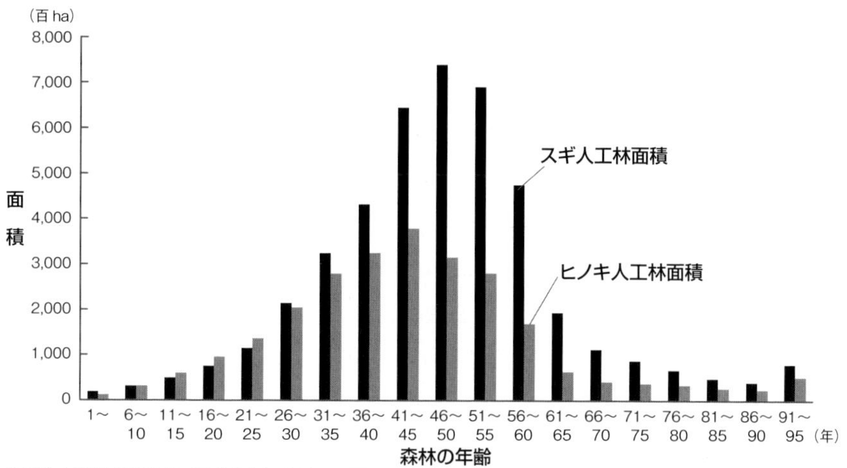

（資料）林野庁業務資料（平成24年3月31日）

図10.8　スギ・ヒノキの森林の年齢別面積
（出所）　林野庁HP「スギ・ヒノキ林に関するデータ」
通常，スギ花粉が盛んに生産されるのは，30年以上と言われています。

それは70年代前半まで続きました。1970年代後半からは減少に転じましたが，この間既存の杉樹の成長は続き，80年代になると植樹後30年を経過した杉林面積は顕著に増大し，一斉に花粉を飛ばすようになりました。確かに，日本でのスギ花粉の社会問題化と軌を一にしているのです（**図10.8**）。

スギ花粉症の増大は国民全体の幸福度には「明らかに」マイナス要因でしょう。しかし，日々の生活が機能しなくなるほどのことはなく，近頃は（銀行強盗ならずとも）マスクで顔を覆う利点もあるらしく，社会生活面でいい口実に使えると仄聞(そくぶん)します。第2章では，効用の他人間の比較可能性を議論しましたが，こんなところにも，幸福とは何かという問題が残るのです。スギ花粉症も人それぞれで，もちろんマスクメーカーなり耳鼻咽喉科や眼科の医院にとっては，業績が上放れする契機になっているわけです。

ブータンの国民総幸福量

その幸福度ですが，2011年11月，新婚のブータンのワンチュク国王夫妻が来日し，東北の被災地を始め日本各地を精力的に訪れて回る姿がニュースで流れ，同時に**ブータンは世界一幸福な国**とか，**国民の97%が幸福な国**と紹介され，日本国民の関心を集めました。ブータンは，人口70万人に満たない小さな国です。国民1人当たりのGDPは2011年で2,000ドル程度で，日本などの先進国は1人当たり3万ドルを超えることを踏まえるならば，かなり低い数値です（レッスン1.4の**図1.7**では2,053ドルで世界で129位）。それが世界一幸福だとするならば，何かからくりがあるのかもしれないとの好奇心も煽(あお)って，とりわけ国民総幸福量という概念が関心を集めました。

国民総幸福量（**GNH**，Gross National Happiness）は国民全体の幸福度を示す尺度であり，**精神面での豊かさを数量化する試み**といえます。GDP（国内総生産）があらゆる経済活動（付加価値）を集計するとしても，内容については不問として金銭的評価にのみ注目するのに対して，GNHは国民の生活を全く別の方向から比較・評価する基準を示すものになっています。

2005年5月末に初めて行われたブータン政府による国勢調査では，**「あなたは今幸せか」という問いに対し，45%が「非常に幸福」，52%が「幸福」，3%が「非常に幸福とはいえない」との回答**が寄せられました。これらの内の**前二者**を

GNH（国民総幸福量）の4本柱
1　持続可能で公平な社会経済開発
2　環境保護
3　文化の推進
4　良き統治

GNH（国民総幸福量指標）の9分野
1　心理的な幸福
2　国民の健康
3　教育
4　文化の多様性
5　地域の活力
6　環境の多様性と活力
7　時間の使い方とバランス
8　生活水準・所得
9　良き統治

図 10.9　ブータンの GNH の 9 つの指標

（出所）外務省 HP「わかる！　国際情勢 Vol.79 ブータン――国民総幸福量（GNH）を尊重する国」

■コラム 10.7　国連の世界幸福度ランキング■

2011 年 7 月，国連は加盟国に幸福度の調査を行い，結果を公共政策に活かすことを呼びかけました。その結果，2012 年 4 月にブータン首相が議長になっての国連ハイレベル会合が実現し，最初の**世界幸福度報告書**（World Happiness Report）が発表されました。2013 年からは毎年 3 月 20 日が国連が定めた**国際幸福デー**（International Day of Happiness）となり，全世界で祝われました。日本でも 1 万人が東京都の日比谷公園に集まり，HAPPY DAY TOKYO 2013 が開催され，今後の開催も検討されているとのことです。

いずれにしても，人類の究極の目標ともいうべき幸福度を国連が指標化したことは大変意義深いとの評価があります。と同時に，こうした試みの恣意性に対する根強い批判がないわけではありません。ともあれ，2010-12 年の間の国別幸福度ランキング結果によると，上位 10 か国の順番は，①デンマーク，②ノルウェー，③スイス，④オランダ，⑤スウェーデン，⑥カナダ，⑦フィンランド，⑧オーストリア，⑨アイスランド，⑩オーストラリアと先進国，特に北欧諸国がすべてランクインしているのが特徴といえます。ちなみに，次の 10 か国はイスラエル，コスタリカ，ニュージーランド，アラブ首長国連邦，パナマ，メキシコ，アメリカ，アイルランド，ルクセンブルグ，ベネズエラ，とヨーロッパ以外の国のランクインが特筆されます。

日本は 43 位で，アジアの中でも，アラブ首長国連邦以外のオマーン，カタール，シンガポール，クウェート，サウジアラビア，タイ，韓国，台湾に次ぐ 10 番目にランクされています。ちなみに，香港が 64 位，中国は 93 位でした。

合計した45＋52＝97％が，「国民の97％が幸福な国」との解釈の余地を生んだのです。ここには，特殊なアンケート調査法の綾がありそうです。すなわち，通常は三者択一アンケートへの回答としては，「幸福」，「どちらでもない」，「不幸」の3つがこの順番で用意されるところですが，その際**真ん中への回答が多数を占める三択回答の「癖」があり，それだと97％が幸福とはならなかった**可能性です。

これとは別に，ブータンでは2年ごとに聞き取り調査を実施し，合計72項目の指標に1人あたり5時間の面談を行い，8,000人のデータを集めています。これを数値化して，歴年変化や地域ごとの特徴，年齢層の違いを把握する手立てとします。正・負の感情（正の感情が，寛容，満足，慈愛，負の感情が，怒り，不満，嫉妬）を心に抱いた頻度を地域別に聞き，国民の感情を示す地図を作成し，どの地域のどんな立場の人が怒っているか，慈愛に満ちているのか，一目で分かるものになっているといいます。

さて，GNHは**図10.9**にあるように，9つの指標から合成されます。①**心理的な幸福，② 国民の健康，③ 教育，④ 文化の多様性，⑤ 地域の活力，⑥ 環境の多様性と活力，⑦ 時間の使い方とバランス，⑧ 生活水準・所得，⑨ 良き統治**，の9つですが，これらの中でGDPで計測できない項目の代表例としては心理的幸福が挙げられますが，それには国民へのアンケート調査が用いられているのです。

OECDのよりよい暮らし指標

2011年5月には，OECDが加盟国の**暮らしはどうか？**（How's Life?）の把握の一環として，各国の暮らしについて，11項目の中から21指標を選んで点数化した**よりよい暮らし指標（BLI**，Better Life Index）を発表しました。この**幸福度指標**は，OECDにとって，前年に公表した「グリーン成長指標」と並んで，環境・経済・社会の持続可能性の状況を計測する一翼を担っています（レッスン5.4参照）。対象とする**11項目は，住居，家計所得，仕事，コミュニティ，教育，環境，市民参加，健康，生活満足度，安全，及びワークライフ・バランス**で構成されています。OECDによる試算では，2011年においては，OECD加盟国34か国のうちオーストラリア，カナダ，スウェーデン等の

表 10.1 「より良い暮らし指標」の見直し結果

OECD「よりよい暮らし指標」の指標群・算定方法を見直した試算結果

OECD における 21 指標による評価		OECD 指標に 8 指標を追加した 29 指標による評価	
オーストラリア	6.04	オーストラリア	5.87
アメリカ	5.91	ベルギー	5.85
カナダ	5.88	日本	5.72
ニュージーランド	5.85	カナダ	5.66
オランダ	5.6	スウェーデン	5.66
ベルギー	5.55	スイス	5.65
スイス	5.55	アメリカ	5.57
スウェーデン	5.55	デンマーク	5.56
アイスランド	5.34	オランダ	5.47
デンマーク	5.29	ニュージーランド	5.47
フィンランド	5.22	フィンランド	5.46
イギリス	5.19	フランス	5.42
オーストリア	5.12	ノルウェー	5.3
ノルウェー	5.06	ドイツ	5.29
ドイツ	4.99	アイスランド	5.22
フランス	4.99	オーストリア	5.22
アイルランド	4.99	イギリス	5.03
日本	4.86	アイルランド	4.79
スペイン	4.75	イスラエル	4.66
イスラエル	4.75	韓国	4.58
(以下略)			

環境と経済政策研究における指標試算式
右表の各指標に関して,
①の指標
標準化された値
=(各指標の実測値－最小値)／(最大値－最小値)×10

②の指標
標準化された値
=10－{((各指標の実測値－最小値)／(最大値－最小値)×10)}

評価対象指標群		
指標	21 指標	29 指標
可処分所得	①	①
購買力平価（米ドル）	①	①
国際競争力	—	①
15-64 歳の就業率	①	①
長期失業率	②	②
ストレスの多い仕事か	—	②
くたくたになって帰宅するか	—	②
1 人当たりの室数	①	①
専用の風呂・シャワー／トイレがない住宅の割合（／人）	①	①
0 歳での平均余命	①	①
自己申告による健康状態	①	①
BMI30 以上の人口比率	—	②
メンタルヘルス障害の年間有病率	—	②
週 50 時間以上働く労働者率	②	②
余暇や個人の世話に費やす一日当たりの時間	①	①
義務教育機関の児童生徒を有する女性の就業率	①	①
高校以上の学歴を有する成人率	①	①
読解力に関する PISA 得点	①	①
特許数（再生可能エネルギー）	—	①
週 1 回以上友人や親類に会う人の率	①	①
頼ることのできる友人・親族を有する人の割合	①	①
投票率	①	①
議会での決定過程への関与への公的・公開の過程	①	①
町内会，自治会に所属しているという人の割合	—	①
大気汚染	②	②
環境に気遣い，自然への配慮が大切だとする人の率	—	①
殺人率	②	②
過去 12ヶ月間で暴行を加えられたと報告した人の率	①	①
生活満足度	①	①

（資料） 平成 23 年度環境経済の政策研究「持続可能な発展のための新しい社会経済システムの検討とそれを示す指標群の開発に関する研究」京都大学（諸富徹），上智大学（柳下正治）ほか。
（出所） 環境省『環境白書』（平成 24 年版）

国が上位に，トルコ，メキシコ，チリ等が下位に入り，**日本の幸福度は中位にランク**されました（**表 10.1**）。2年後の2013年もほぼ同様であり，36か国（OECE加盟国34か国及びロシアとブラジル）中21位でした。日本は教育や安全では相対的にはランクが上位になりますが，住居，生活満足度，ワークライフ・バランスなどは平均以下となり，総合評価された順位が中位に停滞している状況です。

OECDが選択した生活の質に関する指標群においては，環境面の評価はグリーン成長指標で精査されていることから，**大気汚染の状況のみが選定**されているなど，環境の扱いに関して手薄な面があります。**指標群としてどのような指標を選定するかは算出結果を左右する**微妙な問題があり，実際，環境省で実施した研究において，OECDが用いた21指標に加え，環境・社会面の豊かさ指標等を加味して8指標を追加し，指標の算出方法も若干の修正を施したところ，評価対象国の中でのランキングに大きな違いが出ることが判明しています。この相違が生じる原因を確認するに当たって，**表 10.1**の左側のランク順は指標の算出法の修正後，右側は，さらに指標数を21から29に増やした後の，上位20か国のランク順を試算したものです。指標の算出法のみによる修正によっても各国の細部のランクには変動がありますが，日本の中位は変わりません。しかし指標数の追加によっては，2011年の**日本は18位から3位へと，幸福度のランクが大幅に上昇**します。

日本の順位が上がる要因となった8つの追加指標は，「国際競争力」，「ストレスの多い仕事か」，「くたくたになって帰宅するか」，「BMI（肥満度）30以上の人口比率」，「メンタルヘルス障害の年間有病率」，「特許数（再生可能エネルギー）」，「町内会，自治会に所属しているという人の割合」，「環境に気遣い，自然への配慮が大切だとする人の率」ですが，個別要因の貢献はともあれ，これらが全体として日本の低評価を補ったのは明らかです。こうした試みは，国民の**幸福度の試算の恣意性**を指摘するもので，指標としての信頼性に疑問を投げかけるものです。とはいえ，国連の幸福度指標（**コラム 10.7**）と合わせて，**経済的な側面だけではなく，環境や社会の状況も加味した真の豊かさとは何かを追求する姿勢**は，今後ますます国際的な潮流となると考えられます。

クローズアップ10.4　都道府県別幸福度

幸福度のランキングについては都道府県単位の比較も行われています。主なものとしては，2011年11月の法政大学坂本光司教授の「47都道府県の幸福度研究成果」及び2012年と14年に公表された日本総合研究所の幸福度ランキングがあります。実は，かつて**国民生活の豊かさを指数化したもの**として**社会指標**（SI，Social Indicators，1974–84），**こくみん生活指標**（NSI，New Social Indicators，1986–90），**新国民生活指標**（通称「豊かさ指標」，PLI，People's Life Indicators，1992–99）が経済企画庁（現内閣府）から，**暮らしの改革指標**（LRI，Life Reform Index，2002–05）が消費者庁から公表されていました。新国民生活指標では地域別の豊かさを試算していましたが，社会の注目度が高まり，ランキングが新聞等のニュースで取り上げられたのにつれて，逆説的な顛末（てんまつ）ですが，下位の都道府県などが反発したことから，99年以降中止に追い込まれました。民間による試みとはいえ，近年のランキング公表も各地で波紋を広げています。

法政大学のランキングでは，福井県が日本一の幸福度を誇る県と評価されました。福井県を始めとした北陸4県（新潟，富山，石川，福井）は，内閣府のランキング時代から順位上位の常連であったことから，法政大学の40指標によるランキングによってもこぞって高ランクなのは驚くには値しません。しかしながら，上位10都道府県の内，残りの3県となる鳥取，島根，佐賀も日本海に面しているのが共通項となるのを除くと，必ずしも幸福度の高い県になる十分条件ははっきりしないといえます。

逆に幸福度が低い都道府県としては，低い順に大阪府，高知県，兵庫県，埼玉県，北海道，京都府，沖縄県が上がっています。このランキングを取り上げた新聞記事では，最下位の大阪府を始めとしてランクの低い都道府県では，知事が追及されるまでの事態になっていることが紹介されました。また，46位の高知県では，「県民の実感に合わない。高知らしい幸福度が必要だ」として「家族・仲間と飲む回数や酒量」「地域行事への参加率」などを指標として取り上げるべきだとの声が上がっていると紹介しています。

採用する指標次第で順位は変わるため，都道府県ランキングには異論もあることも記事では指摘され，坂本光司教授の「順位付けが目的ではない。40の幸せの物差しのうち，どこが進み，何が足りないのか，地域で考えてほしい」とのコメントで記事を結んでいます。

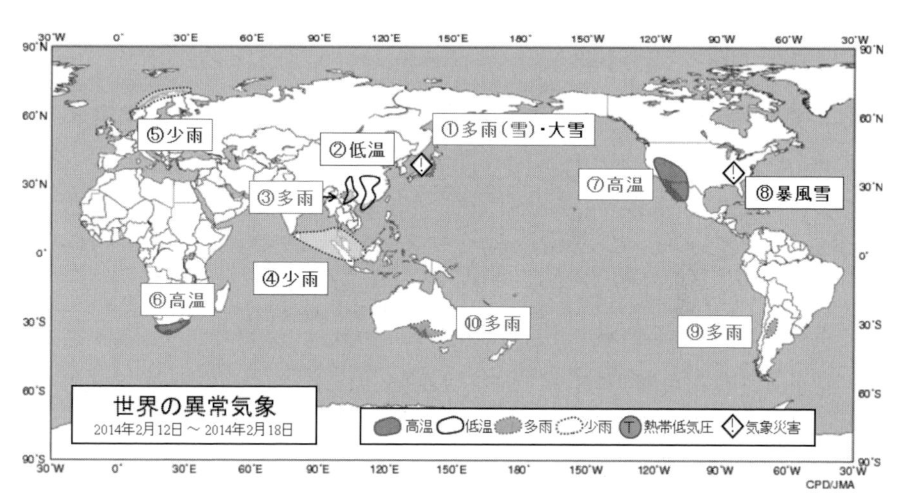

図10.10　世界の異常気象（2014年2月12日-18日；平成26年豪雪時）

（出所）　気象庁HP「世界の異常気象速報（世界の週ごとの異常気象）」

レッスン10.5　自然災害を生きる

日本には四季があり，春夏秋冬それぞれの美しさがあることは，1968年の川端康成（1899–1972）のノーベル文学賞受賞スピーチでも強調されたところです。特に冒頭で言及された曹洞宗開祖道元禅師（1200–53）の「春は花夏ほととぎす秋は月冬雪さえて冷(すず)しかりけり」との和歌には，古来，**四季と花鳥風月が一体となって，日本人の生活に溶け込んでいる**ことが暗喩(あんゆ)されています。

四季に限らず天候は日々変化し，生活を左右します。したがって，当然ながら，国民の豊かさも気象条件に大きく依存します。国連やOECD，あるいは都道府県の幸福度ランキング（**クローズアップ10.4**）に気象条件が組み込まれているのかの詳細は定かではありませんが，例えばアフリカや中東の砂漠地帯に住む住民や豪雪地帯といわれる北陸地方の住民にとって，日照や降雪が日常生活の出発点となるのは言うまでもありません。それぞれの地域で，**気象条件に合わせて，数々の暮らしの知恵が生まれてきた**はずです。

気象や天候は日々変動しますが，年間を通じると，比較的安定的なパターンを繰り返します。日本の四季は，そうした安定性の現れともいえます。しかしながら，全世界ないし全地球的には，安定的なパターンからの乖離も頻発します。**図10.10**（379頁）は，ある1週間単位での世界での異常気象を示したものですが，平年と比べて，多雨，少雨，高温，低温といった面での**異常気象**と，大雪や暴風雪などビックリマーク（感嘆符）“！”の付いた**気象災害**があります。季節によっては，**台風やハリケーン，サイクロンといった強い熱帯低気圧**も気象災害をもたらす常習犯といえます。

世界と日本の自然災害

気象災害は自然災害の一種ですが，**自然災害**はより広く，気象，火山噴火，地震，地すべりなどの**危機的な自然現象によって，人命や人間の社会的活動に被害が生じる現象全般**をいいます。地震や台風といった自然災害による被害も，**国民にとって外部不経済であるという意味では公害と同じ性質のもの**であり，日本に居住する限りはそれらの天変地異からは逃れられず，常に覚悟が必要で

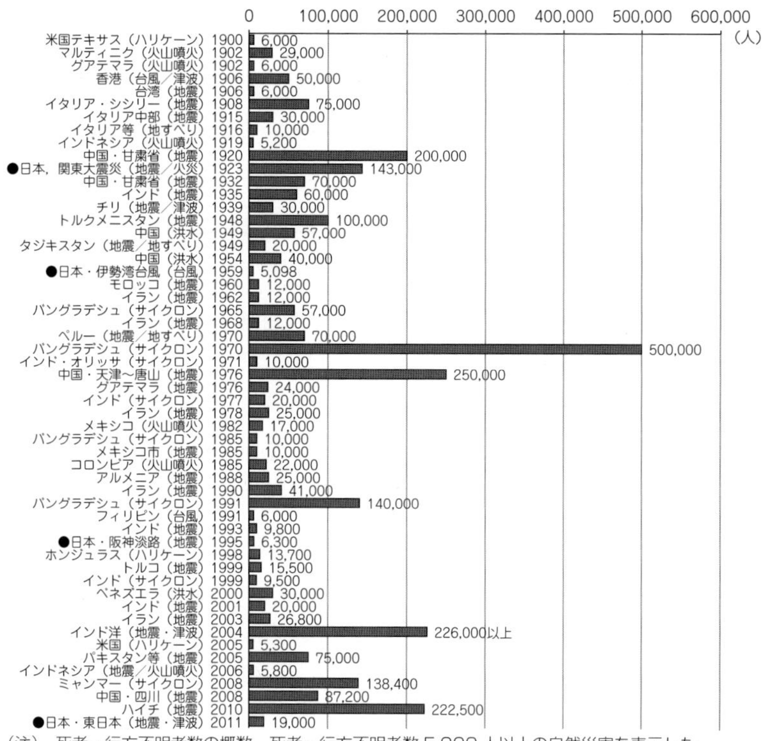

（注） 死者・行方不明者数の概数。死者・行方不明者数 5,000 人以上の自然災害を表示した。
（資料） 内閣府『防災白書』(平成 22 年版，平成 24 年版)

図 10.11 20 世紀以降の世界の主な自然災害

（出所） 社会実情データ図録

（注） 実線は非線形指数トレンド線。

図 10.12 世界の主な自然災害の件数

（出所） ミュンヘン再保険グループプレスリリース 2012 年 1 月 4 日「2011 年の世界の自然災害――地震が観測史上最大損失の主な要因」

す。もっとも，単なる自然現象が人的被害を伴う自然災害に発展したり，災害が拡大するかには，交通網，上下水道，治山治水といった**社会資本（インフラ）整備状況や防災体制の確立状況にも大きく依存**します。時には自然災害が人的災害（人災）によって増幅されることも否定できません。

人類は常に自然災害と共存してきました。**図 10.11** は，20 世紀の始まり以降 110 年強にわたって，**死者・行方不明者が 5,000 人以上となった大規模自然災害**を年代順にリストアップしたものです。同図では合計 54 件が対象となっていますが，過半数の 31 件の自然災害は地震及びそれに伴って引き起こされた津波や地すべりを原因とするものであり，14 件が台風などの熱帯低気圧，5 件が火山噴火，残りが洪水と単独の地滑りとなっています。最大数の犠牲者は 1970 年のバングラデッシュを襲ったサイクロンで 50 万人が犠牲となり，10 万人を超える残りの 8 件のうち 6 件は地震，2 件がサイクロンによります。

日本で起こった自然災害でリストアップされているのは，**1923 年の関東大震災，59 年の伊勢湾台風，95 年の阪神淡路大震災，そして 2011 年の東日本大震災**となっています。死者行方不明者は，伊勢湾台風が 5,098 人，阪神淡路大震災が 6,437 人で確定しています。関東大震災は**図 10.11** では 14 万 3,000 人となっていますが，これには重複があり，再検討すると 10 万 5,000 余人という説が近年の学界では有力です。東日本大震災については，2014 年 9 月現在で死者 19,074 人，行方不明者は 2,633 人になっています（**キーポイント 8.3**）。

次に，**図 10.12** は 1980 年以降の世界の一定の規模以上の主な自然災害の発生件数を，**地学的災害（地震，津波，火山）**，**気象的災害（台風，嵐）**，**水害（洪水，豪雨）**，**異常気象による災害（高温，干ばつ，森林火災）**の 4 種類に分けて集計したものです。この棒グラフを一瞥（いちべつ）して理解されるのは，自然災害の件数が顕著に増加していることです。4 つの分類では，棒グラフの一番下の地学的災害には特段の増加傾向は認められませんが，**水害も含めた気象がらみの 3 分類には，明瞭な増加トレンド**が認められます。これが第 9 章で学んだ地球温暖化の帰結なのかは，ここでは因果関係にまで立ち入った考察はできません。しかしながら，全く無関係ということではないのも納得されるのではないでしょうか（レッスン 9.2 も参照）。近年の自然災害の発生件数は，年間 800 件レベルに留まっていますが，今後 10 年とか 20 年では年間 1,000–1,500 件にまで増

■コラム10.8　ゲリラ豪雨■

ここ数年，台風や**ゲリラ豪雨**とも呼ばれる局所的集中豪雨による風水害が際立って増えた印象を受けます。実際，多少古くなりますが，2004年度には全国で29の河川で堤防が決壊し，風水害で約230人もの犠牲者が出ました。なかでも，10月20日に高知県土佐清水市付近に上陸し大阪府に再上陸した台風23号（アジア共通名はTOKAGE）では，四国地方や大分県で降雨量が500mmを超えたほか，近畿北部や東海，甲信地方で300mmを超えるなど広範囲で大雨となり，兵庫県豊岡市内を流れる円山川が決壊し1,000世帯以上が水につかり，京都府舞鶴市の由良川の決壊ではバスの屋根上に37人が取り残されました。この光景はテレビニュースでも何度となく放映され，国民の間に何故これほどまでの風水害が起こるのか，日本の治山治水体制は不十分なのか，といった疑問と不安を惹起することになりました。

気象庁の全国約1,300か所の**アメダス**（地域気象観測所）における降水量の観測によっても，日降水量400mm以上の大雨の発生回数を年ごとに集計し，1976年以降30年余りの変化傾向をみると，年間観測回数の増加傾向が明瞭（有意水準5%で統計的に有意）に現れています（**図10.13**）。

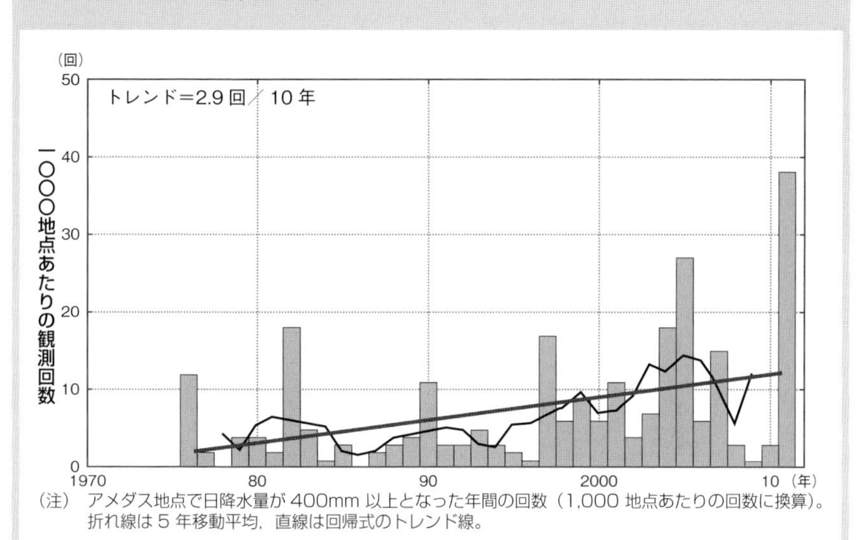

（注）アメダス地点で日降水量が400mm以上となった年間の回数（1,000地点あたりの回数に換算）。折れ線は5年移動平均，直線は回帰式のトレンド線。

図10.13　全国アメダス1日降水量400ミリ以上の年間観測回数

（出所）気象庁HP「気候変動監視レポート2011（2012年6月）」

加すると考えられています。

図 10.11 の規模の大きな自然災害のみのリストからは明らかではありませんが，日本は自然災害大国であり，**国土面積の上では全世界の陸地面積の 0.25% に過ぎないにもかかわらず**，統計によっては，**世界の自然災害総額の約 15% を占める**と推計されています。マグニチュード 6 以上の地震回数では，世界の 20.5%，活火山数では 7.1% という統計もあります。もちろん，自然災害は対象期間や，発生件数でみるか被災者数・被災額でみるか等によって，具体的な数字が異なります。

しかし，ある程度の期間をとり均(なら)すと，日本の自然災害では，発生件数別でも死者不明者別でも，おおむね**地震が 6 割前後**，**台風などの風水害が 4 割前後**を占め，残りのごく僅かが火山の噴火や大火になります。この点，世界全体では，死者不明者別でみた場合に，**乾燥化による旱魃(かんばつ)が 68%**，**地震が 25%**，**熱波が 7%** を占め，残りは桁数が大きく異なるのとは大分様相を異にしています。

日本の風水害と治山治水

もともと日本列島は南北に横たわる狭隘(きょうあい)な国土である上，陸地の中央に山脈が連なるために，日本の河川は世界の河川と比べると相当程度急勾配になっています。しかも，日本はその国土利用上，**国土面積の約 1 割にすぎない潜在的な洪水氾濫区域に，5 割の人口，4 分の 3 の資産が集中**しており，いったん大雨が降り洪水が発生すれば，被害が深刻なものとなるのが必至という状況下にあります。

そんな中で，戦後しばらくの日本の大規模風水害のほとんどは，日本列島を縦断した 1945 年の**枕崎台風**（死者行方不明者 3,756 人），利根川が決壊した 47 年の**カスリーン台風**（同 1,930 人），近畿地方を襲った 50 年の**ジェーン台風**（同 539 人），青函連絡船洞爺丸を転覆させた 54 年の**洞爺台風**（同 1,761 人），伊豆半島・南関東に大被害を与えた 58 年の**狩野川(かのがわ)台風**（同 1,269 人）と毎年のように襲来した相当規模の台風によってもたらされたといっても過言ではありません。しかし，1959 年の**伊勢湾台風**で 5,098 名の死者行方不明者を出すといった未曾有の大災害の後は，「構造変化」ないし「環境の変化」が生じ，最大でも 300 余名の死者行方不明者数で推移してきています。

◆ キーポイント 10.3　エルニーニョとラニーニャ

エルニーニョは，太平洋赤道域の日付変更線付近から南米のペルー沿岸にかけての広い海域で，海面水温が平年に比べて高くなり，その状態が1年程度続く現象です。逆に，同じ海域で海面水温が平年より低い状態が続くのが**ラニーニャ**現象と呼ばれています。ひとたびエルニーニョやラニーニャが発生すると，日本を含め世界中で異常な天候が起こると考えられています。例えば日本だと，エルニーニョによって梅雨入りや梅雨明けが遅くなり，冷夏・暖冬となり，ラニーニャでは逆に，梅雨入り・梅雨明けが早まり，夏暑く，冬寒くなる傾向があります。

スペイン語でエルニーニョ（el ninyo）もラニーニャ（la ninya）も神の子を意味し，海水温の差を男性名詞と女性名詞の違いで表しているわけです。

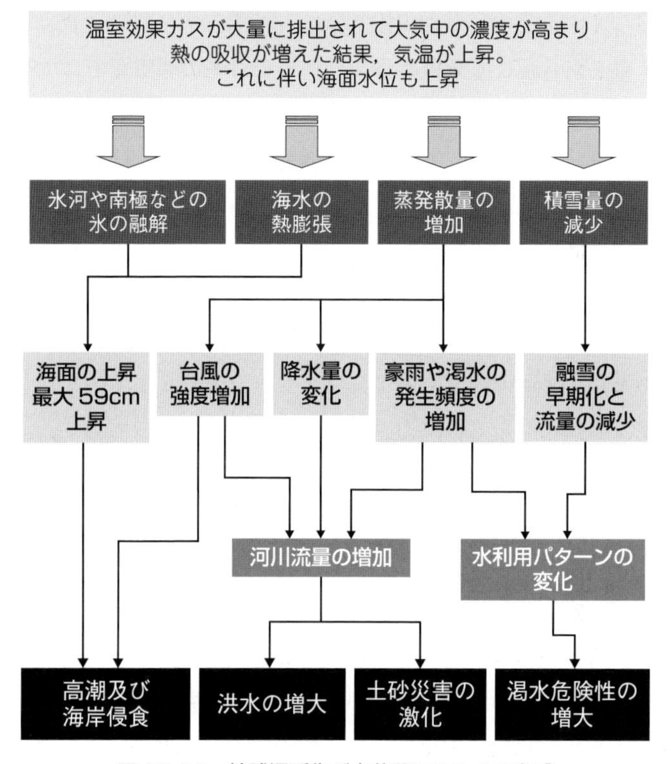

図 10.14　地球温暖化が水分野にもたらす脅威

（出所）　国土交通省「水災害分野における地球温暖化に伴う気候変化への適応策のあり方について（答申）（平成20年6月）」

「構造変化」の原因としては，**治山治水を目的とした社会資本整備や防災体制の取組みの貢献**が指摘されますが，**昭和の三大台風**として括られる1934年の**室戸台風**（死者行方不明者3,036人），枕崎台風，および伊勢湾台風に匹敵する程の大型で強力な台風が61年の**第二室戸台風**（同202人）以降，50年間ほど日本を襲っていないという幸運な面もありました。しかしながら，そのような気象面での僥倖（ぎょうこう）の連続は，**エルニーニョ**や**ラニーニャ**現象の頻発やそもそもの地球温暖化もあって，近年終焉を迎えつつあるとの観察があります（**キーポイント10.3**）。頻発している異常気象も，気象面での新たな構造変化の入り口の現象である可能性が高いともいえます。

気象面での詳細なメカニズムはともあれ，地球温暖化が近年の日本の風水害増をもたらしているならば，治山治水といった国土保全型の社会資本整備において，**風水害を引き起こす気象条件についての従来の想定がもはや通用しなくなってしまった可能性があります**（**図10.14**）。従来の想定ではたかだか100年に1回，しかも広域にわたる大雨の降水量の下で惹起される洪水氾濫も，それが想定外の集中豪雨であっさり起こり，しかもそうした集中豪雨が全国で頻発するならば，国民から見れば数年に1度ぐらいの感覚で頻発してしまう風水害と受け止め，治山治水対策に不満が積もることになります。

従来の日本の治山治水は，「河道に水を封じ込め，流域を平等に守る」とのモットーを掲げ，**流域の完全防備**に腐心してきたといえます。しかし，近年は想定外の集中豪雨に対しては無力さを露呈する結果に終っており，治山治水の根本的な発想転換が不可避です。財政事情を踏まえた公共事業費の総枠の削減などの制約も考慮するならば，上流のダムを増やしたり河岸の堤防の高さを一律高める「従来に増しての力による封じ込め」は実現性もなく，将来のより一層増強される温暖化の影響を想起すれば実効性もない状況です。したがって，地球温暖化そのものの進展を当面防げないとするならば，今後の治山治水対策は，いやが応でも**一定の確率での集中豪雨の発生と共存する**ものにならざるをえないと言えます。

地震大国日本

文書に残された最古の地震の記録は，允恭（いんぎょう）5年（416年）7月14日の大和（やまと）の

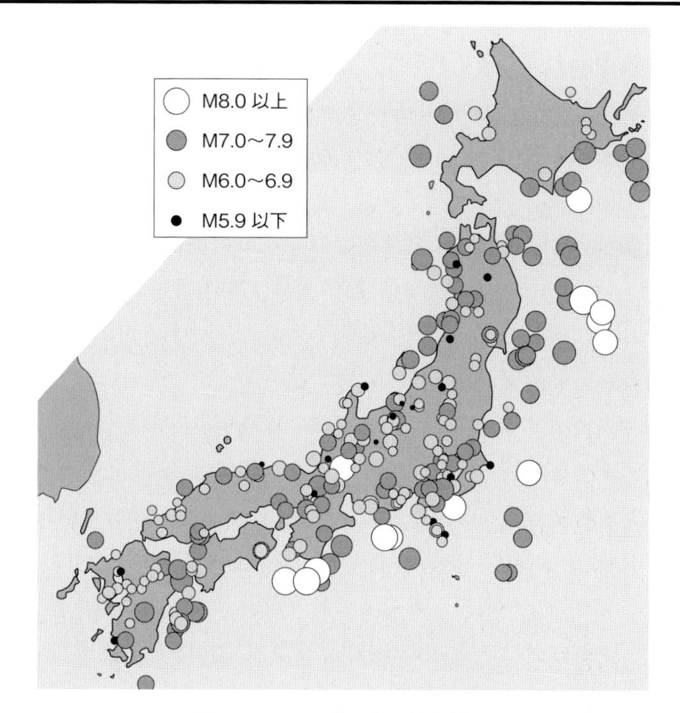

図 10.15　日本の主な被害地震

（出所）　公益社団法人日本地震学会 HP

西暦416年以降1994年までの日本の被害地震の震源地の分布を基に日本地震学会が作成したもの。○が大きいほど，地震の規模を表すマグニチュードが大きい。

◆ *キーポイント 10.4*　地震のマグニチュード

地震のマグニチュード（magnitude）とは，**地震が発するエネルギーの大きさを対数で表したものであり**，地震波の形で放出される地震のエネルギーをE（単位=ジュール），マグニチュードをMとすると，Eの常用対数（底が10）とMの間には

$$\log_{10} E = 4.8 + 1.5\,M$$

という関係があります。したがって，**マグニチュードが1大きいとエネルギーは約32倍大きくなります**。$10^{1.5} = \sqrt{1000} = 31.62$ だからです。対数が関係していますから単純な比例関係にはなく，マグニチュードの0.1の違いでは，エネルギーは1.4倍，0.2の違いで1.4×1.4≒2.0倍になります。

マグニチュードは**揺れの大きさを表す震度**とは異なります。マグニチュードにはいくつかの異なる算出法がありますが，基本的には震源が広範囲にわたって短時間に動いた場合に運動エネルギー（＝動いた質量×動いた速度の2乗に比例）が大きくなりますから，マグニチュードも大きくなります。

遠飛鳥宮（とおつあすかみや）付近（大和）の地震であり，『日本書紀』に記述があります。文字以外では，堆積物によって地震の発生が推定されますが，とりあえずこの416年以降の記録から1994年までの日本の被害地震の分布を，日本地震学会がまとめたのが**図 10.15**です。大地震の発生の確率は年々高まっているといわれます。2011年の東日本大震災をもたらした，1,000年に一度といわれる東北地方太平洋沖地震の発生により，この地域での新たな大規模地震の発生確率は減少しましたが，代わりに東海地方から紀伊半島，四国沖にかけての東海地震，南海地震，および両者の間の東南海地震も含めて連動する海溝型，プレート境界型大型地震の発災確率が高まっています。

2007年段階で予測された09年1月1日から30年以内の発生確率が，M（マグニチュード）8.0前後の東海地震が87%，M8.1前後の東南海地震が70%，M8.4前後の南海地震が60%でした。首都圏直下型のM7.0前後の地震も，70%の確率で発生すると懸念されました（**図 10.16**）。ちなみに，30年確率といってもピンとこないので，参考までに文部科学省の地震調査研究推進本部が示したデータによると，30年以内に交通事故で負傷する確率が24%，何らかの癌（がん）で死亡する確率が6.8%，ひったくりに合うのが1.2%，台風で罹災するのが0.48%。殺人に合うのが0.03%，航空機事故で死亡するのが0.002%ということのようです。地震発生の確率がいかに高いものかが実感として理解されるでしょう。この段階で，M7.5前後の宮城県沖が99%，M7.1から7.6の三陸沖北部地震が90%と予測されていましたので，2011年3月11日の両者の中間地域での東北地方太平洋沖地震の発生は，ほぼ予測通り起こってしまったわけです。ただし，その規模が予測とは大違いで，マグニチュードは9.0もありました（**キーポイント 10.4**）。

レッスン 10.6　ま と め

本章では，日々の生活の中での環境という視点で，いくつかの残された問題を取り上げました。ここでの環境はもっぱら自然そのものが対象でした。生活の中には，植物や森林の緑，景観，里山，スギ花粉といった身の回りの環境か

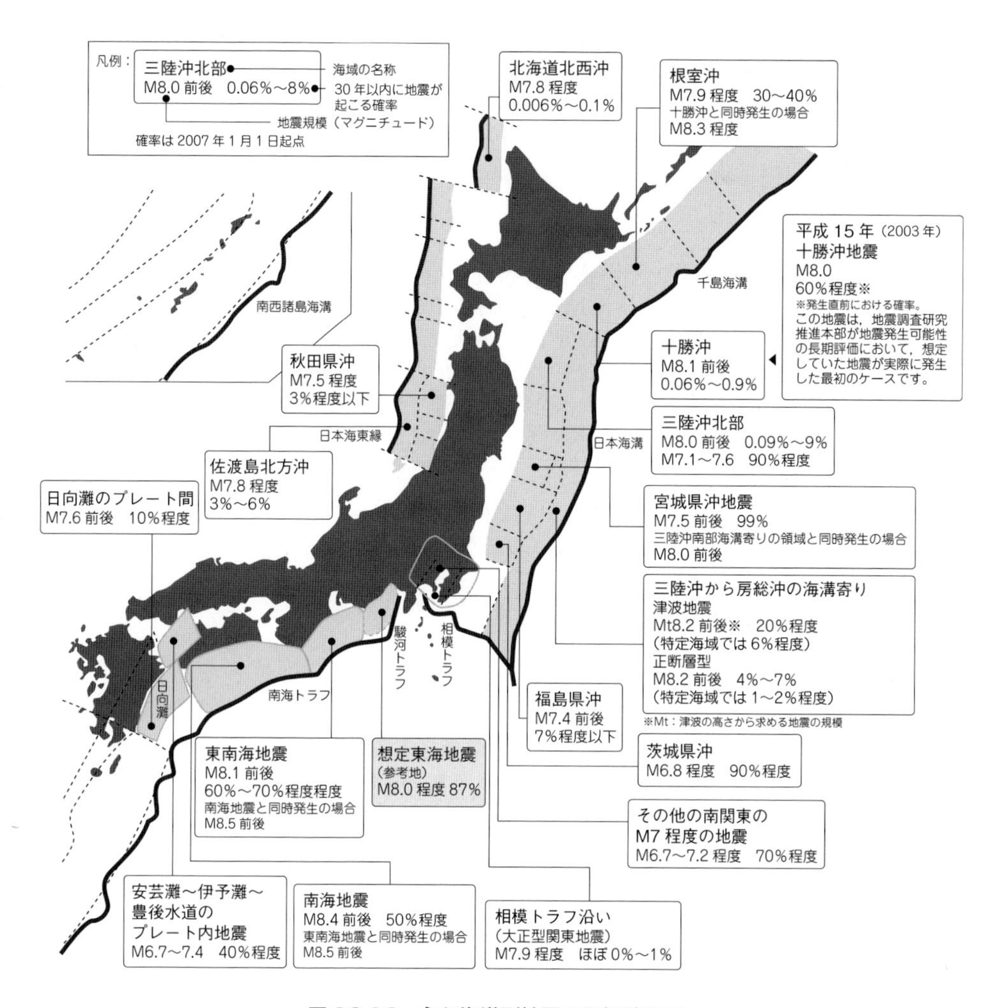

図 10.16　主な海溝型地震の評価結果図

（出所）　地震調査研究推進本部　地震調査委員会「全国を概観した地震動予測地図 2007 年版」

2007 年に地震調査委員会が海溝型地震の発生可能性を評価したもので，枠内に海溝の名前と30年内に地震が起こる確率が示しています。なお，同資料では全国各地の活断層についても地震が発生した場合の規模や発生確率が評価されています。

ら，国立公園や世界遺産といった，レクリエーションや観光で接する環境，そして台風や地震といった自然災害などを通じて畏怖（いふ）の対象となる環境と，直接的・間接的に人々の幸福感に影響を及ぼしていることを確認しました。

私たちは，自然災害のように環境に厳しい試練を課されることもありますが，草花や野生動物に対してのごとく環境に微笑みかけ，環境に優しく生きることが，結局は日々の生活を豊かなものにする上で肝要と言えるのです。

キーワード一覧

アメニティ　LOHAS　環境ラベル　沈黙の春　DDT　エコシティ　日照権　環境権　国立マンション景観論争　里山　鎮守の森　照葉樹林　自然公園法　国立公園　国定公園　世界遺産登録基準　世界遺産暫定リスト　無形文化遺産　世界記憶遺産　国民総幸福量　世界幸福度ランキング　よりよい暮らし指標　異常気象　ゲリラ豪雨　エルニーニョ　活断層型地震　プレート境界型地震

▶考えてみよう

1. あなたにとって，生活をするのに快適な環境とはどのようなものですか？　何か鍵となる言葉はありますか？　アメニティとかエコやロハスは入っていますか？
2. あなたの周りに保護されるべき景観はありますか？　あるとしたら，それはどのようなものですか？
3. あなたは国立公園（国定公園）や世界遺産に指定された地域内に住んでいますか？　もしそうならば，そのことによって日常生活に制約がかかっていますか？
4. 都道府県の幸福度が高かったとして，住民個人の幸福度もそれに比例すると考えられますか？　どこにも幸福な人とそうでない人がいるのは，どう整理しますか？
5. あなたが住む地域での自然災害の起こりやすさは，他地域並みですか，それを上回りますか？　そのことは，あなたの日常生活に影響を及ぼしていますか？

▶参考文献

本章の細部のテーマは多岐にわたりますが，本章の内容を補完するものとして，

小島寛之『エコロジストのための経済学』東洋経済新報社，2006年
進士五十八『グリーン·エコライフ――「農」とつながる緑地生活』小学館，2010年
宮脇昭『鎮守の森』新潮文庫，2007年
佐滝剛弘『「世界遺産」の真実――過剰な期待，大いなる誤解』祥伝社新書，2009年
今枝由郎『ブータンに魅せられて』岩波新書，2008年
ニュースなるほど塾（編）『異常気象と地震の謎と不安に答える本』KAWADE夢文庫，2009年

がいいでしょう。

■コラム 10.9　世界の震源分布とプレート■

地震には，活断層型地震とプレート境界型地震の２つのタイプがあります。**活断層型地震**は，歪みのためにプレートにひび割れがおき，ずれてしまうことにより起きます。ずれた跡は断層となりますが，その中で約 200 万年前以降繰り返し動いてきており，今後も活動する可能性があるものを**活断層**と呼びます。日本には約 2,000 の活断層があり，1997 年の阪神淡路大震災が活断層型地震の典型例といえます。

一方，**プレート境界型地震**は，地球内のマントルの対流により誘発されるプレートの移動が原因となります。太平洋側にあるプレートが陸側にあるプレートを押しつつ潜り込む動きに連れて，陸側のプレートが限界まで歪み，一度に跳ね返ることによって起きます。活断層型よりも揺れが大きく，地震の発生にともない，海水が持ち上げられ津波を起こすのが一般的です。約 100 年ごとに起こる東海地震や東日本大震災を引き起こした東北地方太平洋沖地震が，プレート境界型地震の例となります。

別の分類法では，直下型と海溝型という分類もあります。**直下型**は，陸地で起こる活断層型地震で，発生した場所の周囲で起こりますが，**いつ発生するかの予測は困難**といわれています。揺れは短く，規模は比較的小さく局地的ですが，もっぱら東京など大都市の真下で起こる地震を想定するために，必然的に被害は大きくなる懸念があります。**海溝型**は海で起こるプレート境界型地震であり，**固有の間隔で規則正しく発生する**ため，相対的に予測が立てやすいとされています。揺れが長く広範囲にわたり，マグニチュードが大きく，津波を伴う特長があります。

日本は地震の多い国であり，ほぼ毎日，震度１以上の地震が日本のどこかで起こっています。既述のように，マグニチュード６以上の地震回数では，世界の 20.5％を占めます。**日本は何枚ものプレートが集中する場所に位置しており**，そのプレートの活動により，よく地震が起きるのです（**図 10.15，図 10.17**）。

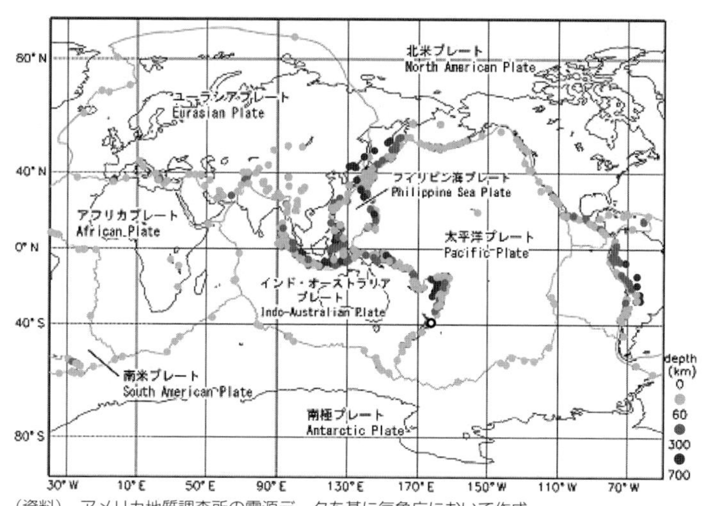

（資料）　アメリカ地質調査所の震源データを基に気象庁において作成。

図 10.17　世界のマグニチュード６以上の震源分布（2003-2012 年）とプレート境界

（出所）　総務省『防災白書』（平成 25 年版）

索　引

●か　行

●さ　行

●た　行

●な　行

●は　行

●ま　行

●や　行

●ら　行

●わ　行

●欧字・数字

著者紹介

浅子　和美（あさこ　かずみ）

立正大学経済学部教授，一橋大学名誉教授。
専門はマクロ経済学，日本経済論，環境経済学。
東京大学経済学部，イェール大学大学院卒業，Ph.D.
筑波大学講師，横浜国立大学助教授，同教授，一橋大学教授を経て
2015年より現職に。

主要著書

『家計・企業行動とマクロ経済変動：一般均衡モデル分析と実証分析』（岩波書店，2015年）
“Studies on the Japanese Business Cycle”（Maruzen Publishing Co.，2012年）
『マクロ安定化政策と日本経済』（岩波書店，2000年）

落合　勝昭（おちあい　かつあき）

学習院大学経済学部特別客員教授，日本経済研究センター特任研究員。
専門はマクロ経済学，日本経済論，環境経済学。
千葉大学法経学部，一橋大学大学院修士課程修了。
経済企画庁，日本経済研究センター研究員，副主任研究員を経て2013年より現職。

主要論文

「温室効果ガス排出規制の地域間CGE分析」（共著，『環境経済・政策研究』第6巻第2号，2013年）
「日本経済研究センターCGEモデルによるCO_2削減中期目標の分析」（共著，『環境経済・政策研究』第3巻第1号，2010年）

落合　由紀子（おちあい　ゆきこ）

東海大学教養学部准教授。専門は環境経済学，経済政策。
中央大学経済学部，中央大学大学院博士前期課程修了。
㈱ライフデザイン研究所，東海大学勤務。2004年より現職。

主要著書

『ECOシティ：経済シティ・コンパクトシティ・福祉シティの実現に向けて』（分担執筆，中央経済社，2010年）
『福祉ミックスの設計：「第三の道」を求めて』（分担執筆，有斐閣，2002年）
『エコサイクル社会』（共著，有斐閣，1997年）

● グラフィック［経済学］―9

グラフィック **環境経済学**

2015年2月10日© 初版発行
2020年9月10日 初版第4刷発行

著 者 浅子和美 発行者 森平敏孝
落合勝昭 印刷者 小宮山恒敏
落合由紀子

【発行】 **株式会社 新世社**
〒151-0051 東京都渋谷区千駄ヶ谷1丁目3番25号
編集☎(03)5474-8818(代) サイエンスビル

【発売】 **株式会社 サイエンス社**
〒151-0051 東京都渋谷区千駄ヶ谷1丁目3番25号
営業☎(03)5474-8500(代) 振替 00170-7-2387
FAX☎(03)5474-8900

印刷・製本 小宮山印刷工業(株)
《検印省略》

ISBN978-4-88384-221-6
PRINTED IN JAPAN

サイエンス社・新世社のホームページのご案内
http://www.saiensu.co.jp
ご意見・ご要望は
shin@saiensu.co.jp まで.